21世纪高职高专规划教材

高等职业教育规划教材编委会专家审定

通信电子线路

主　编　程远东　曾宝国

主　审　刘定林

副主编　刘雪亭

参　编　梁建平　王　刚　杨　波　曾　妍

北京邮电大学出版社

·北京·

内容简介

全书内容共分五大部分，包含通信电子线路基础、高频小信号放大器、高频功率放大器、正弦波振荡器、频率变换及模拟乘法器、调角与解调、反馈控制电路等内容。本教材以强调基础理论够用、实用为度，较大幅度地删减了理论过深、分析复杂、内容陈旧的章节，进一步强化了对基础知识、基本理论的叙述和基本电路的分析，内容较为简明、精炼，突出项目导向、任务驱动。每个任务均编有参考学习策略及任务单，并提供了基础技能训练的"试一试"、基础知识训练的"练一练"等子任务，有利于创造工作型学习氛围，培养学生自主学习的热情和能力。

本教材可以作为高职院校、高等专科学校、成人高校及本科院校举办的二级职业技术学院和民办高校通信技术、应用电子技术、电子信息工程技术等专业的教材或参考书，也可供相关专业工程技术人员参考。

图书在版编目(CIP)数据

通信电子线路/程远东，曾宝国主编. --北京：北京邮电大学出版社，2011.1(2022.1 重印)
ISBN 978-7-5635-2135-7

Ⅰ.①通… Ⅱ.①程…②曾… Ⅲ.①通信系统—电子电路—高等学校—教材 Ⅳ.①TN91

中国版本图书馆 CIP 数据核字(2010)第 199883 号

书　　　名：通信电子线路
著作责任者：程远东　曾宝国　主编
责 任 编 辑：彭　楠　王晓丹
出 版 发 行：北京邮电大学出版社
社　　　址：北京市海淀区西土城路 10 号(100876)
发 行 部：电话：010-62282185　传真：010-62283578
E-mail：publish@bupt.edu.cn
经　　　销：各地新华书店
印　　　刷：北京九州迅驰传媒文化有限公司
开　　　本：787 mm×1 092 mm　1/16
印　　　张：16
字　　　数：394 千字
版　　　次：2011 年 1 月第 1 版　2022 年 1 月第 3 次印刷

ISBN 978-7-5635-2135-7　　定价：38.00 元

· **如有印装质量问题，请与北京邮电大学出版社发行部联系** ·

前　　言

21 世纪是经济全球化的世纪，是信息传媒的时代。随着通信技术的飞速发展，通信类的高等教育以适应通信技术发展，培养通信行业生产、建设、管理和服务一线的高素质技能型人才为目标，但适应高等教育通信类专业的教材特别是强调“项目导向、任务驱动”学习模式的教材十分紧缺。为此，编写组的同仁们根据现在通信市场的需求，不断总结经验、提升理念、凝练特色，最终编写出了这本独具特色的教材。

1. 理论实践并重，突出实用

在内容选取上，教材充分吸收了同类教材特别是四川省省级精品课程《高频电子线路》的精华和特色，并及时引进了新器件、新技术和现代电子设计自动化工具，既注重基础电路、基础理论的分析和验证，又合理地拓展了实用理论和技能，使之能更好、更全面地适应高职教育。

2. 强调“项目导向、任务驱动”的学习模式

基于“项目导向、任务驱动”学习模式的需要，教材各项目的每个任务均编有参考学习策略及任务单，并提供了基础技能训练的“试一试”、基础知识训练的“练一练”等子任务，这样的处理有利于创造工作型学习氛围，使之能更好地适应学生的认知规律，帮助其树立科学的学习方法，培养自主学习的热情和能力。

本教材可以作为高职院校、高等专科学校、成人高校及本科院校举办的二级职业技术学院和民办高校通信技术、应用电子技术、电子信息工程技术等专业的教材或参考书，也可以供相关专业工程技术人员参考。

本教材的项目 1、3 由四川信息职业技术学院程远东老师编写，项目 2、5 及附录由四川信息职业技术学院曾宝国、曾妍老师编写，项目 4 由四川信息职业技术学院刘雪亭、王刚老师和四川省广元市 821 中学梁建平老师编写，四川信息职业技术学院杨波老师担任了各项目的图形绘制任务。全书由程远东、曾宝国负责统稿，并担任主编，刘雪亭担任副主编。四川九州光电股份有限公司总工程师、总经理刘定林高级工程师对本教材进行了审阅，并提出了许多宝贵意见。

本教材在编写过程中借鉴了中兴通讯学院的客户培训教材及北京工业职业技术学院 TD-SCDMA 移动通信技术教材的成功经验，并得到了很多同行的大力支持，在此一并表示衷心的感谢。

限于作者水平，书中难免有错误和不妥之处，诚恳希望国内专家与读者批评指正，意见请致 gycydgood@163.com。

编　者

目　　录

项目1 跨入通信电子线路之门

——研究对象及方法

项目描述

通信电子线路涉及通信电路实现的基本技巧和方法。为了充分理解这些电路的原理，应首先了解远距离通信的行业背景、研究对象及技术基础。

通信的目的是实现信息的传递和交换，而实用通信系统的实现依靠3个方面的技术支持：第一，能将声音、文字、图像和数据等含有信息的具体表现形式与电信号进行相互转换的传感技术；第二，能对电信号进行加密、交换等处理的电信号处理技术；第三，能对电信号（或光信号）进行有效变换并切实传输的信息传送技术。

本书以电信号的频带传输的实现方式为线索，对非线性电子电路的特性、相应的功能电路和电路系统构成进行分析和讲解。由于通信本身是一个交叉学科，因此在对具体电路的分析过程中可能会涉及自动控制、遥控遥测、地理探测和医学检测等领域。

学习本项目的目的是了解通信的行业背景、通信电子线路的主要研究对象及研究方法。

学习任务

任务1-1：通信电子线路的研究对象。主要讨论通信电子线路的行业背景、有关概念、框图、原理，通信电子线路的特点及研究对象等。

任务1-2：通信电子线路的元器件。主要讨论通信电子线路中常用的有源器件、无源器件的基本特点和性能等。

任务1-3：通信电子线路的研究方法。主要讨论通信电路分析中常用的等效分析法和仿真分析法。

任务1-1 通信电子线路的研究对象

1-1-1 资讯准备

任务描述

1. 了解通信与通信系统的定义。
2. 了解通信电子线路的研究对象、特点。
3. 了解无线电波的传播特性和通信频谱的划分。

4. 掌握无线电通信系统中的发射机和接收机的组成结构，理解其工作原理。

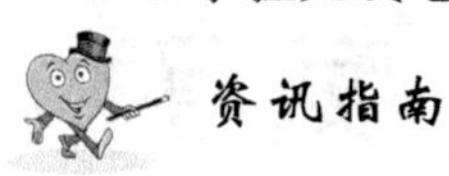

资讯指南

资讯内容	获取方式
1. 通信的定义是什么？	阅读资料 上网 查阅图书 询问相关工作人员
2. 通信系统有哪些类型，各由哪些基本实体组成？	
3. 什么是无线电波？无线电波有哪些传输方式？	
4. 无线电通信有什么特点？	
5. 调制解调的概念和作用是什么？	
6. 无线电通信系统的发射机和接收机由哪些部分组成，各有什么作用？	

导学材料

一、通信电子线路的研究对象及课程特点

21 世纪是经济全球化的世纪，是信息传媒的世纪。电子学与信息系统的进一步融合，促成了信息获取、传输、变换、存储、识别、处理、显示的全面发展。作为信息传输和处理过程的广义代名词，信息传媒形势下的通信早已抛开以前“犹抱琵琶半遮面”的发展速度，无论是通信的业务类型、制式，还是传输网络、设备，都呈现了“一日千里”、“百家争鸣”的发展态势。

但是，无论通信的内容多么丰富、网络如何多态发展，都有一个“万变不离其宗”的客观现实，那就是“通信是信息传输和处理的过程”，将其称为“通信的定义”。而“实现通信所需设备和规则的总称”，就叫“通信系统”。

如图 1-1-1 所示，从信息传输过程的水平视图上看，一个完整的通信系统由输入变换器、发送设备、信道、接收设备和输出变换器 5 个基本部分组成，各部分的功能如表 1-1-1 所示。

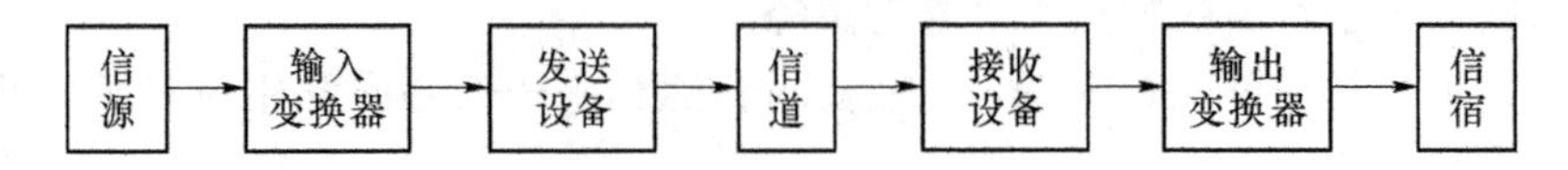

图 1-1-1 通信系统的基本组成(水平视图)

表 1-1-1 通信系统各组成部分的功能

组成部分	功　　能	设备举例
信源	信息发生源，可以是声、光、电等类型的消息	
输入变换器	将非电形式信源消息变换为电信号，如声电变换、光电变换	话筒、光电转换器等
发送设备	通过 A/D 转换、编码、调制等形式将携带有信息的电信号变换为适合在信道中传输的电、光信号	PCM 编码器、调幅器、调频器等
信道	信息传输的媒介	电缆、光纤、自由空间
接收设备	接收是发送的逆过程，完成解调、译码、D/A 转换等功能	PCM 译码器、检波器、鉴频器等
输出变换器	将接收设备输出的电信号变换成原来的有用信息，如声音、文字、图像等	听筒、电光转换器等
信宿	信息的接收者，可以是机器设备，也可以是人	

通信系统的种类很多，常用的分类标准如表1-1-2所示。

表1-1-2 通信系统的分类

分类标准	通信类型
信道形式	有线通信系统(如PSTN)、无线通信系统(如GSM、GPRS、TD-SCDMA)
基带信号形式	模拟通信系统(如AMPS)、数字通信系统(如TD-SCDMA)
通信业务	电话、电报、传真、数据通信系统等

虽然通信系统的种类各异，但基本功能都是实现信息的传输和处理，所以就系统的基本组成部分而言，系统之间具有明显的继承性(即基本相同)。

本课程的研究对象是模拟无线通信系统中的发送设备和接收设备的各种高频功能电路的功能、组成、工作原理和性能指标。教材所研究的具体电路的工作频率范围是几百千赫兹到几百兆赫兹，因此在仿真和实际制作某些单元电路时，要充分考虑分布参数对电路性能的影响。

值得一提的是，随着科学技术的快速发展，虽然各类新电路、新器件不断涌现，实际通信电子线路中所采用的器件也各有差异，但是各个功能电路的功能和基本原理是不会变的。因此，在学习过程中要熟记基本概念和电路结构，理解典型电路的工作原理，熟练运用仿真、估算、等效有关电路分析方法，同时要加强实践训练，培养运用集成电路设计与开发新的通信电子系统的能力。

二、无线电通信的基本原理

为了使读者对发送设备、接收设备各组成部分之间的相互关系有所了解，下面以模拟无线通信系统为例，简要介绍该系统的基本组成及工作过程。

1. 无线电波的传播方式及其应用

无线电通信是以电磁波为信息载体、以自由空间为传输媒介的通信方式。在发射端，电信号经天线激发电磁波并辐射出去；在接收端，由天线接收电磁波并感生出电信号，经后续处理后可还原出原始通信信息。

无线电通信起源于20世纪20年代，目前已形成了包括GSM/TD-SCDMA、无线电报、广播、卫星通信等在内的多种通信形式，它们之间的差异不仅体现在服务领域、对象、质量上，也体现在工作频段上。

电磁波中的电磁场随着时间而变化，要把能量有效辐射至远方，首先需要考虑的就是电磁波的传播方式。常见的7种无线电波的传播方式如图1-1-2所示。

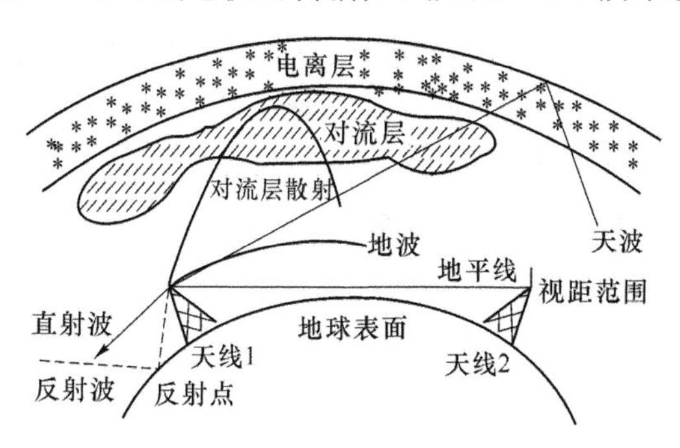

图1-1-2 无线电波的传播方式

表 1-1-3 所示为不同频段(或波段)电磁波的传播方式及其目前的典型应用。

表 1-1-3 不同频段无线电波的传播方式及其典型应用

频段名称	频率范围	传播方式	传播距离	典型应用
甚低频(VLF)	3～30 kHz	波导	数千千米	远距离导航、声纳、电报、电话
低频(LF)	30～300 kHz	地波、天波	数千千米	导航、电报、航标等
中频(MF)	300～3 000 kHz	地波、天波	几千千米	调幅广播、业余通信、海事通信
高频(HF)	3～30 MHz	天波	几千千米	调幅广播、军事通信、岸船通信
甚高频(VHF)	30～300 MHz	空间波对流层散射、绕射	几百千米以内	短和中距离点到点移动，LAN、声音和视频广播个人通信
特高频(UHF)	300～3 000 MHz	空间波对流层散射、绕射、视距	100 千米以内	短和中距离点到点移动，LAN、声音和视频广播个人通信卫星通信
超高频(SHF)	3～30 GHz	视距	30 千米左右	电视广播、雷达、遥控遥测、卫星通信、移动通信
极高频(EHF)	30～3 000 GHz	视距	20 千米	雷达着陆系统、射电天文

2. 无线电发送设备的基本组成及工作原理

无线电发送是以自由空间为传输信道，把需要传送的信息(如声音、图像或文字)变换成无线电波传送到远方的接收点。无线电通信具有发射距离远、适应通信者移动性要求等优点。

为什么要用无线电波发送方式把信息(如声音)传送出去呢？信息传输通常应满足两个基本要求：一是希望传送距离远；二是要能实现多路复用传输，且各路信号传输时应互不干扰。显然，依靠声音在空气中直接进行远距离传输是不行的，因为声音在空气中传播速率太慢、衰减过快，不能实现远距离传声，而且当声音混杂时，相互干扰将使接收者难以辨认。为了实现远距离传声，常需先将声音信号变成电信号，经调制、功率放大后，以电磁波辐射的方式发射出去。由于无线电波传输速率快(3×10^8 m/s)、传播衰减慢，因此通过合理调整天线发射高度和辐射功率，便可实现远距离通信。

但是，直接由声音变换而来的电信号一般为基带信号，其频率较低或频带较宽，例如，音频信号(包括语言、音乐)的频率为 20 Hz～20 kHz，其他如图像信号的频率为 0～6 MHz，若把上述信号直接以电磁波形式从天线辐射出去，存在问题如下。

(1) 无法制造合适尺寸的天线

由电磁场理论可知，只有当天线的尺寸可与被辐射信号的波长相比拟时(波长 λ 的 1/10～1)，信号才能被天线有效地辐射出去。对于频率 f 为 20 Hz～20 kHz 的音频信号，可得相应的波长 λ 为 15～15 000 km。若采用 $\lambda/4$ 天线，则天线的长度应在 3.75 km 以上。显然，这么长的天线的制造与安装实际上是做不到的。

(2) 接收者无法选出要接收的信号

即使上述信号能发射出去，由于多家电台的发射信号的频率大致相同，加之各种工业设备辐射电磁波，大气层、宇宙固有的电磁干扰，它们在空间混在一起，因此接收机无法区分，接收者也就无法选择所要接收的信号。

解决的办法是引入调制技术，将待传送的音频信号“装载”到高频载波上，提高发射电磁波的工作频率,这样就可以减小辐射天线的尺寸。另外,不同的电台可以“装载”在不同频率的载波上,接收时就能通过调谐选频,滤除干扰信号,选择出自己所需频段的信息。通常,把需传送的信息“装载”到高频载波上的过程称为调制,实现这样功能变换的电路称为调制器。调制可以分为三类,即调幅、调频和调相。

图 1-1-3 所示为采用调幅方式实现的发射机的组成方框图,各部分的功能如表 1-1-4 所示。

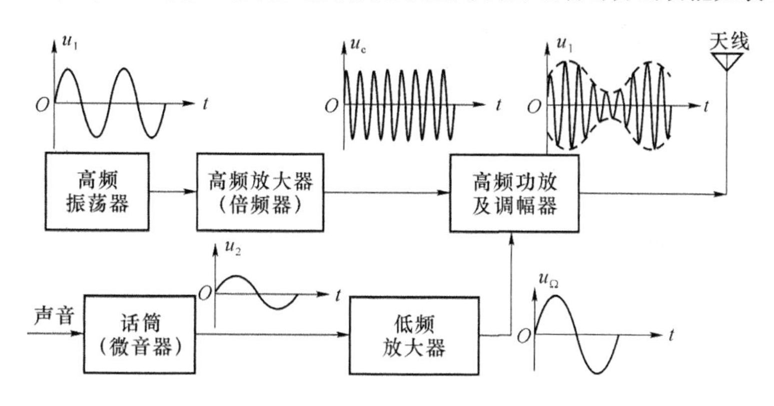

图 1-1-3 采用调幅方式的发射机组成方框图

表 1-1-4 调幅发射机各组成部分的功能

组成部分		基本功能
低频部分	话筒、低频放大器	声音经话筒转换成电信号,并由音频放大器放大,使其满足调制器的要求
高频部分	高频振荡器、倍频器、调幅器、高频放大器	产生载波,并将音频信号调制到载波上,然后进行功率放大,以提高电磁波辐射面积
传输和天线部分	天线及馈线	将已调波通过射频、中频或基带拉远,加载到天线上以电磁波辐射形式发射出去

3. 无线电接收设备的基本组成及工作原理

无线电接收过程正好和发送过程相反,它的基本任务是由天线将接收到的电磁波感生出高频已调电信号,并经滤波、解调等环节从中取出所需信号。

图 1-1-4 所示为最简单的接收机的方框图,它由接收天线、选频回路、解调器、输出变换器 4 个部分组成。接收天线接收从空中来的电磁波。由于自由空间存在各种电磁干扰,因此天线所感生出的电信号不仅包含有用信息,也包含各种干扰信号(其他不同载频的已调波信号和一些干扰信号)。为了选择出所需的无线电信号,在接收机的接收天线之后要有一个选频回路,用于将所要接收的无线电信号取出来,并把不需要的信号滤掉,以免产生干扰。

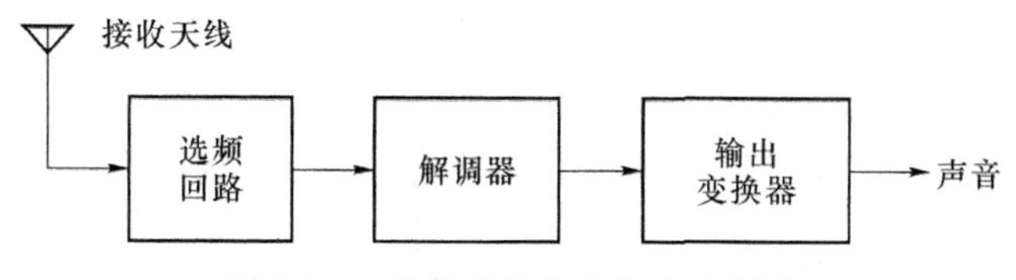

图 1-1-4 最简单的接收机组成框图

目前，无线电接收机主要有直接放大式和超外差式两种，但无论是无线电收音机、电视机，还是雷达接收机等，都毫无例外地采用超外差式接收机，且各类接收机的组成与工作原理均大致相同。图 1-1-5 所示为采用调幅方式的超外差式接收机的组成方框图，各组成部分功能如表 1-1-5 所示。

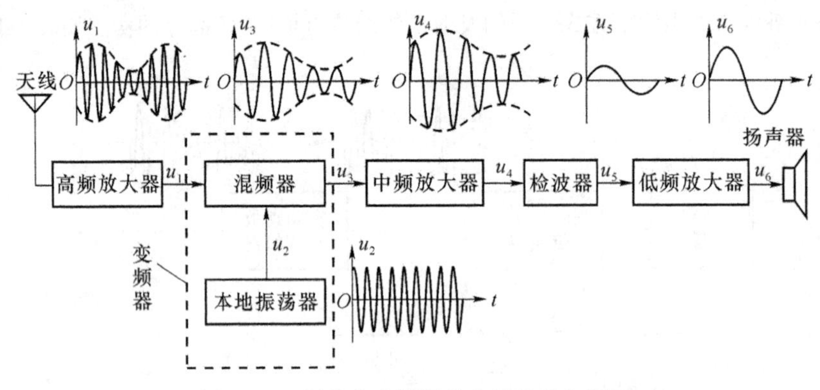

图 1-1-5　超外差式调幅接收机组成方框图

表 1-1-5　超外差式调幅接收机各组成部分的功能

组成部分	基本功能
高频放大器	由一级或多级小信号谐振放大器组成，放大天线上感生的有用信号；利用放大器中的谐振系统抑制天线上感生的其他频率的干扰信号，是可调谐的
混频器	混频器有两个输入信号：一是频率为 f_c 的高频已调信号，二是本机振荡器产生的频率为 f_L 的本振信号。混频器的功能是将频率为 f_c 的高频已调信号不失真地变换为载波频率为 f_I 的中频已调信号。因 $f_I=\|f_c-f_L\|$，故称为超外差，目前我国收音机中频 $f_I=465$ kHz
本地振荡器	用来产生频率为 $f_L=f_c+f_I$（或 $f_L=f_c-f_I$）的高频振荡信号。f_L 是可调的，并能跟踪 f_c。若混频器和本地振荡器由一个功能单元实现，则将其称为变频器
中频放大器	由多级固定调谐的小信号放大器组成，放大中频信号
检波器	实现解调功能，将中频调幅波变换为反映传送信息的调制信号
低频放大器	由小信号放大器和功率放大器组成，用于放大调制信号，以提供驱动扬声器所需的推动功率

超外差式接收机最大的特点是先将高频信号变换为固定频率的中频信号，然后进行中频放大，这样不仅可实现较高的放大倍数，而且能显著提高系统选取有用信号的能力，可以兼顾高灵敏度与高选择性的需求。

1-1-2　计划决策

通过任务分析和对相关资讯的了解，讨论学习的计划并选定最优方案。

计划和决策（参考）

第一步	了解通信的行业背景
第二步	了解本课程的研究对象及基本特点
第三步	理解通信系统的基本结构及工作原理
第四步	分析移动或固话通信等例子，进一步加深对通信的基本结构和技术基础的了解

1-1-3 任务实施

学习型工作任务单

<table>
<tr><td>学习领域</td><td colspan="3">通信电子线路</td><td>学时</td><td>78(参考)</td></tr>
<tr><td>学习项目</td><td colspan="3">项目1 跨入通信电子线路之门——研究对象及方法</td><td>学时</td><td>10</td></tr>
<tr><td>工作任务</td><td colspan="3">1-1 通信电子线路的研究对象</td><td>学时</td><td>4</td></tr>
<tr><td>班 级</td><td></td><td>小组编号</td><td></td><td>成员名单</td><td></td></tr>
<tr><td>任务描述</td><td colspan="5">1. 了解通信的定义、通信电子线路的研究对象及无线通信频谱资源的分配。
2. 掌握无线电通信系统中的发射机和接收机的组成结构,理解其工作原理。</td></tr>
<tr><td>工作内容</td><td colspan="5">1. 了解通信与通信系统的定义。
2. 了解通信电子线路的研究对象、特点。
3. 了解无线电波的传播特性和通信频谱的划分。
4. 掌握无线电通信系统中的发射机和接收机的组成结构,理解其工作原理。</td></tr>
<tr><td>提交成果和文件等</td><td colspan="5">1. 无线电发送设备和接收设备的组成框图及工作原理概要。
2. 学习过程记录表及教学评价表(学生用表)。</td></tr>
<tr><td>完成时间及签名</td><td colspan="5"></td></tr>
</table>

1-1-4 展示评价

1. 教师及其他组负责人根据小组展示汇报整体情况进行小组评价。
2. 在学生展示汇报中,教师可针对小组成员的分工,对个别成员进行提问,给出个人评价。
3. 组内成员自评表及互评表打分。
4. 本学习项目成绩汇总。
5. 评选今日之星。

1-1-5 试一试

1. 通信的定义是____。
2. 实现通信需要三类技术支持:____________、____________、____________。
3. 通信系统的定义是____。
4. 通信系统的基本组成包括信源、________、________、________和信宿。
5. 按照信息的传输媒介分类,通信系统可分为________和________通信系统;而根据基带信号形式分类,又可分为________和________通信系统。
6. 通信电子线路的主要研究对象是____。
7. 无线电通信中,高频是指频率为________Hz到________Hz的信号,其波长范围是____________,信号的传播方式为________,主要应用于____________等领域。
8. 为什么在无线电通信中要使用“载波”发射,其作用是什么?
9. 在无线电通信中为什么要采用“调制”与“解调”,各自的作用是什么?

10. 如果调幅收音机接收信号频率为 936 kHz,则接收机的本机振荡频率是________。

1-1-6　练一练

1. 调研分析:日常生活中有哪些通信电子产品?试结合所学知识分析其电路结构。
2. 调研分析:您了解哪些通信电子企业,其主导产品和人力资源需求如何?

任务 1-2　通信电子线路中的元器件

1-2-1　资讯准备

任务描述

1. 了解通信电子线路的基本元件及其特性。
2. 掌握电阻器、电容器和电感器的物理特性、等效电路和基本计算方法。
3. 掌握 LC 谐振回路的类型、特点和主要参数。
4. 掌握谐振回路的接入方法及接入系数的计算。

资讯指南

资讯内容	获取方式
1. 有源器件和无源器件的区别是什么?	阅读资料 上网 查阅图书 询问相关工作人员
2. 线性和非线性的定义和区别各是什么?	
3. 电阻器、电容器和电感器的物理特性、等效电路各是怎样的?	
4. LC 谐振回路主要有哪些用途,其主要参数有哪些?	
5. 谐振回路的接入方式有哪些,应用于哪些场合?	
6. 接入系数的定义是什么,如何计算?	

导学材料

一、通信电子线路中的元器件

各种通信电路基本上是由有源器件、无源器件和无源网络组成的。由于通信电路一般工作在高频频段,所以虽然电路中使用的元器件与在低频电路中使用的元器件基本相同,但需要注意它们在高频使用时的高频特性(如分布参数)。

通信电路中的无源器件主要是电阻器、电容器和电感器;有源器件主要有二极管、三极管和集成电路,常用于完成信号的放大或非线性变换。

1. 无源器件

(1) 电阻器

电阻器在电路中主要用来调节和稳定电流与电压,可作为分流器和分压器,也可作为电路匹配负载。根据电路要求，电阻器可用于构成放大电路的反馈元件、电压-电流转换、输入过载时的电压或电流保护元件，还可组成 RC 电路作为振荡、滤波、旁路、微分、积分和时间常数元件等。

对于实际的电阻器，在低频应用时主要表现为电阻特性，而在高频应用时不仅表现有电阻特性，还有电抗特性，它反映的就是电阻器的高频特性。频率越高，电阻器的高频特性表现越明显。在实际应用时，要尽量减小电阻器的高频特性的影响，使之表现为纯电阻。实际电阻器 R 的高频等效电路如图 1-2-1 所示，其中，C_R 为分布电容，L_R 为引线电感，R 为等效电阻。

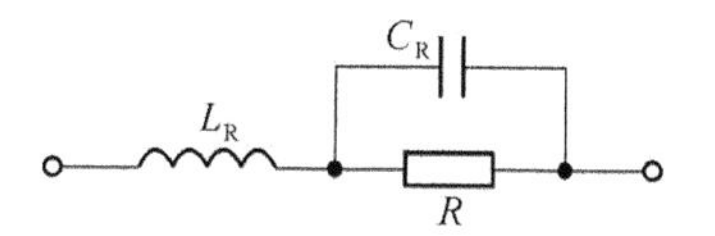

图 1-2-1　电阻器的高频等效电路

分布电容和分布电感越小，表明电阻的高频特性越好。电阻器的高频特性与制造电阻的材料、电阻的封装形式和尺寸大小有密切的关系。一般来说，金属膜电阻比碳膜电阻的高频特性要好，而碳膜电阻比绕线电阻的高频特性要好；表面封装(SMD)电阻比绕线电阻的高频特性要好；小尺寸的电阻比大尺寸的电阻的高频特性要好。

(2) 电容器

由介质隔开的两导体可构成电容器，在电子线路中通常起滤波、旁路、耦合、去耦、转相等电气作用，是电子线路必不可少的组成部分。

理想电容器 C 工作在角频率 ω 上的容抗为 $1/(j\omega C)$。实际电容器 C 的高频等效电路如图1-2-2(a)所示，其中，R_C 为损耗电阻，L_C 为引线电感。容抗与频率的关系如图 1-2-2(b)实线所示，其中 f 为工作角频率，$\omega=2\pi f$。

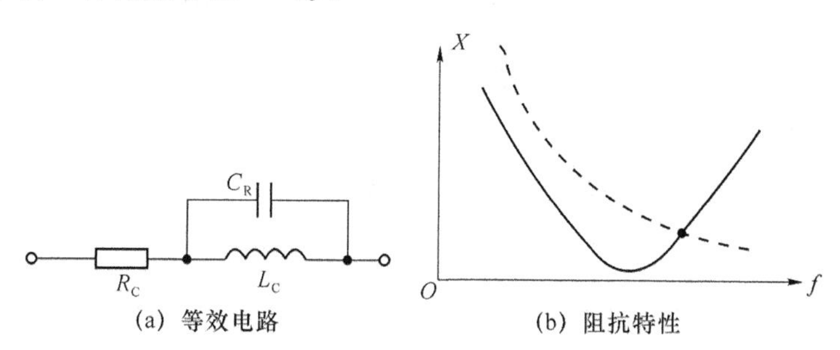

图 1-2-2　电容器的高频等效电路及阻抗特性

(3) 电感器

在通信电子线路中，电感器一般与电容器构成 LC 谐振回路，起调谐、选频、滤波作用，也可用于在开关电源或升压电路中起储能作用。

理想电感器 L 工作在角频率 ω 上的感抗为 $j\omega L$。实际的高频电感器除表现出电感 L 的特性外，还具有一定的损耗电阻 r 和分布电容。在分析一般的长、中、短波频段时，通常可忽略分布电容的影响。因而，电感器的等效电路可以表示为电感 L 和电阻 r 串联，如图 1-2-3 所示。

电阻 r 随频率增高而增加，这主要是由于高频趋肤效应的影响。所谓趋肤效应，是指随着工作频率的增加，流过导线的交流电趋于流向导线表面的现象，如图 1-2-4 所示。当频率很高时，导线中心部位几乎完全没有电流流过，这相当于导线的有效面积较直流时大为减少，电阻 r 增大。工作频率越高，趋肤效应越强，导线的电阻也就越大。

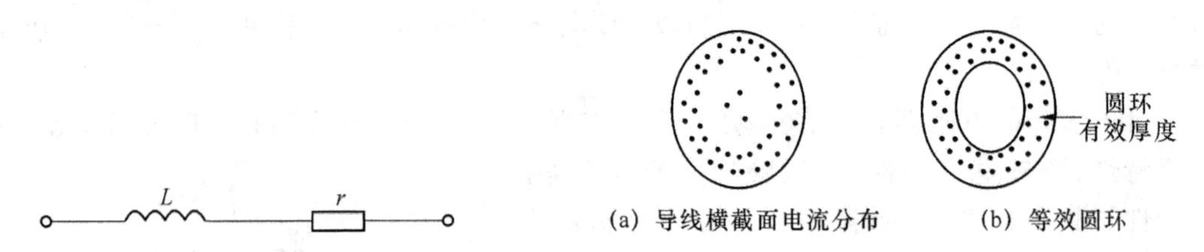

图 1-2-3 电感器的高频等效电路

(a) 导线横截面电流分布 (b) 等效圆环

图 1-2-4 趋肤效应示意图

在无线电技术中通常用线圈的品质因数 Q 来表示线圈的损耗性能。所谓品质因数，是指无功功率与有功功率之比，即

$$Q=无功功率/有功功率 \tag{1-2-1}$$

设流过电感线圈的电流为 I，则电感 L 上的无功功率为 $I^2\omega L/2$，而线圈的损耗功率，即电阻 r 的消耗功率为 $I^2r/2$，故由式(1-2-1)得到电感的品质因数为

$$Q_L=\frac{I^2\omega L/2}{I^2r/2}=\frac{\omega L}{r} \tag{1-2-2}$$

式(1-2-2)中，Q_L 值实际上是电感感抗 ωL 与损耗电阻 r 之比，Q_L 值越高，损耗越小。通常 Q_L 值在几十到一二百之间。

【例 1-2-1】 将如图 1-2-5(a)所示的电感与电阻串联形式的电感线圈等效电路转换为如图 1-2-5(b)所示的电感与电阻并联形式。

解 如图 1-2-5(b)所示，L_P、R_P 表示并联形式的参数。根据等效电路的原理，在图 1-2-5(a)中 1、2 两端的导纳应等于图 1-2-5(b)中 1′、2′两端的导纳，即

$$\frac{1}{r+j\omega L}=\frac{1}{R_P}+\frac{1}{j\omega L_P} \tag{1-2-3}$$

根据式(1-2-2)和式(1-2-3)可得

$$R_P=r(1+Q_L^2) \tag{1-2-4}$$

$$L_P=L(1+1/Q_L^2) \tag{1-2-5}$$

一般情况下，$Q_L\gg1$，此时有

$$R_P\approx Q_L^2r=\frac{\omega^2L^2}{r} \tag{1-2-6}$$

$$L_P\approx L \tag{1-2-7}$$

(a) 串联连接 (b) 并联连接

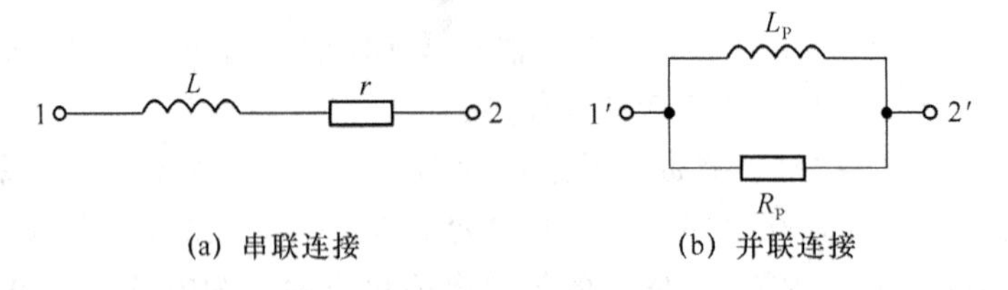

图 1-2-5 电感器的串并联等效电路及其转换

上述结果表明：高 Q_L 电感线圈的等效电路既可表示为串联形式，又可表示为并联形式。两种形式中，电感值近似不变，而并联电阻值为 $Q_L{}^2r$。这实际上可以作为串并联等效电路的转换公式，它具有广泛意义，即电抗与电阻串联电路等效变换为并联电路时，并联电阻约为串联电阻的$(1+Q_L{}^2)$倍，而电抗值不变。

Q_L 也可以用并联形式的参数表示，由式(1-2-6)可得

$$r \approx \frac{\omega^2 L^2}{R_P} \tag{1-2-8}$$

将式(1-2-8)代入式(1-2-2)可得

$$Q_L = \frac{R_P}{\omega L} \tag{1-2-9}$$

式(1-2-9)表明，若以并联形式表示 Q_L，则为并联电阻与感抗之比。

2. 有源器件

从原理上看，用于通信电路的各种有源器件，与用于低频或其他电子线路的器件没有本质区别，仍是各种半导体二极管、晶体管、场效应管以及半导体集成电路。这些器件的物理机制和工作原理在有关课程中已详细讨论过。只是由于其工作在高频范围，对器件的某些性能要求更高。随着半导体和集成电路技术的高速发展，能满足高频应用要求的器件越来越多，也出现了一些专门用途的高频半导体器件。

(1) 二极管

通信电子线路中的二极管主要有非线性变换二极管、变容二极管、PIN 管三类。

非线性变换二极管主要用于调制、检波(解调)及混频等电路中，一般工作于低电平。它们的极间(结)电容小，工作频率高，常用点接触式二极管(如 2AP 系列，工作频率可达到 100～200 MHz)和表面势垒二极管(又称肖特基二极管，工作频率可高至微波范围)。

变容二极管常用于直接调频电路或构成压控振荡器，如电视接收机的高频头。它除了具有基本的二极管特性外，主要特点是电容随所加反向偏置电压变化，表现为结电容大、结电容变化范围较宽、工作于反偏状态。

PIN 二极管是在 PN 结中间增加了一层本征(I)半导体，因此具有较强的正向电荷储存能力。其主要特性是高频等效电阻受正向直流电流的控制，一般用于开关、限幅、衰减和移相电路中。

(2) 三极管

在高频中应用的三极管仍然是双极晶体管和多种场效应管，这些管子比用于低频的管子性能更好，在外形结构方面也有所不同。高频晶体管有两大类型：一类是做小信号放大的高频小功率管，对它们的主要要求是高增益和低噪声；另一类为高频功率放大管，除了增益外，要求其有较大的高频功率输出。目前双极型小信号放大管的工作频率可达几吉赫兹(GHz)，噪声系数为几分贝。小信号的场效应管也能工作在同样高的频率，且噪声更低。一种称为砷化镓的场效应管，其工作频率可达十几吉赫兹以上。在高频大功率晶体管方面，双极型晶体管在几百兆赫兹以下频率的输出功率可达十几瓦至上百瓦。而金属氧化物场效应管(MOSFET)，甚至在几吉赫兹的频率上还能输出几瓦功率。有关晶体管的高频等效电路、性能参数及分析方法将在后续章节中进行详细描述。

(3) 集成电路

用于高频的集成电路的类型和品种要比用于低频的集成电路少得多，主要分为通用型和专用型两种。目前通用型的宽带集成放大器，工作频率可达一二百兆赫兹，增益可达五六十分贝甚至更高。用于高频的晶体管模拟乘法器，工作频率也可达一百兆赫兹以上。随着集成技术的发展，生产出了一些高频的专用集成电路(ASIC)，主要包括集成锁相环、集成调

频信号解调器、单片集成接收机以及电视机中的专用集成电路等。

二、LC 谐振回路及其特性

LC 谐振回路由电感 L 和电容 C 组成，是通信电子线路中应用最广的无源网络，是构成高频放大器、振荡器以及各种滤波器的主要部件，起调谐或选频、滤波作用，也可直接作为负载使用。

1. LC 串并联谐振回路的基本特性

只有一个 LC 回路的谐振回路称为简单谐振回路或单谐振回路。根据使用环境中的信号源、电感、电容三者相连关系，简单谐振回路可分为串联谐振回路和并联谐振回路两种，其基本特性如表 1-2-1 所示。

表 1-2-1 LC 串并联谐振回路的基本特性

		串联回路	并联回路
电路形式		L r C	C G_o L
阻抗或导纳		$Z=r+\mathrm{j}\left(\omega L-\dfrac{1}{\omega C}\right)$	$Y=G_o+\mathrm{j}\left(\omega C-\dfrac{1}{\omega L}\right)$
谐振频率		$\omega_o=1/\sqrt{LC}$	$\omega_o=1/\sqrt{LC}$
谐振电阻		$r=\dfrac{1}{Q}\sqrt{\dfrac{L}{C}}$	$R_o=Q\sqrt{\dfrac{L}{C}}$
品质因数		$Q=\dfrac{\omega_o L}{r}=\dfrac{1}{\omega_o Cr}=\dfrac{1}{r}\sqrt{\dfrac{L}{C}}$	$Q=\dfrac{R_o}{\omega_o L}=\omega_o CR_o=\dfrac{1}{G_o}\sqrt{\dfrac{C}{L}}$
阻抗	$f<f_o$	容抗	感抗
	$f>f_o$	感抗	容抗

表 1-2-1 列举了 LC 串并联谐振回路的主要参数，另外还有一个重要参数——通频带，也应重点掌握。通频带定义为并联回路电压增益下降到谐振电压增益 0.707 倍时所对应的频率范围，也称 3 dB 带宽。一个以 LC 简单并联振荡回路为负载的放大器，其通频带为

$$f_{bw}=f_o/Q \tag{1-2-10}$$

由表 1-2-1 可知，并联谐振回路谐振电阻大，适用于电源内阻为高内阻（如恒流源）的情况或高阻抗电路中；而串联谐振回路谐振电阻小，一般很少使用。

【例 1-2-2】 已知某高频放大器以简单并联振荡回路为负载，信号中心频率 $f_s=$ 10 MHz，回路电容 $C=50$ pF。

（1）试计算所需的线圈电感值。

（2）若线圈品质因数为 $Q=100$，试计算回路谐振电阻及回路带宽。

（3）若放大器所需的带宽 $f_{bw}=0.5$ MHz，则应在回路上并联多大电阻才能满足放大器所需的带宽要求？

解 （1）计算 L。由表(1-2-1)可得

$$L=\frac{1}{\omega_o^2 C}=\frac{1}{(2\pi)^2 f_o^2 C}$$

将 f_o 以兆赫兹(MHz)为单位，C 以皮法(pF)为单位，L 以微亨(μH)为单位，上式可变为一实用计算公式如下：

$$L=\left(\frac{1}{2\pi}\right)^2 \cdot \frac{1}{f_o^2 C}\times 10^6=\frac{25\ 330}{f_o^2 C}$$

将 $f_o=f_s=10$ MHz 代入，得 $L=5.07\ \mu$H。

(2) 计算回路谐振电阻和带宽。由式(1-2-9)得

$$R_o=Q\omega_o L=100\times 2\pi\times 10^7\times 5.07\times 10^{-6}=3.18\times 10^4=31.8\ \text{k}\Omega$$

由式(1-2-10)得回路带宽为

$$f_{bw}=\frac{f_o}{Q}=100\ \text{kHz}$$

(3) 求满足 0.5 MHz 带宽的并联电阻。设回路上并联电阻为 R_1，并联后的总电阻为 $R_1 /\!/ R_o$，总的回路有载品质因数为 Q_L。由带宽公式可得

$$Q_L=\frac{f_o}{f_{bw}}$$

因要求的带宽 $f_{bw}=0.5$ MHz，故得 $Q_L=20$。于是回路的总电阻为

$$\frac{R_o R_1}{R_o+R_1}=Q_L\omega_o L=20\times 2\pi\times 10^7\times 5.07\times 10^{-6}=6.37\ \text{k}\Omega$$

$$R_1=\frac{6.37R_o}{R_o-6.37}=7.97\ \text{k}\Omega$$

即需要在回路上并联 7.97 kΩ 的电阻。

2. *LC* 串并联谐振回路阻抗的等效变换

图 1-2-6 是一个串联电路与并联电路的等效互换图。设串联电路由 X_1 与 r_1 组成，等效后的并联电路由 X_2 与 R_2 组成。

图 1-2-6 串并联等效互换示意图

所谓"等效"，是指在工作频率 ω 相同的条件下，AB 两端的阻抗相等，也就是

$$r_1+\text{j}X_1=\frac{R_2\cdot \text{j}X_2}{R_2+\text{j}X_2}=\frac{R_2 X_2^2}{R_2^2+X_2^2}+\text{j}\,\frac{R_2^2 X_2}{R_2^2+X_2^2} \tag{1-2-11}$$

因此得

$$r_1=\frac{R_2 X_2^2}{R_2^2+X_2^2},\ X_1=\frac{R_2^2 X_2}{R_2^2+X_2^2} \tag{1-2-12}$$

根据品质因数 Q 的定义，串联回路的品质因数 $Q_1=X_1/r_1$，代入式(1-2-12)得

$$Q_1=\frac{X_1}{r_1}=\frac{R_2}{X_2}=Q_2 \tag{1-2-13}$$

式(1-2-13)中，Q_2 为并联回路的品质因数。可见，等效互换结果 Q 值不变，即 $Q_1=Q_2=Q$。

由式(1-2-12)可得

$$r_1=\frac{R_2X_2^2}{R_2^2+X_2^2}=\frac{R_2}{\frac{R_2^2}{X_2^2}+1}=\frac{1}{Q^2+1}R_2$$

$$X_1=\frac{R_2^2X_2}{R_2^2+X_2^2}=\frac{X_2}{1+\frac{X_2^2}{R_2^2}}=\frac{1}{1+\frac{1}{Q^2}}X_2$$

因此得

$$R_2=(Q^2+1)r_1,X_2=[1+(1/Q)^2]X_1 \tag{1-2-14}$$

若回路品质因数较高，可得

$$R_2\approx Q^2r_1,X_2\approx X_1$$

该结果表明，串联电路转换为等效并联电路后，R_2 为串联电路 r 的 Q^2 倍，而 X_2 与串联电路 X_1 相同。

3. 谐振回路的接入方式与接入系数

负载或信号源不直接接入谐振回路两端，而是通过变压器或电容分压与回路一部分相接，称为“部分接入”方式。采用部分接入方式，可以通过改变线圈匝数、抽头位置或电容分压比来实现回路与信号源的阻抗匹配或进行阻抗变换，通常用接入系数 p 来描述回路与外电路之间的调节因子。接入系数 p 的定义为接入部分的相应阻抗与振荡回路中相应总阻抗之比，即

$$p=\frac{\text{接入前的线圈匝数(或容抗)}}{\text{接入后的线圈匝数(或容抗)}} \tag{1-2-15}$$

(1) 常见抽头振荡回路

几种常见的抽头振荡回路如图 1-2-7 所示。

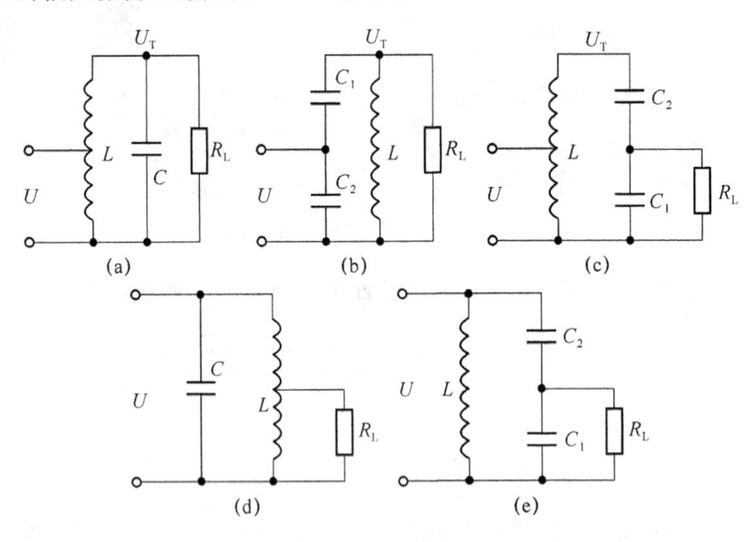

图 1-2-7　抽头振荡回路

(2) 阻抗的电感抽头接入

① 电感抽头接入回路 L_1 与 L_2 间无互感：基本电路及其等效电路如图 1-2-8 所示，接入系数 p 为

$$p=\omega L_2/[\omega(L_1+L_2)]=L_2/(L_1+L_2) \tag{1-2-16}$$

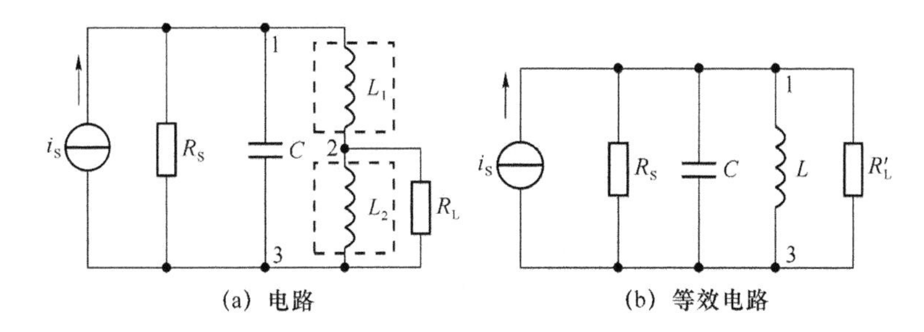

图 1-2-8　电感抽头接入回路 L_1 与 L_2 间无互感电路

② 电感抽头接入回路 L_1 与 L_2 间有互感 M：接入系数 p 可以用阻抗比值求出，即

$$p=\omega(L_2 \pm M)/[\omega(L_1+L_2 \pm 2M)]=(L_2 \pm M)/(L_1+L_2 \pm 2M) \tag{1-2-17}$$

③ 电感抽头接入回路 L_1 与 L_2 间完全耦合：电感抽头接入回路 L_1 与 L_2 间完全耦合时组成自耦变压器，其电路及等效电路如图 1-2-9 所示，接入系数 p 为

$$p=(L_2+M)/(L_1+L_2+2M)=N_2/N_1 \tag{1-2-18}$$

其中，N_2、N_1 为负载接入前后两线圈的匝数。

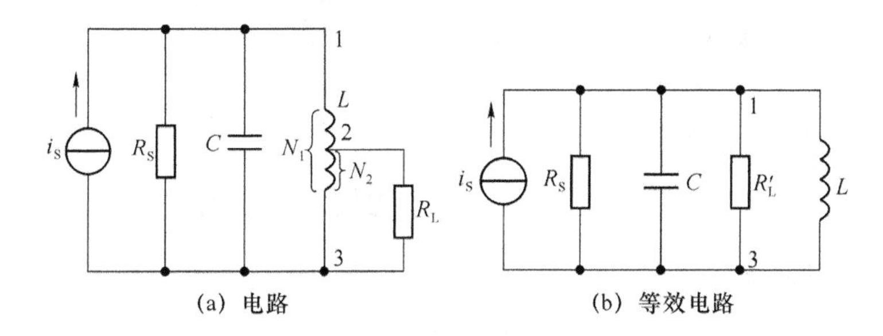

图 1-2-9　电感抽头接入回路 L_1 与 L_2 间完全耦合的电路

(3) 阻抗的电容抽头接入

电容抽头接入回路的电路如图 1-2-10 所示，其接入系数 p 可直接用电容比值表示为

$$p=\frac{C_1}{C_1+C_2} \tag{1-2-19}$$

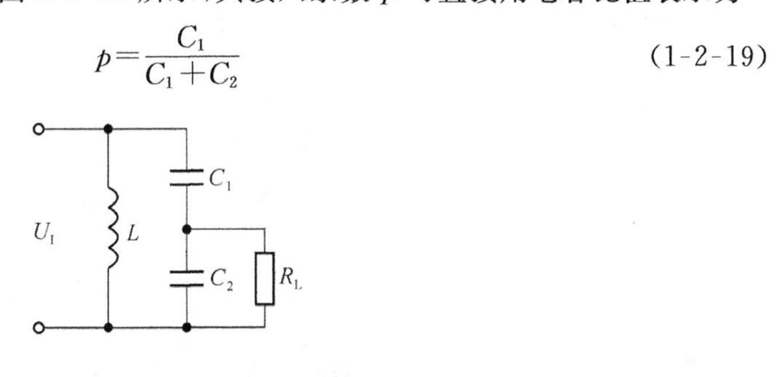

图 1-2-10　电容抽头接入回路

(4) 抽头并联振荡回路参数的折合

以图 1-2-9 所示的电感抽头接入回路 L_1 与 L_2 间完全耦合的自耦变压器电路为例，其接入系数 $p=N_2/N_1$，各类参数的转换公式计算如下。

① 电阻的转换

$$R'_L=R_L/p^2 \tag{1-2-20}$$

若负载阻抗为 Z_L，转换后为 Z'_L，则有

$$Z'_{L}=Z_{L}/p^{2} \tag{1-2-21}$$

② 电容的转换

$$C'=p^{2}C \tag{1-2-22}$$

③ 电源的转换

- 电压源的转换

$$U'_{S}=U_{S}/p \tag{1-2-23}$$

- 电流源的转换

$$I'_{S}=pI_{S} \tag{1-2-24}$$

需要注意的是,对信号源进行折合时的接入系数为 p,而不是 p^2。

1-2-2　计划决策

通过任务分析和对相关资讯的了解,讨论学习的计划并选定最优方案。

计划和决策(参考)

第一步	了解通信电子线路中的元器件的类型、特性及有关概念
第二步	理解电阻器、电容器和电感器的物理特性、等效电路和基本计算方法
第三步	理解 *LC* 谐振回路的类型、特点和主要参数的计算过程
第四步	理解谐振回路的接入方法及接入系数的计算
第五步	利用实验、仿真或调研等手段,进一步加深对通信电子线路中的元器件及其特性的理解

1-2-3　任务实施

学习型工作任务单

学习领域	通信电子线路			学时	78(参考)
学习项目	项目1　跨入通信电子线路之门——研究对象及方法			学时	10
工作任务	1-2　通信电子线路中的元器件			学时	4
班　级		小组编号		成员名单	
任务描述	1. 了解通信电子线路的基本元件及其特性。 2. 掌握电阻器、电容器和电感器的物理特性、等效电路和基本计算方法。 3. 掌握 *LC* 谐振回路的类型、特点和主要参数。 4. 掌握谐振回路的接入方法及接入系数的计算。				
工作内容	1. 了解通信电子线路中的元器件的类型、特性及有关概念。 2. 理解电阻器、电容器和电感器的物理特性、等效电路和基本计算方法。 3. 理解 *LC* 谐振回路的类型、特点和主要参数的计算过程。 4. 理解谐振回路的接入方法及接入系数的计算。				
提交成果和文件等	1. 电阻器、电容器和电感器的物理特性及其等效电路。 2. *LC* 谐振回路的类型、主要参数对照表。 3. *LC* 谐振回路的接入方法及接入系数的计算方法对照表。 4. 学习过程记录表及教学评价表(学生用表)。				
完成时间及签名					

1-2-4　展示评价

1. 教师及其他组负责人根据小组展示汇报整体情况进行小组评价。
2. 在学生展示汇报中，教师可针对小组成员的分工，对个别成员进行提问，给出个人评价。
3. 组内成员自评表及互评表打分。
4. 本学习项目成绩汇总。
5. 评选今日之星。

1-2-5　试一试

1. 各种通信电路基本上是由________、________和________组成的，在高频应用时要注意它们的________。

2. 通信电路中的无源器件主要有________、________和________；有源器件主要有________、________和________，常用于完成信号的____________。

3. 所谓趋肤效应，是指____。

4. 所谓品质因数，是指________和________之比。

5. 所谓通频带，是指______________________________________；LC 谐振回路的品质因数越高，则通频带越________（宽或窄），回路选择中心频率附近的信号的能力越________（强或弱）。

6. 已知 LC 串联谐振回路的谐振频率 $f_o=1.5$ MHz，$C=100$ pF，谐振电阻 $r=5\ \Omega$，则 $L=$________ H，谐振时的品质因数 $Q_o=$__________，通频带 $f_{bw}=$__________ Hz。

7. 已知 LC 并联谐振回路在谐振频率 $f_o=30$ MHz 时测得 $L=1\ \mu$H，$Q_o=100$，则 $C=$________ F，并联谐振电阻 $R_P=$________ Ω。

8. 对于图 1-2-11 所示电路，若给定如下参数：$f_o=30$ MHz；$C=20$ pF；线圈 L_{13} 的 $Q_o=60$，$N_{12}=6$，$N_{23}=4$，$N_{45}=3$；$R_1=10$ kΩ；$R_s=2.5$ kΩ；$R_L=830$ Ω；$C_s=9$ pF；$C_L=12$ pF。则 $L_{13}=$________ H，$Q_L=$____________。

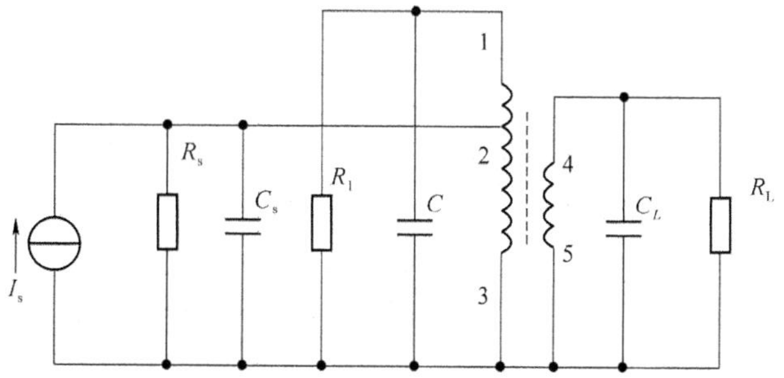

图 1-2-11　题 8 电路图

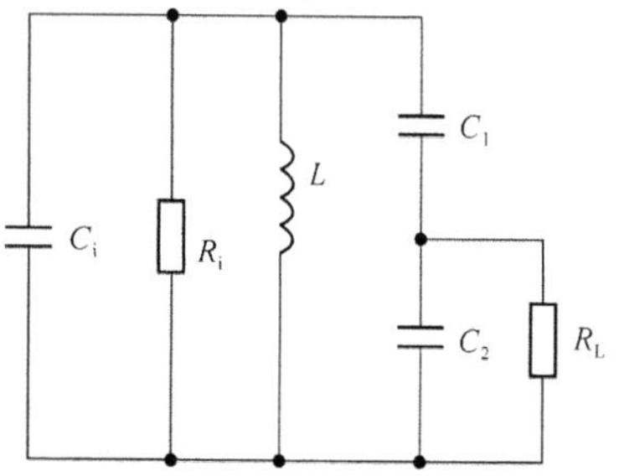

图 1-2-12　题 9 电路图

9. 对于图 1-2-12 所示电路，若给定如下参数：$L=0.8\ \mu$H，$Q_o=100$，$C_1=25$ pF，$C_2=15$ pF，$C_i=5$ pF，$R_i=10$ kΩ，$R_L=5$ kΩ。则 $f_o=$________ Hz，$R_P=$________ Ω，$Q_L=$________，$f_{bw}=$________ Hz。

1-2-6 练一练

1. 调研分析:高频环境下的印刷电路板制作与低频环境下的有何区别?
2. 调研分析:LC 谐振回路在通信电子线路中有哪些用途?

任务 1-3 通信电子线路中的研究方法

1-3-1 资讯准备

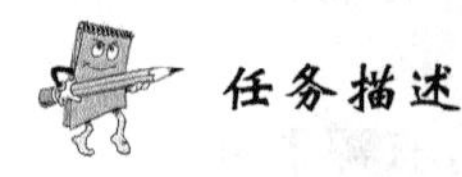

任务描述

1. 了解等效的概念和目的。
2. 理解混合 π 等效电路的基本模型、参数含义及应用特点。
3. 掌握 y 参数等效电路的基本模型、参数含义及应用特点。
4. 了解仿真的概念和目的,高频或射频仿真软件的类型、操作方法及主要应用领域。

资讯指南

资讯内容	获取方式
1. 等效的概念和目的是什么?等效是否指的"完全相等"?	阅读资料 上网 查阅图书 询问相关工作人员
2. 混合 π 等效电路的基本模型、参数含义及应用特点如何?	
3. y 参数等效电路的基本模型、参数含义及应用特点如何?	
4. 仿真的概念和目的是什么?仿真结果是否就是实际结果?	
5. Multisim 10、Multisim 2001、Pspice 等仿真软件各有什么特点?	

导学材料

一、等效电路法

由低频电子线路的学习可知,当一个二端口网络与另一个二端口网络在相同应用条件下伏安关系完全相同时,则称这两个二端网络在电路分析中对于外电路的作用是相同的,即它们是等效的。

由于低频电子线路一般为线性电路,因此采用等效电路法可以简化分析模型、降低分析难度。而通信电子线路一般为高频非线性电路,因此采用等效法具有局限性,而往往采用仿真法和图解法。但是,在分析高频小信号放大器时,由于电路近似工作于线性状态,因此也可以采用等效法来描述某些元件的特性。

晶体管工作在高频小信号状态时,常用等效电路是混合 π 参数等效电路和 y 参数等效电路。通常,分析小信号谐振放大器时采用 y 参数等效电路,但因其参数是随工作频率不同而有所变化,故不能充分说明晶体管内部的物理过程。而混合 π 参数等效电路用集中参

数元件 RC 表示，物理过程明显，在分析电路原理时用得较多。

1. 晶体管混合 π 参数等效电路

混合 π 参数等效电路又称物理结构等效电路，它是从模拟晶体管的物理结构出发，用集总参数元件 r、C 和受控源表示晶体管内的复杂关系。

混合 π 参数等效电路的优点是，各元件参数物理意义明确，在较宽的频带内元件值基本上与频率无关。其缺点是，参数随器件不同而有较大差异，分析和测量不便。因此，混合 π 参数等效电路比较适合分析宽频带放大器。

图 1-3-1 所示是晶体管共射极时的混合 π 参数等效电路，各参数的物理意义及相关特点如表 1-3-1 所述。

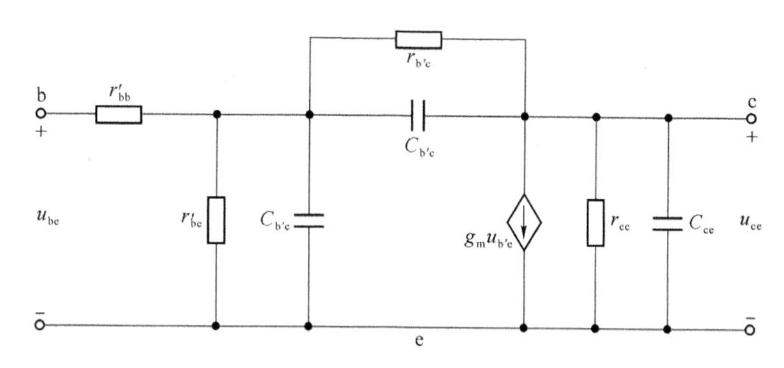

图 1-3-1　晶体管共射混合 π 参数等效电路

表 1-3-1　混合 π 参数的物理意义及特点

参数	物理意义及特点
$r_{b'b}$	晶体管基区体电阻，一般为 10～200 Ω
$r_{b'e}$	发射结电阻：晶体管工作于放大状态时，发射结处于正向偏置，所以 $r_{b'e}$很小，可表示为 $r_{b'e}=26\beta_0/I_e(\mathrm{mA})$，其中，$\beta_0$ 为共发射极组态晶体管的低频电流放大倍数，I_e 为发射极电流
$C_{b'e}$	发射结电容
$r_{b'c}$	集电结电阻：由于集电结处于反向偏置，因此 $r_{b'c}$的数值很大
$C_{b'c}$	集电结电容：数值很小。在本教材所讨论的频率范围内，$C_{b'c}$的容抗值比 $r_{b'c}$大得多，因此在对等效电路进行简化时，常用 $C_{b'c}$代替 $r_{b'c}$和 $C_{b'c}$的并联电路
r_{ce}	集电极电阻
C_{ce}	集电极与发射极之间的电容
$g_m u_{b'e}$	晶体管放大作用的等效电流源，其中，$g_m = I_e/26$，表征了晶体管的放大能力，称为跨导，单位为 S

由表 1-3-1 可知，晶体管的混合 π 参数与 β_0、I_e 等参数有关，即与静态工作点有关。确定 π 参数可以先查阅手册，找出 $r_{b'b}$、$C_{b'e}$、β_0、f_T 等参数，然后根据以上关系可以计算出其他参数。

2. 晶体管 *y* 参数等效电路

晶体管有共射、共基、共集 3 种工作组态。共射组态时的四端网络模型如图 1-3-2(a) 所示，存在输入电压$\dot{U}_1$、输入电流$\dot{I}_1$、输出电压$\dot{U}_2$、输出电流$\dot{I}_2$ 4 个参量。如果把其中的两个参量作自变量，另两个参量作为自变量的函数，就可得 a、h、y、z 4 种参量的参数方程，存在着 4 种不同的等效电路，这种等效电路就称为参数等效电路。

本节重点介绍 y 参数等效电路。

若以 $\dot{U}_1$ 和 $\dot{U}_2$ 为自变量，以 $\dot{I}_1$ 和 $\dot{I}_2$ 为因变量，则有

$$\dot{I}_1 = y_{11}\dot{U}_1 + y_{12}\dot{U}_2 \tag{1-3-1}$$

$$\dot{I}_2 = y_{21}\dot{U}_1 + y_{22}\dot{U}_2 \tag{1-3-2}$$

该方程就是高频晶体管的 y 参数方程，各参数含义见表 1-3-2。

表 1-3-2 y 参数的物理意义及特点

参数及表达式	物理意义
$y_{11}=y_i=\dot{I}_1/\dot{U}_1\vert_{\dot{U}_2=0}$	输出短路时的输入导纳
$y_{12}=y_r=\dot{I}_1/\dot{U}_2\vert_{\dot{U}_1=0}$	输入短路时的反向传输导纳
$y_{21}=y_f=\dot{I}_2/\dot{U}_1\vert_{\dot{U}_2=0}$	输出短路时的正向传输导纳
$y_{22}=y_o=\dot{I}_2/\dot{U}_2\vert_{\dot{U}_1=0}$	输入短路时的输出导纳

根据式(1-3-1)和式(1-3-2)可得出如图 1-3-2(b)所示的 y 参数等效电路。各组态下的 y 参数如表 1-3-3 所示。

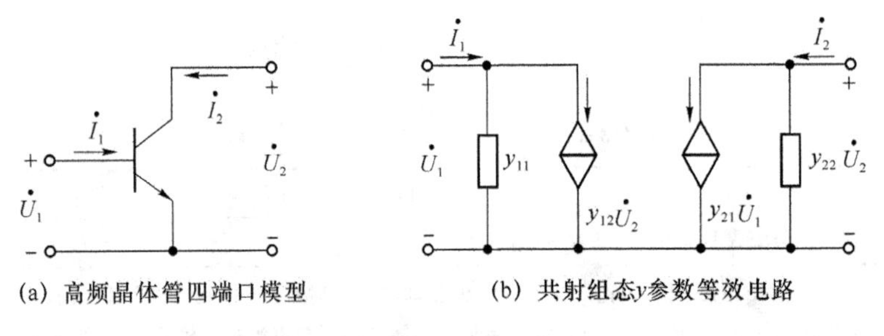

(a) 高频晶体管四端口模型　(b) 共射组态y参数等效电路

图 1-3-2 共射极高频晶体管及其 y 参数等效电路

表 1-3-3 不同组态下的 y 参数

组态	参数值	y 参数表示法
共射	$\dot{I}_1=\dot{I}_b,\dot{U}_1=\dot{U}_{be},\dot{I}_2=\dot{I}_c,\dot{U}_2=\dot{U}_{ce}$	$y_{ie}\ y_{fe}\ y_{re}\ y_{oe}$
共基	$\dot{I}_1=\dot{I}_e,\dot{U}_1=\dot{U}_{eb},\dot{I}_2=\dot{I}_c,\dot{U}_2=\dot{U}_{cb}$	$y_{ib}\ y_{rb}\ y_{fb}\ y_{ob}$
共集	$\dot{I}_1=\dot{I}_b,\dot{U}_1=\dot{U}_{bc},\dot{I}_2=\dot{I}_e,\dot{U}_2=\dot{U}_{ec}$	$y_{ic}\ y_{rc}\ y_{fc}\ y_{oc}$

y 参数与混合 π 参数等效电路的参数的变换关系可根据 y 参数的定义求出，其计算公式可参阅有关资料，在此不予推导。

二、仿真分析法

所谓电路仿真，是指借助虚拟模拟软件(如 EWB、ORCAD、Pspice 等)模拟出电路的基本工作过程，并把电路工作时体现出来的现象(如声音、频率、各点的电压值、各点的电流值和工作波形图等参数)通过模拟软件的虚拟界面表现出来。电路仿真分析是电子电路开发的重要环节，它能在形成实际产品之前，通过软件仿真获取电路的性能参数，可以方便地解

决电子工作者在设计方面的诸多难题。由于仿真并无法完全真实地模拟实际电路，所以仿真的结果可能与现实有差别。

能实现电路仿真分析的软件很多，选择软件需根据频率高低、仿真对象而定。仿真低频电路时，可采用早期的 EWB 5.0，其操作简单、直观，上手容易；仿真高频电路时，可采用 Multisim 2001、Pspice 8.0、Matlab 6.0 等；在微波仿真方面，则可采用 ADS、Sonnet 电磁仿真软件、IE3D 和 Microwave office 等；而对于近年来迅速发展的 IP 核电路仿真，则可采用 Maxplus II、VHDL、CPLD/FPGA 等。总之，目前的电路设计已经发展为以计算机为工作平台、以 EDA 软件工具为开发环境、以硬件描述语言为设计语言、以可编程逻辑器件为实验载体、以 ASIC 和 SoC 为设计目标、以电子系统设计为应用方向的电子产品设计过程。

本教材所涉及的通信电子线路一般工作在数百千赫兹和几十兆赫兹的高频频段，因此仅在有关章节重点介绍 Multisim 2001、Multisim 10、Pspice 8.0 3 款电路仿真软件的基本特性及功能。另有滤波器设计软件 RFSIM 99、Filter Solutions、Filter Wiz Pro、FilterCAD、FilterLab、FilterPro 可供读者选用。

1. Multisim 2001 电路仿真

Multisim 2001 提供 16 000 多个高品质的模拟、数字元器件和 RF 组件模型，除此之外，用户还可以自行编辑和设计相应的元器件。Multisim 2001 不仅提供了电路的多种仿真分析方法，如直流扫描分析、参数扫描分析、交流频率特性分析、瞬态分析、傅里叶分析和后处理器功能等，而且提供了两个仪表和多台仪器，仪表有直流电压表、直流电流表，常用的仪器有数字万用表、函数信号发生器、功率表、示波器、扫频仪、数字信号发生器、逻辑分析仪和逻辑转换仪。

2. Multisim 10 电路仿真

美国国家仪器公司下属的 Electronics Workbench Group 发布的 Multisim 10 和 Ultiboard 10，是交互式 SPICE 仿真和电路分析软件的最新版本，专用于原理图捕获、交互式仿真、电路板设计和集成测试。这个平台将虚拟仪器技术的灵活性扩展到了电子设计者的工作台上，弥补了测试与设计功能之间的缺口。通过将 NI Multisim 10 电路仿真软件和 LabVIEW 测量软件相集成，使需要设计制作自定义印制电路板(PCB)的工程师能够非常方便地比较仿真和真实数据，规避设计上的反复，减少原型错误并缩短产品上市时间。

工程师们可以使用 Multisim 10 交互式地搭建电路原理图，并对电路行为进行仿真。Multisim 10 提炼了 SPICE 仿真的复杂内容，这样工程师无须懂得深入的 SPICE 技术，就可以很快地进行捕获、仿真和分析新的设计，这也使其更适合电子学教育。通过 Multisim 和虚拟仪器技术，PCB 设计工程师和电子学教育工作者可以完成从理论到原理图捕获与仿真，再到原型设计和测试这样一个完整的综合设计流程。

“Multisim 10 为 NI 电子学教育平台提供了一个强大的基础，NI 电子学教育平台也包括了 NIELVIS(教学实验室虚拟仪器套件)原型工作站和 NI LabVIEW，它给学生提供了一个贯穿电子产品设计流程的全面的动手操作经验。”NI 院校关系副总裁 RayAlmgren 说，“通过这个平台，学生能够很容易地在动手做原型的过程中把理论知识转换到实践经验中去，从而对电路设计有更深入的认识和理解。”Multisim 10 的主要特点及使用方法详见附录《Multisim 10 仿真软件使用指南》。

Multisim 10 和 Ultiboard 10 推出了很多专业设计特性，主要是高级仿真工具、增强的元件库和扩展的用户社区。元件库包括 1 200 多个新元器件和 500 多个新 SPICE 模块，这些都来自于美国模拟器件公司(Analog Devices)、凌力尔特公司(Linear Technology)和德州仪器(Texas Instruments)等业内领先的厂商，其中也包括 100 多个开关模式电源模块。其他增强的功能有：会聚帮助(Convergence Assistant)，能够自动调节 SPICE 参数纠正仿真错误；数据的可视化与分析功能，包括一个新的电流探针仪器和用于不同测量的静态探点，以及对 BSIM4 参数的支持。

NI Ultiboard 10 为用户在做 PCB 设计时的布局、布线提供了一个易于使用的直观平台。整个设计的过程从布局、元器件摆放到布铜线都在一个灵活设计的环境中完成，使得操作速度和控制都达到最优化。拖放和移动元器件以及布铜线的速度在 NI Ultiboard 10 得到了显著提高。在修改了设计规则检查后，用户现在打开一个大型设计的时间快了两倍。这些功能的增强都使从原理图到实际电路板的转换变得更便捷，也使最后的 PCB 设计质量得到很大提高。

Multisim 10 可以作为一个完整的包括 Ultiboard 10 和 NI LabVIEW Signal Express 的集成设计与测试的平台进行订购。LabVIEW Signal Express 交互式测量软件通过在工作台上控制所有的仪器来提高效率。

3. Pspice 8.0 电路仿真

Pspice 是由美国 Microsim 公司推出的基于加州大学伯克利分校开发的 SPICE(Simulation Program with Integrated Circuit Emphasis)而发展起来的一种通用电路仿真软件，拥有丰富的元器件库、参数模型库以及种类齐全的测试仪器仪表等，为分析和设计电路提供了强大的计算机仿真工具，对电子工程、信息工程和自动控制等领域的工作人员有很高的实用价值。

Pspice 采用模块化和层次化设计，可集成性高，并有直观的 Probe 观测功能，能提供直流分析、交流小信号分析、瞬态分析、蒙特卡洛分析等各类仿真功能。

对于上述 3 款仿真软件，建议读者参阅表 1-3-4 所示的几本书籍或网页，本教材仅介绍其在仿真中的具体应用过程。

表 1-3-4　仿真软件参考资料

软件类型	主要参考资料
Multisim 2001	1. 郑步生，吴渭. Multisim 2001 电路设计及仿真入门与应用. 北京：电子工业出版社，2002. 2. 黄智伟. 基于 Multisim 2001 的电子电路计算机仿真设计与分析. 北京：电子工业出版社，2004.
Multisim 10	1. 黄培根，任清褒. Multisim 10 计算机虚拟仿真实验室(EDA 工具应用丛书)(EDA 工具应用丛书). 北京：电子工业出版社，2008. 2. 黄培根. Multisim 10 虚拟仿真和业余制版实用技术. 北京：电子工业出版社，2008. 3. http://wdxyctei.jpkcl.ynnu.edu.cn/emluator.aspx(云南师大电子信息技术实验教学中心).
Pspice 8.0	1. 付家才. EDA 原理与应用. 2 版. 北京：化学工业出版社，2006. 2. http://www.ee.zsu.edu.cn/irp/uploadfile/netclass/ElecCAI/PSPICE/main01.htm. 3. http://www.jxdii.gov.cn/zwga/2006/21335.html.

1-3-2　计划决策

通过任务分析和对相关资讯的了解，讨论学习的计划并选定最优方案。

计划和决策(参考)

第一步	了解通信电子线路的主要研究方法(等效和仿真的概念及应用)
第二步	理解混合 π 等效电路的基本模型、参数含义及应用特点
第三步	理解 y 参数等效电路的基本模型、参数含义及应用特点
第四步	了解仿真软件的类型及功能,通过实践操作熟悉各类仿真软件的使用方法

1-3-3　任务实施

学习型工作任务单

学习领域	通信电子线路			学时	78(参考)
学习项目	项目 1　跨入通信电子线路之门——研究对象及方法			学时	10
工作任务	1-3　通信电子线路中的研究方法			学时	2
班　级		小组编号		成员名单	
任务描述	1. 了解等效的概念和目的。 2. 理解混合 π 等效电路的基本模型、参数含义及应用特点。 3. 掌握 y 参数等效电路的基本模型、参数含义及应用特点。 4. 了解仿真的概念和目的,高频或射频仿真软件的类型、操作方法及主要应用领域。				
工作内容	1. 理解混合 π 等效电路的基本模型、参数含义及应用特点。 2. 掌握 y 参数等效电路的基本模型、参数含义及应用特点。 3. 了解高频或射频仿真软件的类型、操作方法及主要应用领域。				
提交成果和文件等	1. 混合 π 等效电路、y 参数等效电路的基本模型、参数含义及应用特点对照表。 2. 三类仿真软件的特点、功能及应用对照表。 3. 学习过程记录表及教学评价表(学生用表)。				
完成时间及签名					

1-3-4　展示评价

1. 教师及其他组负责人根据小组展示汇报整体情况进行小组评价。
2. 在学生展示汇报中,教师可针对小组成员的分工,对个别成员进行提问,给出个人评价。
3. 组内成员自评表及互评表打分。
4. 本学习项目成绩汇总。
5. 评选今日之星。

1-3-5　试一试

1. 所谓“等效”,是指____。

2. 高频应用时,晶体管的等效模型有__________和__________,分别适用于____________________和____________________应用场合。

3. 所谓“仿真”，是指____

____。

4. 高频仿真时，主要使用的软件有：____

____。

1-3-6 练一练

1. 调研分析：试将图 1-3-3 所示电路等效为混合 π 参数等效电路和 y 参数等效电路。

混合 π 参数等效电路	y 参数等效电路

2. 调研分析：试结合任务 1-2 所学知识，进一步将图 1-3-3 的 y 参数等效电路中的变压器等效化简。

3. 试按照附录的有关步骤，运用 Multisim 10 仿真软件仿真分析图 1-3-4 所示电路的 $A_u=$________。

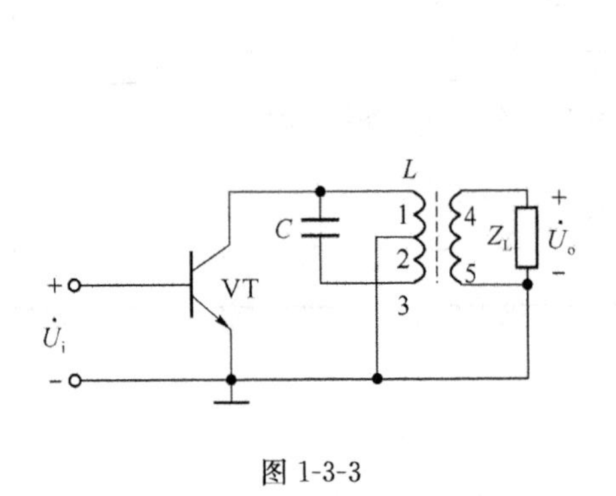

图 1-3-3

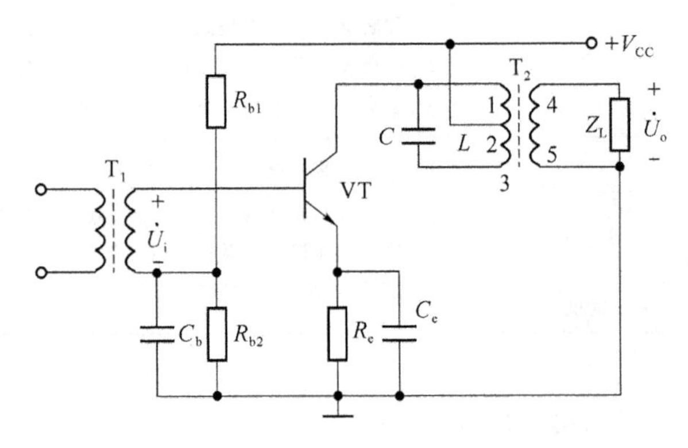

图 1-3-4　高频小信号放大器电路原理图

项目2 让微弱信号大起来

——认识信号放大器

项目描述

在无线通信中，发射与接收的无线电信号通常是已调信号，具有窄带特性。经过长距离的无线传输后，信号会受到很大衰减和噪声干扰，到达接收设备的信号是非常弱的。

为了实现高有效性、高可靠性和远距离地传输信息，就需要提高发射方的辐射功率和接收方的接收灵敏度。要提高发射功率，就需要在发送方对已调信号进行功率放大；要提高接收灵敏度，就需要接收方首先从收到的各种信号中选择出所需信号，并对其进行放大以便后级电路处理。

完成功率放大的电路称为功率放大器，高频电路中一般采用丙类谐振功率放大器或传输线变压器构成的宽带非谐振功率放大器实现。无论是广播通信，还是其他通信，从发射机发射信号都需要有一定的功率。传送信号的距离越远，需要的发送功率就越大。因功能及应用场合的特点，对高频功率放大器的主要要求是：输出足够的功率、具有高效率的功率转换以及抑制非线性失真。

既具有从微弱信号中选择有用信号的能力，又能对信号进行放大处理的高频放大器称为高频小信号放大器，一般采用 LC 谐振回路做负载，因此常称为高频小信号谐振放大器。高频小信号放大器也广泛地应用于广播、电视、通信、测量仪器等设备中。它们的主要功能是从接收的众多电信号中选出有用信号并加以放大，同时抑制无用信号、干扰信号、噪声信号，以提高接收信号的质量和抗干扰能力。高频小信号放大器的主要性能指标有谐振增益、通频带、选择性及噪声系数等。

除了上述两类放大器以外，通信接收机中还广泛地应用了另外一类放大器——集成中频放大器，它的主要特点是增益高、通频带宽且平坦，用于放大中频信号。

学习本项目的目的是了解各类放大器的有关概念、功能及应用场合，理解电路的工作原理，掌握有关性能指标的分析方法并运用仿真或实验手段测试相应指标。

学习任务

任务 2-1：高频小信号放大器。主要讨论用于接收机中作微弱信号前置放大功能的高频小信号谐振放大器的功能、类型、电路结构及工作原理、主要性能参数的分析和测试方法。

任务 2-2：集成中频放大器。主要讨论用于接收机中作中频放大功能的集成中频放大器的功能、类型、电路结构及工作原理、主要性能参数的分析和测试方法。

任务 2-3:高频功率放大器。主要讨论用于发射机中作末级功率放大功能的高频功率放大器的功能、类型、电路结构及工作原理、主要性能参数的分析和测试方法。

任务 2-1　高频小信号放大器

2-1-1　资讯准备

任务描述

1. 了解高频小信号放大器的功能、类型、主要性能指标。

2. 理解单管单调谐高频小信号放大器的电路结构及工作原理、主要性能指标的分析及测试方法。

3. 理解单管双调谐高频小信号放大器的电路结构及工作原理、主要性能指标的分析及测试方法。

资讯指南

资讯内容	获取方式
1. 高频小信号放大器的功能是什么？有哪些类型？主要应用于什么地方？	阅读资料 上网： www. grchina. com www. mc21st. com 查阅图书 询问相关工作人员
2. 高频小信号放大器有哪些性能指标？	
3. 单管单调谐高频小信号谐振放大器的电路结构如何？怎样工作？	
4. 直流通路和交流通路的作用是什么？怎样画出电路的两类通路？	
5. 接入系数的含义及计算方法。	
6. 晶体管等效模型及其在分析小信号放大器主要性能指标中的应用。	
7. 单管双调谐高频小信号谐振放大器的电路结构如何？怎样工作？	
8. 高频小信号放大器的设计、仿真、测试方法。	

导学材料

一、概述

在任务 1-1 中,已经学习过采用调幅方式的无线广播接收机的组成方框图,这里重新列出如图 2-1-1 所示。

在超外差式接收机中,高频放大器通常由一级或多级小信号谐振放大器组成,用于前置放大天线上感生的微弱高频电信号,因此又将其称为高频小信号谐振放大器,具有通频带宽、增益平坦、线性放大、可调谐等特点。在 GSM、TD-SCDMA 手机及数字彩色电视机中,又将其称为低噪声放大器,用 LNA 表示。

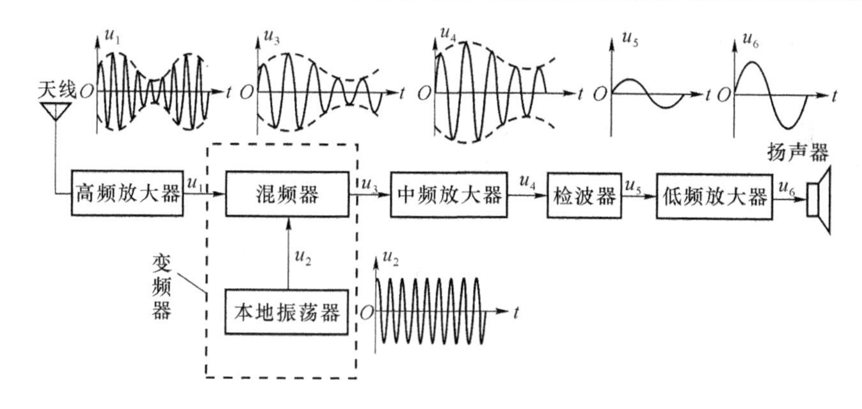

图 2-1-1　采用调幅方式的无线广播接收机的组成方框图

1. 高频小信号放大器的功能

所谓“高频”，是指被放大信号的频率在数百千赫兹至数百兆赫兹；所谓“小信号”，是指放大器输入信号小(通常振幅在 200 mV 以下)，可以认为放大器的晶体管(或场效应管)是在线性范围内工作，因此可将其视为线性元件，在分析电路时将其等效为二端口网络。

高频小信号放大器的功能是实现对微弱高频信号进行不失真地放大。从能量转换角度看，放大是指利用高频微弱信号去控制放大电路，将直流能量转换为高频交流能量；而从信号频谱角度看，放大器输入信号频谱与放大后输出信号的频谱是完全相同的，如图 2-1-2 所示，放大后信号幅度增加，但周期并没有变。

图 2-1-2　高频小信号放大器输入/输出波形示意图

2. 高频小信号放大器的分类

高频小信号放大器是通信设备中常用的功能电路，依据不同的标准，可得如表 2-1-1 所示的分类列表。

表 2-1-1　高频小信号放大器的分类

分类标准	主要类型	说　明
器件	晶体管、场效应管、集成电路放大器	
通频带	宽带放大器和窄带放大器	频带宽窄是指相对频带的大小，即通频带与其中心频率的比值。宽带放大器的相对频带较宽(往往在 0.1 以上)，窄带放大器的相对频带较窄(往往小到 0.01)
负载性质	谐振放大器和非谐振放大器	所谓谐振放大器，就是采用谐振回路(LC 串并联谐振回路及耦合回路)做负载的放大器。根据谐振回路的特性，谐振放大器对于靠近谐振频率的信号，有较大的增益；对于远离谐振频率的信号，增益迅速下降。所以，谐振放大器不仅有放大作用，而且也起着滤波或选频的作用
电路形式	单级放大器和多级放大器	

由各种滤波器(如 LC 集中选择性滤波器、石英晶体滤波器、声表面波滤波器、陶瓷滤波器等)和阻容放大器组成非调谐的各种窄带和宽带放大器,因其结构简单、性能良好,又能集成化,已被广泛应用。本章重点讨论晶体管单级窄带谐振放大器。

3. 高频小信号放大器的主要性能指标

(1) 电压增益与功率增益

电压增益 $\dot{A}_u$ 等于放大器输出电压 $\dot{U}_o$ 与输入电压 $\dot{U}_i$ 之比,即

$$\dot{A}_u=\frac{\dot{U}_o}{\dot{U}_i} \tag{2-1-1}$$

若以分贝表示,有

$$A_u(\mathrm{dB})=20\lg\ |\dot{A}_u|=20\lg\left|\frac{\dot{U}_o}{\dot{U}_i}\right| \tag{2-1-2}$$

在使用高频小信号谐振放大器时,一般将放大器调谐在有用信号的中心频率 f_o 上,此时放大器的电压增益将达到最大值,称为谐振电压增益,用 $\dot{A}_{uo}$ 表示,用于衡量放大器对有用信号的放大能力。所谓"调谐"放大器,是指放大器的集电极负载为调谐回路(如 LC 调谐回路),这种放大器对谐振频率 f_o 的信号具有最强的放大作用,而对其他频率远离 f_o 的信号的放大作用很差。

功率增益 A_p 等于放大器输出功率 P_o 与输入功率 P_i 之比,即

$$A_p=\frac{P_o}{P_i} \tag{2-1-3}$$

若以分贝表示,有

$$A_p(\mathrm{dB})=10\lg\frac{P_o}{P_i} \tag{2-1-4}$$

(2) 通频带

通频带的定义是放大器的电压增益下降到最大值的 $1/\sqrt{2}$(约 0.707)时,所对应的频带宽度。

通频带常用 f_{bw} 表示,并取 $f_{bw}=2\Delta f_{0.707}$(如图 2-1-3 所示)。$2\Delta f_{0.707}$ 也称为 3 dB 带宽。

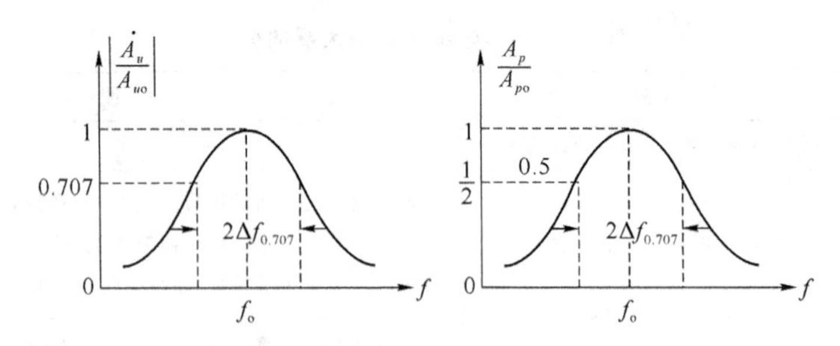

图 2-1-3 高频小信号放大器的通频带

由于高频小信号放大器一般用于接收机前置放大具有一定频带宽度的已调制信号,所以放大器必须要求有一定的通频带,以便让信号中的有用频谱分量通过。

与谐振回路相同,放大器通频带决定于回路的形式和等效品质因数 Q_L,并且通频带愈宽,放大器的增益愈小,即增益和通频带是相互矛盾的。此外,多级放大器的总通频带随着

级数的增加而变窄。

(3) 选择性

从各种不同频率信号(含有用信号和无用干扰信号)中选出有用信号,抑制干扰信号的能力称为放大器的选择性,用矩形系数 K_r 和抑制比 d_n 来表征。

① 矩形系数 K_r

理想的频带放大器应该对通频带内的频谱分量有相同的放大能力,而对通频带以外的频谱分量完全抑制,即不予放大。所以,理想的频带放大器的频率响应曲线应是矩形,如图 2-1-4 中的虚线所示。但是,实际放大器的频率响应曲线与矩形有较大的差异,如图 2-1-4 中的实线所示。

为了表示实际曲线形状接近理想矩形的程度,引入"矩形系数",用 $K_{r0.1}$ 或 $K_{r0.01}$ 表示,其定义分别为

$$K_{r0.1}=\frac{2\Delta f_{0.1}}{2\Delta f_{0.707}} \tag{2-1-5}$$

$$K_{r0.01}=\frac{2\Delta f_{0.01}}{2\Delta f_{0.707}} \tag{2-1-6}$$

其中,$2\Delta f_{0.707}$ 表示放大器的通频带;$2\Delta f_{0.1}$、$2\Delta f_{0.01}$ 分别为放大器电压增益下降至最大值的 10% 和 1% 时所对应的带宽。显然,K_r 越接近于 1,放大器的选择性越好。

② 抑制比 d_n

抑制比 d_n 表示放大器对频率为 f_n 的干扰信号的抑制能力,其定义为

$$d_n=\frac{|\dot{A}_{uo}|}{|\dot{A}_{un}|} \tag{2-1-7}$$

式中,$\dot{A}_{un}$ 为放大器对频率 f_n 的干扰信号的电压增益,$\dot{A}_{uo}$ 为放大器工作在谐振频率 f_o(有用信号中心频率)时的谐振电压增益。显然,抑制比 d_n 值越大,放大器的选择性越好。

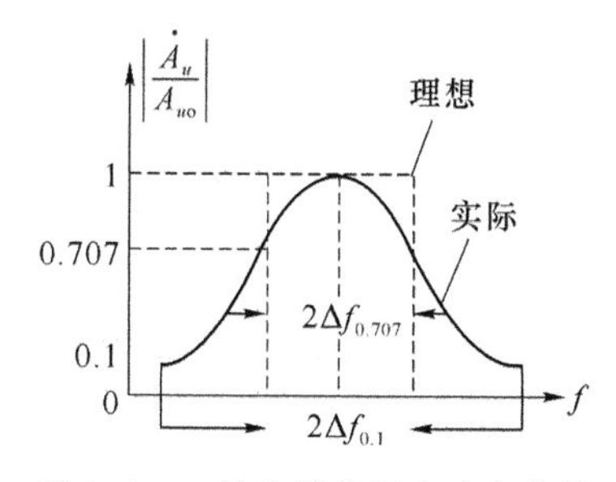

图 2-1-4 放大器的频率响应曲线

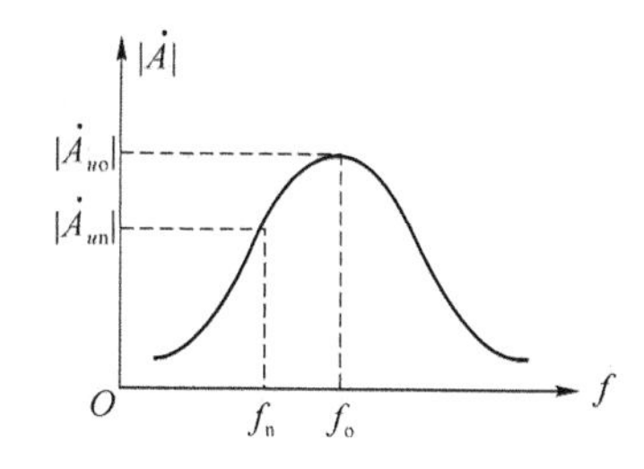

图 2-1-5 放大器对 f_n 的抑制能力

(4) 工作稳定性

工作稳定性是指放大器的直流偏置(工作电源电压)、晶体管参数、电路元件参数等发生变化时,放大器主要性能的稳定程度。一般的不稳定现象是增益变化、中心频率偏移、通频带变化、选择性变化等。不稳定状态的极端情况是放大器自激,以致使放大器完全不能工作。

为使放大器稳定工作,必须采取稳定措施,如限制多级放大器的单级增益,选择内反馈小的晶体管,应用中和或失配方法等。

(5) 噪声系数 N_F

放大器在工作时不但要受到外界无用信号的干扰,其本身也会产生无用信号,即所谓的

噪声,这是由放大器中的元器件内部载流子的不规则运动引起的。对于放大器来说,总是希望放大器本身产生的噪声越小越好。

噪声系数 N_F 用于表征放大器的抗噪声性能的好坏,其定义为

$$N_F=\frac{P_{si}/P_{ni}(\text{输入信噪比})}{P_{so}/P_{no}(\text{输出信噪比})} \tag{2-1-8}$$

若以分贝表示,有

$$N_F(\text{dB})=10\lg\frac{P_{si}/P_{ni}(\text{输入信噪比})}{P_{so}/P_{no}(\text{输出信噪比})}\quad(\text{dB}) \tag{2-1-9}$$

显然,噪声系数恒大于1,并且噪声系数越小(即 N_F 越接近1),放大器的抗噪声性能越好。在多级放大器中,第一、二级的噪声对整个放大器的抗噪声性能影响最大,因此要尽量减小它们的噪声系数。

二、单管单调谐高频小信号放大器

谐振放大器就是采用谐振回路做负载的放大器,它不仅能放大信号,还具有选频、滤波作用,因而广泛应用于广播、电视、通信、雷达等接收设备中。

小信号调谐放大器的种类很多,按谐振回路区分,有单调谐放大器、双调谐放大器和参差调谐放大器;按晶体管连接方法区分,有共基极、共集电极、共发射极调谐等。本节主要讲述单管单调谐(仅含一个 *LC* 谐振回路)放大器的工作原理和性能分析。

1. 基本电路与工作原理

单调谐放大器的基本电路如图 2-1-6 所示,它是由共发射极组态的晶体管放大器和并联谐振回路组成的。

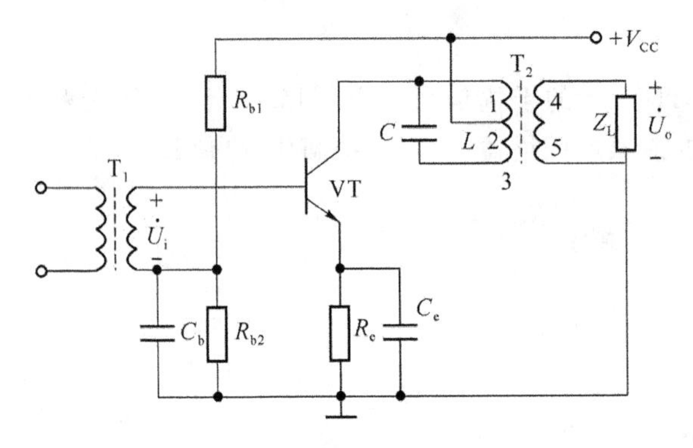

图 2-1-6　单调谐放大器的基本电路

图 2-1-6 中,R_{b1}、R_{b2}、R_e 组成稳定静态工作点的分压式偏置电路,它们与晶体管 VT 一起构成共发射极放大器;C_b、C_e 为高频旁路电容;电感 L 和电容 C 构成并联谐振回路,用做放大器的集电极负载;变压器 T_1、T_2 为放大器的输入输出耦合元件。

放大器的实际负载 Z_L 通过变压器,以部分接入方式接入放大器集电极,这样接入的原因有三:①如果三极管的输出与输入导纳直接并接于谐振回路两端,将使回路 Q 值降低,增益下降;②当电路的分布参数和直流偏置发生变化时,将引起谐振频率的变化,采用部分接入法可减小这种变化,提高稳定性;③使放大器的前后级匹配。

电路的工作原理可用下述信号流程示意:高频信号电压 $\xrightarrow{T_1\text{互感耦合}}$ 基极电压

$\xrightarrow{\text{管子 be 结}}$ 基极电流 i_B $\xrightarrow{\text{管子放大作用}}$ 集电极电流 i_C $\xrightarrow{LC\text{谐振回路选频}}$ 回路谐振电压 $\xrightarrow{T_2\text{互感耦合}}$ 负载电流 i_L 在负载上产生较大的高频信号电压。

2. 静态分析

静态分析用于确定放大器的静态工作点,合理的静态工作点将有助于减小放大器的非线性失真,提高稳定性。静态分析时,可首先画出放大器的直流通路,然后计算参数 I_{BQ}、I_{CQ}、U_{CEQ}。

单调谐高频小信号放大器的直流通路如图 2-1-7 所示。

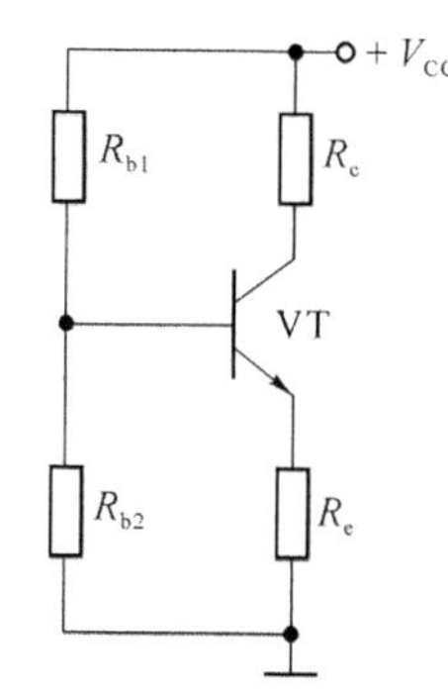

图 2-1-7　单调谐放大器的直流通路

对于电容器 C_b、C_e,根据"隔直通交"的特点,可认为对直流信号开路;对于变压器 T_1 的次级线圈,根据电感"隔交通直"的特点,可认为对直流信号短路;而对于变压器 T_2 的初级线圈 L 与电容 C 组成的谐振回路,一般不根据电容"隔直通交"和电感"隔交通直"处理,而将其等效为集电极损耗电阻 R_c。

由图 2-1-7 可得

$$U_{BQ}=V_{CC}\cdot R_{b2}/(R_{b1}+R_{b2})$$

$$I_{EQ}=(U_{BQ}-U_{BE})/R_e$$

对于硅管而言,U_{BE}一般取值 0.7 V;而对于锗管而言,U_{BE}一般取值 0.2 V。

$$I_{CQ}\approx I_{EQ} \tag{2-1-10}$$

$$I_{BQ}=I_{EQ}/(1+\beta) \tag{2-1-11}$$

$$U_{CEQ}=V_{CC}-I_{CQ}R_c-I_{EQ}R_e\approx V_{CC}-I_{CQ}(R_c+R_e) \tag{2-1-12}$$

3. 动态分析

(1) 等效电路及其简化

单调谐放大电路的交流通路如图 2-1-8 所示。对于旁路电容和耦合电容,一般按"隔直通交"处理;对于普通电感或高频扼流圈,则按"隔交通直"处理。但是,对于电感 L、电容 C 组成的谐振回路,由于其谐振特性,不能按上述原则处理,一般先保留不变;而对于直流电压源,则作直接对地短路处理。由于晶体管工作频率高,故不能忽略输出电容 C_{oe} 和输入电容 C_{ie}。

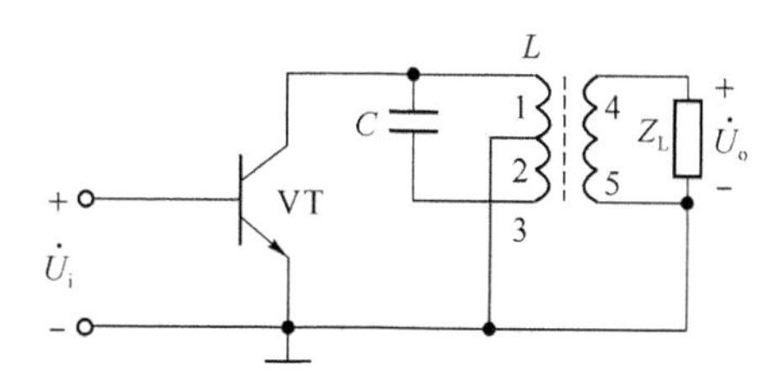

图 2-1-8　单调谐放大器的交流通路

由图 2-1-8 可知,晶体管和负载 Z_L 均是部分接入 LC 谐振回路,其中晶体管和负载的接入系数 P_1 和 P_2 分别为

$$P_1=N_{12}/N_{13} \tag{2-1-13}$$

$$P_2=N_{45}/N_{13} \tag{2-1-14}$$

为了便于计算，需进一步将交流通路简化为如图 2-1-9 所示的 y 参数等效电路(其中，$\dot{U}_{be}=\dot{U}_i$)。

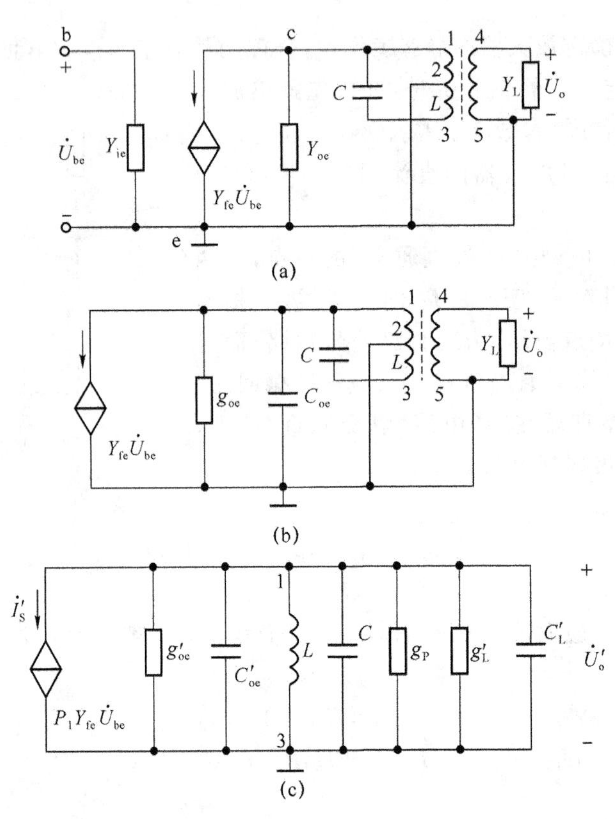

图 2-1-9 单调谐放大器的 y 参数等效电路及其简化

图 2-1-9(a)中，Y_{fe}表示晶体管的正向传输导纳；Y_{oe}表示放大器的输出导纳，为方便计算，可将其等效为图 2-1-9(b)所示的输出电导 g_{oe}和输出电容 C_{oe}的并联形式，并且有

$$Y_{oe}=g_{oe}+j\omega C_{oe} \tag{2-1-15}$$

其中，ω 表示放大器输入信号的角频率。

根据部分接入的特点，可将图 2-1-9(b)进一步化简为图 2-1-9(c)，并且有

$$\dot{I}'_S=P_1\dot{I}_S=P_1Y_{fe}\dot{U}_{be} \tag{2-1-16}$$

$$g'_{oe}=P_1^2g_{oe},C'_{oe}=P_1^2C_{oe} \tag{2-1-17}$$

$$g'_L=P_2^2g_L,C'_L=P_2^2C_L \tag{2-1-18}$$

对于图 2-1-9(c)所示电路，有总电导

$$g_\Sigma=g'_{oe}+g'_L+g_p=P_1^2g_{oe}+P_2^2g_L+g_p \tag{2-1-19}$$

其中，g_p 为 LC 并联回路的谐振电导。而电路的总电容

$$C_\Sigma=C'_{oe}+C'_L+C=P_1^2C_{oe}+P_2^2C_L+C \tag{2-1-20}$$

因此，电路的总导纳

$$Y_\Sigma=g_\Sigma+j\omega C_\Sigma+\frac{1}{j\omega L} \tag{2-1-21}$$

输出电压

$$\dot{U}'_{o}=\frac{\dot{U}_{o}}{P_{2}}=-\frac{\dot{I}'_{S}}{Y_{\Sigma}}=\frac{-P_{1}Y_{fe}\dot{U}_{be}}{Y_{\Sigma}} \tag{2-1-22}$$

(2) 放大器的主要性能指标

① 电压增益和功率增益

由公式(2-1-1)可得，电压增益

$$\dot{A}_{u}=\frac{\dot{U}_{o}}{\dot{U}_{be}}=\frac{P_{2}\dot{U}'_{o}}{\dot{U}_{be}}=\frac{-P_{1}P_{2}Y_{fe}}{Y_{\Sigma}}=-\frac{P_{1}P_{2}Y_{fe}}{g_{\Sigma}+j\omega C_{\Sigma}+\frac{1}{j\omega L}} \tag{2-1-23}$$

放大器谐振时，$j\omega C_{\Sigma}+\frac{1}{j\omega L}=0$，谐振电压增益为

$$\dot{A}_{uo}=-\frac{P_{1}P_{2}Y_{fe}}{g_{\Sigma}}=-\frac{P_{1}P_{2}Y_{fe}}{P_{1}^{2}g_{oe}+P_{2}^{2}g_{L}+g_{p}} \tag{2-1-24}$$

由公式(2-1-3)可得，功率增益

$$A_{po}=\frac{P_{o}}{P_{i}}=\frac{U_{o}^{2}}{U_{i}^{2}}=A_{uo}^{2} \tag{2-1-25}$$

② 通频带

根据前述，可得

$$\left|\frac{\dot{A}_{u}}{\dot{A}_{uo}}\right|=\frac{1}{\sqrt{1+\left(\frac{2Q_{L}\Delta f}{f_{o}}\right)^{2}}} \tag{2-1-26}$$

由通频带定义可知，当$\left|\frac{\dot{A}_{u}}{\dot{A}_{uo}}\right|=\frac{1}{\sqrt{2}}$时，得

$$f_{bw}=2\Delta f_{0.707}=\frac{f_{o}}{Q_{L}} \tag{2-1-27}$$

③ 选择性

当$\left|\frac{\dot{A}_{u}}{\dot{A}_{uo}}\right|=\frac{1}{\sqrt{1+\left[Q_{L}\frac{2\Delta f_{0.1}}{f_{o}}\right]}}=\frac{1}{10}$时，得

$$2\Delta f_{0.1}=\sqrt{10^{2}-1}\frac{f_{o}}{Q_{L}} \tag{2-1-28}$$

$$K_{r0.1}=\frac{2\Delta f_{0.1}}{2\Delta f_{0.707}}=\sqrt{10^{2}-1}\approx 9.95\gg 1 \tag{2-1-29}$$

可见，单调谐放大器的矩形系数远大于 1，所以其选择性比较差。

三、单管双调谐高频小信号放大器

双调谐回路放大器具有较好的选择性、较宽的通频带，并能较好地解决增益与通频带之间的矛盾，因而它被广泛地用于高增益、宽频带、选择性要求高的场合，但双调谐回路放大器调整较为困难。双调谐耦合回路有电容耦合和互感耦合两种类型，这里只讨论后者。

1. 双调谐耦合回路的基本特性

互感耦合调谐回路如图 2-1-10 所示，L_1C_1 与 L_2C_2 组成的双调谐耦合回路，谐振频率

$$f_o=\frac{1}{2\pi\sqrt{LC}} \tag{2-1-30}$$

其中，$L_1=L_2=L$，$C_1=C_2=C$。

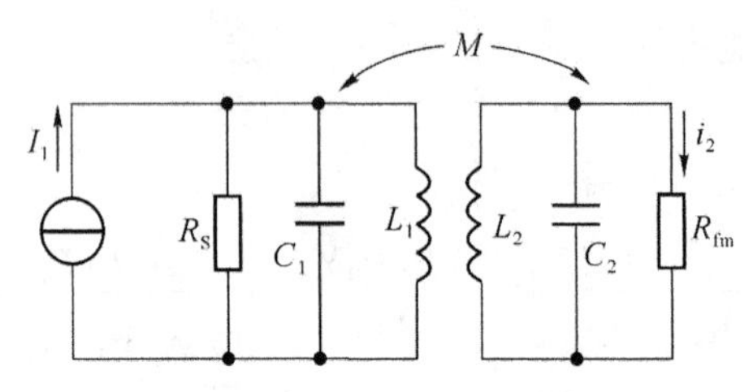

图 2-1-10 互感耦合调谐回路

初、次级回路之间的耦合系数

$$k=\frac{M}{\sqrt{L_1L_2}} \tag{2-1-31}$$

定义耦合因数

$$\eta=kQ_o \tag{2-1-32}$$

其中，Q_o 为空载品质因数；$\eta=1$ 称为临界耦合状态，而 $\eta>1$、$\eta<1$ 分别称为强耦合和弱耦合状态，根据耦合回路理论可推出

$$\alpha=\frac{I_2}{I_{2\max}}=\frac{2\eta}{\sqrt{(1+\eta^2-\xi^2)^2+4\xi^2}} \tag{2-1-33}$$

其中，ξ 为一般失谐，当 $\xi=0$、$\eta=1$ 时，I_2 取得最大值 $I_{2\max}$。

由式(2-1-33)可画出互感耦合双调谐回路的次级电压谐振曲线，如图 2-1-11 所示。可以看出，强耦合时曲线出现双峰，中心下陷；弱耦合时曲线为单峰，但峰值较小。比较理想的是临界耦合时的情况，谐振曲线既为单峰，峰值又大。

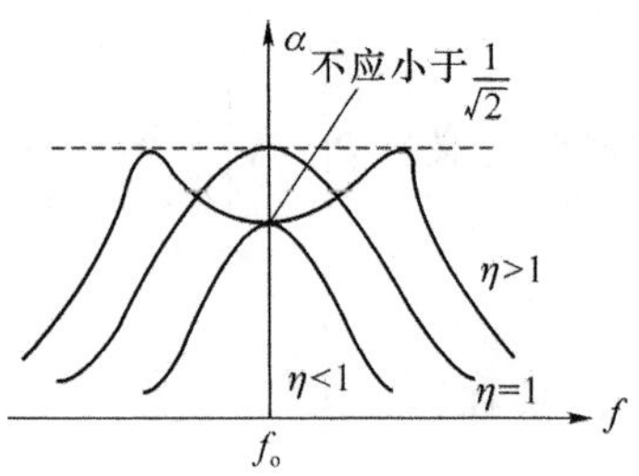

图 2-1-11 次级电压谐振曲线

2. 双调谐放大器的电路组成

双调谐放大器的电路如图 2-1-12 所示。图中，R_{b1}、R_{b2} 和 R_e 组成分压式偏置电路，C_e 为高频旁路电容，Z_L 为负载阻抗(或下级输入阻抗)，T_1、T_2 为高频变压器，其中 T_2 的初、次级电感 L_1、L_2 分别与 C_1、C_2 组成的双调谐耦合回路作为放大器的集电极负载，三极管的输出端在初级回路的接入系数为 P_1，负载阻抗在次级回路的接入系数为 P_2。

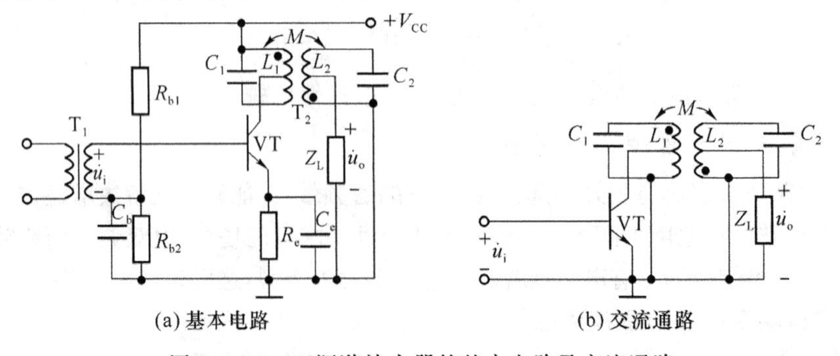

图 2-1-12 双调谐放大器的基本电路及交流通路

3. 双调谐放大器的性能指标

为了简化分析，设初、次级回路的元件参数相同，则它们的谐振频率、有载品质因数也相同，且都用 W_o 和 Q_L 表示。

与单调谐放大器相似，可以求得双调谐放大器的电压增益和临界耦合时的谐振电压增益分别为

$$|\dot{A}_u|=\frac{P_1P_2g_m}{g_\Sigma}\frac{\eta}{\sqrt{(1-\xi^2+\eta^2)^2+4\xi^2}} \tag{2-1-34}$$

$$|\dot{A}_{uo}|=\frac{P_1P_2g_m}{2g_\Sigma} \tag{2-1-35}$$

不难得到，临界耦合状态的双调谐放大器的通频带和矩形系数

$$f_{bw}=\sqrt{2}\frac{f_o}{Q_L} \tag{2-1-36}$$

$$K_{r0.1}=\frac{2\Delta f_{0.1}}{2\Delta f_{0.707}}\approx 3.16 \tag{2-1-37}$$

因此，在 f_o 与 Q_L 相同的情况下，临界耦合状态的双调谐放大器的通频带为单调谐放大器通频带的$\sqrt{2}$倍，而矩形系数小于单调谐放大器的矩形系数，即其谐振曲线更接近于理想的矩形曲线，选择性更好。

总之，与单调谐放大器相比较，处于临界耦合状态的双调谐放大器具有频带宽、选择性好等优点，但调谐较麻烦。

综上所述，双调谐放大器在弱耦合时，其谐振曲线和单调谐放大器相似，通频带窄、选择性差；在强耦合时，通频带显著加宽，且矩形系数变好，但不足之处是谐振曲线的顶部出现凹陷，这就使回路通频带、增益的兼顾较难。解决的方法通常是在电路上采用双-单-双的方式，即用双调谐回路展宽频带，又用单调谐回路补偿中频段曲线的凹陷，使其增益在通频带内基本一致。但在大多数情况下，双调谐放大器是工作在临界耦合状态的。

2-1-2 计划决策

通过任务分析和对相关资讯的了解，讨论学习的计划并选定最优方案。

计划和决策(参考)

第一步	了解高频小信号放大器的主要功能、类型、技术指标及应用领域
第二步	分析单管单调谐高频小信号放大器的电路结构及工作过程
第三步	运用等效法分析单管单调谐高频小信号放大器的主要技术指标
第四步	运用仿真法或实验法进一步熟悉单管单调谐高频小信号放大器的工作过程及调测方法
第五步	分析单管双调谐高频小信号放大器的电路结构及工作过程
第六步	运用仿真法或实验法进一步熟悉单管双调谐高频小信号放大器的工作过程及调测方法
第七步	通过查阅资料、仿真或实验手段熟悉高频小信号放大器的设计方法

2-1-3　任务实施

学习型工作任务单

<table>
<tr><td>学习领域</td><td colspan="4">通信电子线路</td><td>学时</td><td>78(参考)</td></tr>
<tr><td>学习项目</td><td colspan="4">项目 2　让微弱信号大起来——认识信号放大器</td><td>学时</td><td>16</td></tr>
<tr><td>工作任务</td><td colspan="4">2-1　高频小信号放大器</td><td>学时</td><td>6</td></tr>
<tr><td>班级</td><td></td><td>小组编号</td><td></td><td>成员名单</td><td colspan="2"></td></tr>
<tr><td>任务描述</td><td colspan="6">1. 了解高频小信号放大器的功能、类型、主要性能指标。
2. 理解单管单调谐高频小信号放大器的电路结构及工作原理、主要性能指标的分析及测试方法。
3. 理解单管双调谐高频小信号放大器的电路结构及工作原理、主要性能指标的分析及测试方法。</td></tr>
<tr><td>工作内容</td><td colspan="6">1.高频小信号放大器的功能是什么？有哪些类型？主要应用于什么地方？
2.高频小信号放大器有哪些性能指标？
3.单管单调谐高频小信号谐振放大器的电路结构如何？怎样工作？
4.直流通路和交流通路的作用是什么？怎样画出电路的两类通路？
5.接入系数的含义及计算方法。
6.晶体管等效模型及其在分析小信号放大器主要性能指标中的应用。
7.单管双调谐高频小信号谐振放大器的电路结构如何？怎样工作？
8.高频小信号放大器的设计、仿真、测试方法。</td></tr>
<tr><td>提交成果和文件等</td><td colspan="6">1.高频小信号放大器的功能、类型、性能指标、应用领域对照表。
2.单管单调谐高频小信号放大器的电路结构、等效模型、性能指标的计算公式对照表。
3.单管单调谐高频小信号放大器的仿真及性能指标测试过程记录表。
4.单管双调谐高频小信号放大器的电路结构、性能指标的计算公式对照表。
5.学习过程记录表及教学评价表(学生用表)。</td></tr>
<tr><td>完成时间及签名</td><td colspan="6"></td></tr>
</table>

2-1-4　展示评价

1. 教师及其他组负责人根据小组展示汇报整体情况进行小组评价。

2. 在学生展示汇报中，教师可针对小组成员的分工，对个别成员进行提问，给出个人评价。

3. 组内成员自评表及互评表打分。

4. 本学习项目成绩汇总。

5. 评选今日之星。

2-1-5　试一试

1. 高频“小信号”通常是指信号幅度在________以下、频率在__________到________的信号。

2. 高频小信号放大器的功能是______________________。从能量转换角度看，它是一种将______能量转换为______能量的装置；从频谱角度看，放大前后信号的频谱结构________，而幅度________。

3. 根据负载不同，高频小信号放大器可分为________和________；根据通频带宽窄不同，可分为________和________；根据电路形式不同，可分为____________和____________。

4. 高频小信号放大器的主要性能指标包括：________、________、________、工作稳定性和________。

5. 已知某单管单调谐高频小信号放大器的基本电路如图 2-1-13 所示，试分析电路中各元器件的作用：

R_{b1}、R_{b2}、R_e 组成稳定静态工作点的______电路，它们与晶体管 VT 一起构成______放大器；C_b、C_e 为________，起________作用；电感 L 和电容 C 构成______谐振回路，用做放大器的____________，应调谐在____________频率上；变压器 T_1、T_2 为放大器的________________。

当电路处于放大状态时，晶体管 VT 工作在________区，电路一般处于________（甲、甲乙、乙、丙）类状态。

6. 在图 2-1-14 中，放大器的工作频率 $f_o=10.7$ MHz，谐振回路的 $L_{13}=4\ \mu\text{H}$，$Q_o=100$，$N_{12}=5$，$N_{13}=20$，$N_{45}=6$。晶体管工作在直流工作点的参数为 $g_{oe}=200\ \mu\text{s}$，$C_{oe}=7$ pF，$g_{ie}=2\ 860\ \mu\text{s}$，$C_{ie}=18$ pF，$|y_{ie}|=45$ ms，$\varphi_{ie}=-54°$，$y_{re}=0$，试求：

（1）画高频等效电路；

（2）计算 C、A_{uo}、f_{bw} 和 $K_{r0.1}$。

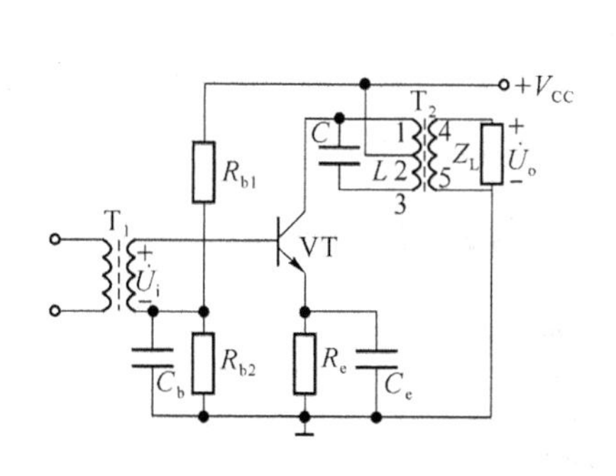

图 2-1-13　单管单调谐放大器的基本电路

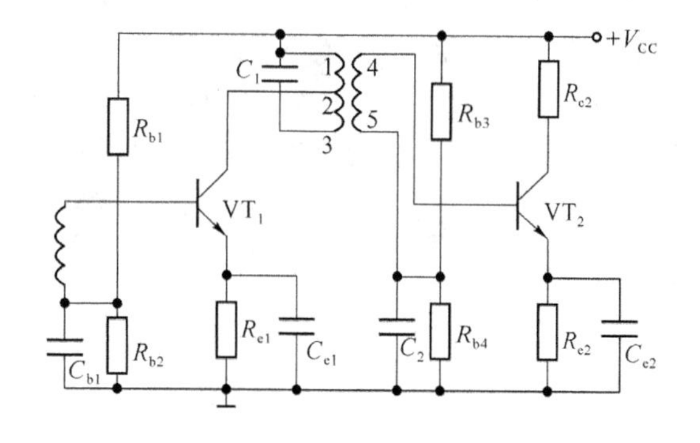

图 2-1-14　单管单调谐放大器

2-1-6　练一练

1. 仿真分析：已知某单调谐高频小信号放大器电路如图 2-1-15 所示，试用 Multisim 10 仿真分析电路的主要性能指标（单频输入）。

【参考方案】

（1）绘制仿真电路：利用 Multisim 10 软件绘制如图 2-1-15 所示的高频小信号谐振放大器仿真电路，各元件的名称及标称值均按图中所示定义。

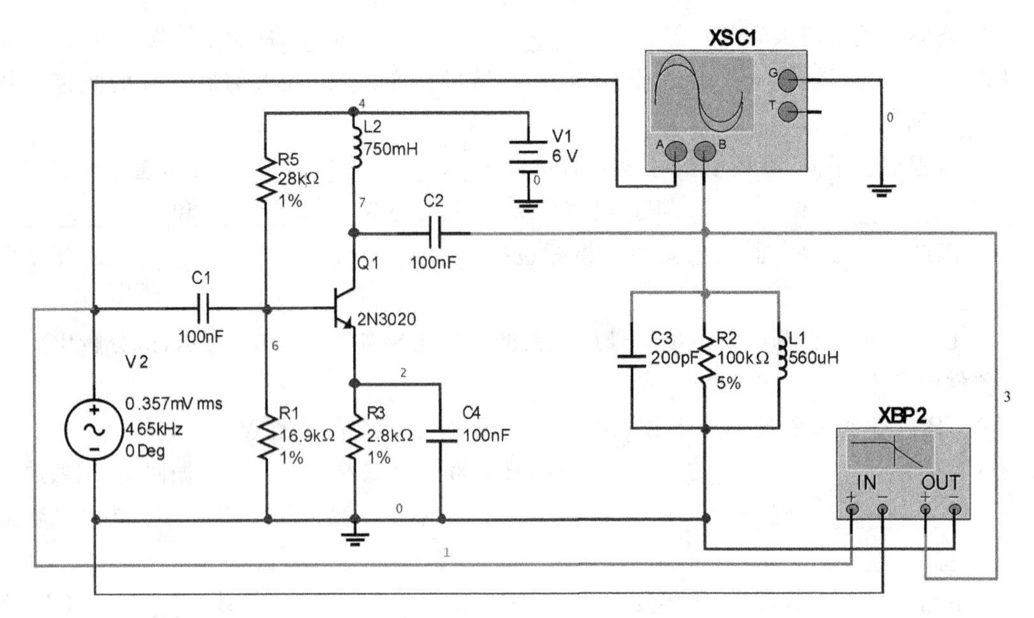

图 2-1-15　单频输入单管单调谐放大器

(2) 性能测试:放大器工作需要满足静态工作条件和动态工作条件的要求,性能测试用于仿真分析放大器在满足静态工作条件要求下的动态特征,如频率响应、增益及带宽等。

① 静态测试:静态测试用于测试放大器的直流工作点。若是多级放大器,首先应调整每一级所需的直流工作点。其调试方法与阻容耦合放大器相同。但需要注意一点:在多级调谐放大器中,由于增益高,容易引起自激振荡。因此,在测试其直流工作点时,应先用示波器观察一下放大器的输出端是否有自激振荡波形,如果已经有自激振荡,应先设法排除它,然后再测试其直流工作点,否则,所测数据就是不准确的。

在 Multisim 10 仿真软件中,首先选择"Simulate"→"Analysis"→"DC Operating Point",设置分析类型为直流分析,同时设置需要仿真的对象(如图 2-1-16)。

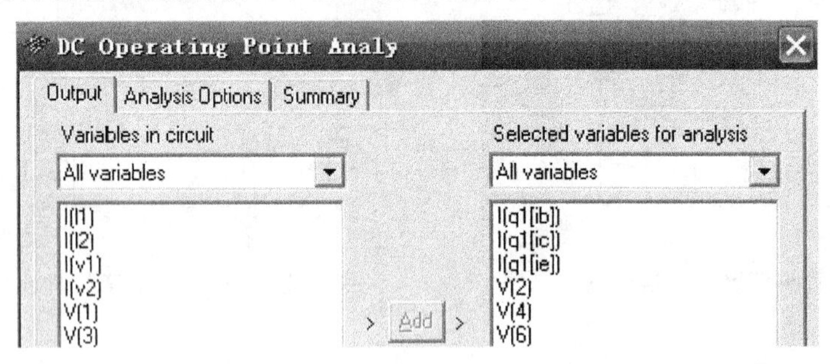

图 2-1-16　直流工作点仿真对象

然后单击"Simulate",便可得放大器的直流工作点如图 2-1-17 所示。

② 动态测试:动态测试用于分析放大器的主要性能指标。对于调谐放大器的频率特性、增益及动态范围的调整与测试,一般有两种方法:一种是逐点法;一种是扫频法。后者比较简单、直观。但由于其频标较粗,对于窄带调谐放大器难以精确测试。

谐振频率的调试:若采用实验法,应将信号发生器的输出频率置于 $f_o=465$ kHz,输出电压 $U_o=0.357$ mV,然后调节谐振回路中的可变电容器,当谐振回路两端输出信号达到最大值时，回路处于谐振状态。

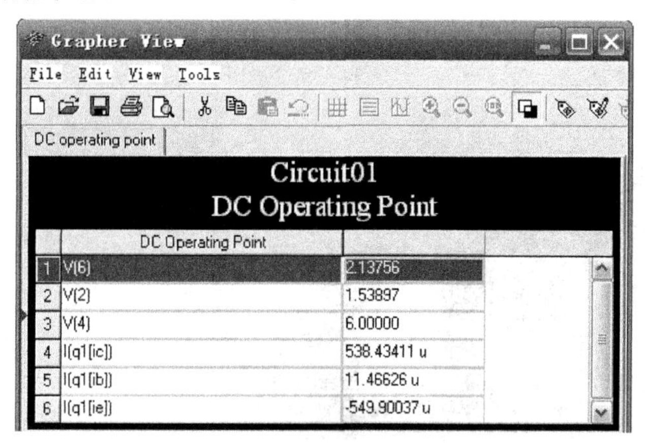

图 2-1-17　直流工作点仿真结果

对于多级单调谐放大器的谐振频率的调试，应该从末级开始逐级向前进行调试。即先将信号源的输出电压加到末级放大器的基极，调节末级放大器调谐回路中的电感或电容使输出电压达到最大……如此推进到第一级后，就说明各级的谐振回路都基本上工作在所需的频率附近了。但由于各级之间存在着相互影响，因此当信号源输出电压加到第一级输入端后，还应再反复调节各级调谐回路的电感或电容，使输出电压达到最大。

在调整过程中，应注意以下几点：第一，信号源输出幅度对末级应适当大些，越是向前级推进，其输出幅度就应该相应减小，否则由于输入幅度过大而使放大器进入非线性状态，将使调谐不准；第二，当信号源输出端接到各级输入端时，应有隔直电容，否则信号源的接入会影响放大器的直流工作点；第三，在调谐回路的电感或电容，最好采用绝缘材料做的解锥，以减小金属解锥对回路电感或电容的影响。

电压增益的测试：当接上信号源 U_i 时，开启仿真器实验电源开关，双击示波器，调整适当的时基及 A、B 通道的灵敏度，即可看到如图 2-1-18 所示的输入、输出波形。观察并比较输入、输出波形可知，放大器的放大倍数约为－400。

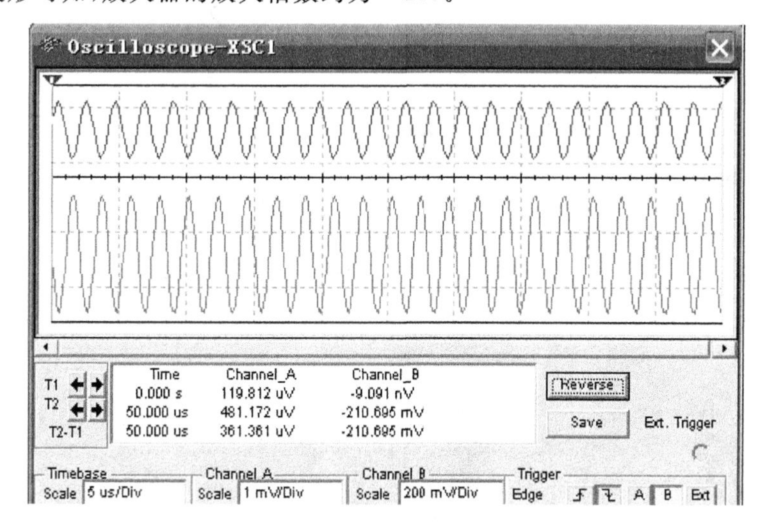

图 2-1-18　高频小信号谐振放大器输入、输出波形图

矩形系数的测试：双击波特图仪，适当选择垂直坐标与水平坐标的起点和终点值，即可看到如图 2-1-19 所示的高频小信号谐振放大器的特性曲线。从图中可以估算出该高频小信号谐振放大器的带宽。

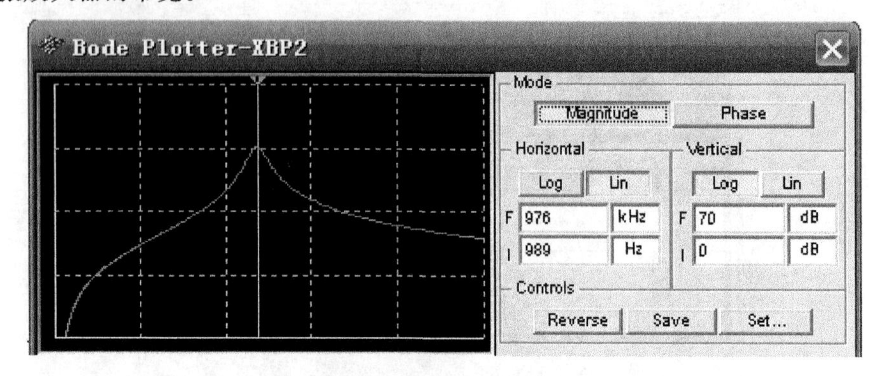

图 2-1-19 高频小信号谐振放大器的特性曲线

改变电阻 R、R_3 的值，观察电压增益和频带的变化情况。

2. 仿真分析：已知某单调谐高频小信号放大器电路如图 2-1-20 所示，试用 Multisim 10 仿真分析电路的主要性能指标(多频输入)。

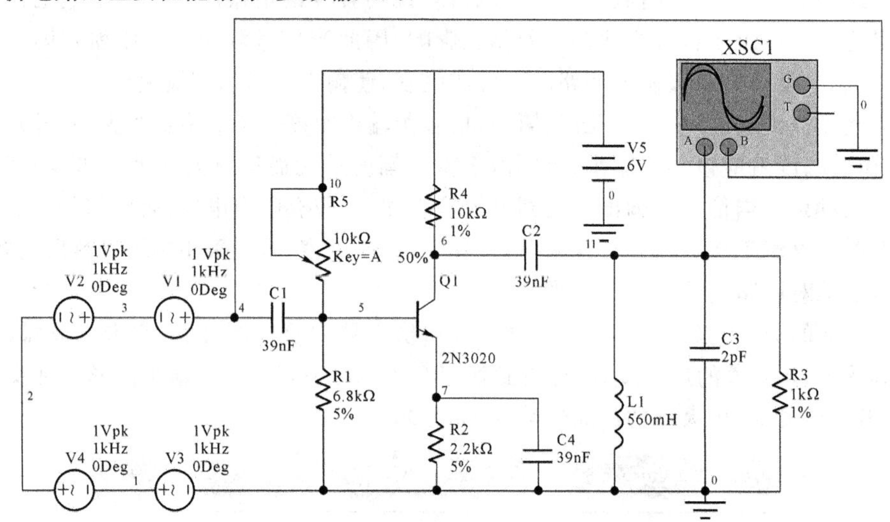

图 2-1-20 多频输入单管单调谐放大器

3. 总结讨论：分析图 2-1-15 和图 2-1-20 所示电路仿真结果的差异性。

任务 2-2 集成中频放大器

2-2-1 资讯准备

任务描述

1. 了解集成中频放大器的应用及构成形式。

2. 了解集中滤波器的基本类型。

3. 理解陶瓷滤波器、声表面波滤波器的工作原理及主要特性。

资讯指南

资讯内容	获取方式
1. 集成中频放大器应用于哪些场合？有什么特点？	阅读资料 上网： www.grchina.com www.mc21st.com 查阅图书 询问相关工作人员
2. 集成中频放大器的基本组成有哪两种形式？各有什么优缺点？	
3. 与任务 2-1 所学的高频小信号放大器相比，本项目所介绍的集成中频放大器与其的主要区别是什么？	
4. 集中滤波器有哪些类型？	
5. 什么叫压电效应和反压电效应？	
6. 陶瓷谐振器的等效电路及电抗特性如何？陶瓷谐振器具有哪两个谐振频率，相互之间有何联系？	
7. 二端口和四端口陶瓷滤波器的结构、原理和特性如何？	
8. 声表面波滤波器的结构、原理和特性如何？	

导学材料

小信号调谐放大器虽然因增益高、矩形系数好等优点而应用较广，但也还存在着一些缺点，如多级放大器中因谐振回路多，每级都要调谐，故调整不方便；回路直接与有源器件相联，其频率特性会受到来自晶体管参数、分布参数变化的影响，使其不能满足某些特殊频率特性的要求，如频带很窄，或者要求通频带外衰减很大的场合。

随着集成电路技术的飞速发展，许多具有不同功能特点的新的集成放大电路不断出现，给电子电路开发与应用提供了极为有利的条件。对于采用集成放大电路构成高频选频放大器来说，通常是采用集中滤波和宽频带集成放大电路相结合的方式来实现，它被称为集中选频式放大器。因其多用于中频段，故又被称为集成中频放大器。

目前，宽频带集成放大电路的型号很多，各自的性能和适应范围也有所不同。使用时可根据放大器的技术指标要求查阅有关的集成电路手册，选用合适的集成电路。对于集中滤波器，可选用频率特性合适的陶瓷滤波器、晶体滤波器、声表面波滤波器或 LC 滤波器。

一、集成中频放大器的组成

图 2-2-1 所示是集成中频放大器的组成示意框图，它由线性宽带放大器和集中滤波器组成。宽带放大器多用集成宽频带放大器，它体积小，性能好，可靠性高。由于集中滤波器通常是固定频率的，所以宽带放大器的频带只需比滤波器的通频带宽些就可以了，如接收机的中频放大器。图 2-2-1(a)中，集中滤波器接在高增益宽带放大器的后面。这里的宽带放大器只是表示放大器本身的频带宽度比放大的信号频带以及集中滤波器的频带更宽一些。

当集成选频式放大器用于接收机中放时，为了避免有用信号频率附近的干扰信号在宽带放大器中产生的非线性作用，通常将集中滤波器放在高增益放大器之前，如图 2-2-1(b)所示。当集中滤波器衰减较大时，为避免使中放噪声系数加大，可在集中滤波器前加低噪声的前置放大器，以补偿滤波器的损耗。

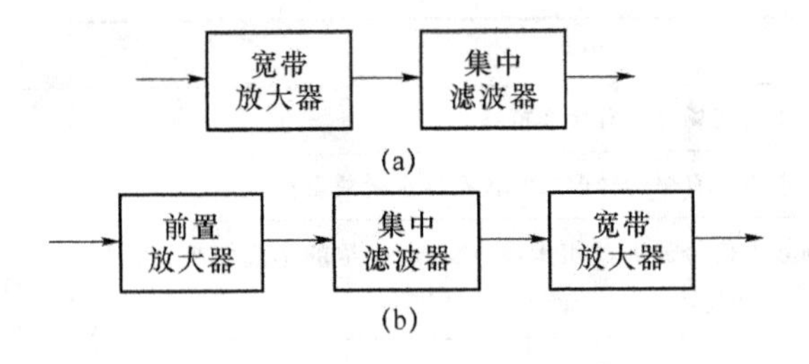

图 2-2-1　集成中频放大器组成框图

起选频作用的部件是一个具有高选择性的集中滤波器，常用的有 LC 带通滤波器、晶体滤波器、陶瓷滤波器、声表面波滤波器等。目前，这些滤波器已得到广泛应用。因晶体滤波器特性与陶瓷滤波器相似，下面简单介绍陶瓷滤波器和声表面波滤波器。

二、线性宽带放大器

1. 利用负反馈的集成宽频带放大器

国产 8FZ1 集成放大电路是属于利用负反馈展宽频带的放大器，其电路图如图 2-2-2 所示。它是两个晶体管组成的直接耦合放大器，电路中具有两级电流并联负反馈。从 VT_2 的发射极电阻 R_{e2} 取得反馈信号经 R_f 反馈到输入端，而电容 C_e 和 $(R_{e1}+R_{e2})$ 并联，C_e 的电容值是 15 pF，是为了使高频工作时反馈减小，以改善高频特性。另外，改变外接元件还可以调节放大器的其他性能。例如，在引线 8 和 6 之间接入电阻与 R_f 并联，可增强反馈；在 8 和 9 之间串入不同阻值的电阻可减小反馈；在 2 和 3 或 3 和 4 之间连接电阻，可以改变放大器的电压增益。

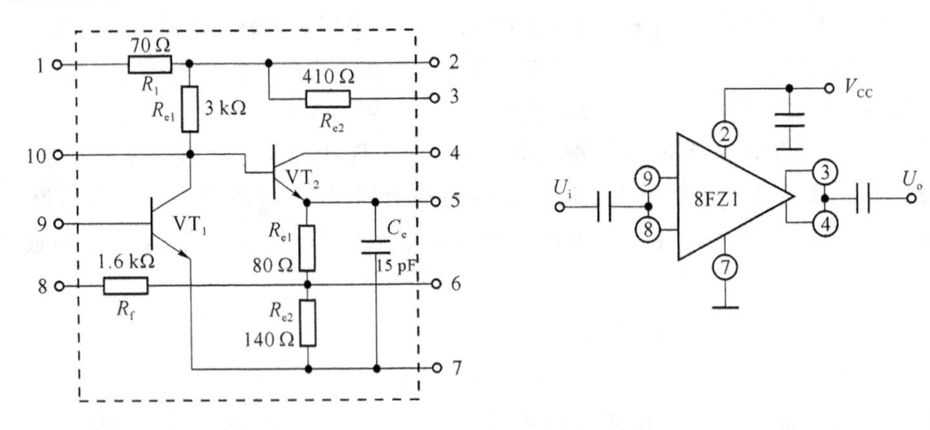

图 2-2-2　8FZ1 宽频带放大器

2. 共射-共基集成宽频带放大器

图 2-2-3 是国产 ER4803 宽频带放大器。该电路由 VT_1、VT_3(或 VT_4)与 VT_2、VT_6(或 VT_5)组成共射-共基放大器，输出电压的特性由外电路控制。若外电路使 $I_{D2}=0$，而

$I_{D1}\neq0$时，D_2 和 VT_4、VT_5 截止，这时信号经 VT_1、VT_3 与 VT_2、VT_6 组成的共射-共基差分对放大后输出。若外电路使 $I_{D1}=0$，而 D_1 和 VT_3、VT_6 截止，这时信号经 VT_1、VT_4 与 VT_2、VT_5 组成的共射-共基差分对放大后输出，输出电压极性与上相反。C_e 是 MOS 电容，用来补偿高频，以展宽频带。这种集成电路常用于 350 MHz 宽带示波器中实现高频、中频、视频信号的放大。

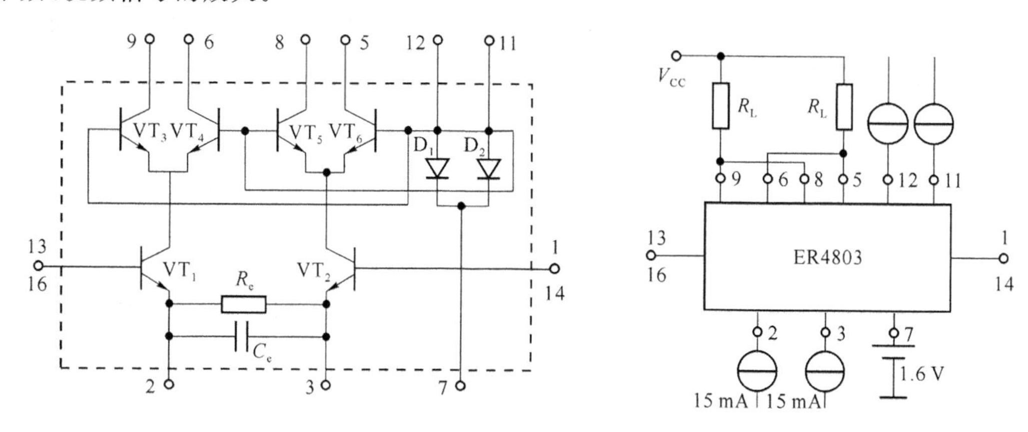

图 2-2-3 ER4803 宽频带放大器

三、集中滤波器

1. 陶瓷滤波器

陶瓷滤波器是由锆钛酸铅陶瓷材料制成的。把这种材料制成片状，经过直流高压极化后，它具有压电效应。所谓压电效应，就是指当陶瓷片受到机械力的作用而发生形变时，陶瓷片内将产生一定的电场，且它的两面出现与形变大小成正比的符号相反、数量相等的电荷；反之，若在陶瓷片两面之间加一定的电场，就会产生与电场强度成正比的机械形变。因此，如果在陶瓷片的两面加一高频交流电压，就会产生机械形变振动，同时机械形变振动又会产生交变电场，即同时产生机械振动和电振荡。当外加高频电压信号的频率等于陶瓷片的固有振动频率时，将产生谐振，此时机械振动最强，相应的陶瓷片两面所产生的电荷量最大，外电路的电流也最大。总之，陶瓷片具有串联谐振特性，可用它来制作滤波器。

陶瓷滤波器的工作频率可从几百千赫到几百兆赫，带宽可以做得很窄，其等效 Q 值约为几百，具有体积小、成本低、耐热耐湿性好、受外界条件影响小等优点，已广泛用于接收机中，如收音机的中放、电视机的伴音中放等。陶瓷滤波器的不足之处是频率特性的一致性较差，通频带不够宽等。

(1) 二端陶瓷滤波器

二端陶瓷滤波器也称为陶瓷谐振器，其结构、符号、等效电路如图 2-2-4 所示，其电抗特性曲线如图 2-2-5 所示。

串联支路的串联谐振频率为

$$f_q=\frac{1}{2\pi\sqrt{L_1C_1}} \tag{2-2-1}$$

整个陶瓷滤波器的并联谐振频率为

$$f_{\mathrm{p}}=\frac{1}{2\pi\sqrt{L_1C}} \tag{2-2-2}$$

其中，C 为 C_1 和 C_0 串联后的总电容值。

当信号频率 $f<f_{\mathrm{q}}$ 时，陶瓷片相当于一个电容；当 $f=f_{\mathrm{q}}$ 时，陶瓷片相当于短路；当 $f_{\mathrm{q}}<f<f_{\mathrm{p}}$ 时，陶瓷片相当于一个电感；当 $f=f_{\mathrm{p}}$ 时，陶瓷片相当于开路；当 $f>f_{\mathrm{p}}$ 时，陶瓷片又相当于一个电容。

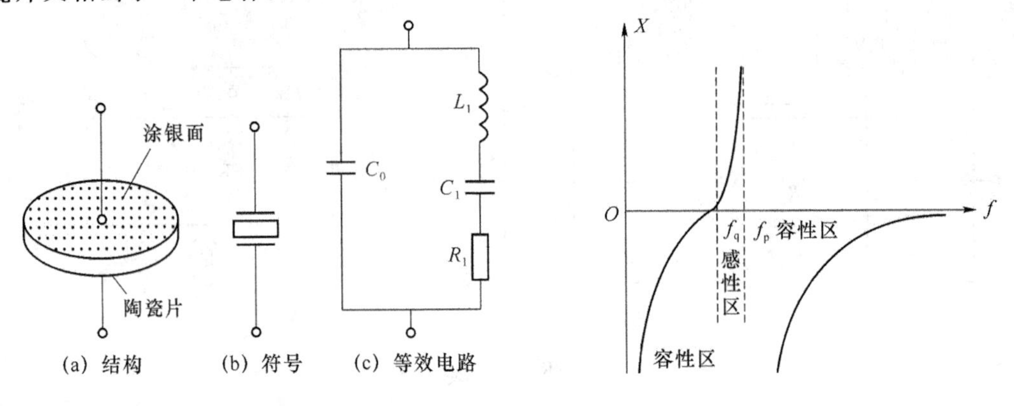

图 2-2-4 两端陶瓷滤波器

图 2-2-5 电抗特性曲线

(2) 四端陶瓷滤波器

两端陶瓷滤波器的通频带较窄、选择性较差。为此，可将不同谐振频率的陶瓷片进行组合连接，就得到性能接近理想的四端陶瓷滤波器，如图 2-2-6 所示。

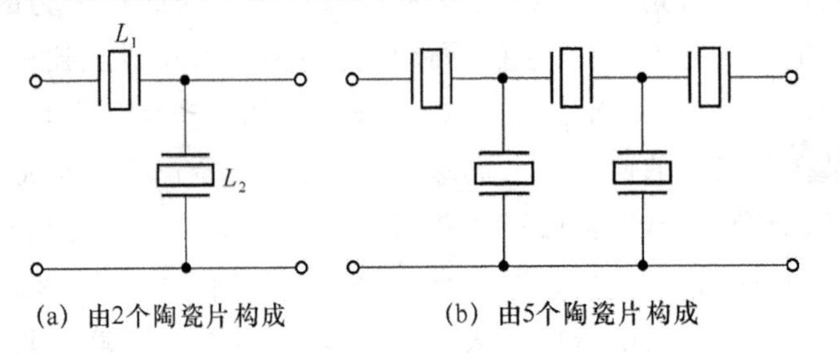

图 2-2-6 四端陶瓷滤波器

以图 2-2-6(a)所示的二振子四端陶瓷滤波器为例，将 L_1、L_2 一串一并置于电路中，适当选择其频率，可得到较理想的滤波特性。如要求滤波器通过(465±5) kHz 的信号，可使 L_1 的串联谐振频率 $f_{\mathrm{q1}}=465$ kHz，并联谐振频率 $f_{\mathrm{p1}}=(465+5)$ kHz；使 L_2 的并联谐振频率 $f_{\mathrm{p2}}=465$ kHz，串联谐振频率 $f_{\mathrm{q2}}=(465-5)$ kHz。这样对 465 kHz 的信号，L_1 串联谐振呈低阻状态，而 L_2 并联谐振呈高阻状态，故信号不会受衰减和分流而直接通过滤波器。对(465+5) kHz 的信号，L_1 并联谐振呈高阻状态，使信号强烈衰减而不能通过；对(465−5) kHz 的信号，L_2 因串联谐振而呈低阻状态，故 L_2 对其信号的分流作用很大，使输出端对(465−5) kHz信号为短路状态而无法输出。这就使电路具有很好的带通和带阻特性。其电抗特性如图 2-2-7 所示。

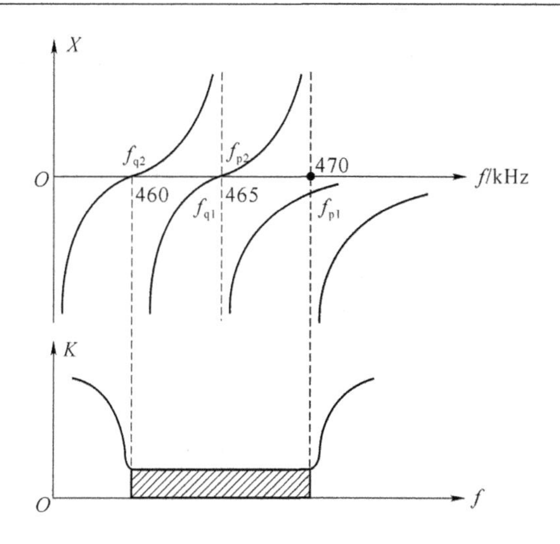

图 2-2-7　二振子四端陶瓷滤波电抗特性

2. 声表面波滤波器

声表面波滤波器具有工作频率高、通频带宽、选频特性好、体积小和质量轻等特点，并且可采用与集成电路相同的生产工艺，制造简单，成本低，频率特性的一致性好，因此广泛应用于各种电子设备中。

声表面波滤波器的结构示意图及符号如图 2-2-8 所示。它是以石英、铌酸锂或锆钛酸铅等压电晶体为基片，经表面抛光后在其上蒸发一层金属膜，通过光刻工艺制成两组具有能量转换功能的交叉指型的金属电极，分别称为输入叉指换能器和输出叉指换能器。当输入叉指换能器接上交流电压信号时，压电晶体基片的表面就产生振动，并激发出与外加信号同频率的声波，此声波主要沿着基片的表面与叉指电极垂直的方向传播，故称为声表面波，其中一个方向的声波被吸声材料吸收，另一个方向的声波则传送到输出叉指换能器，被转换为电信号输出。

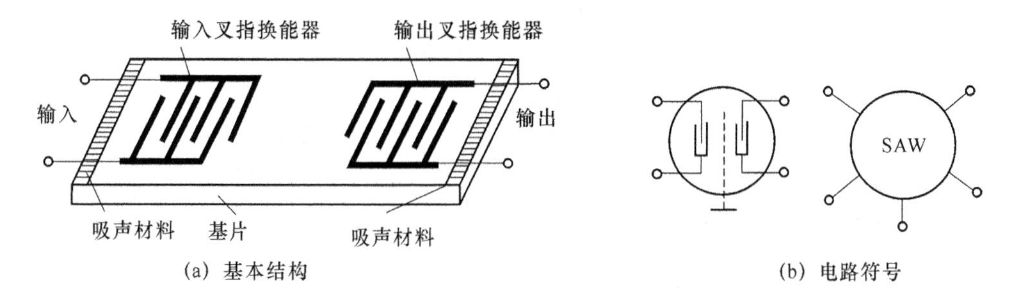

(a) 基本结构　　(b) 电路符号

图 2-2-8　声表面波滤波器

由此可见，在声表面波滤波器中，信号经过电-声、声-电两次转换，且由于基片的压电效应，使得当输入信号频率与叉指换能器固有频率相同时，激发的声波最强，信号传输效率最高；如果输入信号的频率与其固有频率不同，则激发的声波弱，信号传输效率低。偏差越大效率越低，可见叉指换能器具有选频特性。显然，通过两个叉指换能器的共同作用，使声表面波滤波器的选频特性较为理想。声表面波滤波器的中心频率、通频带等性能与压电晶体基片的材料，以及叉指电极的几何形状和指条数目有关。只要设计合理，用光刻技术制造，可保证其有较高的精度，使用时不需调整。

图 2-2-9 所示为电视接收机中使用的声表面波滤波器的幅频特性。可见它具有很好的选择性和较宽的频带宽度，但由于内部多次电-声转换，插入损耗较大。为了补偿这种损耗，通常在其前面加一级预中放电路。

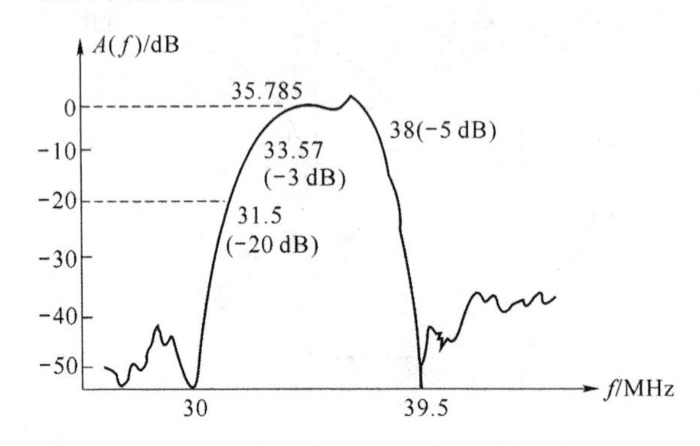

图 2-2-9　声表面波滤波器的幅频特性

四、集成中频放大器电路实例

集成宽带放大电路种类很多，而且常与其他功能电路一起集成在一块芯片上，大多数是由差动放大电路和能够展宽频带的组合电路构成的，如共射-共基放大电路、共集-共基放大电路等。

1. TA7680AP

TA7680AP 是一块大规模集成电路，双列直插式 24 个引脚，内部包括图像中放和伴音中放两部分。其中，图像中频放大器是三级直接耦合的，具有自动增益控制功能的，高增益、宽频带的差分放大器。图 2-2-10 为彩色电视机中 TA7680AP 图像中频放大器的应用电路。

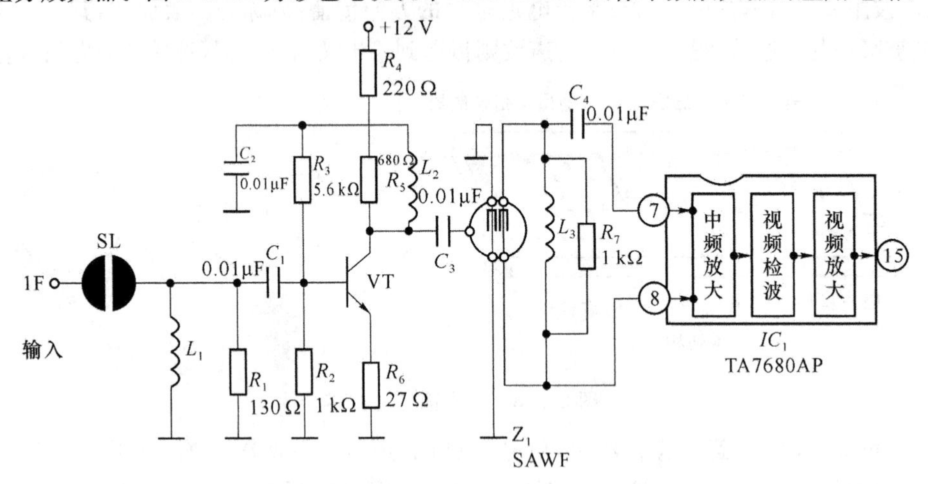

图 2-2-10　TA7680AP 图像中频放大器的应用电路

由高频调谐器 IF OUT 端输出的图像中频信号经 C_1 加至预中放管 VT 的基极。R_2、R_3 是 VT 的偏置电阻，R_6 是 VT 发射极负反馈电阻。L_2 是匹配电感，R_5 是阻尼电阻，它们与 VT 输出电容和 Z_1 的输入分布电容共同组成中频宽带并联谐振回路。选频放大后的信号由 VT 集电极输出，经 C_3 耦合加至声表面波滤波器 Z_1。预中放电路的供电电源退耦电路由 R_4、C_2 组成。声表面波滤波器 Z_1 的输出端接有匹配电感 L_3，它与 Z_1 的输出分布电容组成中频谐振回路,可减少插入损耗,提高图像的清晰度。声表面波滤波器输出的中频信号,经 C_4 耦合,从集成电路 IC_1(TA7680AP)的 7 脚和 8 脚输入到集成块内部的图像中频放大器。由图像中放输出的信号,经视频检波、视频放大后从 15 脚输出彩色全电视信号。

2. ULN2204 集成中频放大电路

随着集成电路技术的飞速发展,集成电路的集成度日益提高,专用集成电路大量出现。一块集成芯片就是一个系统,就能包含某个整机的大部分或全部电路,完成多种电路功能。例如单片调频-调幅收音机集成块(ULN2204),它把除调频波变频、调谐回路以及去耦、耦合电路之外的收音机各组成部分,如调幅波变频、调频-调频中放、鉴频、检波、音频放大和稳压等功能电路,全部集成在一块芯片上。为了简化调谐的生产工序,它的调幅-调频中放部分如图 2-2-11 所示,采用了集中选频放大电路。

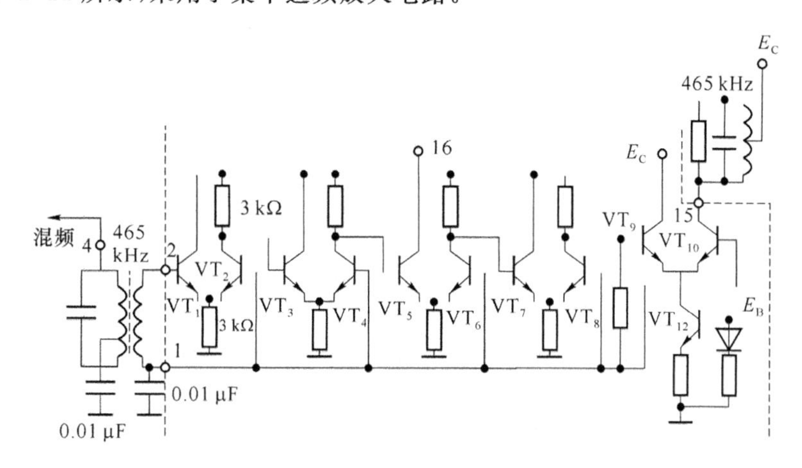

图 2-2-11　ULN2204 集成中频放大器

ULN2204 集成块的中频放大电路由五级差分放大电路直接级联而成。由晶体管 $VT_1 \sim VT_8$ 构成的前四级差分放大电路都是以电阻做负载的 CC-CB 放大电路,它们保证了较宽的通频带。末级采用了带恒流管 VT_{12} 的差分放大电路。调频或调幅变频器输出的各变频分量,先经过集中选频回路选出调频中频信号(10.7 MHz)或调幅中频信号(465 kHz),接到如图 2-2-11 所示的中放电路的端 2、端 1 经过放大后,在 VT_{10} 管输出端 15,用集中选频回路做负载再选出所需要的调频中频信号或调幅中频信号,以供给后级鉴频或检波电路。图中端子 16 及 E_C、E_B 等直流电源,均由集成块中的控制电路及稳压电路供给。

2-2-2　计划决策

通过任务分析和对相关资讯的了解,讨论学习的计划并选定最优方案。

计划和决策(参考)

第一步	了解集成中频放大器应用于哪些场合,基本组成有哪两种形式,各有什么特点
第二步	理解集成宽带放大器的工作原理(扩展频带的原理及方法)
第三步	重点理解各类集中滤波器的结构、原理、特性和应用
第四步	通过查阅相关资料,了解集成中频放大器的应用实例

2-2-3 任务实施

学习型工作任务单

<table>
<tr><td>学习领域</td><td colspan="4">通信电子线路</td><td>学时</td><td>78(参考)</td></tr>
<tr><td>学习项目</td><td colspan="4">项目 2 让微弱信号大起来——认识信号放大器</td><td>学时</td><td>16</td></tr>
<tr><td>工作任务</td><td colspan="4">2-2 集成中频放大器</td><td>学时</td><td>2</td></tr>
<tr><td>班级</td><td></td><td>小组编号</td><td></td><td>成员名单</td><td colspan="2"></td></tr>
<tr><td>任务描述</td><td colspan="6">1. 了解集成中频放大器的应用及构成形式。
2. 了解集中滤波器的基本类型。
3. 理解陶瓷滤波器、声表面波滤波器的工作原理及主要特性。</td></tr>
<tr><td>工作内容</td><td colspan="6">1. 集成中频放大器应用于哪些场合,有什么特点?
2. 集成中频放大器的基本组成有哪两种形式,各有什么优缺点?
3. 与任务 2-1 所学的高频小信号放大器相比,本项目所介绍的集成中频放大器与其的主要区别是什么?
4. 集中滤波器有哪些类型?
5. 什么叫压电效应和反压电效应?
6. 陶瓷谐振器的等效电路及电抗特性如何? 陶瓷谐振器具有哪两个谐振频率,相互之间有何联系?
7. 二端口和四端口陶瓷滤波器的结构、原理和特性如何?
8. 声表面波滤波器的结构、原理和特性如何?</td></tr>
<tr><td>提交成果和文件等</td><td colspan="6">1. 集成中频放大器的应用场合、基本构成对照表。
2. 线性宽带放大器频带的扩展方法及原理对照表。
3. 集中滤波器的类型、结构、原理、特性对照表。
4. 学习过程记录表及教学评价表(学生用表)。</td></tr>
<tr><td>完成时间及签名</td><td colspan="6"></td></tr>
</table>

2-2-4 展示评价

1. 教师及其他组负责人根据小组展示汇报整体情况进行小组评价。

2. 在学生展示汇报中,教师可针对小组成员的分工,对个别成员进行提问,给出个人评价。

3. 组内成员自评表及互评表打分。

4. 本学习项目成绩汇总。

5. 评选今日之星。

2-2-5 试一试

1. 集成中频放大器一般由______________、______________两部分构成。

2. 扩展放大器通频带的方法主要有______________、______________等方法。

3. 常用的集中滤波器有____________、____________、____________、____________4 种。

4. 陶瓷谐振器由____________材料构成，它具有____________效应和____________效应，因此具有谐振网络的选频和滤波能力。

5. 陶瓷谐振器具有两个谐振频率：______谐振频率和______谐振频率，分别用公式__________和__________计算，二者的大小关系是________。

6. 对于陶瓷谐振器，当信号频率 $f<f_q$ 时，陶瓷片相当于______；当 $f=f_q$ 时，陶瓷片相当于短路；当 $f_q<f<f_p$ 时，陶瓷片相当于______；当 $f=f_p$ 时，陶瓷片相当于______；当 $f>f_p$ 时，陶瓷片又相当于________。

7. 声表面波滤波器的主要部件是__________。在声表面波滤波器中，信号经过________、________两次转换，且由于基片的________，使得当输入信号频率与叉指换能器固有频率______时，激发的声波______，信号传输效率______；如果输入信号的频率与其固有频率______，则激发的声波______，信号传输效率______。偏差______，效率______，可见叉指换能器具有______特性。

2-2-6　练一练

1. 仿真分析：已知某集成中频放大器电路如图 2-2-12 所示，试用 Multisim 10 仿真分析电路的主要性能指标。

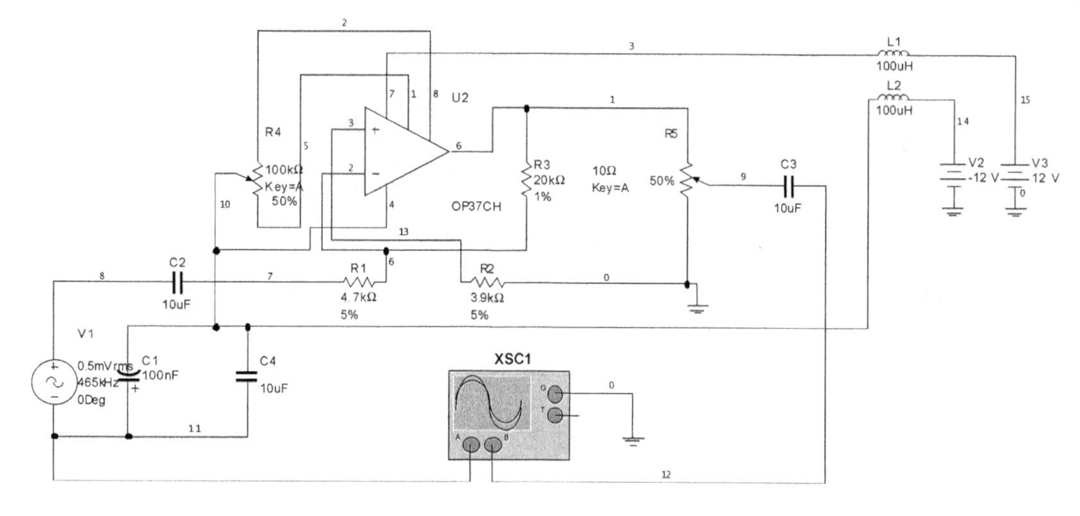

图 2-2-12　OP37CH 集成中频放大器仿真电路

【参考方案】

(1) 绘制仿真电路：利用 Multisim 10 软件绘制如图 2-2-12 所示的集成中频放大器仿真电路，各元件的名称及标称值均按图中所示定义。

(2) 性能测试。①增益测试：在 Multisim 10 仿真软件中，选择"Simulate"→"Run"→双击示波器图标，观察信号波形(如图 2-2-13 所示)并估算增益。②通频带的测试：在电路仿真图中放置波特图仪，然后选择"Simulate"→"Run"→双击波特图仪，适当选择垂直坐标与水平坐标的起点和终点值，即可看到如图 2-1-14 所示的放大器的特性曲线。从图中可以估算出该集成中频放大器的通频带和线性放大区。

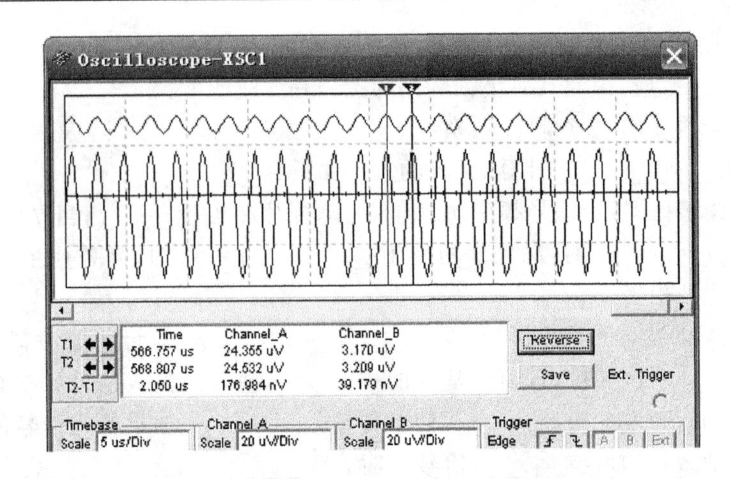

图 2-2-13　集成中频放大器输入、输出波形图

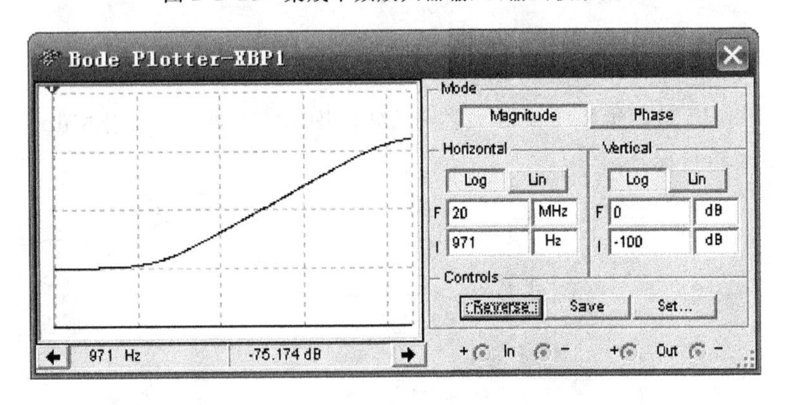

图 2-2-14　集成中频放大器的特性曲线

2. 电路设计：中心频率 f_o=20 MHz，电压增益 A_{uo}>35 dB(56 倍)，通频带 f_{bw}=4 MHz，负载电阻 R_L=1 kΩ，电源电压 V_{CC}=+12 V。

任务 2-3　高频功率放大器

2-3-1　资讯准备

任务描述

1. 了解高频功率放大器的功能、类型和主要性能指标。

2. 理解丙类谐振高频功率放大器基本电路的结构、工作原理以及主要性能指标的计算方法。

3. 理解丙类谐振高频功率放大器的特性及其应用。

4. 理解丙类谐振高频功率放大器的馈电电路及匹配网络的工作原理、放大器的调谐及调整方法。

5. 了解集成宽带高频功率放大器的工作原理及应用。

资讯指南

<table>
<tr><th>资讯内容</th><th>获取方式</th></tr>
<tr><td>1. 高频功率放大器的功能是什么？有哪些类型，主要应用于什么地方？</td><td rowspan="9">阅读资料
上网：
www.grchina.com
www.mc21st.com
查阅图书
询问相关工作人员</td></tr>
<tr><td>2. 丙类谐振高频功率放大器基本电路的结构如何，怎样工作？</td></tr>
<tr><td>3. 丙类谐振高频功率放大器有哪些性能指标，如何计算？</td></tr>
<tr><td>4. 丙类谐振高频功率放大器的主要特性有哪些？</td></tr>
<tr><td>5. 当工作条件（基极偏置电压、集电极电压、激励电压、负载）变化时，放大器的工作状态将怎样变化？</td></tr>
<tr><td>6. 除了发射机末级功率放大以外，丙类谐振高频功率放大器还有哪些用途，怎样实现？</td></tr>
<tr><td>7. 丙类高频功率放大器馈电电路和匹配网络如何？</td></tr>
<tr><td>8. 丙类谐振高频功率放大器的电路调谐及测试技术如何？</td></tr>
<tr><td>9. 集成宽带高频功率放大器的工作原理及应用如何？</td></tr>
</table>

导学材料

一、概述

高频功率放大器又称为射频功率放大器（Radio Frequency Power Amplifier），广泛应用于发射机、高频加热装置和微波功率源等电子设备中。

1. 功能

高频功率放大器的主要作用是用小功率的高频输入信号去控制高频功率放大器，将直流电源供给的能量转换为大功率高频能量输出。

2. 类型

根据相对频带的宽窄不同，高频功率放大器可分为窄带型和宽带型两大类，其特点如表 2-3-1 所示。

表 2-3-1　高频功放的类型及特点

	宽带功放	窄带功放
相对频带	0.1 以上	小于 0.01
负载类型	宽频带传输线变压器	LC 谐振回路
调谐难度	几乎不用调谐	复杂应用场合调谐困难
功放管工作状态	乙类、丙类或开关状态丁类	乙类、丙类或开关状态丁类
应用场合	雷达系统、功率合成	中波调幅广播

3. 技术指标

对高频功率放大器的基本要求有 3 个：一是输出足够的功率；二是具有高效率的功率转换能力；三是非线性失真小。因此，与低频功率放大器相似，高频功率放大器的主要技术指标也是输出功率 P_o、效率 η、功率增益 A_P。

若放大器输入信号功率为 P_i、直流电源供给的功率为 P_V、放大器本身消耗的功率（又叫管耗）为 P_T，则输出功率

$$P_o = P_V - P_T \tag{2-3-1}$$

效率

$$\eta = \frac{P_o}{P_V} \tag{2-3-2}$$

功率增益

$$A_P = \frac{P_o}{P_i} \tag{2-3-3}$$

4. 分析方法

高频谐振功放与低频功放、小信号谐振放大器有着某些相似之处，但也有一些不同于它们的特点，表 2-3-2 列出了它们之间的主要区别。

表 2-3-2 高频功放的类型及特点

	高频功率放大器	高频小信号谐振放大器	低频功率放大器
主要功能	功率放大	电压放大	功率放大
典型应用场合	通信发射机末级放大	通信接收机前置放大	音频功放
工作频率	300 kHz～300 MHz	300 kHz～300 MHz	20 Hz～20 kHz
功放管工作状态	丙类或丁类	甲类	甲乙类、乙类
负载类型	宽带：传输线变压器 窄带：LC 谐振回路	宽带：传输线变压器 窄带：LC 谐振回路	电阻、变压器等非谐振负载
主要技术指标	P_o、A_P、η	A_u、A_P、f_{bw}、K_r、d_n	P_o、A_P、η
主要分析方法	图解法	等效法	计算法

值得注意的是，虽然低频功放工作频率低，但相对频带很宽，因此不能采用谐振网络作为负载，只能采用电阻、变压器等非谐振负载。为提高效率同时又要避免失真，功放管常工作在乙类或甲乙类状态。高频功放虽然工作频率高，但相对频带却很窄(如调幅广播电台的相对频带为 10^{-2}～10^{-3} 数量级)，因此一般采用谐振网络作为负载，且常工作于丙类(甚至丁类)状态。

另外，虽然高频谐振功率放大器和高频小信号谐振放大器的负载都是 LC 谐振回路，但是由于它们放大信号的大小不同，所以存在着较大的差别。小信号谐振放大器用于不失真地放大微弱高频信号，谐振负载的作用是抑制干扰信号。高频谐振功率放大器常工作在丙类(或丁类)状态，谐振负载的作用是从失真的集电极电流脉冲中选出基波、滤除谐波，从而得到不失真的输出电压，而且正是由于其功放管工作在丙类状态，分析电路时一般采用图解法。

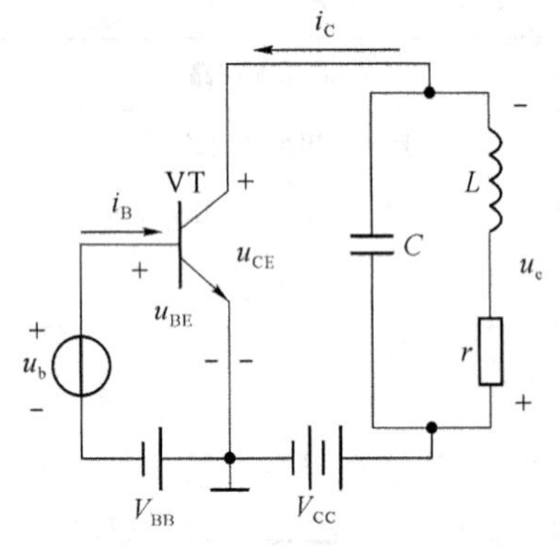

图 2-3-1 丙类谐振功率放大器

二、丙类谐振高频功率放大器的工作原理

1. 基本电路与工作原理

丙类谐振功率放大器是指功放管工作于丙类状态的高频功率放大器，主要用于发射机中，电路形式有中间级和输出级，中间级的基本电路如图 2-3-1 所示。

图中，L、C 为放大器的并联谐振回路（r 为电感 L 的损耗电阻），工作频率一般调谐在输入信号角频率 ω_c 上；V_{CC} 为集电极直流电源电压，作用是为功率放大器提供直流能量；V_{BB} 为基极电源电压，作用是确定合理的静态工作点，保证功放管工作在丙类状态。

为了使功放管工作在丙类状态，应使 V_{BB} 小于管子的导通电压 U_{on}，即 $V_{BB}<U_{on}$，常取 $V_{BB}\leqslant 0$，即 V_{BB} 为负电源或不加基极电源。显然，静态时功放管处于截止状态。

若功放管基极输入信号为余弦电压，即 $u_b=U_{bm}\cos\omega_c t$，则加在三极管发射结两端的电压

$$u_{BE}=V_{BB}+u_b=V_{BB}+U_{bm}\cos\omega_c t \tag{2-3-4}$$

若忽略 V_{CC} 对基极的反作用，则由管子的转移特性可以得到它的集电极电流 i_c，如图 2-3-2 所示。

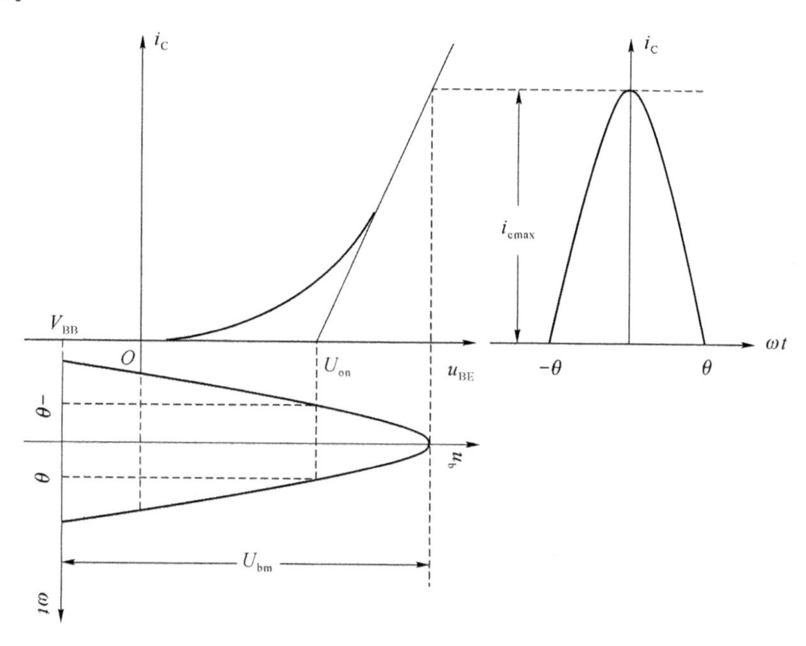

图 2-3-2 丙类谐振功率放大器的转移特性曲线

由于功放管工作在丙类状态，故管子只在小半个周期内导通，而在大半个周期内截止，即导通角 $2\theta<180°$ 或 $\theta<90°$。θ 称为半导通角，简称导电角或通角，显然 i_C 为余弦脉冲波形。由于 $\omega_c t=\theta$ 时，i_C 刚好为零，或 u_{BE} 等于 U_{on}，故 $V_{BB}+U_{bm}\cos\theta\approx U_{on}$，则

$$\cos\theta\approx\frac{U_{on}-V_{BB}}{U_{bm}} \tag{2-3-5}$$

根据傅里叶级数的理论，周期性的集电极余弦电流脉冲可分解为

$$i_C=I_{C0}+i_{c1}+i_{c2}+\cdots+i_{cn}+\cdots \tag{2-3-6}$$

式中，I_{C0} 为直流电流分量；i_{c1} 为基波分量：$i_{c1}=I_{cm1}\cos\omega_c t$；$i_{c2}$ 为二次谐波分量：$i_{c2}=I_{cm2}\cos 2\omega_c t$；$i_{cn}$ 为 n 次谐波分量：$i_{cn}=I_{cmn}\cos n\omega_c t$。其中，各交流电流分量振幅大小分别为

$$I_{c0}=i_{c\max}\cdot\alpha_0(\theta)$$

$$I_{cm1}=i_{c\max}\cdot\alpha_1(\theta)$$

$$I_{cmn}=i_{c\max}\cdot\alpha_n(\theta)$$

式中，$i_{c\max}$ 是 i_c 波形的脉冲幅度；$\alpha_n(\theta)$ 为余弦脉冲的分解系数，大小可根据余弦脉冲分解系数查表求出。

由于输出 LC 谐振回路谐振于 ω_c，则它对 i_C 的基波分量呈现很大阻抗 R（R 中已考虑了负载的影响），而对直流和各次谐波电流呈现的阻抗很小，可近似看成短路。因此，i_C 的各种成分中，只有基波分量才能在 LC 谐振回路两端产生压降，其值为

$$u_c = RI_{cm1}\cos\omega_c t = U_{cm}\cos\omega_c t \tag{2-3-7}$$

式中，$U_{cm}=RI_{cm1}$ 为输出 LC 谐振回路两端（基波作用）电压的振幅。可见，谐振回路具有从众多电流分量中选取有用分量的作用，即选频作用。在图 2-3-1 中，由于 i_C 是自下而上地流过谐振回路，因此 u_c 的极性是上负下正，则

$$u_{CE} = V_{CC} - u_c = V_{CC} - U_{cm}\cos\omega_c t \tag{2-3-8}$$

根据上述分析，可以画出丙类谐振功放的 u_b、u_{BE}、i_C、u_c 及 u_{CE} 的波形，如图 2-3-3 所示。

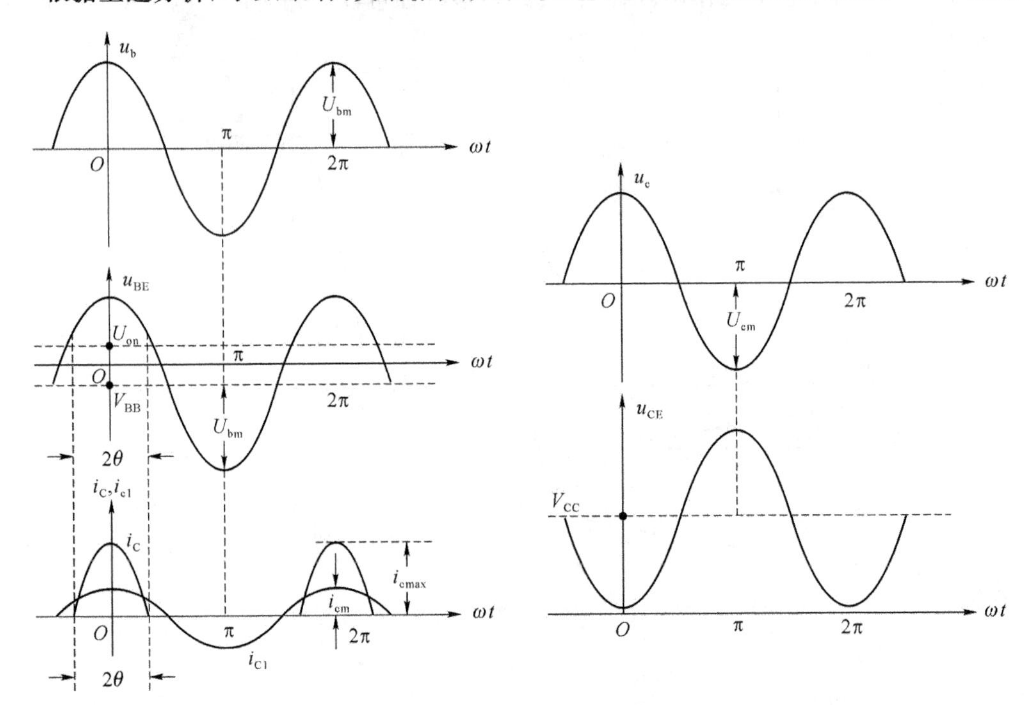

图 2-3-3　各级电压和电流的波形

2. 功率关系

由式(2-3-6)和式(2-3-7)可得，直流功率

$$P_V = V_{CC} I_{C0} \tag{2-3-9}$$

输出功率

$$P_o = \frac{1}{2} I_{cm1} U_{cm} = \frac{1}{2} I_{cm1}^2 R = \frac{1}{2}\frac{U_{cm}^2}{R} \tag{2-3-10}$$

功放管功耗（管耗）

$$P_T = P_V - P_o \tag{2-3-11}$$

效率

$$\eta = \frac{P_o}{P_V} = \frac{1}{2}\frac{U_{cm} I_{cm1}}{V_{CC} I_{C0}} = \frac{1}{2}\xi g_1(\theta) \tag{2-3-12}$$

式中，R 为谐振负载，ξ 为集电极电压利用系数，$g_1(\theta)$ 为集电极电流利用系数。

3. 倍频器

倍频器是一种输出频率等于输入频率整数倍的电路，广泛应用在发射机、频率合成器等电子设备中。采用倍频器可以降低发射机主振器的频率，有利于稳频，提高发射机的工作稳定性和扩展发射机的波段。对于调频和调相发射机，采用倍频器还可以加大频偏和相偏，从而加深调制度。实现倍频的方法主要有两种：丙类倍频器和参量倍频器。

参量倍频器是利用变容二极管的结电容与外加电压的非线性关系对输入信号进行非线性变换，再由谐振回路从中选取所需的 n 次谐波分量，从而实现 n 倍频的，其工作频率可达100 MHz以上。

丙类倍频器是利用丙类功率放大器实现的，它是利用丙类谐振功率放大器的输出谐振回路谐振于 n 次谐波上，则谐振回路上获得的就是 n 次谐波电压，在负载上得到的信号的频率为输入信号频率的 n 倍，即实现了 n 倍频。

在这里需要指出的是：(1)集电极电流脉冲中包含的谐波分量幅度总是随着 n 的增大而迅速减小，因此，倍频次数过高，倍频器的输出功率和效率就会过低；(2)倍频器的输出谐振回路需要滤除高于 n 和低于 n 的各次分量，低于 n 的谐波分量幅度比有用的 n 次分量幅度大，不易滤除，因此丙类倍频器的工作频率一般不超过几十兆赫兹。

三、丙类谐振功率放大器的性能分析

经测试可知，若以放大器输入信号 $u_b=U_{bm}\cos\omega_c t$ 从小到大变化为例，放大器将呈现表2-3-3所示的工作状态。

表 2-3-3　输入信号 u_b 由小到大变化时放大器的工作状态

u_b 的大小	功放管工作区	功放管 i_C 的波形	放大器工作状态
u_b 很小，以至 $u_{BE}<U_{on}$	截止区	-	-
u_b 逐渐增大，使 $u_{BE}>U_{on}$	导通并始终位于放大区	余弦脉冲	欠压状态
u_b 继续增大	导通并到达临界饱和线	余弦脉冲	临界状态
u_b 继续增大	饱和区	凹顶余弦脉冲	过压状态

由表2-3-3可知，在输入信号 u_b 的作用下，功放管将经历不同的工作区，放大器也将工作于欠压、临界、过压等三种不同的状态。所谓欠压状态，是指功放管导通时均处于放大区时，放大器的工作状态；临界状态是指功放管导通后，工作点达到临界饱和线时，放大器的工作状态；过压状态则是指功放管导通后，工作点进入饱和区时，放大器的工作状态。

实际上，丙类谐振功率放大器的工作状态不但与 U_{bm} 有关，还与 V_{BB}、V_{CC} 和负载电阻 R 有关。工作状态不同，放大器的输出功率和管耗就不同，因此必须分析各种工作状态的特点，以及 U_{bm}、V_{BB}、V_{CC} 和 R 的变化对工作状态的影响，即对丙类谐振功放的特性进行分析。由于功放管工作于非线性状态，因此不能采用等效法，而需要借助图解法（动态线）来分析各参数变化对工作状态的影响。

1. 放大器的动态线

图解法中，放大器的工作状态是根据（u_{BE}，u_{CE}）瞬时工作点在特性曲线上所处位置确定的，为此就要在输出特性曲线上作出交流负载线。

在非谐振功放中（如低频功放），由于交流负载为纯电阻，所以交流负载线为一直线，且集电极电压与集电极电流波形相似。而谐振功放的集电极负载是谐振回路，且集电极电压与集电极电流的波形截然不同，因此其交流负载线已不是直线，而是一条曲线，一般称为动态线，反映了谐振功放工作点变化的轨迹，图解法中需要用逐点描述法描绘。

（1）动态线的作法

因为工作状态是根据（u_{BE}，u_{CE}）瞬时工作点在特性曲线上所处位置确定，所以首先需将功放管的输出特性曲线上的参变量 i_B 转换成 u_{BE}，并在 U_{bm}、V_{BB}、V_{CC} 和 R 保持不变的情况下，假设 $\omega_c t$ 取不同的值，根据公式

$$u_{BE}=V_{BB}+U_{bm}\cos \omega_c t$$

$$u_{CE}=V_{CC}-U_{cm}\cos \omega_c t$$

可得对应的 u_{BE} 和 u_{CE} 值，从而确定输出特性曲线上的各个“动态点”，然后依次连接各个“动态点”就可得到动态线，如图 2-3-4 所示。

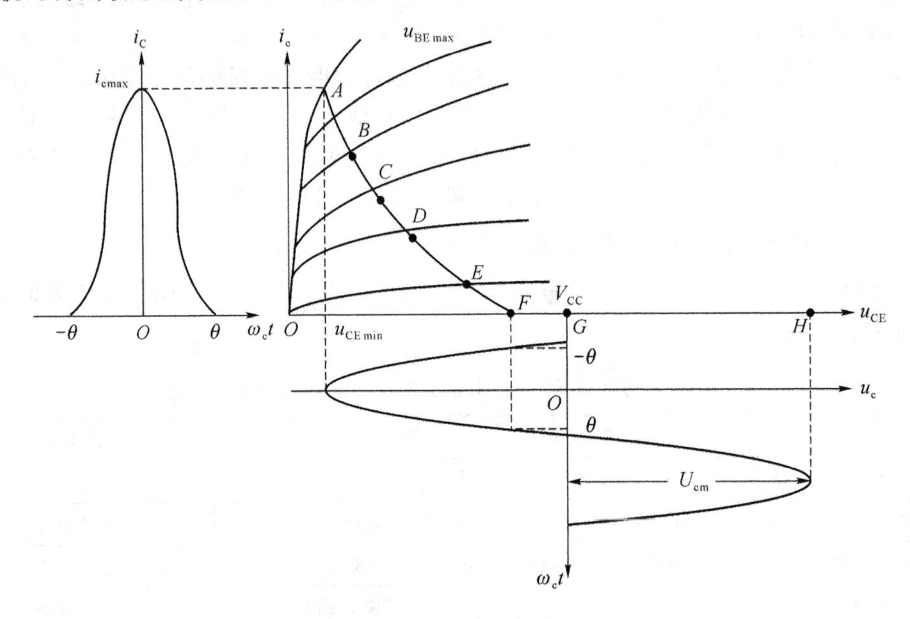

图 2-3-4　丙类高频谐振功率放大器的动态线

各工作点的具体描绘步骤如下：

① 确定 V_{BB}、V_{CC}、U_{cm}、U_{bm}、U_{on} 和导电角 θ 的值；

② 将 $\omega_c t$ 取不同的值，如 0°、30°、45°、60°、90°、180°等；

③ 当 $\omega_c t\leqslant\theta$ 时，功放管将导通，根据（u_{BE}，u_{CE}）确定工作点；

④ 当 $\omega_c t\geqslant\theta$ 时，功放管将截止，$i_C=0$，则点在横轴上，根据 u_{CE} 确定工作点；

⑤ 将各工作点用光滑曲线依次连接起来，便得到放大器的动态线。

图 2-3-4 中，各工作点的特点如下。

- A：$\omega_c t=0°$；功放管导通；$u_{BE}=V_{BB}+U_{bm}$，幅值最大；$u_{CE}=V_{CC}-U_{cm}$，幅值最小。
- F：$\omega_c t=\theta$；功放管处于临界状态；$i_C=0$，$u_{CE}=V_{CC}-U_{cm}\cos\theta$。
- G：$\omega_c t=90°$，功放管截止；$i_C=0$，$u_{CE}=V_{CC}$。
- H：$\omega_c t=180°$，功放管截止；$i_C=0$，$u_{CE}=V_{CC}+U_{cm}$，幅值最大。

（2）不同工作状态的动态线

如果保持 V_{BB}、V_{CC} 和 U_{bm} 不变，则改变 U_{cm}（实际上是改变 R）对谐振功放的动态线和工作状态的影响如图 2-3-5 所示。

图中，曲线①是放大器工作在欠压工作状态的动态线，曲线②是放大器工作在临界工作状态的动态线，曲线③是放大器工作在过压工作状态的动态线。

在 V_{BB}、V_{CC} 和 U_{bm} 不变的条件下，随着 U_{cm} 的增大，谐振功放的工作状态由欠压向临界、过压状态变化。在欠压-临界状态，i_C 为余弦脉冲，随着 U_{cm} 的增大，i_C 的宽度不变，而幅度略有减小；在过压状态下，i_C 为顶部下凹的余弦波形，随着 U_{cm} 的增大，i_C 的宽度不变而下凹加深，且幅度减小。

由动态线分析可知：①动态线、放大器的工作状态与 V_{BB}、V_{CC}、U_{bm} 和 R 的大小有关系；②放大器工作在过压状态时，i_C 波形会出现下凹。

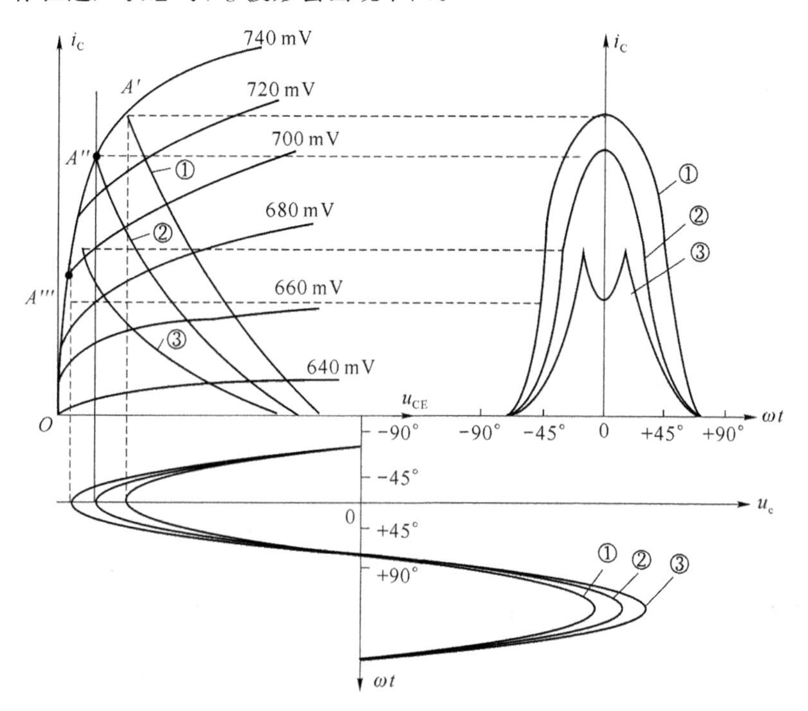

图 2-3-5　不同状态的动态线

四、丙类谐振功率放大器的特性

由前述可知，丙类谐振功率放大器的特性受集电极回路谐振电阻 R、集电极直流电源电压 V_{CC}、基极电源电压 V_{BB} 和基极激励电压振幅 U_{bm} 影响，下面通过分析某一物理量的变化对放大器工作状态和输出信号的影响来分析放大器的特性。为了简单起见，这里仅介绍其影响，而不介绍具体的分析过程。

1. 负载特性

负载特性是指在 V_{BB}、V_{CC} 和 U_{bm} 不变时，放大器随 R 变化的特性。

（1）工作状态的变化

随着 R 由小变大，放大器将由欠压状态向临界状态、过压状态依次变化，即先后经历欠压、临界、过压状态。

（2）i_C 波形的变化

随着 R 由小变大，i_C 的变化如图 2-3-6 所示，i_C 波形的宽度基本不变。

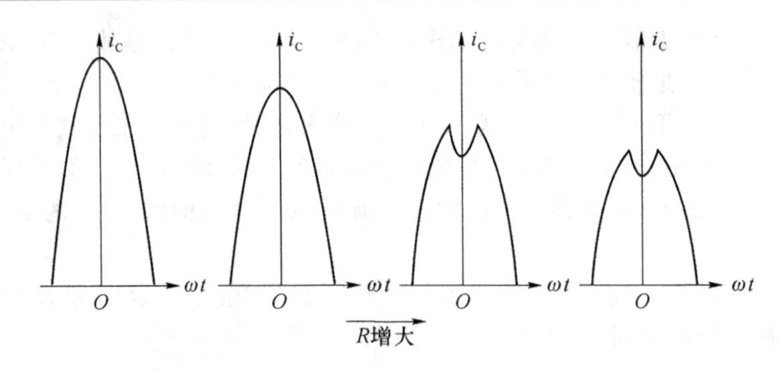

图 2-3-6 i_C 随 R 变化的特性

(3) U_{cm}、I_{C0}、I_{cm1} 的变化特性

随着 R 由小变大，U_{cm}、I_{C0}、I_{cm1} 的变化特性如图 2-3-7 所示。

(4) P_o、P_V、P_T、η 的变化特性

随着 R 由小变大，P_o、P_V、P_T、η 的变化特性如图 2-3-8 所示。

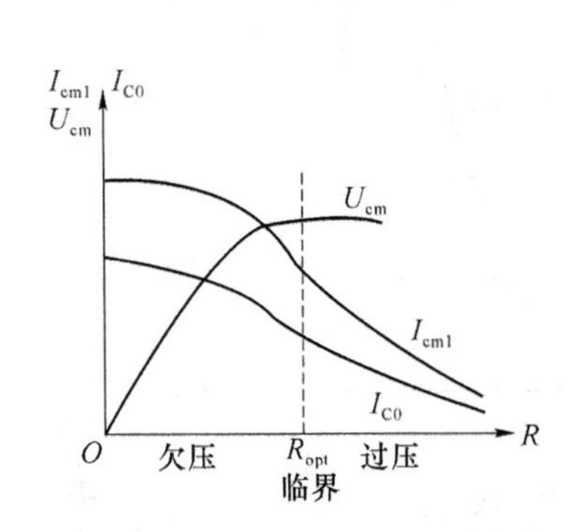

图 2-3-7 U_{cm}、I_{C0}、I_{cm1} 随 R 的变化

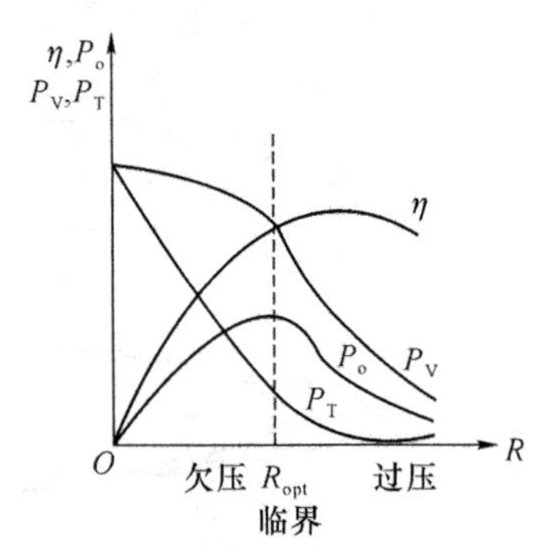

图 2-3-8 P_o、P_V、P_T、η 的变化特性

根据以上分析可得，当 $R=R_{opt}$，即放大器处于临界状态时，P_o 达到最大值，η 也较大，故临界状态为谐振功率放大器的最佳工作状态，与之相应的 R_{opt} 称为谐振功放的最佳负载或匹配负载。欠压状态的 P_o 与 η 都较小，而 P_T 大，因此除个别场合外，一般很少采用。不难理解，为了保证功放管的安全，在调试谐振功率放大器时应避免其工作在强欠压工作状态($R=0$，管耗 P_T 最大)。

2. 基极调制特性

基极调制特性是指在 R、V_{CC} 和 U_{bm} 不变时，放大器随 V_{BB} 变化的特性。

(1) 工作状态的变化

随着 V_{BB} 从小变大，放大器将由欠压状态向临界状态和过压状态依次变化。

(2) i_C 波形的变化

随着 V_{BB} 从小变大，i_C 的变化如图 2-3-9 所示，i_C 波形的宽度变大。

(3) U_{cm}、I_{C0}、I_{cm1} 的变化特性

随着 V_{BB} 从小变大，U_{cm}、I_{C0}、I_{cm1} 的变化特性如图 2-3-10 所示。

根据以上分析可得，在欠压区，随着 V_{BB} 的增大，I_{C0}、I_{cm1} 和 U_{cm} 迅速增大；在过压区，随着 V_{BB} 的增大，I_{C0}、I_{cm1} 和 U_{cm} 只略有增大。因此，工作在欠压区的谐振功放，V_{BB} 的变化可以有效地控制集电极回路电压振幅 U_{cm} 的变化，这就是基极调幅的原理，将在任务 4-2 中讨论。

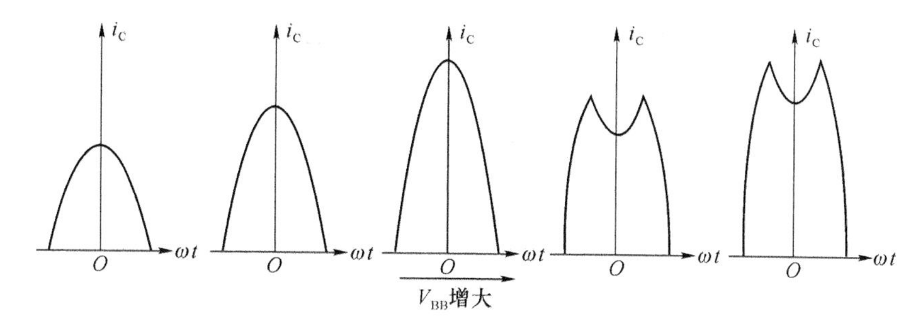

图 2-3-9　i_C 随 V_{BB}变化的特性

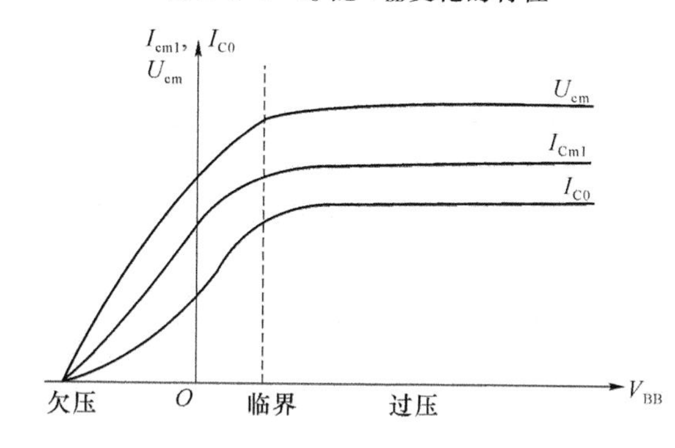

图 2-3-10　U_{cm}、I_{C0}、I_{cm1}随 V_{BB}的变化

3. 集电极调制特性

集电极调制特性是指在 V_{BB}、R 和 U_{bm}不变时，放大器随 V_{CC}变化的特性。

(1) 工作状态的变化

随着 V_{CC}从小变大，放大器将由过压状态向临界状态、欠压状态依次变化。

(2) i_C 波形的变化

随着 V_{CC}从小变大，i_C 波形的宽度基本不变，如图 2-3-11 所示。

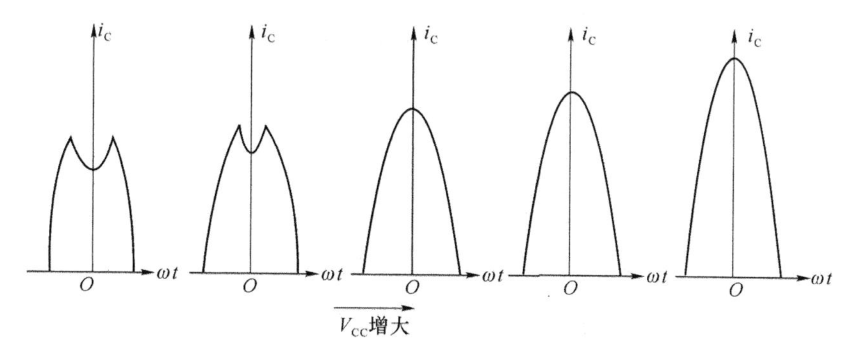

图 2-3-11　i_C 随 V_{CC}变化的特性

(3) U_{cm}、I_{C0}、I_{cm1}的变化特性

随着 V_{CC}从小变大，U_{cm}、I_{C0}、I_{cm1}的变化特性如图 2-3-12 所示。

由以上分析可得，放大器工作在强过压区，i_C 下凹很深且幅度很小，故 I_{C0}、I_{cm1}和 U_{cm}均很小，随着 V_{CC}的增大，放大器逐渐靠近临界状态，I_{C0}、I_{cm1}和 U_{cm}迅速增大；在欠压区，随着 V_{CC}的增大，I_{C0}、I_{cm1}和 U_{cm}只略有增大。因此，工作在过压区的谐振功放，V_{CC}的变化可以有效地控制集电极回路电压振幅的变化，这就是集电极调幅的原理，将在任务 4-2 中讨论。

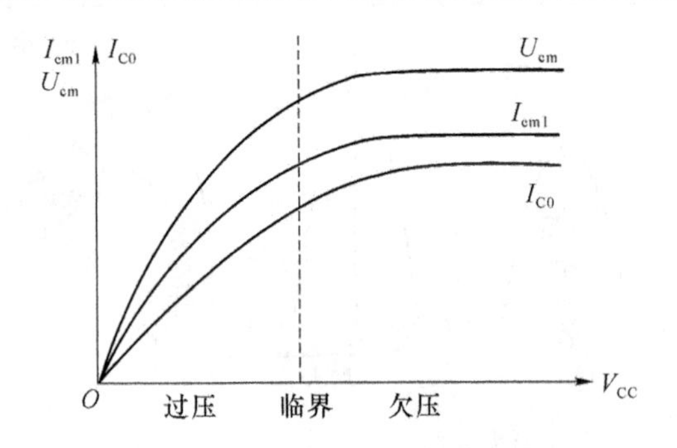

图 2-3-12 U_{cm}、I_{C0}、I_{cm1}随 V_{CC}的变化

4. 放大特性

放大特性是指在 V_{BB}、V_{CC}和 R 不变时，放大器随 U_{bm}变化的特性。

(1) 工作状态的变化

随着 U_{bm}从小变大，放大器将由欠压状态→临界状态→过压状态变化。

(2) i_C 波形的变化

随着 U_{bm}从小变大，i_C 波形的宽度基本不变，如图 2-3-13 所示。

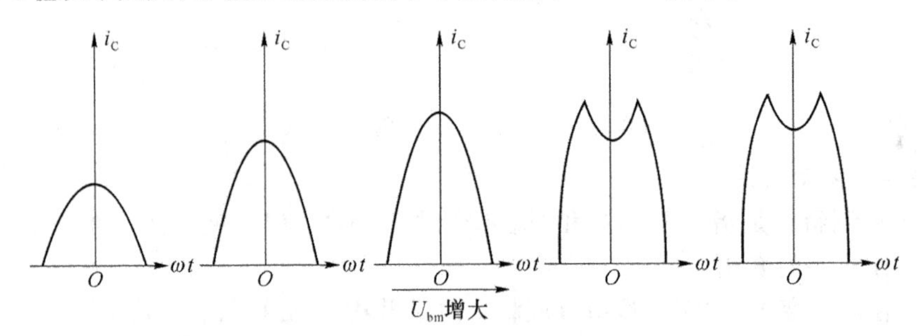

图 2-3-13 i_C 随 U_{bm}变化的特性

(3) U_{cm}、I_{C0}、I_{cm1}的变化特性

随着 U_{bm}从小变大，U_{cm}、I_{C0}、I_{cm1}的变化特性如图 2-3-14 所示。

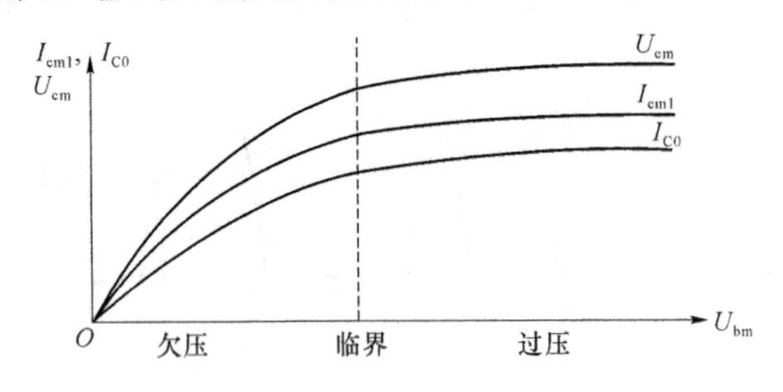

图 2-3-14 U_{bm}、I_{C0}、I_{cm1}随 U_{bm}的变化

谐振功放作为线性功率放大器，用来放大振幅按调制信号规律变化的调幅信号，必须使 U_{bm}变化时 U_{cm}有较大的变化，因此放大器必须工作在欠压区。在过压区 U_{bm}变化时 U_{cm}却近似不变，这时电路起振幅限幅的作用，即可把振幅在较大范围内变化的输入信号 u_b 变换为振幅恒定的输出信号 u_C，故工作在过压区的谐振功放就成了振幅限幅器。

上面讨论的谐振功放的各种特性，可用于指导工程设计和实验调整。

五、丙类谐振功率放大器的电路

前面讨论了丙类谐振功率放大器电路的工作原理、工作状态和各种特性，本节研究组成一个实际的谐振功放电路时管外电路的形式以及管子与管外电路的连接等，以保证放大器处于合适的工作状态并达到预定的性能指标。丙类谐振功放的管外电路包括输入端和输出端的直流馈电电路和匹配网络。

1. 直流馈电电路

直流馈电电路是指把直流电源馈送到晶体管各极的电路，它包括集电极馈电电路和基极馈电电路两部分。无论是哪一部分的馈电电路，都有串联馈电和并联馈电两种方式，其中串联馈电和并联馈电电路都有集电极馈电电路、基极馈电电路。因此，直流馈电电路共有4种基本电路。

所谓串联馈电，是指直流电源、匹配网络和功率管三者串联连接的一种馈电方式；所谓并联馈电，是指直流电源、匹配网络和功率管三者并联连接的一种馈电方式。

图2-3-15所示为集电极直流馈电电路，其构成原则如下：谐振功放的集电极馈电电路，应保证集电极电流 i_C 中的直流分量 I_{C0} 只流过集电极直流电源 V_{CC}（对直流而言，V_{CC} 应直接加至晶体管c、e两端），以便直流电源提供的直流功率全部交给晶体管；还应保证谐振回路两端仅有基波分量压降（即对基波而言，回路应直接接到晶体c、e两端），以便把变换后的交流功率传送给回路负载；另外也应保证外电路对高次谐波分量 i_{cn} 呈现短路，以免产生附加损耗。

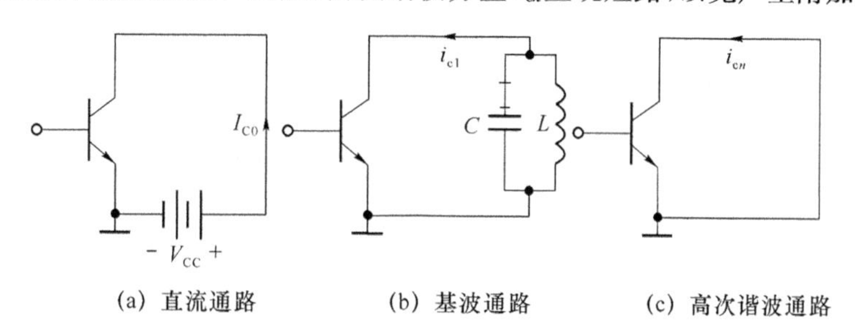

图2-3-15　集电极馈电电路的构成原则

谐振功放的基极馈电电路的组成原则与集电极馈电电路相仿。图2-3-16所示为基极直流馈电电路，其构成原则如下：第一，基极电流中的直流分量 I_{B0} 只流过基极偏置电源（即 V_{BB} 直接加到晶体管b、e两端）；第二，基极电流中的基波分量 i_{b1} 只流过输入端的激励信号源，以便使输入信号控制晶体管的工作，实现放大。

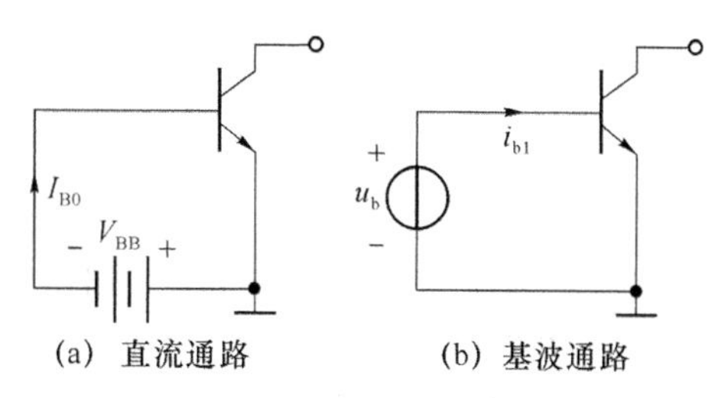

图2-3-16　基极馈电电路的构成原则

（1）集电极馈电电路

图2-3-17为集电极直流馈电电路。由图可知，无论是串馈还是并馈电路，它们的直流通路完全相同，V_{CC} 都加到集电极上；它们对 i_C 的基波分量都等效为回路的谐振电阻 R，对

i_C 的谐波分量都相当于短路；它们的直流电源的一端都接地，以克服电源对地分布电容的影响；它们都满足 $u_{CE}=V_{CC}-u_C$ 的关系式。二者的不同点仅在于匹配网络的接入方式。串馈电路的谐振回路处于直流高电位，可变电容的动片不能直接接地；并馈电路的谐振回路处于直流低电位，可变电容动片可以直接接地，因此在电路板上安装时就比串馈电路方便。但是并馈电路的 L_C 和 C_{C1} 处于高频高电位，它们的分布电容将影响回路的调谐，这一点不如串馈电路。

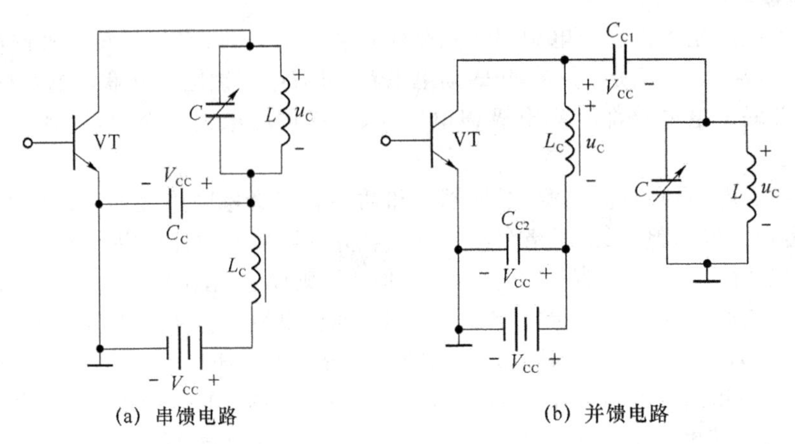

图 2-3-17　集电极馈电电路

（2）基极馈电电路

① 基本电路及工作原理

基极馈电电路是为三极管的基极提供合适的偏压，也有串馈与并馈两种方式，如图 2-3-18所示。

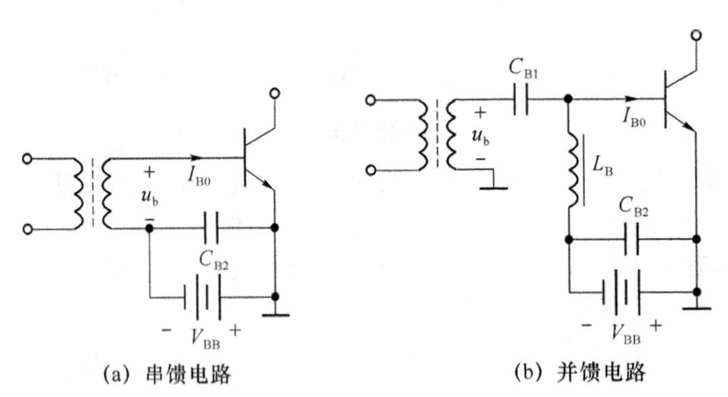

图 2-3-18　基极馈电电路

② 基极自给偏置电路

基极自给偏置电路如图 2-3-19 所示。图 2-3-19(a)是利用 i_B 的直流分量 I_{B0} 在 R_B 上产生所需的负偏压，并通过高频扼流圈 L_B 加到基极上，使 $u_{BE}=-I_{B0}R_B$；图 2-3-19(b)是利用 i_B 的直流分量 I_{B0} 在高频扼流圈 L_B 的直流电阻上产生很小的电压作为负偏压；图 2-3-19(c)则是利用 i_E 的直流分量 I_{E0} 在 R_E 上产生所需的偏压，并通过高频扼流圈 L_B 加到基极上，使 $u_{BE}=-I_{E0}R_E$。

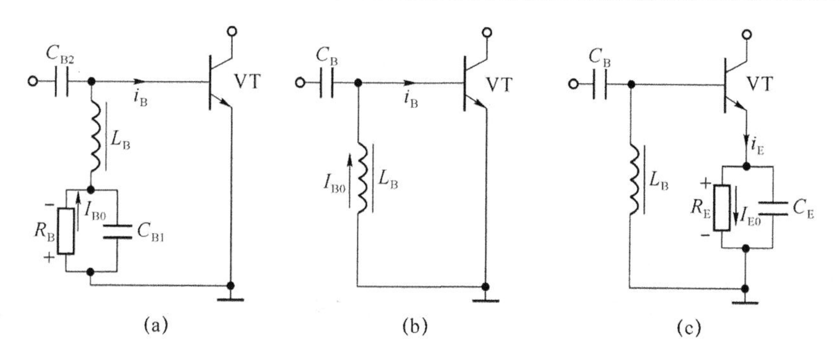

图 2-3-19　基极自给偏置电路

应当注意，图 2-3-19 中的电路的静态偏置电压与加输入信号后的直流偏置电压是不同的。这 3 个电路的静态偏置电压均为零，但直流偏置电压却为不同的负电压。由于 I_{B0} 或 I_{E0} 均随输入信号振幅的大小而变化，因此，直流偏置电压也随输入信号振幅的大小而变化，这有利于稳定输出电压。

2. 匹配网络

在谐振功率放大器中，为满足输出功率、效率及功率增益的要求，除需正确选择放大器的工作状态外，还必须正确设计输入和输出匹配网络。输入和输出匹配网络在谐振功率放大器中的连接情况如图 2-3-20 所示。

无论是输入匹配网络还是输出匹配网络，都具有传输有用信号的作用，故又称为耦合电路。对于输出匹配网络，除具有滤波作用外（即滤除各次谐波分量，使负载上只有基波电压），还具有阻抗变换功能（即将外接负载 R_L 变换成谐振功放所要求的负载电阻 R，以保证放大器输出所需的功率）。因此，匹配网络也称滤波匹配网络。对于输入匹配网络，要求它把放大器的输入阻抗变换为前级信号源所需的负载阻抗，使电路能从前级信号源获得尽可能大的激励功率。

本章主要讨论输出匹配网络。在具体分析匹配网络之前，先介绍串并联阻抗的等效变换。其电路如图 2-3-21 所示。

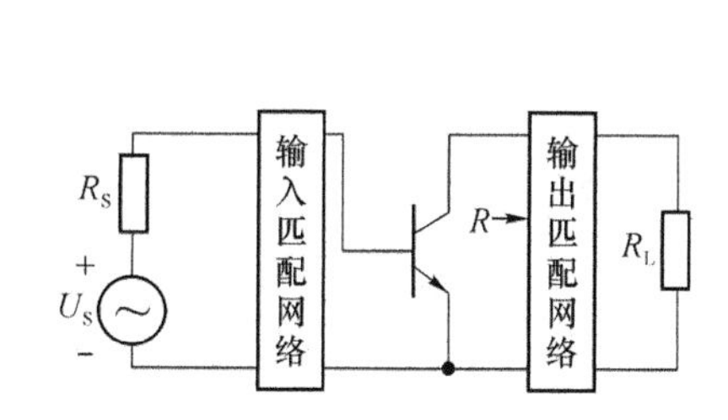

图 2-3-20　匹配网络示意图

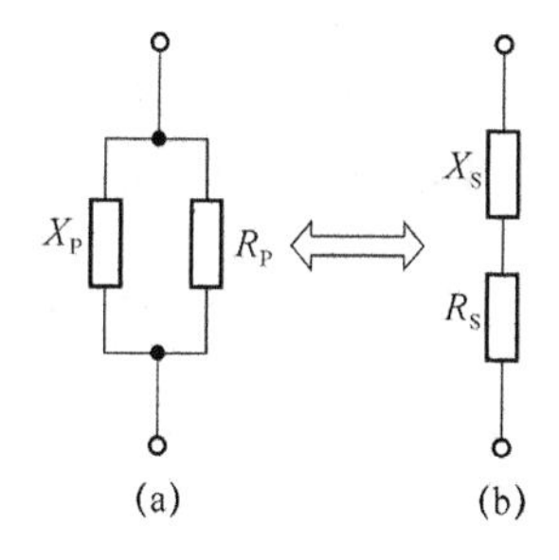

图 2-3-21　串并联阻抗的等效变换

根据等效原理（即图 2-3-21(a)、(b)端导纳相等）可得

$$\frac{1}{R_P}+\frac{1}{jX_P}=\frac{1}{R_S+jX_S} \tag{2-3-13}$$

因此，可以得到从串联转换为并联阻抗的公式，即

$$R_P=\frac{R_S^2+X_S^2}{R_S}=R_S(1+Q_T^2) \tag{2-3-14}$$

$$X_P=\frac{P_S^2+X_S^2}{X_S}=X_S\left(1+\frac{1}{Q_T^2}\right) \tag{2-3-15}$$

式中，Q_T 为两个网络的品质因数，其值为

$$Q_T=\frac{|X_S|}{R_S}=\frac{R_P}{|X_P|} \tag{2-3-16}$$

(1) L 型匹配网络

图 2-3-22(a)所示是 L 型匹配网络，其串臂为感抗 X_S，并臂为容抗 X_P，R_L 是负载电阻。X_S 和 R_L 是串联支路，根据串并联阻抗变换原理，可将其变换为并联元件 X'_P 和 R_P，如图 2-3-22(b)所示。

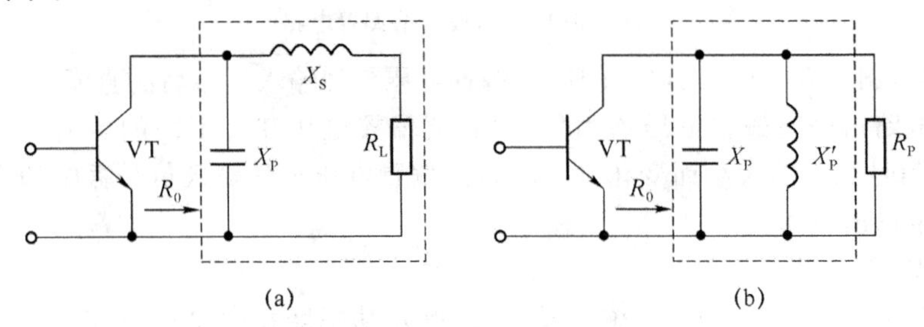

图 2-3-22　L 型匹配网络

首先，令 $X_P+X'_P=0$，即电抗部分抵消，可得回路两端呈现的纯电阻

$$R_0=R_P(1+Q_T^2) \tag{2-3-17}$$

由式(2-3-16)求出 Q_T，再代入式(2-3-14)、式(2-3-15)，便可求出 L 型网络各元件参数的计算公式，即

$$|X_S|=Q_TR_L=\sqrt{R_L(R_0-R_L)} \tag{2-3-18}$$

$$|X_P|=\frac{R_0}{Q_T}=R_0\sqrt{\frac{R_L}{R_0-R_L}} \tag{2-3-19}$$

显然，L 型匹配网络只适用于 $R_0>R_L$ 的匹配情况。

(2) T 型匹配网络

图 2-3-23(a)所示是 T 型匹配网络，其中两个串臂为同性电抗元件，并臂为异性电抗元件。为了求出 T 型匹配网络的元件参数，可以将它分成如图 2-3-23(b)所示的两个 L 型网络，然后利用 L 型网络的算法，推导出相应的计算公式。

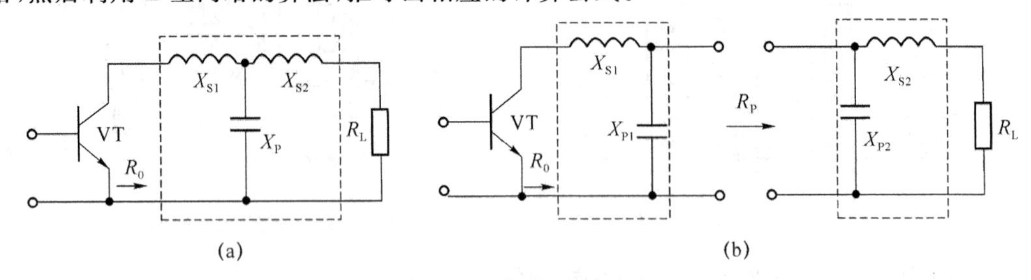

图 2-3-23　T 型匹配网络

图 2-3-23(b)中的第二个 L 型网络与图 2-3-22(a)中的网络是相同的，因此，可以直接得到计算公式，即

$$R_P=R_L(1+Q_{T2}^2) \tag{2-3-20}$$

$$|X_{S2}|=Q_{T2}R_L=\sqrt{R_L(R_P-R_L)} \tag{2-3-21}$$

$$|X_{P2}|=\frac{R_P}{Q_{T2}}=R_P\sqrt{\frac{R_L}{R_P-R_L}} \tag{2-3-22}$$

图 2-3-23(b)中的第一个 L 型网络与图 2-3-22(a)中的网络是相反的，因此，可以将 R_0 视为 R_L，即

$$R_P=R_0(1+Q_{T1}^2) \tag{2-3-23}$$

$$|X_{S1}|=Q_{T1}R_0=\sqrt{R_0(R_P-R_0)} \tag{2-3-24}$$

$$|X_{P1}|=\frac{R_P}{Q_{T1}}=R_P\sqrt{\frac{R_0}{R_P-R_0}} \tag{2-3-25}$$

(3) Π 型匹配网络

Π 型匹配网络如图 2-3-24(a)所示，分析时也可将 Π 型网络分成如图 2-3-24(b)所示的两个基本的 L 型网络，然后按 L 型网络进行求解有关元件参数。

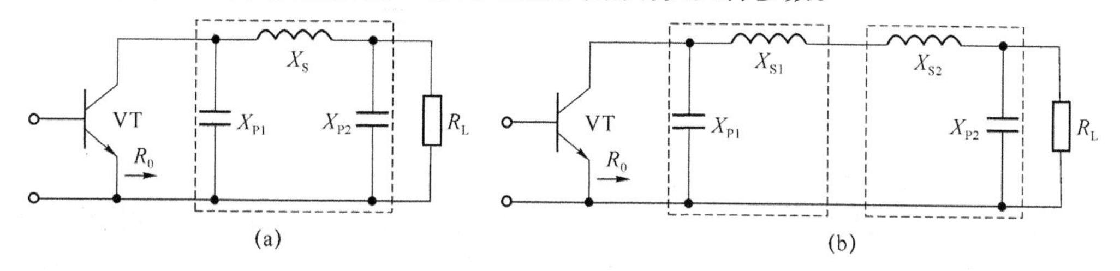

图 2-3-24　Π 型匹配网络

3. 谐振功率放大器的实际电路

采用不同的直流馈电电路和匹配网络，就可得到谐振功放的各种实际电路，下面举两例加以说明。

图 2-3-25 所示是工作频率为 150 MHz 的谐振功放电路，外接负载为 50 Ω，输出功率为 3 W，功率增益达 10 dB。其中，基极采用自偏压电路，R_b 产生的负偏压经高频扼流圈 L_b 加到基极，C_b 为其滤波电容；集电极采用串馈电路，高频扼流圈 L_c 和 R_c、C_{c1}、C_{c2}、C_{c3} 组成电源滤波电路。此外，C_1、C_2、C_3 和 L_1 组成 T 型输入匹配网络，调节 C_1 和 C_2，可使它们的谐振频率等于输入信号的频率(即工作频率)，并把放大器的输入阻抗在工作频率上变为前级信号源所要求的 50 Ω 匹配电阻；L_2～L_5、C_4～C_8 组成三级 Π 型输出匹配网络，调节 C_5，可使匹配网络的谐振频率等于工作频率，并把 50 Ω 的外接负载在工作频率上变换为放大器所要求的负载电阻 R。

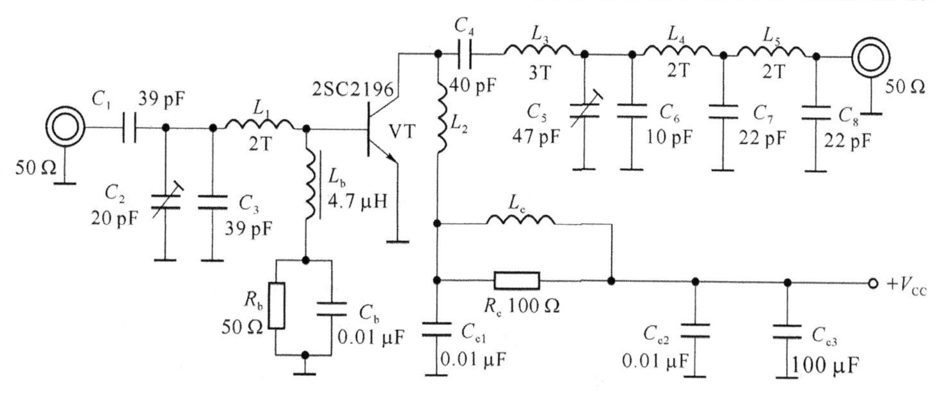

图 2-3-25　150 MHz 谐振功率放大器

图 2-3-26 所示是工作频率为 400 MHz 的场效应管谐振功放电路，外接负载为 50 Ω，输出功率为 15 W，功率增益达 14 dB。其中，高频扼流圈 L_{d1}、L_{d2} 和 C_{d1}、C_{d2}、C_{d3} 组成电源滤波电路，R_1 和 R_2 组成栅极分压式偏置电路；漏极采用并馈电路。此外，C_1、C_2 和 L_1 组成 T 型输入匹配网络；L_2、L_3 和 C_3～C_6 组成 L 型和 II 型的混合输出匹配网络。

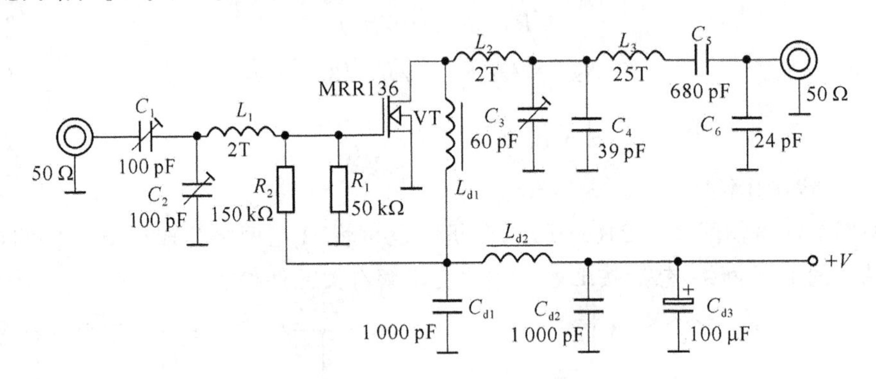

图 2-3-26 400 MHz 场效应管谐振功率放大器

4. 谐振功率放大器的调谐与调整

当谐振功放的电路装配完毕后，还必须对它进行调谐与调整。调谐是使匹配网络或回路谐振于输入信号频率(即工作频率)，而调整则是使放大器的负载电阻等于所要求的数值。下面以图 2-3-27 所示的小功率发射机的末级电路为例，说明如何进行谐振功放的调谐与调整。

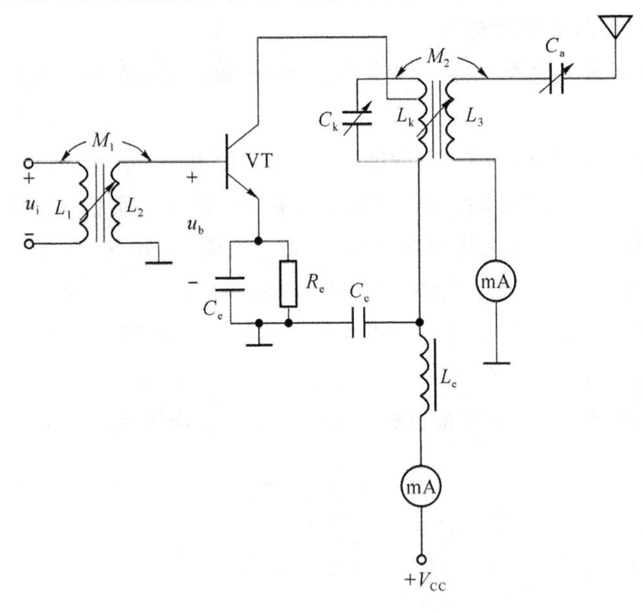

图 2-3-27 谐振功率放大器的调谐和调整

(1) 调谐

分别调节 M_1 和 M_2，并利用高频毫伏表测负载回路两端的电压，当达到最大时回路谐振。但是由于毫伏表输入电容的影响，用此法判断回路是否谐振是不准确的。

由于谐振时回路的纯阻性阻抗最大，而失谐时回路的阻抗迅速减小，因此根据谐振功放的负载特性(即负载回路谐振时 i_C 的直流分量 I_{C0} 值最小)，通过测量 I_{C0} 的大小来判断回路是否谐振。

(2) 调整

当完成调谐后，就可以进行调整了。先把 V_{CC} 调回额定值，再调节 M_2，使放大器的负载等于所要求的值，或工作于预定状态，最后调节 M_1，以保证放大器输出规定的功率。

六、宽带高频功率放大器

丙类谐振功率放大器的效率高，但是只适用于单一工作频率，当需要改变工作频率时，必须改变其匹配网络的谐振频率，这往往是十分困难的。在移动通信机、电视机差转机等电子设备中，由于工作频率变化大或工作频带宽，丙类谐振功放就不适用了，而必须采用无须调节工作频率的宽带高频功率放大器。显然，宽带高频功放的负载是非谐振的。

由于要不失真地放大信号，单管宽带高频功放一般工作在甲类状态，但其效率低，输出功率小。为此，可采用类似推挽功放的由多个宽带功率放大器组合成电路。本节将介绍具有宽带特性的传输线变压器及由它构成的宽带功率放大器。

1. 传输线变压器

传输线变压器是由绕在高导磁环上的传输线构成的。磁环一般由镍锌铁氧体制成，而传输线可以是同轴电缆，也可以是双绞电线或带状线，并都可看成两根等长的、相距很近的平行线，一般匝数很少。

图 2-3-28 所示是最简单的传输线变压器(1∶1 倒相传输线变压器)的基本结构。图中，1、3 为始端，2、4 为终端，而 1-2 端和 3-4 端分别构成了变压器的两个线圈。

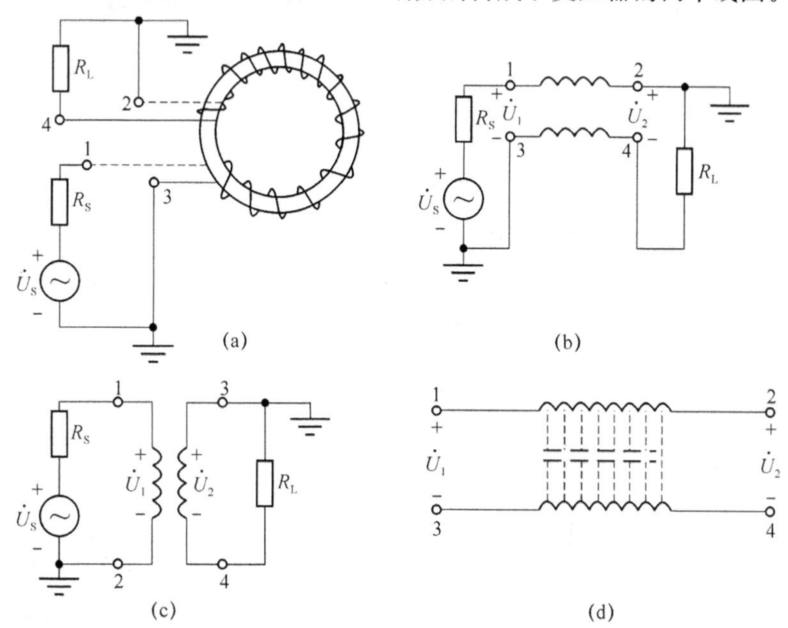

图 2-3-28　传输线变压器的结构示意图及等效电路

传输线变压器既具有传输特点，又具有变压器的特点，是二者的结合统一并具有极高的上限截止频率和极宽的工作频带。它有三大功能：一是实现平衡和不平衡的转换；二是完成传输线变压器的功能；三是作为阻抗变换器。

当工作在低频段时，由于信号波长远大于传输线长度，分布参数很小，可以忽略，故变压器方式起主要作用。由于磁芯的导磁率高，所以虽传输线较短也能获得足够大的初级电感量,保证了传输线变压器的低频特性较好。

当工作在高频段时,传输线方式起主要作用。在无耗匹配的情况下,上限频率将不受漏感、分布电容、高导磁率磁芯的限制。而在实际情况下,虽然要做到严格无耗和匹配是很困难的,但上限频率仍可以达到很高。因此,传输线变压器具有良好的宽频带特性。

2. 宽带功率合成与分配网络

利用多个功率放大电路同时对输入信号进行放大,然后设法将各个功放的输出信号相加,这样得到的总输出功率可以远远大于单个功放电路的输出功率,这就是功率合成技术。利用功率合成技术可以获得几百瓦甚至上千瓦的高频输出功率。

理想的功率合成器不但应具有功率合成的功能,还必须在其输入端使与其相接的前级各功率放大器互相隔离,即当其中某一个功率放大器损坏时,相邻的其他功率放大器的工作状态不受影响,仅仅是功率合成器输出总功率减小一些。

利用传输线变压器组成的反相功率合成原理电路如图 2-3-29 所示。

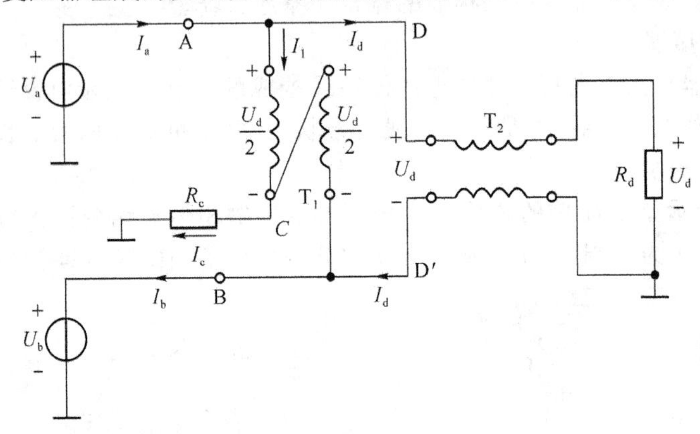

图 2-3-29　功率合成原理电路

3. 宽带高频功率放大器电路实例

图 2-3-30 是一个工作频率为 30～75 MHz、输出功率为 75 W 的功率放大器的部分电路,各传输线变压器和元器件的功能均标在图中。

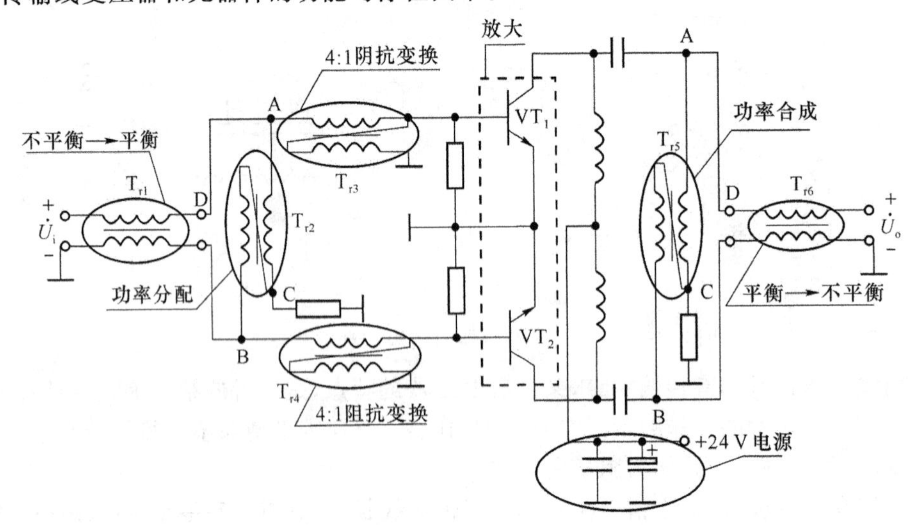

图 2-3-30　宽带高频功率放大器的电路实例

2-3-2　计划决策

通过任务分析和对相关资讯的了解，讨论学习的计划并选定最优方案。

计划和决策(参考)

第一步	了解高频功率放大器的功能、类型、主要性能指标
第二步	理解丙类谐振高频功率放大器基本电路的结构、工作原理、主要性能指标的计算方法
第三步	理解丙类谐振高频功率放大器的特性及其应用
第四步	理解丙类谐振高频功率放大器的馈电电路及匹配网络的工作原理、放大器的调谐及调整方法
第五步	了解集成宽带高频功率放大器的工作原理及应用

2-3-3　任务实施

学习型工作任务单

学习领域	通信电子线路			学时	78(参考)
学习项目	项目 2　让微弱信号大起来——认识信号放大器			学时	16
工作任务	2-3　高频放大器			学时	8
班级		小组编号		成员名单	
任务描述	1. 了解高频功率放大器的功能、类型、主要性能指标。 2. 理解丙类谐振高频功率放大器基本电路的结构、工作原理、主要性能指标的计算方法。 3. 理解丙类谐振高频功率放大器的特性及其应用。 4. 理解丙类谐振高频功率放大器的馈电电路及匹配网络的工作原理、放大器的调谐及调整方法。 5. 了解集成宽带高频功率放大器的工作原理及应用。				
工作内容	1. 高频功率放大器的功能是什么？有哪些类型，主要应用于什么地方？ 2. 丙类谐振高频功率放大器基本电路的结构如何，怎样工作？ 3. 丙类谐振高频功率放大器有哪些性能指标，如何计算？ 4. 丙类谐振高频功率放大器的主要特性有哪些？ 5. 当工作条件(基极偏置电压、集电极电压、激励电压、负载)变化时，放大器的工作状态将怎样变化？ 6. 除了发射机末级功率放大以外，丙类谐振高频功率放大器还有哪些用途，怎样实现？ 7. 丙类高频功率放大器馈电电路和匹配网络如何？ 8. 丙类谐振高频功率放大器的电路调谐及测试技术如何？				
提交成果和文件等	1. 丙类谐振高频功率放大器的应用场合、基本电路结构及工作原理、主要性能指标的计算方法对照表。 2. 丙类谐振高频功率放大器的性能及其对放大器工作状态的影响对照表。 3. 丙类谐振高频功率放大器的馈电电路和匹配网络的电路结构及工作原理对照表。 4. 学习过程记录表及教学评价表(学生用表)。				
完成时间及签名					

2-3-4　展示评价

1. 教师及其他组负责人根据小组展示汇报整体情况进行小组评价。

2. 在学生展示汇报中，教师可针对小组成员的分工，对个别成员进行提问，给出个人评价。

3. 组内成员自评表及互评表打分。

4. 本学习项目成绩汇总。

5. 评选今日之星。

2-3-5　试一试

1. 高频功率放大器的基本功能是____。

2. 根据频带宽窄不同，高频功率放大器分为__________和__________。

3. 高频功率放大器的主要技术指标是________、________、________。

4. 为什么低频功率放大器不能工作于丙类，而高频功率放大器可以工作于丙类？

5. 丙类谐振高频功率放大器为什么采用谐振回路做负载？

6. 若一丙类谐振高频功率放大器的输出功率 $P_o=5$ W，$V_{CC}=24$ V，试求：

(1) 当集电极效率 $\eta=60\%$时，求其集电极功耗 $P_T=$____________，集电极电流直流分量 $I_{C0}=$____________；

(2) 若保持 P_o 不变，将 η 提高到 80%，问此时 $P_T=$____________。

7. 丙类谐振高频功率放大器的动态特性与低频甲类功率放大器的负载线有什么区别？为什么会产生这些区别？动态特性的含意是什么？

8. 已知某丙类谐振高频功率放大器工作于欠压状态。为了提高输出功率，将放大器调整到临界状态，可通过分别改变哪些参量来实现？当改变不同的量时，放大器输出功率是否一样大？

9. 为使谐振功放从临界状态变为过压状态，应使 V_{CC}____________，或使 U_{bm}____________，或使 R_L____________。

10. 倍频器的作用是____，晶体管倍频器一般工作在______状态；当倍频次数提高时，其最佳通角________，二倍频器和三倍频器的最佳通角分别为______和______。

11. 丙类谐振高频功率放大器的馈电电路有________和________两种。

12. 图 2-3-31 所示为用于谐振功放输出回路的 L 型网络，已知天线电阻 $r_A=8\ \Omega$，线圈 L 的品质因数 $Q_o=100$，工作频率 $f=2$ MHz，若放大器要求的 $R_e=40\ \Omega$，求 L 和 C 的大小分别是________、________。

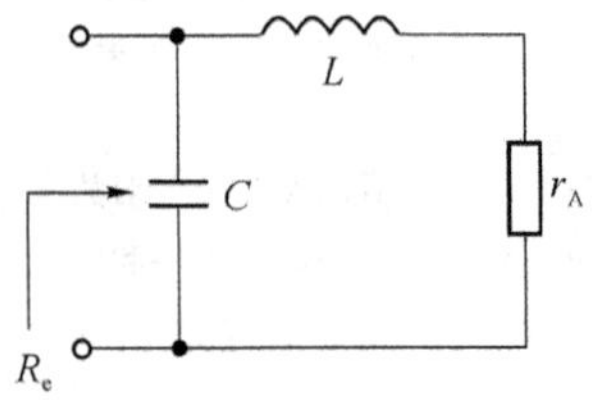

图 2-3-31　L 型匹配网络

2-3-6　练一练

仿真分析：已知某丙类谐振高频功率放大器电路如图 2-3-32 所示，试用 EWB 仿真分析电路的主要性能指标。

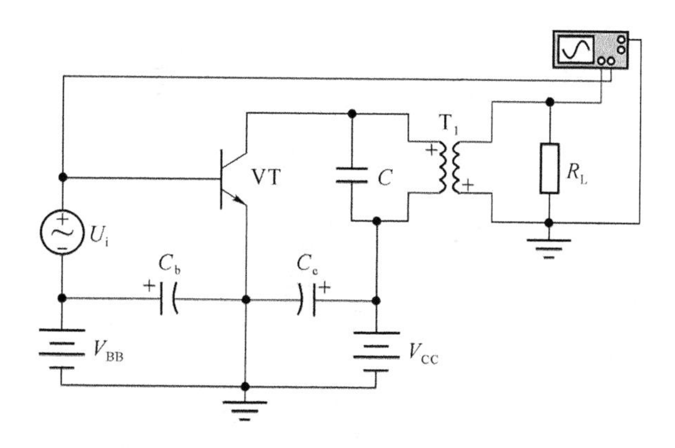

图 2-2-32　丙类谐振高频功率放大器仿真电路

【参考方案】

(1) 绘制仿真电路

利用 EWB 软件绘制如图 2-2-32 所示的丙类谐振高频功率放大器仿真电路，各元件的名称及标称值按表 2-3-4 所示定义。

表 2-3-4　元件的名称及标称值

序号	元件名称及标号	标称值
1	信号源 U_i	270 mV/2 MHz
2	负载 R_L	10 kΩ
3	基极直流偏置电压 V_{BB}	0.2 V
4	集电极直流偏置电压 V_{CC}	12 V
5	谐振回路电容 C	13 pF
6	基极旁路电容 C_b	0.1 μF
7	集电极旁路电容 C_c	0.1 μF
8	高频变压器 T_1	N=1;LE=1e−05 H;LM=0.000 5 H;RP=RS=0
9	晶体管 VT	2N2222(3DG6)

(2) 性能测试

① 静态测试

选择“Analysis”→“DC Operating Point”，设置分析类型为直流分析，可得放大器的直流工作点如图 2-3-33 所示。

② 动态测试

输入输出波形测试：当接上信号源 U_i 时，开启仿真器实验电源开关，双击示波器，调整适当的时基及 A、B 通道的灵敏度，即可看到如图 2-3-34 所示的输入、输出波形。

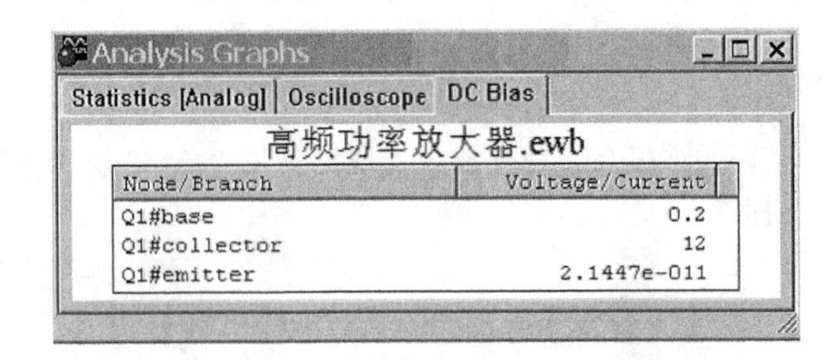

图 2-3-33　高频谐振功率放大器静态工作点

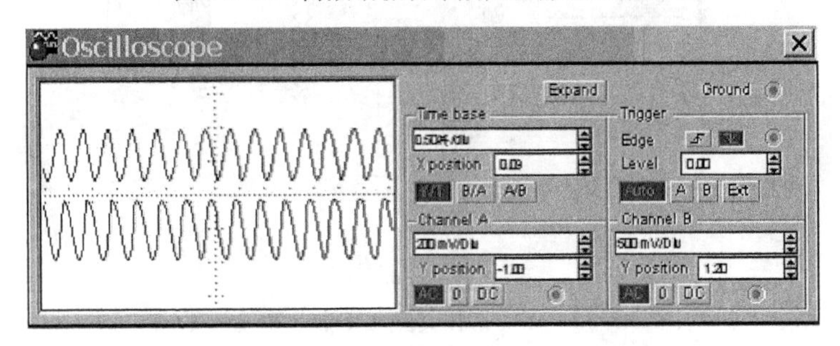

图 2-3-34　高频谐振功率放大器输入、输出波形

不同工作状态的性能测试：分别调整负载阻值为 5 kΩ、100 kΩ，可观测出输入输出信号波形的差异；分别调整信号源输出信号频率为 1 MHz、6.5 MHz，可观测出谐振回路对不同频率信号的响应情况；分别调整信号源输出信号幅度为 100 mV、400 mV，可观测出高频功率放大器对不同幅值信号的响应情况，如图 2-3-35 所示。

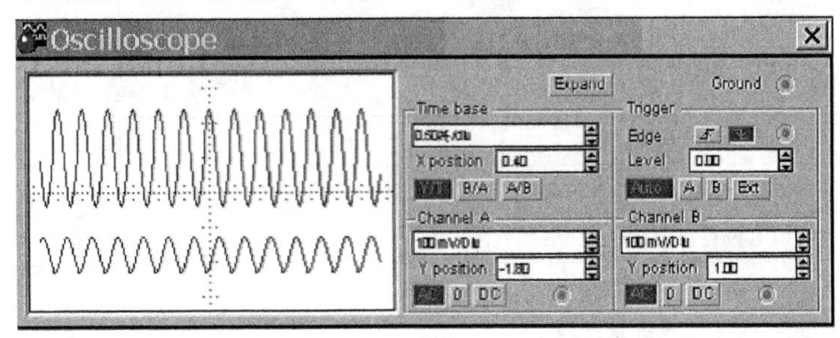

图 2-3-35　高频谐振功率放大器工作于欠压状态输入、输出波形图

由图 2-3-36 可知，工作于过压状态时，功率放大器的输出电压为失真的凹顶脉冲。通过调整谐振回路电容或电感值，可观测出谐振回路的选频特性。

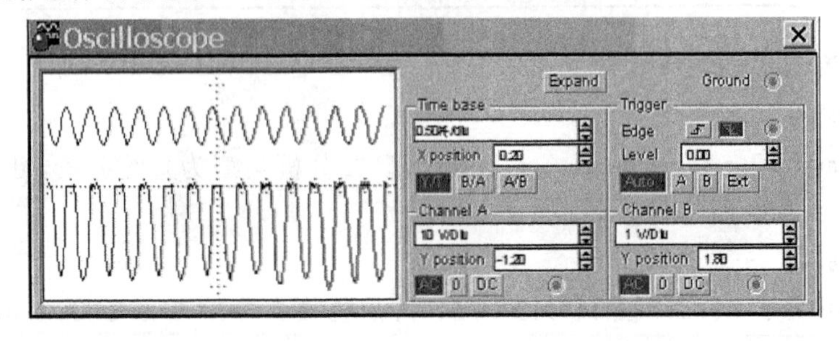

图 2-3-36　高频谐振功率放大器工作于过压状态输入、输出波形图

项目3

让电信号自由翱翔

——认识正弦波振荡器

项目描述

正弦波振荡器是一种将直流电能自动转换成所需的交流电能的电路。它与放大器的区别在于这种转换不需外部信号的控制，输出信号的频率、波形、幅度完全由电路自身的参数决定。

正弦波振荡器在各种电子设备中有着广泛的应用。在无线发射机中的载波信号源；在接收设备中，振荡器用来产生“本地振荡信号源”；在各种测量仪器（如信号发生器、频率计、f_T 测试仪、自动控制等诸多仪器）中核心部分都离不开信号振荡器。

正弦波振荡器可分成两大类：一类是利用正反馈原理构成的反馈型振荡器，它是目前应用最多的一类振荡器；另一类是负阻振荡器，它是将负阻器件直接接到谐振回路中，利用负阻器件的负电阻效应去抵消回路中的损耗，从而产生等幅的自由振荡，这类振荡器主要工作在微波频段。在无线通信中，发射与接收的无线电信号通常是已调信号，具有窄带特性。经过长距离的无线传输后，信号会受到很大衰减和噪声干扰，到达接收设备的信号是非常弱的。

学习本项目的目的是了解各类正弦波振荡器的有关概念、功能及应用场合，理解电路的工作原理，掌握有关性能指标的分析方法并运用仿真或实验手段测试相应指标。

学习任务

任务 3-1：*RC* 正弦波振荡器。主要讨论用于产生低频正弦信号的 *RC* 正弦波振荡器的电路结构及工作原理、主要性能参数的分析和测试方法。

任务 3-2：*LC* 正弦波振荡器。主要讨论用于产生频率高、调节范围大、输出幅度大的正弦信号的 *LC* 正弦波振荡器的电路结构及工作原理、主要性能参数的分析和测试方法。

任务 3-3：石英晶体振荡器。主要讨论用于产生频率稳定度高的正弦信号的石英晶体振荡器的电路结构及工作原理、主要性能参数的分析和测试方法。

任务 3-1　RC 正弦波振荡器

3-1-1　资讯准备

任务描述

1. 了解振荡器的功能、类型、主要性能指标。

2. 理解自激振荡的实现原理和分析方法。

3. 理解 RC 串并联谐振回路的选频原理。

4. 理解 RC 正弦波振荡器的电路结构及工作原理、性能指标的分析和计算方法。

资讯指南

资讯内容	获取方式
1. 振荡器的功能是什么？有哪些类型，主要应用于什么地方？有哪些性能指标？	阅读资料 上网： www.grchina.com www.mc21st.com 查阅图书 询问相关工作人员
2. 自激振荡的实现原理(幅频特性和相频特性)和分析方法如何？	
3. RC 串并联谐振回路的选频原理是什么？	
4. RC 正弦波振荡器的电路结构及工作原理是什么？	
5. RC 正弦波振荡器的性能指标如何分析和计算？怎样利用实验法或仿真法测试？	

导学材料

一、概述

在电子技术领域中，许多场合下需要使用到交变信号特别是正弦波信号，如无线电通信系统中发射机的载波信号、接收机的本地振荡信号，电子测量中的标准信号源等，它们一般都是由电路装置-自激式信号发生器(又叫自激式振荡器)产生的。

1. 自激式振荡器的概念

所谓自激式振荡器，是指在无任何外加输入信号的情况下，就能自动地将直流电能转换成具有一定频率、振幅、波形的交变信号能量的电路。若产生的交流信号为正弦波，则称为正弦波信号发生器或正弦波振荡器。

2. 自激式振荡器的分类

自激式振荡器的种类很多，按信号的波形来分，可分为正弦波振荡器和非正弦波振荡器。常见的非正弦波形有方波、矩形波、锯齿波等。

在正弦波振荡器中，按构成选频网络的元件不同可分为 LC 振荡器、石英晶体振荡器、RC 振荡器等。本任务重点讨论自激式正弦波振荡器的组成、振荡条件，以及 LC 振荡器、三点式振荡器、RC 振荡器 3 种振荡器的电路结构和基本工作原理。

3. 自激式振荡器的主要性能指标

振荡器的主要性能指标是振荡频率 f_o、频率稳定度 $\Delta f_o/f_o$、振荡幅度 A、振荡波形等。对每一个振荡器来说，首要的指标是振荡频率和频率稳定度。对于不同的设备，在频率稳定度上是有不同的要求的。例如，相干光调制器中的载波，要求频率稳定度在 $10^{-5} \sim 10^{-6}$，目前主要采用介质振荡器实现；而广播电台的调幅发射机中的载波，频率稳定度在 $10^{-3} \sim 10^{-4}$，可采用 LC 振荡器或石英晶体振荡器实现。

4. 自激式振荡器的基本原理

(1) 自激振荡现象

在舞台演唱中常遇到这种现象，当有人把他所使用的话筒靠近扬声器时，会引起一种刺耳的啸叫声，其产生过程可用图 3-1-1 来描述。

显然，产生啸叫的原因是由于当话筒靠近扬声器时，来自扬声器的声波激励话筒，话筒感应电压并输入音频放大器，驱动扬声器发声，然后扬声器又把放大了的声音再送回话筒，形成新的激励，这一过程是一个正反馈的过程。如此反复循环，就形成了声电和电声的自激振荡啸叫现象。

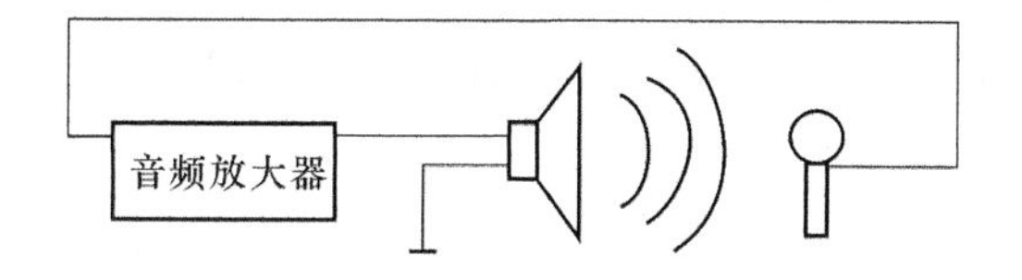

图 3-1-1 扩音系统中啸叫声的产生示意图

很明显，自激振荡是扩音系统所不希望的，它会把有用的声音信号“淹没”掉。这时，只要将话筒移开使之偏离扬声器声波的来向，或者将音频放大器的增益调低，就可降低扬声器对话筒的激励，抑制啸叫现象。

自激式振荡器就是采用上述的正反馈原理工作的，下面将作进一步分析。

(2) 产生自激振荡的条件

图 3-1-2 所示为正反馈放大电路的方框图。若以电压为参考量，可取输入信号 $\dot{X}_i=\dot{U}_i$，反馈信号 $\dot{X}_f=\dot{U}_f$，净输入信号 $\dot{X}'_i=\dot{U}'_i=\dot{U}_i+\dot{U}_f$，输出信号 $\dot{X}_o=\dot{U}_o$。若取 $\dot{U}_i=0$，即在无外加输入信号时，图 3-1-2 就成为图 3-1-3 所示的自激振荡器方框图。

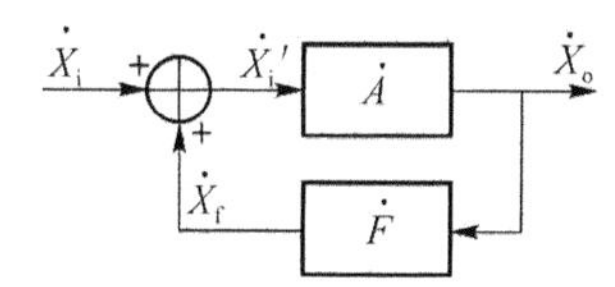

图 3-1-2 正反馈放大器方框图

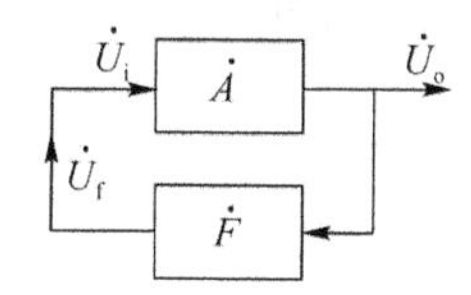

图 3-1-3 自激振荡器示意图

为了使图 3-1-3 所示系统能产生自激振荡，必须要求电路进入稳定状态后，反馈信号 $\dot{U}_f$ 等于原净输入信号 $\dot{U}'_i$，即 $\dot{U}_f=\dot{U}'_i$。

由图 3-1-3 得 $\dot{U}_f=\dot{U}'_i\dot{A}\dot{F}$，因此产生自激振荡的条件就是

$$\dot{A}\dot{F}=1 \tag{3-1-1}$$

由于 $\dot{A}\dot{F}=A\angle\varphi_a\cdot F\angle\varphi_f=AF\angle\varphi_a+\varphi_f$，所以 $\dot{A}\dot{F}=1$ 便可分解为振幅和辐角（相位）两个条件，即振幅平衡条件和相位平衡条件。

① 相位平衡条件

相位平衡条件是指，如果断开反馈信号至放大器输入端的连线，在放大器的输入端加一个信号 $\dot{U}_i$，则经过放大和反馈后，得到的反馈信号 $\dot{U}_f$ 必须和 $\dot{U}'_i$ 同相。

相位平衡条件实质上是一种正反馈要求，可用式(3-1-2)来描述。

$$\varphi_a+\varphi_f=n\cdot 2\pi(n=0,1,2,3,\cdots) \tag{3-1-2}$$

判断电路是否满足相位平衡条件的常用方法是“瞬时极性法”，即断开反馈信号至放大电路输入端间的连线，然后在放大电路输入端加一个对地瞬时极性为正的信号 $\dot{U}_i$，并记为“(+)”，经放大和反馈后(包括选频网络作用)，若在频率为 0～∞的范围内存在某一频率为 f_0 的反馈信号 $\dot{U}_f$，它的瞬时极性与 $\dot{U}_i$ 一致，即也是“(+)”，则该电路在频率 f_0 上满足正反馈的相位条件。

② 振幅平衡条件

振幅平衡条件是指，频率为 f_0 的正弦波信号沿 $\dot{A}$ 和 $\dot{F}$ 环绕一周以后，得到的反馈信号 $\dot{U}_f$ 的大小正好等于原输入信号 $\dot{U}_i'$。根据反馈放大器的原理，可推导出振幅平衡条件为

$$|\dot{A}\dot{F}|=1 \tag{3-1-3}$$

由于当 $|\dot{A}\dot{F}|<1$ 时，$\dot{U}_f<\dot{U}_i'$，沿 $\dot{A}$ 和 $\dot{F}$ 每环绕一周，信号的幅值都要削弱一些，结果信号幅值越来越小，最终导致停止振荡。因此，要求振荡刚开始时(称为起振条件) $|\dot{A}\dot{F}|>1$，使得频率为 f_0 的信号幅度逐渐增大，当信号的幅度达到要求后，再利用半导体器件的非线性或者负反馈的作用，使得满足 $|\dot{A}\dot{F}|=1$ 的条件，从而把振荡电压的幅值稳定下来(称为稳幅)。

自激振荡的两个条件中，关键是相位平衡条件，如果电路不能满足正反馈要求，则肯定不会振荡。至于幅值条件，可以在满足相位条件后，调节电路的有关参数(如放大器的增益、反馈系数)来达到。

(3) 自激式振荡器的组成

从振荡器的组成框图及分析过程可知，一个自激式振荡器应由基本放大器、选频网络、反馈网络等部分组成，如图 3-1-4 所示。为了稳定输出信号，有的振荡器还含有稳幅环节。

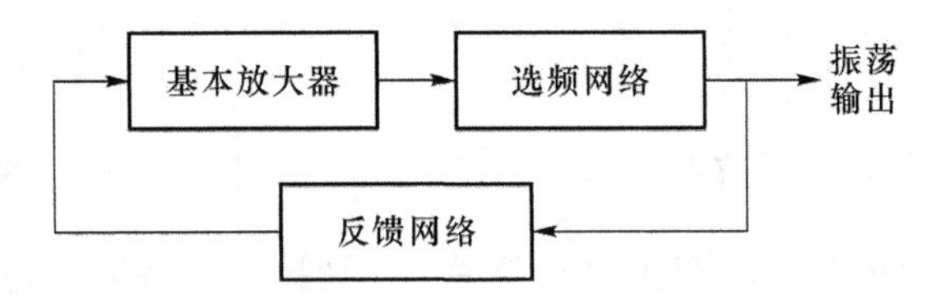

图 3-1-4 自激振荡器的组成方框图

基本放大器用于对反馈信号进行放大；选频网络的作用是从放大后的信号中选出某一特定频率 f_0 的信号输出，振荡器的振荡频率就等于选频网络的谐振频率；反馈网络的作用是将全部或部分输出信号反馈加到基本放大器的输入端。

通常，选频网络由 RC 电路构成的称为 RC 正弦波振荡器；选频网络由 LC 电路构成的称为 LC 正弦波振荡器。

(4) 自激振荡的建立过程

振荡总是从无到有、从小到大地建立起来的。那么，振荡器刚接通电源时，原始的输入电压是从哪里来？又如何能够从小到大建立起稳定的等幅振荡呢？

当刚接通电源时，振荡电路中各部分总是会存在各种电的扰动，如接通电源瞬间引起的电流突变、电路的内部噪声等，它们包含了非常多的频率分量，由于选频网络的选频作用，只有频率等于振荡频率 f_0 的分量才能被送到反馈网络，其他频率分量均被选频网络滤除。通过反馈网络送到放大器输入端的频率为 f_0 的信号，就是原始的输入电压。该输入电压被放大器放大后，再经选频网络和反馈网络，得到的反馈电压又被送到放大器的输入端。由于满足振荡的相位平衡条件和起振条件，因此该输入电压(即反馈电压)与原输入电压相位相同，振幅更大。这样，经放大、选频和反馈的反复循环，振荡电压振幅就会不断增大。

随着振幅的增大，放大管进入大信号的工作状态。当振幅增大到一定程度后，由于稳幅环节的作用，放大倍数的模 A 将下降（反馈系数的模 F 一般为常数），于是环路增益 AF 逐渐减小，输出振幅 U_{om} 的增大变缓，直至 AF 下降到 1 时，反馈电压振幅与原输入电压振幅相同，电路达到平衡状态，于是振荡器就输出频率为 f_o，且具有一定振幅的等幅振荡电压。图 3-1-5 画出了正弦振荡的建立过程中输出电压 u_o 的波形。

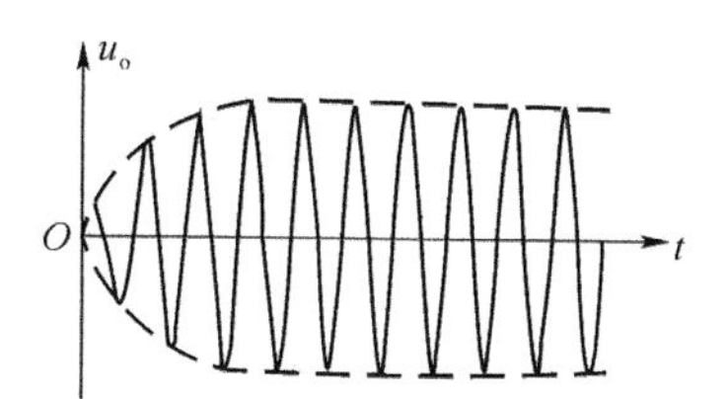

图 3-1-5 自激振荡的建立过程

二、RC 正弦波振荡器

RC 正弦波振荡器分为桥式、移相式和双 T 电路等类型，这里重点讨论 RC 桥式振荡器。

1. RC 串并联电路的选频特性

RC 桥式振荡器的核心电路是 RC 串并联电路，原理电路如图 3-1-6 所示。R_1 与 C_1 串联，然后和 R_2 与 C_2 并联回路一起组合构成 RC 串并联电路，它在 RC 正弦波振荡器中既做反馈网络，又做选频网络。

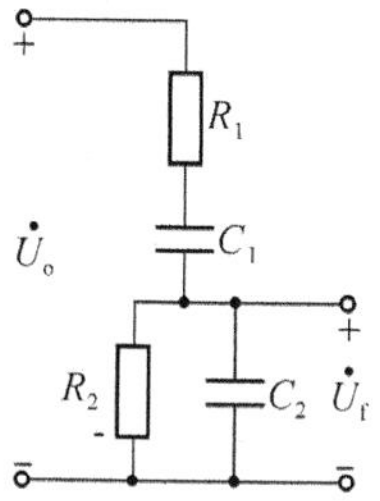

图 3-1-6 RC 串并联电路

在图 3-1-6 中，R_1 与 C_1 的串联阻抗 $Z_1=R_1+1/\mathrm{j}\omega C_1$，$R_2$ 与 C_2 的并联阻抗 $Z_2=R_2//[1/(\mathrm{j}\omega C_2)]=R_2/(1+\mathrm{j}\omega R_2C_2)$，而电路输出电压 $\dot{U}_f$ 与输入电压 $\dot{U}_o$ 的关系为

$$\dot{F}=\frac{\dot{U}_f}{\dot{U}_o}=\frac{Z_2}{Z_1+Z_2}=\frac{R_2/(1+\mathrm{j}\omega R_2C_2)}{R_1+(1/\mathrm{j}\omega C_1)+R_2/(1+\mathrm{j}\omega R_2C_2)}$$

$$=\frac{1}{(1+C_2/C_1+R_1/R_2)+\mathrm{j}(\omega R_1C_2-1/\omega C_1R_2)} \tag{3-1-4}$$

通常取 $R_1=R_2=R$，$C_1=C_2=C$，于是

$$\dot{F}=\frac{1}{3+\mathrm{j}(\omega/\omega_o-\omega_o/\omega)} \tag{3-1-5}$$

式中，$\omega_o=1/(RC)$ 是电路的特征角频率。

由式(3-1-5)可知，$\dot{F}$ 的幅频特性和相频特性分别为

$$|\dot{F}|=\frac{1}{\sqrt{3^2+(\omega/\omega_o-\omega_o/\omega)^2}} \tag{3-1-6}$$

$$\varphi_F=-\arctan\frac{\omega/\omega_o-\omega_o/\omega}{3} \tag{3-1-7}$$

根据式(3-1-6)和式(3-1-7)可画出 $\dot{F}$ 的频率特性，如图 3-1-7 所示。由图可知，当 $\omega=\omega_o=1/RC$ 时，$|\dot{F}|$ 达到最大，其值为 1/3；而当 ω 偏离 ω_o 时，$|\dot{F}|$ 急剧下降。因此，RC 串联电路具有选频特性。另外，当 $\omega=\omega_o$ 时，$\varphi_F=0°$，电路呈现纯阻性，即 $\dot{U}_f$ 与 $\dot{U}_o$ 同相。RC 桥式振荡器就是利用 RC 串并联电路的幅频特性和相频特性在 $\omega=\omega_o$ 时的特点，用它既做选频网络，又做反馈网络。

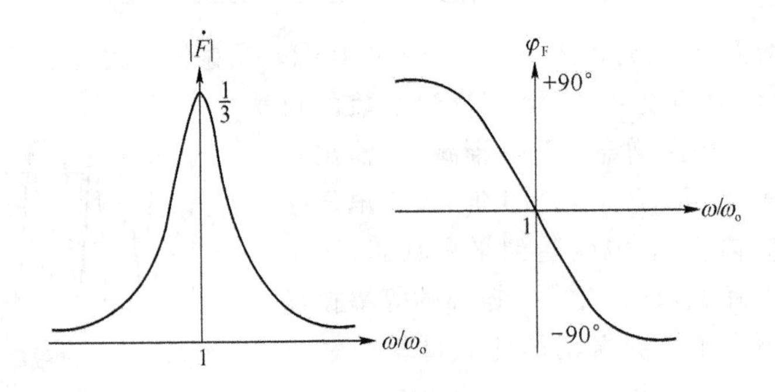

图 3-1-7　*RC* 串并联电路的频率特性

2. *RC* 桥式振荡器

图 3-1-8(a)所示为采用 *RC* 串并联电路的 *RC* 桥式正弦波振荡器，如果将其改画成图 3-1-8(b)，则可看出虚线框里的电路接成了电桥形式，因此，这种 *RC* 正弦波振荡器又可叫做 *RC* 桥式振荡器。下面分别介绍分析 *RC* 振荡器的步骤和方法。

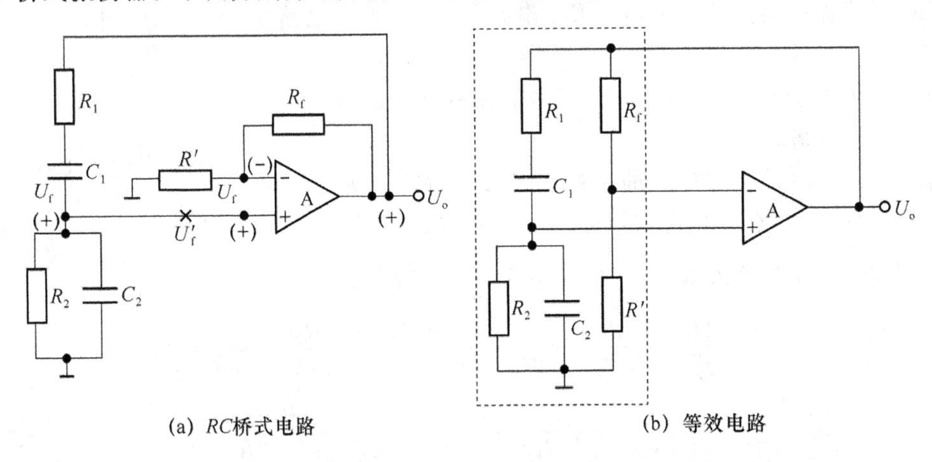

图 3-1-8　采用 *RC* 串并联电路的正弦波振荡器

由图 3-1-7 可知，若用 *RC* 串并联电路作为振荡器的反馈网络，组成 *RC* 正弦波振荡器，则要求在 $\omega=\omega_o$ 时，放大电路的输出与输入同相，即 $\varphi_A=0°$，这样才能满足相位平衡条件。同时，要求放大电路的放大倍数略大于 3，以满足起振条件 $|\dot{A}\dot{F}|>1$（因为在 $\omega=\omega_o$ 时，$|\dot{F}|=1/3$）。在振荡器中还应加入稳幅环节，使幅值平衡条件得以满足。

(1) 电路结构分析

电路结构分析的任务是检查电路是否包括基本放大器、反馈电路和选频网络三部分。图 3-1-8(a)中，集成运放和电阻 R_f、R' 共同组成同相比例放大电路，其中通过 R_f、R' 为集成运放引入一个负反馈，其反馈电压为 $\dot{U}_{f(-)}$。但是，这个反馈网络并没有选频作用。*RC* 串并联电路为集成运放引入另一个反馈，其反馈电压为 $\dot{U}_{f(+)}$。这个电路既是反馈网络，又是选频网络。

(2) 相位平衡条件和振幅平衡条件分析

可以把带负反馈的集成运放看成是 $A_u=1+R_f/R'$ 的一个不带反馈的放大电路。因此，可采用瞬时极性法分析由 $\dot{U}_{f(+)}$ 引入的反馈极性。如果是正反馈，则能满足产生自激振荡的相位平衡条件，反之则不能。

判断反馈极性时，可以先假定断开 $\dot{U}_{f(+)}$ 到集成运放同相输入端的连线，并在断开处加一瞬时极性为“＋”的输入信号 $\dot{U}'_i$。然后，通过依次分析各主要点的瞬时极性，最后判断 $\dot{U}_{f(+)}$ 与 $\dot{U}'_i$ 的相位关系。由图3-1-8(a)不难看出，由于集成运放是同相输入放大器，$\dot{U}_o$ 与 $\dot{U}'_i$ 同相。又根据 RC 串并联电路的频率特性，在某一 $\omega=\omega_o$ 时，从 $\dot{U}_o$ 到 $\dot{U}_{f(+)}$ 也是同相，因此，$\dot{U}_{f(+)}$ 与假想的输入信号 $\dot{U}'_i$ 同相，电路满足产生振荡的相位平衡条件($\varphi_A=0°$，$\varphi_F=0°$，$\varphi_{AF}=\varphi_A+\varphi_F=0°$)。

应该说明，为了产生振荡，电路必须同时满足相位平衡条件和幅值平衡条件。但是，在本教材中往往首先检查电路是否满足相位平衡条件。

(3) 基本放大电路分析

由相位条件可知，放大电路应为同相放大器。如果采用分立元件放大电路，应检查管子的静态是否合理。如果用集成运放，则应检查输入端是否有直流通路、运放有无放大作用。

(4) 振荡条件分析

在图3-1-8(a)中，如果忽略放大电路的输入电阻和输出电阻与反馈网络的相互影响，并把由集成运放组成的同相比例电路看做是一个不带反馈的放大电路，则其电压增益为

$$A_u=1+R_f/R' \tag{3-1-8}$$

当 $\omega=\omega_o$ 时，$|\dot{F}|=1/3$。因此，只有满足

$$A_u=1+\frac{R_f}{R'}>3 \tag{3-1-9}$$

才能满足 $|\dot{A}\dot{F}|>1$ 的起振条件。由此得出 RC 桥式振荡器的起振条件为

$$R_f>2R' \tag{3-1-10}$$

再从图3-1-8(a)中的两个反馈看，在 $\omega=\omega_o$ 时，正反馈电压 $\dot{U}_{f(+)}=\dot{U}_o/3$，负反馈电压 $\dot{U}_{f(-)}=\dot{U}_oR'/(R'+R_f)$。显然，只有 $\dot{U}_{f(+)}>\dot{U}_{f(-)}$，才是正反馈，才能产生自激振荡。因此，必须有 $A_uF_u>1$ 或 $R_f>2R'$。

维持振荡的振幅平衡条件是

$$R_f=2R' \tag{3-1-11}$$

振荡角频率为 $\omega=\omega_o$，即振荡频率为

$$f_o=\frac{1}{2\pi RC} \tag{3-1-12}$$

显然，RC 正弦波振荡器的振荡频率取决于 R 和 C 的数值。要想得到较高的振荡频率，必须选择较小的 R 和 C 值。例如，选 $R=1\ k\Omega$，$C=200\ pF$，由式(3-1-12)可求得 $f_o=796\ kHz$。如果希望进一步提高振荡频率，则势必要再减少 R 和 C 的值。但是，R 的减小将使放大电路的负载加重，而 C 的减少又受到晶体管结电容和线路分布电容的限制，这些因素限制了 RC 振荡器的振荡频率。因此，RC 振荡器只能用做低频振荡器(1 Hz～1 MHz)。当要求振荡频率高于1 MHz时，一般都改用 LC 并联回路作为选频网络，组成 LC 正弦波振荡器。

3-1-2 计划决策

通过任务分析和对相关资讯的了解,讨论学习的计划并选定最优方案。

计划和决策(参考)

第一步	了解振荡器的主要功能、类型、技术指标及应用领域
第二步	理解自激振荡的实现原理(幅频特性和相频特性)和分析方法
第三步	理解 *RC* 串并联谐振回路的选频原理
第四步	理解 *RC* 正弦波振荡器的电路结构及工作原理
第五步	理解 *RC* 正弦波振荡器性能指标的分析和计算方法,并利用实验法或仿真法测试
第六步	了解 *RC* 正弦波振荡器的电路设计方法

3-1-3 任务实施

学习型工作任务单

<table>
<tr><td>学习领域</td><td colspan="4">通信电子线路</td><td>学时</td><td>78(参考)</td></tr>
<tr><td>学习项目</td><td colspan="4">项目 3　让电信号自由翱翔——认识正弦波振荡器</td><td>学时</td><td>8</td></tr>
<tr><td>工作任务</td><td colspan="4">任务 3-1　RC 正弦波振荡器</td><td>学时</td><td>2</td></tr>
<tr><td>班级</td><td></td><td>小组编号</td><td></td><td>成员名单</td><td colspan="2"></td></tr>
<tr><td>任务描述</td><td colspan="6">1. 了解振荡器的功能、类型、主要性能指标。
2. 理解自激振荡的实现原理和分析方法。
3. 理解 RC 串并联谐振回路的选频原理。
4. 理解 RC 正弦波振荡器的电路结构及工作原理、性能指标的分析和计算方法。</td></tr>
<tr><td>工作内容</td><td colspan="6">1. 振荡器的功能是什么?有哪些类型,主要应用于什么地方?有哪些性能指标?
2. 自激振荡的实现原理(幅频特性和相频特性)和分析方法如何?
3. RC 串并联谐振回路的选频原理是什么?
4. RC 正弦波振荡器的电路结构及工作原理是什么?
5. RC 正弦波振荡器的性能指标如何分析和计算?怎样利用实验法或仿真法测试?</td></tr>
<tr><td>提交成果和文件等</td><td colspan="6">1. 振荡器的功能、类型、主要性能指标、应用领域对照表。
2. 自激振荡的实现原理(幅频特性和相频特性)和分析方法对照表。
3. RC 正弦波振荡器的电路结构、工作原理、性能指标的计算公式对照表。
4. 学习过程记录表及教学评价表(学生用表)。</td></tr>
<tr><td>完成时间及签名</td><td colspan="6"></td></tr>
</table>

3-1-4 展示评价

1. 教师及其他组负责人根据小组展示汇报整体情况进行小组评价。

2. 在学生展示汇报中,教师可针对小组成员的分工,对个别成员进行提问,给出个人评价。

3. 组内成员自评表及互评表打分。

4. 本学习项目成绩汇总。

5. 评选今日之星。

3-1-5　试一试

1. 振荡器的功能是____。

2. 与放大器相比，振荡器的主要区别是________________________________。

3. 反馈式正弦波振荡器的振幅平衡条件是________，相位平衡条件是________，起振条件是__________。

4. 从振荡器的组成框图及分析过程可知，反馈式振荡器应由__________、________、________等部分组成。为了稳定输出信号，有的振荡器还含有________。

5. *RC*桥式振荡器的振荡频率为________，振幅平衡条件是__________，相位平衡条件是________，起振条件是__________。

3-1-6　练一练

仿真分析：已知某*RC*正弦波振荡器的电路如图3-1-9所示，试用Multisim 10仿真分析电路的主要性能指标，并分析集成运放的调整及基本测量方法。

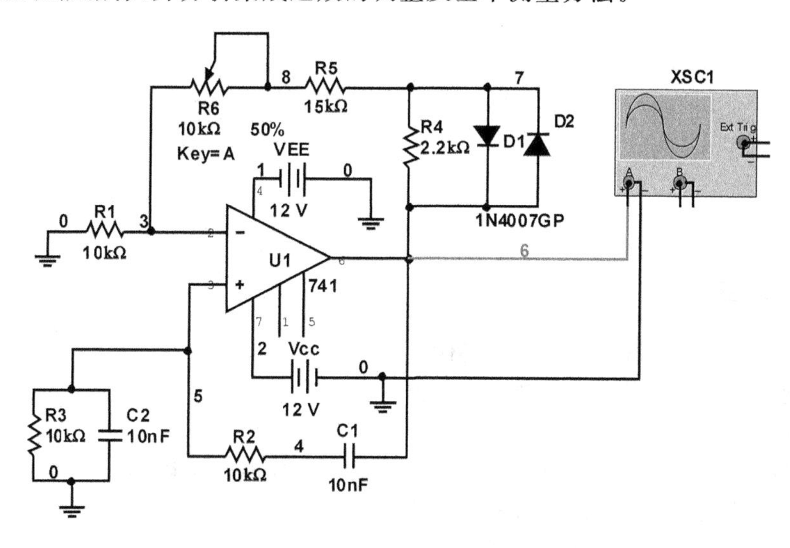

图3-1-9　采用*RC*串并联电路的正弦波振荡器仿真电路

【参考方案】

(1) 绘制仿真电路

利用Multisim 10软件绘制如图3-1-9所示的*RC*正弦波振荡器仿真电路，各元件的名称及标称值均按图中所示定义。

仿真所涉及的虚拟实验仪器及器材有：双踪示波器、信号发生器、交流毫伏表、数字万用表等仪器，集成运放741。

(2) 电路测试

① 接通±12 V电源，调节电位器，使输出波形从无到有，从正弦波失真到不失真。描绘出输出端的波形，记下临界起振、正弦波输出及失真情况下的R_6值，分析负反馈强、弱对起

振条件及输出波形的影响。R_6 为40%接入时的输出波形，如图3-1-10所示。

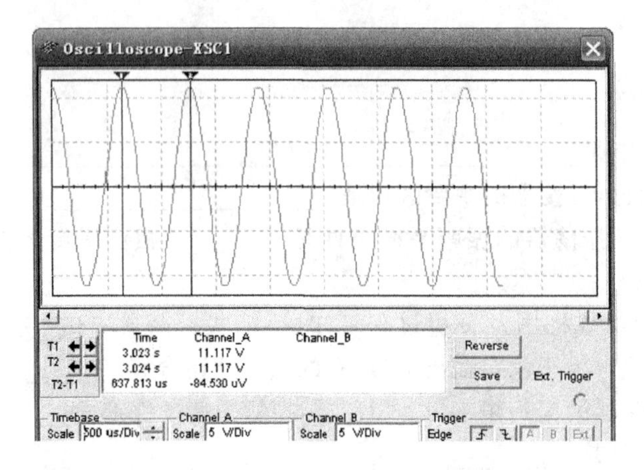

图3-1-10 R_6 为40%接入时的输出波形

② 输出最大不失真情况下，用交流毫伏表测量输出电压、反馈电压，分析研究产生振荡的条件。

③ 断开二极管 D_1、D_2，重复以上实验，并比较分析有何不同。

任务3-2 LC正弦波振荡器

3-2-1 资讯准备

任务描述

1. 回顾 *LC* 并联谐振回路的选频特性。
2. 理解变压器反馈式 *LC* 正弦波振荡器的工作原理及主要性能指标的分析方法。
3. 理解三点式振荡器的组成原则。
4. 理解电感三点式振荡器和电容三点式振荡器的工作原理及主要性能指标的分析方法。
5. 了解各类 *LC* 振荡器的特点及应用领域。

资讯指南

资讯内容	获取方式
1. 什么是 *LC* 振荡器？有何特点，主要应用于什么地方？	阅读资料 上网： www.grchina.com www.mc21st.com 查阅图书 询问相关工作人员
2. *LC* 谐振回路是怎样选择有用信号、滤除无用信号的？	
3. *LC* 振荡器由哪几部分组成？	
4. 变压器反馈式 *LC* 正弦波振荡器的电路结构及工作原理是什么？	
5. 三点式振荡器的组成原则是什么(相位平衡条件和振幅平衡条件)？	
6. 电感三点式振荡器的电路结构及工作原理是什么？有何特点，主要应用于哪些场合？	
7. 电容三点式振荡器的电路结构及工作原理是什么？有何特点，主要应用于哪些场合？	

导学材料

选频网络采用 LC 谐振回路的反馈式正弦波振荡器，称为 LC 正弦波振荡器，简称 LC 振荡器，常用于产生几十千赫兹到1 000兆赫兹的高频信号。

LC 振荡器中的基本放大器既可以采用三极管、场效应管，又可以采用集成运放实现。由于产生的正弦信号的频率较高，而普通集成运放的频带较窄，高速集成运放的价格又较贵，所以 LC 振荡器常用分立元件构成。

一、LC并联回路的谐振特性

首先来回顾一下任务1-2和任务2-1中关于并联回路的分析和讨论。

图3-2-1(a)所示为高频小信号谐振放大器，其输出端的交流等效电路如图3-2-1(b)所示，该并联回路AB端的阻抗 Z 可写成

$$Z=\frac{(R+\mathrm{j}\omega L)\left(\frac{1}{\mathrm{j}\omega C}\right)}{R+\mathrm{j}\left(\omega L-\frac{1}{\omega C}\right)} \tag{3-2-1}$$

通常，LC 电路中 $\omega L>>R$，故上式可简化为

$$Z=\frac{\frac{L}{C}}{R+\mathrm{j}\left(\omega L-\frac{1}{\omega C}\right)} \tag{3-2-2}$$

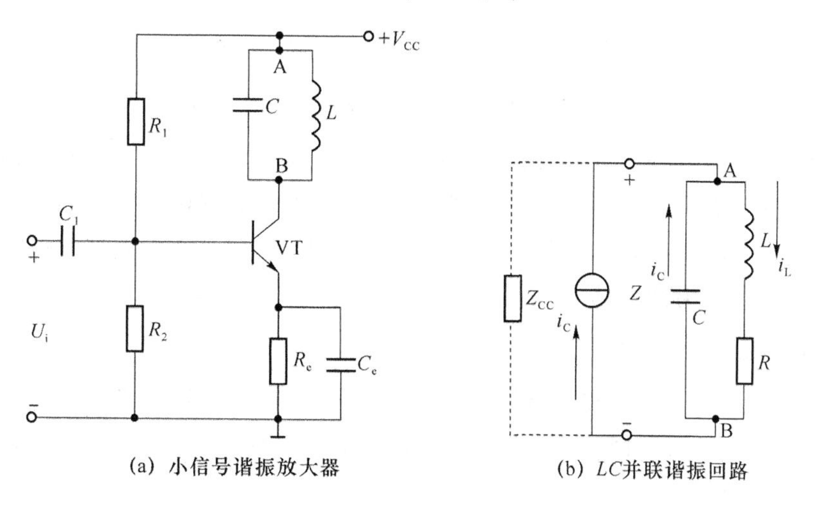

(a) 小信号谐振放大器　　(b) LC并联谐振回路

图3-2-1　小信号谐振放大器及 LC 并联谐振回路

1. 谐振频率 f_o

当式(3-2-1)所示阻抗的虚部为零时，LC 并联回路AB端的电流与电压同相，称为并联谐振。令并联谐振的角频率为 ω_o，则有

$$f_o\approx\frac{1}{2\pi\sqrt{LC}}\text{（}LC\text{回路的品质因数}Q\text{值较大时）} \tag{3-2-3}$$

2. 谐振阻抗 Z_o

并联谐振时,LC 并联回路 AB 端的阻抗称为谐振阻抗,用 Z_o 表示。将式(3-2-2)中的角频率 ω 用 ω_o 取代,可得

$$Z_o=\frac{\dfrac{L}{C}}{R+\mathrm{j}\left(\omega_o L-\dfrac{1}{\omega_o C}\right)}=\frac{L}{RC} \tag{3-2-4}$$

可见,谐振时回路的等效阻抗最大,且为纯电阻性质。

3. 选频特性

由 LC 并联回路的阻抗表达式(3-2-2)可以看出,阻抗 Z 是频率 f 的函数。若分别从幅度和相位两个角度分析,可得如图 3-2-2(a)和图 3-2-2(b)所示的幅频特性和相频特性。

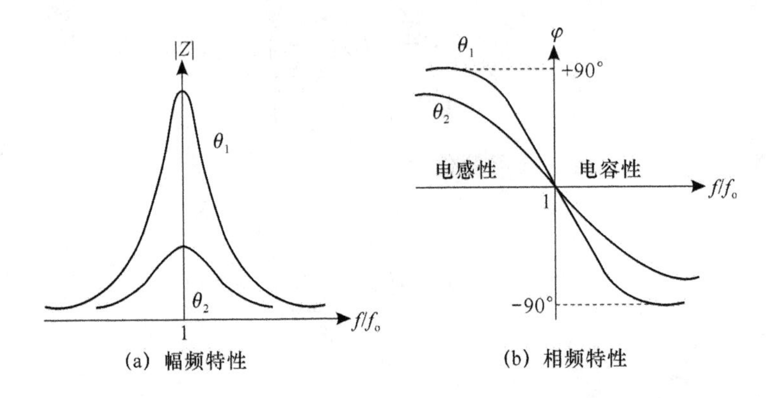

图 3-2-2　LC 并谐振电路的频率特性

由图 3-2-2(a)可知,Q 值越大,谐振阻抗 Z_o 也越大,特性曲线随信号频率下降越快。如果把它作为选频放大器谐振回路使用,放大器的通频带就越窄,选择信号的能力也就越强。

由图 3-2-2(b)可知,当频率较低时,回路阻抗 Z 呈电感性;当回路谐振(即 $f=f_o$)时,回路阻抗 Z 最大,且为纯电阻;当频率较高时,回路阻抗 Z 呈电容性。

二、变压器反馈式 LC 正弦波振荡器

变压器反馈式振荡器又称互感耦合振荡器,由谐振放大器和反馈网络两大部分组成。在这类振荡器中,LC 并联回路中的电感元件 L 是变压器的一个绕组,变压器的另一个绕组则作为振荡器的反馈网络。

1. 基本电路及工作原理

(1) 放大电路是共射极接法

LC 正弦波振荡器共射极接法的原理电路如图 3-2-3(a)所示,LC 并联电路接在集电极电路中,而反馈信号由变压器的另一个绕组接到晶体管的基极。在不考虑晶体管高频效应的情况下,可得如图 3-2-3(b)所示的交流通路。

从电路结构上看,谐振放大器由晶体管、偏置电路、选频网络 LC 组成。C_b 为隔直耦合电容,C_e 为发射极旁路电容。L_2 为反馈网络,通过 L_2L 互感耦合形成 L_2 上的反馈电压,并

加到放大器的输入端。LC 为选频回路，并通过 L_1L 互感耦合，在负载 R_L 上得到正弦波输出电压。

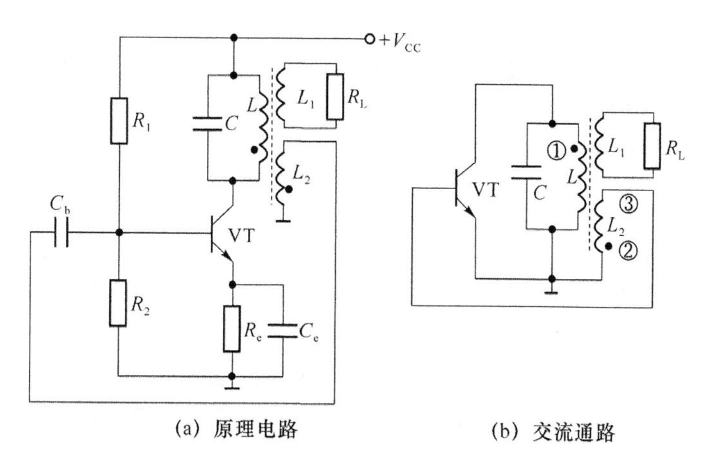

图 3-2-3　变压器反馈式正弦波振荡器(共射极接法)

从相位平衡角度看，由于 LC 并联电路在谐振时是纯阻性的，从晶体管的基极对地输入电压到集电极对地输出电压有一次反相，即 $\varphi_A=180°$。为了满足相位平衡条件，必须要求 $\varphi_F=180°$。因此，与晶体管集电极相连的变压器绕组端①和与基极相连的绕组端③必须互为异名端，这样就可满足产生自激振荡的相位平衡条件，即 $\varphi_{AF}=\varphi_A+\varphi_F=2n\pi$。

(2) 放大电路是共基极接法

LC 正弦波振荡器共基极接法的原理电路如图 3-2-4 所示，LC 并联电路仍接在集电极电路中，反馈信号由变压器的另一个绕组接到晶体管的射极。

共基极接法的电路结构分析与共射极类似。而从相位平衡角度看，共基极接法中，从射极对地的输入电压到集电极对地的输出电压没有反相，即 $\varphi_A=0°$，因此，为了满足相位平衡条件，必须有 $\varphi_F=0°$。因此，与集电极相连的绕组端①和与射极相连的绕组端③必须互为同名端。

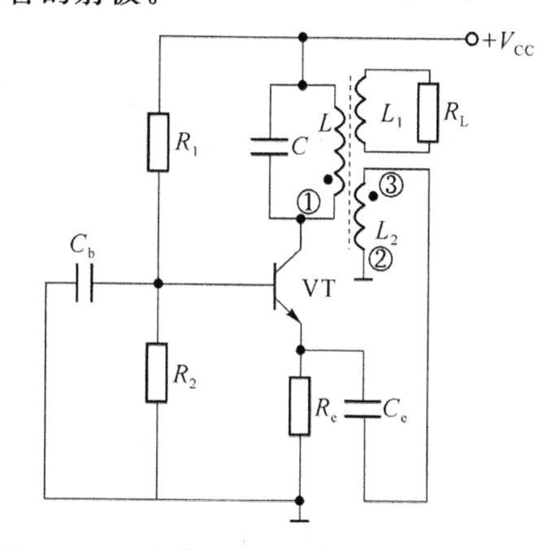

图 3-2-4　变压器反馈式振荡器(共基极接法)

2. 振荡频率

无论是何种组态的变压器反馈式 LC 正弦波振荡器，通常可认为其振荡频率皆由 LC 谐振回路决定。若负载很轻，LC 回路的 Q 值较高，则振荡频率近似等于回路的并联谐振频率，即

$$f_o=\frac{1}{2\pi\sqrt{LC}} \tag{3-2-5}$$

对于以 f_o 为中心的通频带以外的其他频率分量，因回路失谐而被抑制掉。

3. 电路特点

变压器反馈式 LC 振荡器利用变压器作为正反馈耦合元件，它的优点是便于实现阻抗匹配，因此振荡电路效率高、起振容易。但要注意变压器绕组的主、次级间的极性同名端不可接错，否则成为负反馈，电路就不起振。

这种电路的另一优点是调频方便，只要将谐振电容换成一个可变电容器就可以实现调节 f_0 的要求，调频范围较宽。

另外，变压器反馈式 LC 振荡器的工作频率不宜过低、过高，一般应用于中、短波段（几十千赫兹到几十兆赫兹）。

三、三点式振荡器

1. 组成原则

三点式振荡器交流通路的一般形式如图 3-2-5 所示。图中，振荡管的 3 个电极分别与振荡回路中的电容 C 或电感 L 的 3 个点相连接，三点式的名称即由此而来。X_{ce}、X_{be}、X_{cb}是振荡回路的 3 个电抗元件的电抗，X_{cb}还起反馈作用。

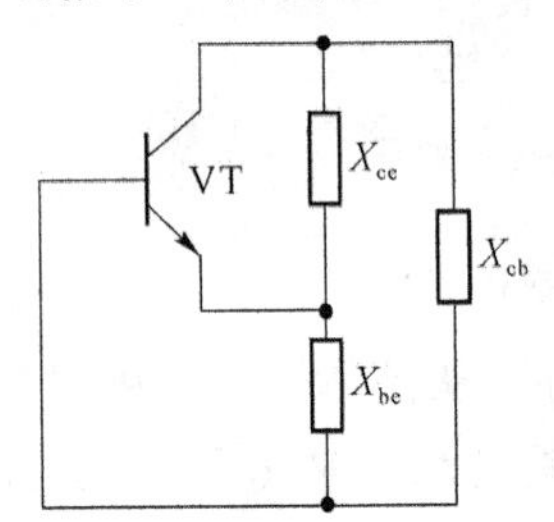

图 3-2-5　三点式振荡器的一般形式

从相位平衡条件角度看，若断开反馈支路 X_{cb}并在晶体管基极加一瞬时极性为“+”的输入信号，则由反相放大可得集电极电压瞬时极性为“−”，两者相位差为 180°。为满足正反馈的相位平衡条件，经 X_{cb}反馈的电压 U_f 也须与集电极电压产生 180°的相位差（超前或滞后均可）。因此，X_{be}与 X_{ce}必须为同性电抗，U_f 才能产生所需相位差。

根据上述分析及元器件的传输特性，可总结出三点式振荡器的一般组成原则：X_{be}与 X_{ce}为同性电抗（即同为容抗或感抗），则 X_{cb}与 X_{be}、X_{ce}为异性电抗，即“射同集反”。因此，判断某个三点式振荡器是否满足相位平衡条件时，只要满足“射同集反”的要求，则相位平衡条件一定满足。

2. 电感三点式振荡器

（1）电路结构

电感三点式振荡器又叫哈特莱振荡器，其电路结构如图 3-2-6(a)所示。晶体管 VT 和偏置电阻 R_{b1}、R_{b2}等组成基本放大器；C_e 为交流旁路电容；C_b 为隔直耦合电容。L_1、L_2、C 组成选频回路，反馈信号从电感 L_2 两端取出送至输入端。因电感的 3 个抽头分别接晶体管的 3 个电极，所以称为电感三点式振荡器。

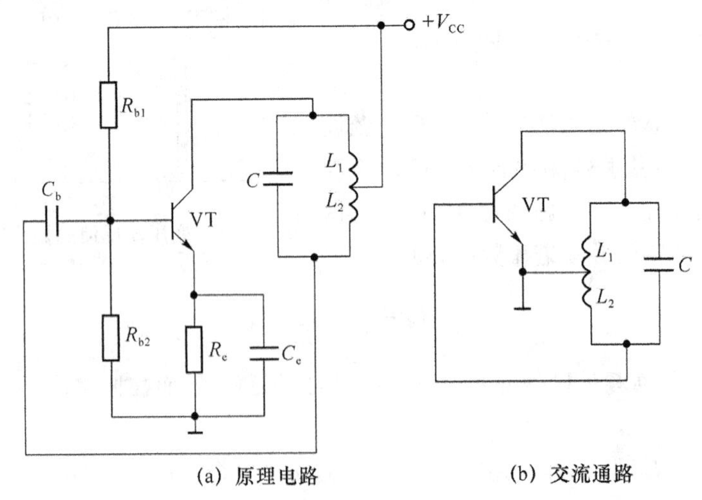

图 3-2-6　电感三点式振荡器

(2) 相位平衡条件的判断

判断电感三点式振荡器的相位平衡条件时,可首先画出如图 3-2-6(b)所示的交流通路,确定 X_{cb} 与 X_{be}、X_{ce} 的电抗性质,然后根据"射同集反"原则确定电路是否满足相位平衡条件。

由图 3-2-6 可知,X_{cb} 为 C,X_{be} 为 L_2,X_{ce} 为 L_1,故 X_{be} 与 X_{ce} 是同性电抗(同为感抗),而 X_{cb} 与 X_{be}、X_{ce} 为异性电抗,符合三点式振荡器的组成原则,满足相位平衡条件。

(3) 振荡频率

当不考虑分布参数的影响且 Q 值较高时,振荡频率近似等于回路的谐振频率,即

$$f_o = \frac{1}{2\pi\sqrt{LC}} \tag{3-2-6}$$

式中,$L = L_1 + L_2 + 2M$(M 为 L_1 和 L_2 间的互感,不考虑互感时 $M=0$)。对于以 f_o 为中心的通频带以外的其他频率分量,因回路失谐而被抑制掉。

(4) 电感三点式振荡器的特点

① 振荡波形较差。由于反馈电压取自电感,而电感对高次谐波阻抗大,反馈信号较强,使输出量中谐波分量较大,所以波形同标准正弦波相比失真较大。

② 振荡频率较低。由电路结构可知,当考虑电路的分布参数时,晶体管的输入、输出电容并联在 L_1、L_2 两端,频率越高,回路 L、C 的容量要求越小,分布参数的影响也就越严重,使振荡频率的稳定度大大降低。因此,一般最高振荡频率只能达几十兆赫兹。

③ 由于起振的相位条件和幅度条件很容易满足,所以容易起振。

④ 调整方便。若将振荡回路中的电容选为可变电容,便可使振荡频率在较大的范围内连续可调。另外,若在线圈 L 中装上可调磁芯,磁芯旋进时电感量 L 增大,振荡频率下降;磁芯旋出时电感量 L 减小,振荡频率升高。但电感量的变化很小,只能实现振荡频率的微调。

3. 电容三点式振荡器

(1) 电路结构

电容三点式振荡器又叫考毕兹振荡器,其电路结构如图 3-2-7(a)所示。晶体管 VT 和偏置电阻 R_{b1}、R_{b2}、R_e 等构成分压式偏置放大器;C_e 为交流旁路电容;C_3、C_4 分别为基极和集电极隔直耦合电容;L_c 为高频扼流圈,其特点是"隔交通直",可防止交流分量影响直流电源 V_{CC}。C_1、C_2 和 L 组成选频回路,反馈信号从电感 C_2 两端取出送至输入端。因电容支路的 3 个抽头分别接晶体管的 3 个电极,所以称为电容三点式振荡器。

(2) 相位平衡条件的判断

电容三点式振荡器相位平衡条件的判断方法与电感三点式振荡器一样。首先根据原理电路画出如图 3-2-7(b)所示的交流通路,然后确定 X_{cb} 为 L、X_{be} 为 C_2、X_{ce} 为 C_1,故 X_{be} 与 X_{ce} 是同性电抗(同为容抗),而 X_{cb} 与 X_{be}、X_{ce} 为异性电抗,符合三点式振荡器的组成原则,满足相位平衡条件。

(3) 振荡频率

当不考虑分布参数的影响且 Q 值较高时,振荡频率近似等于回路的谐振频率,计算表达式与式(3-2-6)相同,即

$$f_o = \frac{1}{2\pi\sqrt{LC}} \tag{3-2-7}$$

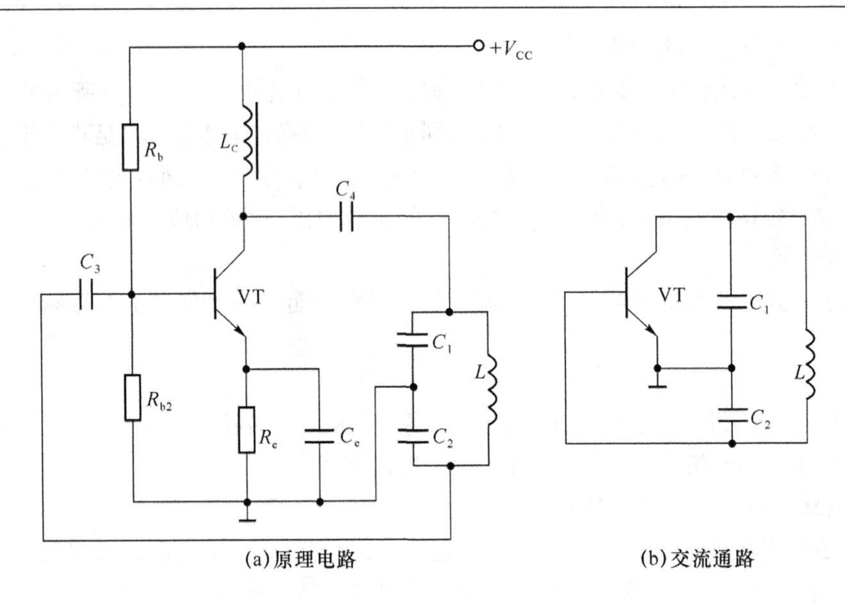

图 3-2-7　电容三点式振荡器

式中，C 为 L 两端的等效电容。当不考虑分布电容时，C 为 C_1、C_2 的串联等效电容，即

$$C=\frac{C_1C_2}{C_1+C_2} \tag{3-2-8}$$

同样，对于以 f_0 为中心的通频带以外的其他频率分量，因回路失谐而被抑制掉。

(4) 电容三点式振荡器的特点

① 输出波形好。由于反馈信号取自电容两端，而电容对高次谐波阻抗小，相应的反馈量也小，所以输出量中谐波分量也较小，波形较好。

② 加大回路电容可提高振荡频率稳定度。由于晶体管不稳定的输入、输出分布电容 C_i 和 C_o 与谐振回路的电容 C_1、C_2 并联，所以增大 C_1、C_2 的容量可减小 C_i 和 C_o 对振荡频率稳定度的影响。

③ 振荡频率较高。电容三点式振荡器可利用晶体管的输入、输出分布电容作为回路电容(即无须外接回路电容)，因此能获得很高的振荡频率，一般可达几百兆赫兹甚至上千兆赫兹。

④ 调整频率不方便。调节频率可通过改变电感量 L 或改变电容量 C 实现。若改变电感量 L，显然是很不方便。一是频率高时电感量小，若采用空芯线圈，则只能靠伸缩匝间距改变电感量，准确性太差；二是采用有抽头的电感，但不能使振荡频率连续可调。若改变电容量 C，则需同时改变 C_1、C_2 并保持其比值不变，否则反馈系数 $F=C_1/C_2$ 将发生变化，反馈信号的大小也会随之而变，甚至可能破坏起振条件，造成停振。

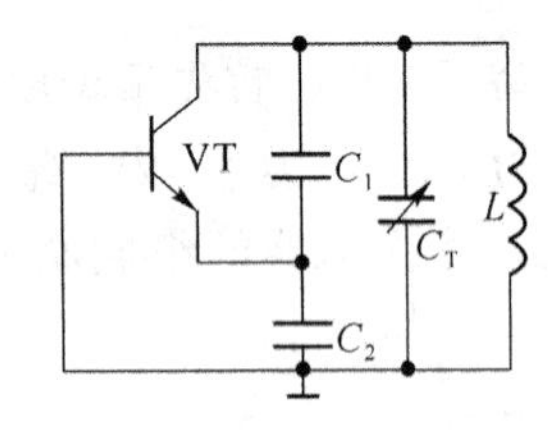

图 3-2-8　增加调整电容

实际应用时，一般采用如图 3-2-8 所示的电路来解决频率调节问题。在 L 两端并联可变电容 C_T，通过调节 C_T 实现频率调节。为了减小调节频率时对反馈系数的影响，一般要求 C_T 容量大小要满足：$C_T \ll C_1$、$C_T \ll C_2$。

3-2-2　计划决策

通过任务分析和对相关资讯的了解，讨论学习的计划并选定最优方案。

计划和决策(参考)

第一步	了解 *LC* 振荡器的功能、特点、组成及应用领域
第二步	回顾和进一步理解 *LC* 并联谐振回路的选频特性
第三步	理解变压器反馈式 *LC* 正弦波振荡器的工作原理及主要性能指标的分析方法
第四步	理解三点式振荡器的组成原则
第五步	理解电感三点式振荡器和电容三点式振荡器的工作原理及主要性能指标的分析方法
第六步	利用实验法或仿真法测试振荡器的有关性能
第七步	了解 *LC* 正弦波振荡器的电路设计方法

3-2-3　任务实施

学习型工作任务单

<table>
<tr><td>学习领域</td><td colspan="3">通信电子线路</td><td>学时</td><td>78(参考)</td></tr>
<tr><td>学习项目</td><td colspan="3">项目 3　让电信号自由翱翔——认识正弦波振荡器</td><td>学时</td><td>8</td></tr>
<tr><td>工作任务</td><td colspan="3">任务 3-2　LC 正弦波振荡器</td><td>学时</td><td>4</td></tr>
<tr><td>班级</td><td></td><td>小组编号</td><td></td><td>成员名单</td><td></td></tr>
<tr><td>任务描述</td><td colspan="5">1. 回顾 LC 并联谐振回路的选频特性。
2. 理解变压器反馈式 LC 正弦波振荡器的工作原理及主要性能指标的分析方法。
3. 理解三点式振荡器的组成原则。
4. 理解电感三点式振荡器和电容三点式振荡器的工作原理及主要性能指标的分析方法。
5. 了解各类 LC 振荡器的特点及应用领域。</td></tr>
<tr><td>工作内容</td><td colspan="5">1. 什么是 LC 振荡器？有何特点，主要应用于什么地方？
2. LC 谐振回路是怎样选择有用信号、滤除无用信号的？
3. LC 振荡器由哪几部分组成？
4. 变压器反馈式 LC 正弦波振荡器的电路结构及工作原理是什么？
5. 三点式振荡器的组成原则是什么(相位平衡条件和振幅平衡条件)？
6. 电感三点式振荡器的电路结构及工作原理是什么？有何特点，主要应用于哪些场合？
7. 电容三点式振荡器的电路结构及工作原理是什么？有何特点，主要应用于哪些场合？</td></tr>
<tr><td>提交成果和文件等</td><td colspan="5">1. 变压器反馈式 LC 正弦波振荡器的电路结构及工作原理、主要特点对照表。
2. 电感三点式振荡器的电路结构及工作原理、主要特点对照表。
3. 电容三点式振荡器的电路结构及工作原理、主要特点对照表。
4. 学习过程记录表及教学评价表(学生用表)。</td></tr>
<tr><td>完成时间及签名</td><td colspan="5"></td></tr>
</table>

3-2-4 展示评价

1. 教师及其他组负责人根据小组展示汇报整体情况进行小组评价。

2. 在学生展示汇报中，教师可针对小组成员的分工，对个别成员进行提问，给出个人评价。

3. 组内成员自评表及互评表打分。

4. 本学习项目成绩汇总。

5. 评选今日之星。

3-2-5 试一试

1. *LC* 振荡器是指以__________为负载的振荡器，主要由__________和__________两部分组成。

2. *LC* 振荡器有__________和__________两种类型。

3. 三点式振荡器的组成原则是______________________________。

4. 画出电感三点式振荡器和电容三点式振荡器的交流等效电路，分析它是怎样满足自激振荡的相位条件的。写出振荡频率的计算公式。

电感三点式振荡器	电容三点式振荡器

5. 已知电视机的本振电路如图 3-2-9 所示，试画出其交流等效电路并指出振荡类型。

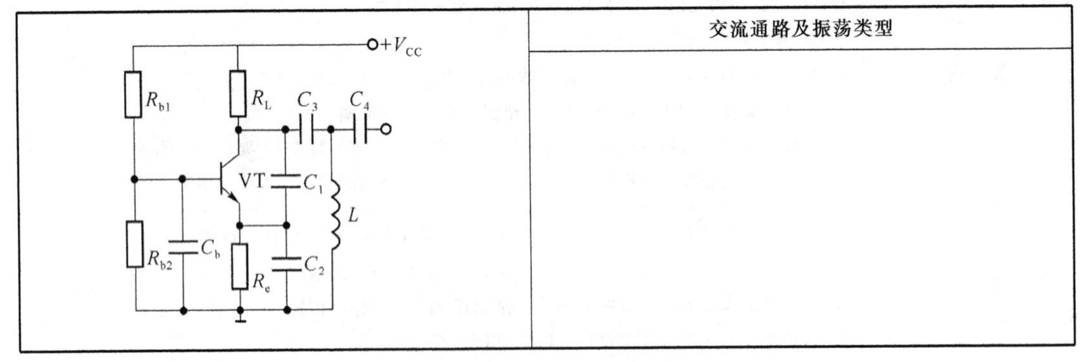

图 3-2-9 电视机的本振电路

6. 用相位条件的判别规则说明在如图 3-2-10 所示的几个三点式振荡器等效电路中，哪个电路可以起振，哪个电路不能起振。

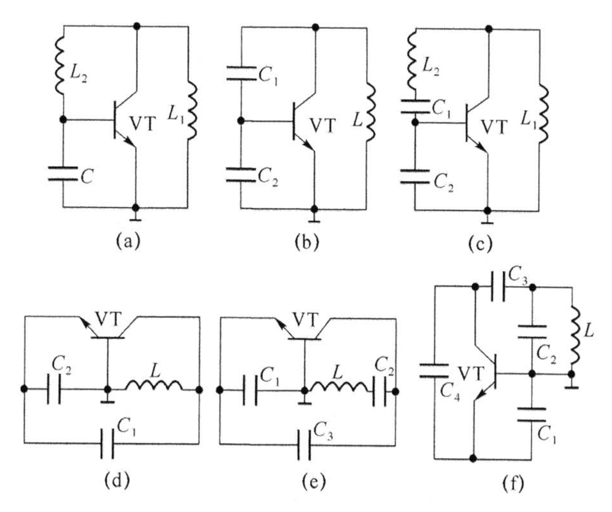

图 3-2-10　三点式振荡器等效电路

3-2-6　练一练

仿真分析：已知某 LC 正弦波振荡器的电路如图 3-2-11 所示，试用 Multisim 10 仿真分析电路的工作原理、主要性能指标及有关元件参数的变化对振荡器性能的影响。

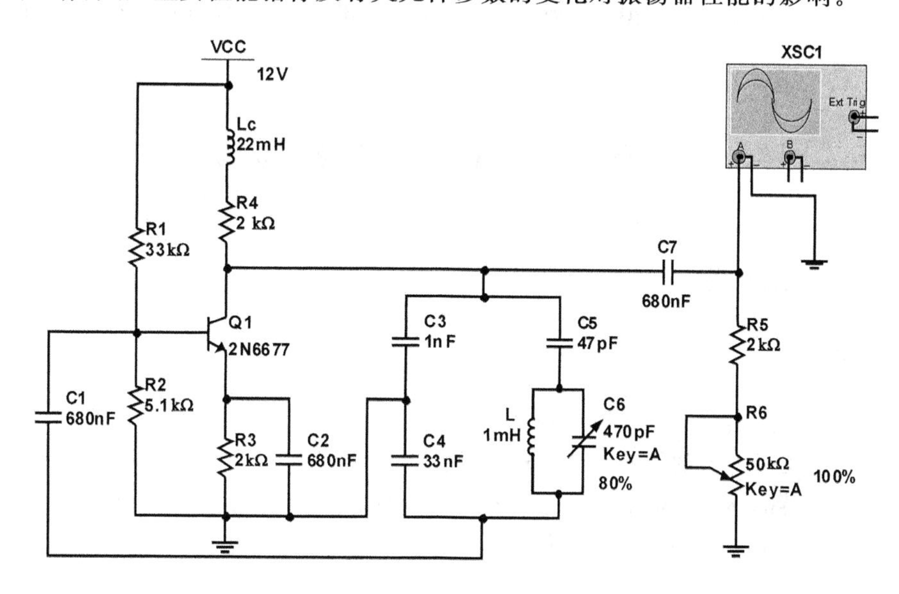

图 3-2-11　西勒振荡器仿真电路

【参考方案】

(1) 利用 Multisim 10 仿真软件绘制出如图 3-2-11 所示的西勒(Seiler)振荡器仿真电路。

(2) 按图 3-2-11 所示设置各元件参数，打开仿真开关，从示波器上观察振荡波形如图 3-2-12 所示，读出振荡频率 f_o，并作好记录。

(3) 改变电容 C_6 的容量，分别为最大或最小(100％或 0％)时，观察振荡频率变化，并作好记录。

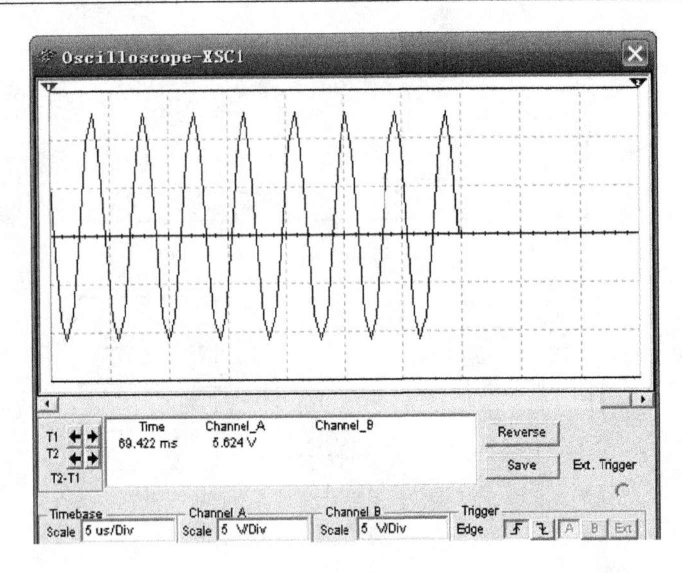

图 3-2-12　西勒振荡器输出波形

(4) 改变电容 C_4 的容量，分别为 0.33 μF 和 0.001 μF，从示波器上观察起振情况和振荡波形的好坏(与 C_4 为 0.033 μF 时进行比较)，并分析原因。

(5) 将 C_4 恢复为 0.033 μF，分别调节 R_6 为最大和最小时，观察输出波形振幅的变化，并说明原因。

任务 3-3　石英晶体振荡器

3-3-1　资讯准备

任务描述

1. 回顾三点式振荡器的组成原则。
2. 理解石英谐振器的等效电路及电抗特性。
3. 理解石英晶体振荡器的电路结构及工作原理、主要性能指标的分析方法。
4. 了解石英晶体振荡器的特点及应用领域。

资讯指南

资讯内容	获取方式
1. 什么是石英晶体振荡器？有何特点，主要应用于什么地方？	阅读资料 上网： www.grchina.com www.mc21st.com 查阅图书 询问相关工作人员
2. 石英谐振器的等效电路是什么，电抗特性如何？	
3. 石英谐振器有哪几个谐振频率，二者有何关系？	
4. 石英晶体振荡器有哪些类型？电路结构、工作原理、主要特性是什么？	

导学材料

石英晶体振荡器是用石英谐振器来控制振荡频率的一种三点式振荡器，其频率稳定度随采用的石英谐振器以及电路形式、稳频措施的不同而不同，一般在 $10^{-4}\sim10^{-11}$ 范围内。

一、石英谐振器

石英晶体的化学成分是二氧化硅(SiO_2)，外形呈六角形锥体。石英晶体的导电性与晶体的晶格方向有关，按一定方位把石英晶体切成具有一定几何形状的石英片，两面敷上银层，焊出引线，装在支架上，再用外壳封装，就制成了石英谐振器，其电路符号如图 3-3-1(a)所示。

1. 压电效应和反压电效应

若在石英谐振器上施加机械压力而使其发生形变，晶片两面将产生与机械压力所引起的形变成正比的极性相反的电荷，这种由机械形变引起产生电荷的效应就是压电效应。

若给石英谐振器两极外加一个交变电压信号，将会使石英晶体发生机械形变(压缩或伸展)，这种效应就是反压电效应。实验证明，外加不同频率的交变信号时，晶片的机械形变的大小也不相同。石英晶片和其他物体一样存在着固有振动频率，当外加信号的频率与晶片的固有振动频率相等时，将产生谐振现象，此时晶片的机械形变最大，机械振动最强，表面产生的电荷量最大，外电路中的电流也最大。

谐振频率由晶片机械振动的固有频率(又称基频)决定，而固有频率与晶片的几何尺寸有关，一般晶片越薄，频率越高。但晶片越薄，机械强度越差，加工也越困难。目前，石英晶片的基频频率最高可达 20 MHz。此外，还有一种泛音晶体，它工作在机械振动的谐波频率上，但这种谐波与电信号谐波不同，它不是正好等于基频的整数倍，而是在整数倍的附近。泛音晶体必须配合适当电路才能工作在指定的频率上。

2. 石英谐振器的等效电路

当石英晶体发生谐振时，在外电路上可以产生很大的电流，这种情况与电路的谐振非常相似。因此，通常采用如图 3-3-1(b)所示的电路来模拟石英谐振器的特性。图中，L_1、C_1、R_1 分别为石英谐振器的等效电感、等效电容和损耗电阻；C_0 为静态电容，它是以石英为介质在两极板间所形成的电容。一般石英谐振器的参数范围为 $R_1=10\sim140\ \Omega$；$L_1=0.01\sim10$ H；$C_1=0.004\sim0.1$ pF；$C_0=2\sim4$ pF。

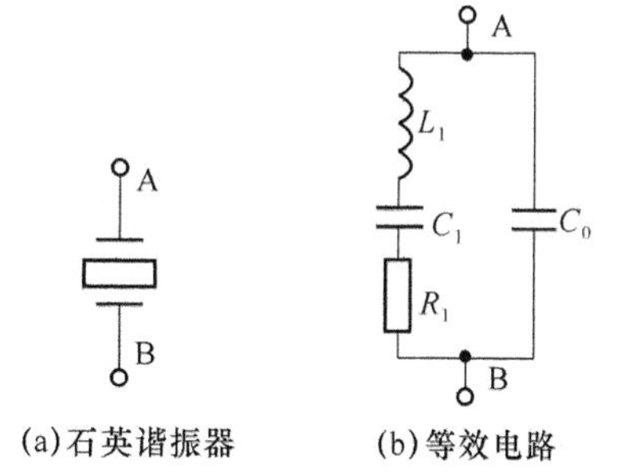

图 3-3-1　石英谐振器及其等效电路

3. 石英谐振器的特点

(1) 品质因数高

图 3-3-1(b)中，L_1、C_1、R_1 组成的串联支路的 Q 值为

$$Q=\frac{1}{R_1}\sqrt{\frac{L_1}{C_1}} \tag{3-3-1}$$

由于参数 L_1 很大，而 C_1 又很小，因此谐振器的 Q 值很高，可达 $10^4\sim10^6$，显然这是普通 LC 电路无法比拟的。

(2) 有两个谐振频率 f_q 和 f_p

谐振频率之一是由 L_1、C_1 和 R_1 组成的串联支路所决定的串联谐振频率 f_q，它是石英晶片的自然谐振频率，其大小为

$$f_q = \frac{1}{2\pi\sqrt{L_1 C_1}} \tag{3-3-2}$$

谐振频率之二是由石英晶片和静态电容 C_0 组成的并联电路所决定的并联谐振频率 f_p，其大小为

$$f_p = \frac{1}{2\pi\sqrt{L_1 \dfrac{C_0 C_1}{C_0 + C_1}}} = f_q\sqrt{1 + \frac{C_1}{C_0}} \tag{3-3-3}$$

因为 $C_1 << C_0$，故式(3-3-3)可近似为

$$f_p = f_q\left(1 + \frac{C_1}{2C_0}\right) \tag{3-3-4}$$

显然，$f_p > f_q$，并且有

$$f_p - f_q \approx f_q \cdot \frac{C_1}{2C_0} \tag{3-3-5}$$

二者的差值随不同的石英谐振器而不同，一般为几十赫兹至几百赫兹。

(3) 石英谐振器的电抗特性

石英谐振器的电抗特性如图 3-3-2 所示。当 L_1、C_1、R_1 支路发生串联谐振时，电抗为零，则 AB 间的阻抗为纯电阻 R_1。由于 R_1 很小，可视为短路，说明石英晶体在这种情况下可充当特殊短路元件使用。当晶体发生并联谐振时，AB 两端间的阻抗为无穷大。当 $f > f_p$ 或 $f < f_q$ 时，等效电路呈电容性，晶体充当一个等效电容；当 $f_q < f < f_p$ 时，等效电路呈电感性，这个区域很窄，石英谐振器充当一个等效电感。不过此电感是一个特殊的电感，它仅存在于 f_q 与 f_p 之间，且随频率 f 的变化而变化。

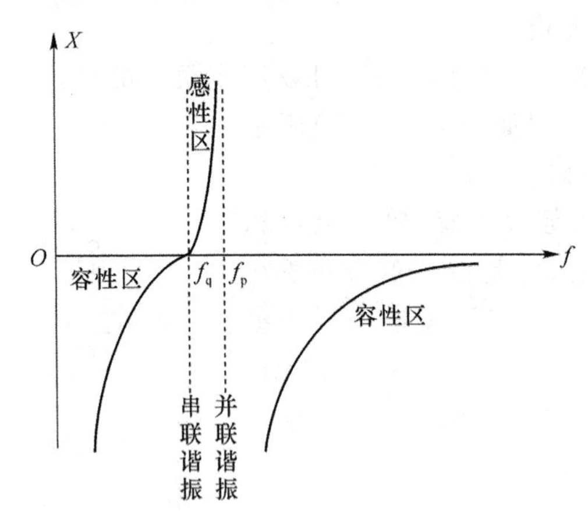

图 3-3-2 石英谐振器的电抗特性

(4) 接入系数很小

用石英谐振器构成振荡器时，外电路一般接图 3-3-1(b)的 AB 端(即 C_0 两端)，因此对晶体(等效电感)的接入系数 p 是很小的，一般为 $10^{-3} \sim 10^{-4}$ 数量级，其表达式为

$$p \approx \frac{C_1}{C_0} \tag{3-3-6}$$

由于接入系数小，所以石英晶体与外电路的耦合是很弱的，这样就削弱了外电路与石英谐振器之间的相互不良影响，从而保证了石英谐振器的高 Q 值，因此，石英晶体振荡器振荡频率的稳定度和标准性都很高。

二、石英晶体振荡器

以石英谐振器为选频回路而构成的振荡器，称为石英晶体振荡器。由图 3-3-2 所示的电抗特性可知，石英谐振器在电路中可有 3 种用法：一是充当等效电感，晶体工作在接近于并联谐振频率 f_p 的狭窄的感性区域内，这类振荡器称为并联谐振型石英晶体振荡器；二是充当短路元件，并将它串接在反馈支路内，用以控制反馈系数，它工作在串联谐振频率 f_q 上，称为串联谐振型石英晶体振荡器；三是充当等效电容，使用较少。

1. 并联型石英晶体振荡器

并联型石英晶体振荡器又称皮尔斯振荡器，其基本电路及等效电路如图 3-3-3 所示，工作原理、分析方法均与三点式振荡器相同，只是将三点式振荡回路中的电感元件用石英谐振器取代。由等效电路可知，该电路可看成是考毕兹振荡器，只有当石英晶体等效为电感元件，电路才能建立振荡。

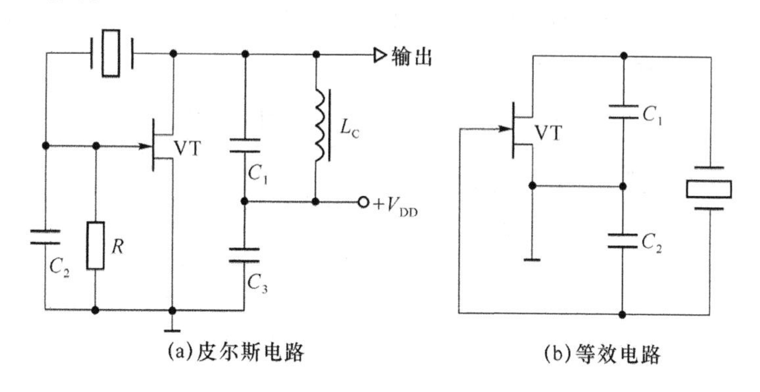

图 3-3-3 并联型石英晶体振荡器

在实际的石英晶体振荡器中，振荡管可以是晶体管，也可以是场效应管。石英晶体一般接在晶体管的 c-b 间(或场效应管的 D-G 间)或 b-e 间(或场效应管的 G-S 间)。

2. 串联型石英晶体振荡器

串联型石英晶体振荡器其基本电路及等效电路如图 3-3-4 所示。电路中的石英谐振器作为短路元件使用，既可用基频晶体，也可用泛音晶体，整个电路也相当于考毕兹振荡器。

由于石英谐振器作为短路元件使用，因此应将振荡回路的振荡频率调谐到石英晶体的串联谐振频率上，使石英晶体的阻抗最小，电路的正反馈最强，满足振荡条件。而对于其他频率的信号，晶体的阻抗较大，正反馈减弱，电路不能起振。

上述两种电路的振荡频率以及频率稳定度，都是由石英谐振器和串联谐振频率所决定的，而不取决于振荡回路。但是，振荡回路的元件也不能随意选用，应使选用的元件所构成回路的固有频率与石英谐振器的串联谐振频率一致。

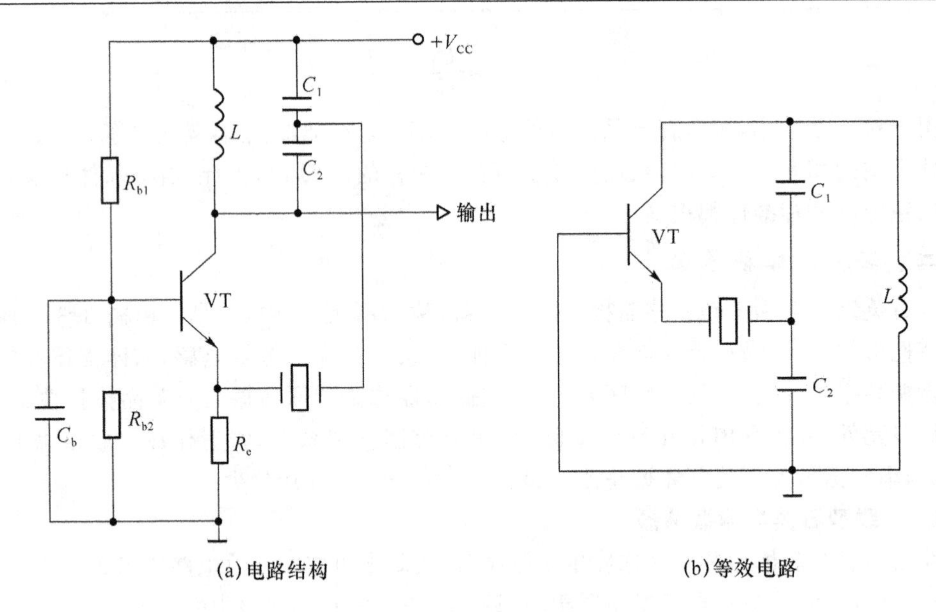

(a)电路结构　　(b)等效电路

图 3-3-4　串联型晶体振荡器

从任务 3-1 到任务 3-3,依次介绍了各类信号发生器,它们的工作原理、分析方法都有类似之处,而电路结构、基本特点、应用场合又各有差异,表 3-3-1 列出了各种正弦波振荡器的主要性能,可作为电路设计、应用选型的参考依据。

表 3-3-1　各种正弦波振荡器性能比较

振荡器名称	频率稳定度	振荡波形	适用频率	频率调节范围	其他
电桥式	$10^{-2}\sim10^{-3}$	差	200 kHz 以下	频率调节范围较宽	低频信号发生器
变压器反馈式	$10^{-2}\sim10^{-4}$	一般	几千赫兹至几十兆赫兹	可在较宽范围内调节频率	易起振,结构简单
电感三点式	$10^{-2}\sim10^{-4}$	差	几千赫兹至几十兆赫兹	可在较宽范围内调节频率	易起振,输出振幅大
电容三点式	$10^{-3}\sim10^{-4}$	好	几兆赫兹至几百兆赫兹	只能在小范围内调节频率(适用于固定频率)	常采用改进电路
石英晶体振荡器	$10^{-5}\sim10^{-11}$	好	几百千赫兹至一百兆赫兹	只能在极小范围内微调频率(适用于固定频率)	用在精密仪器及设备中

3-3-2　计划决策

通过任务分析和对相关资讯的了解,讨论学习的计划并选定最优方案。

计划和决策(参考)

第一步	了解石英晶体振荡器的功能、特点、组成及应用领域
第二步	理解石英谐振器的等效电路及电抗特性
第三步	理解各类石英晶体振荡器的工作原理及主要性能指标的分析方法
第四步	利用实验法或仿真法测试振荡器的有关性能

3-3-3　任务实施

学习型工作任务单

学习领域	通信电子线路			学时	78(参考)
学习项目	项目3　让电信号自由翱翔——认识正弦波振荡器			学时	8
工作任务	任务3-3　石英晶体振荡器			学时	2
班级		小组编号		成员名单	
任务描述	1. 回顾三点式振荡器的组成原则。 2. 理解石英谐振器的等效电路及电抗特性。 3. 理解石英晶体振荡器的电路结构及工作原理、主要性能指标的分析方法。 4. 了解石英晶体振荡器的特点及应用领域。				
工作内容	1. 什么是石英晶体振荡器？有何特点，主要应用于什么地方？ 2. 石英谐振器的等效电路是什么，电抗特性如何？ 3. 石英谐振器有哪几个谐振频率，二者有何关系？ 4. 石英晶体振荡器有哪些类型？电路结构、工作原理、主要特性是什么？				
提交成果和文件等	1. 石英谐振器的等效电路及电抗特性对照表。 2. 各类石英晶体振荡器的电路结构及工作原理、主要性能指标的分析方法、主要特点对照表。 3. 学习过程记录表及教学评价表(学生用表)。				
完成时间及签名					

3-3-4　展示评价

1. 教师及其他组负责人根据小组展示汇报整体情况进行小组评价。
2. 在学生展示汇报中，教师可针对小组成员的分工，对个别成员进行提问，给出个人评价。
3. 组内成员自评表及互评表打分。
4. 本学习项目成绩汇总。
5. 评选今日之星。

3-3-5　试一试

1. 石英晶体振荡器是指以__________为负载的振荡器，它具有频率稳定度__________的特点，因此一般用于发射机中产生载波或频率合成器中提供标准信号源。

2. 石英晶体的化学成分是__________，石英谐振器具有__________效应和__________效应，并且具有品质因数__________、接入系数__________等特点。

3. 石英谐振器具有两个谐振频率：__________谐振频率和__________谐振频率，分别用公式__________和__________计算，二者的大小关系是__________。

4. 对于石英谐振器，当信号频率 $f<f_q$ 时，其相当于__________；当 $f=f_q$ 时，其相当于短路；当 $f_q<f<f_p$ 时，其相当于__________；当 $f=f_p$ 时，其相当于__________；当 $f>f_p$ 时，其又相当于__________。

5. 石英谐振器在振荡电路中可有3种用法：在并联谐振型石英晶体振荡器中，石英谐振器相当于__________，晶体工作在接近于__________的狭窄的__________区域内；在串联谐振型石英晶体振荡器中，石英谐振器相当于__________元件，并将它串接在反馈支路内，用以控制反馈系数，它工作在__________上。

3-3-6　练一练

仿真分析：已知某 *LC* 正弦波振荡器的电路如图 3-3-5 所示，试用 Multisim 10 仿真分析电路的工作原理、主要性能指标及有关元件参数的变化对振荡器性能的影响。

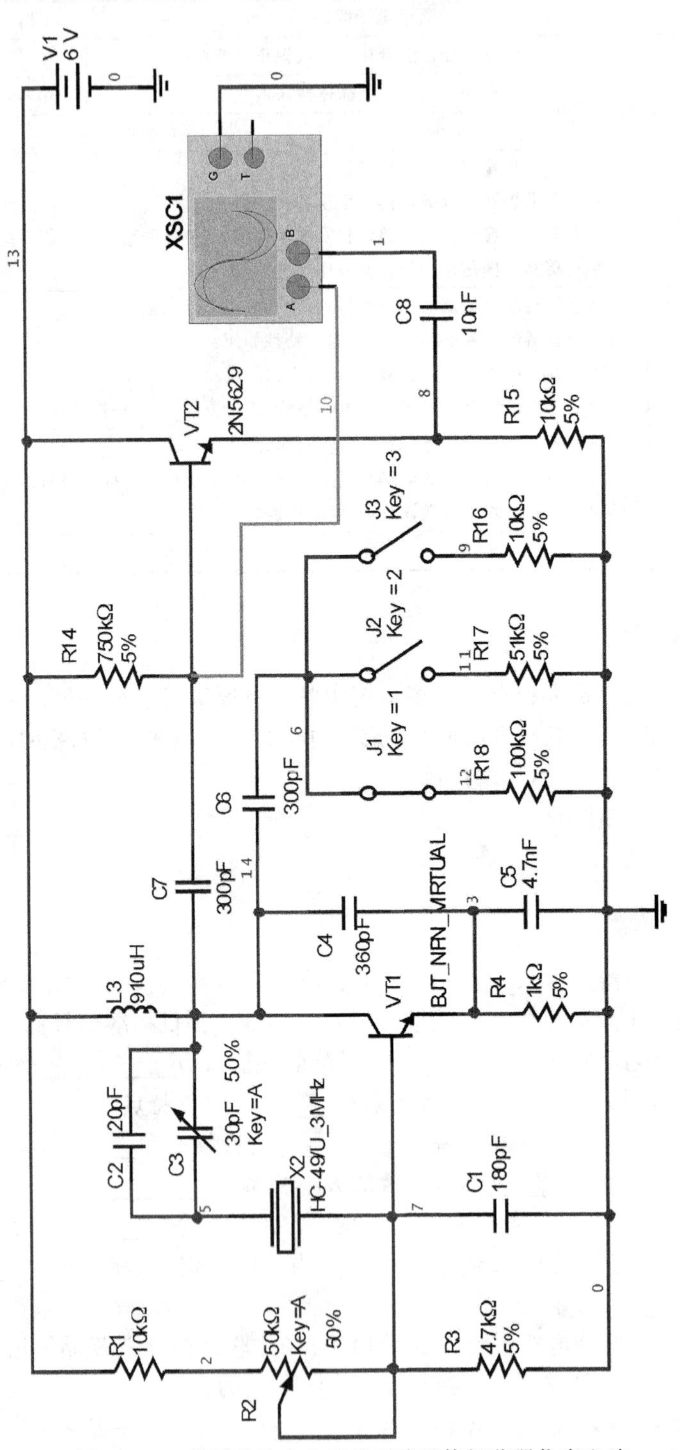

图 3-3-5　带缓冲放大电路的石英晶体振荡器仿真电路

【参考方案】

(1) 利用 Multisim 10 仿真软件绘制出如图 3-3-5 所示的石英晶体振荡器仿真电路。

(2) 按图 3-3-5 所示设置各元件参数,打开仿真开关,从示波器上观察振荡波形如图3-3-6所示,读出振荡频率 f_0,并作好记录。

(3) 改变电容 C_6 的容量,分别为最大或最小(100%或 0%)时,观察振荡频率变化,并作好记录。

(4) 改变电容 C_4 的容量,分别为 0.33 μF 和 0.001 μF,从示波器上观察起振情况和振荡波形的好坏(与 C_4 为 0.033 μF 时进行比较),并分析原因。

(5) 将 C_4 恢复为 0.033 μF,分别调节 R_6 为最大和最小时,观察输出波形振幅的变化,并说明原因。

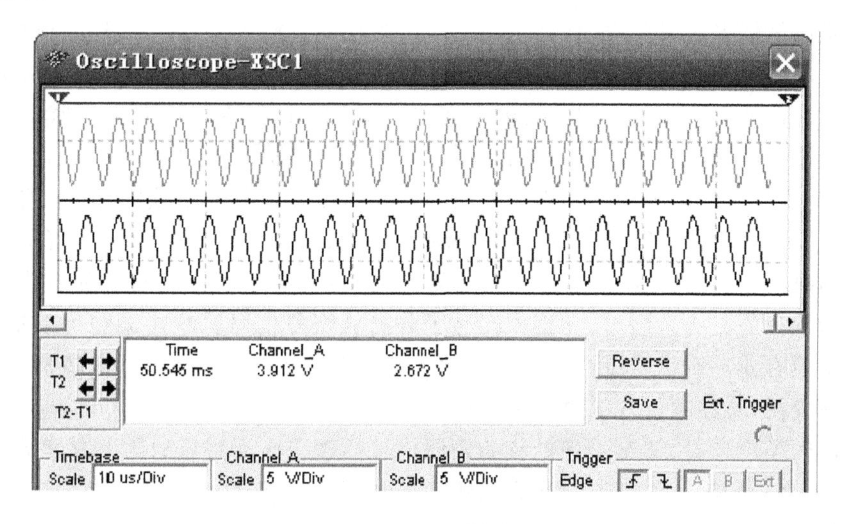

图 3-3-6　石英晶体振荡输出波形

项目4

换个样子传输信号

——认识频率变换电路

项目描述

频率变换又称为频谱变换，它是指输出信号的频率与输入信号的频率不同，而且满足一定的变换关系。实现频率变换的电路可以是调制器、解调器，也可以是变频器、混频器等。

无线电通信利用电磁波作为消息的载体，传送如语言、图像、数据等各种消息。要能有效地以电磁波形式发送上述消息，调制必不可少。所谓调制，是指对一适宜在信道传输的射频载波，用所要发送的信号按一定规律去控制载波的某个参数，从而把要发送的信号寄托在所选定的参数上，然后发送已调制载波，达到传送消息的目的。经过调制后，含有消息的已调波具有频率高、相对带宽窄和各路信号不重叠的特点，易于电磁波发射及多路频分复用，减少噪声和干扰的影响。同时，在接收端易于分离和恢复信号。利用调制可以把信号变换到易于满足现有器件对信号设计要求的频率上，克服了元器件的限制。变频器也可实现对信号的频率变换，将在项目5接收技术中讨论它。

从频谱的角度来看，调制是把低频的调制信号频谱变换为高频的已调波频谱；解调则正好相反，它把高频的已调波频谱变换为低频的调制信号频谱；变频则把高频的已调波频谱变换为中频的已调波频谱。因此，调制、解调和变频电路都属于频谱变换电路。

学习本项目的目的是了解频率变换电路的类型、组成、工作原理及应用。

学习任务

任务4-1：频率变换及模拟乘法器。主要讨论电信号的表示方式及频率变换的概念、分类、电路模型及各类频率变换电路或元件的工作原理。

任务4-2：调幅电路。主要讨论幅度调制的概念、类型，各类调幅波的性质、特点及应用，各类调幅电路的电路结构、工作原理及设计要点等。

任务4-3：检波电路。主要讨论检波的概念、类型、原理、特点及应用，各类检波电路的电路结构、工作原理及设计要点等。

任务4-4：变频电路。主要讨论变频的功能、原理、特点及应用，各类混频电路的电路结构、工作原理及设计要点等。

任务4-5：调频与调相。主要讨论调频波与调相波性质、调制原理、特点及应用，各类调频电路的电路结构、工作原理及设计要点等。

任务4-6：鉴频与鉴相。主要讨论调频波与调相波的解调原理，各类鉴频、鉴相电路的电路结构、工作原理及设计要点等。

任务4-1　频率变换及模拟乘法器

4-1-1　资讯准备

任务描述

1. 理解频率变换的基本概念与信号的表示方法。
2. 掌握模拟乘法器及其典型应用电路的分析方法。
3. 理解模拟乘法器实现频率变换的原理。
4. 理解非线性元器件(二极管、三极管等)的特性描述及其实现频率变换的原理。

资讯指南

资讯内容	获取方式
1. 电信号有哪些表示方式？怎样相互转换？	阅读资料 上网 查阅图书 询问相关工作人员
2. 什么叫频率变换？频率变换有哪些类型,各有什么特点？	
3. 频率变换电路由哪些部分构成,各有什么作用？	
4. 模拟乘法器的功能是什么？它有哪些具体应用,如何工作？	
5. 模拟乘法器实现频率变换的原理和核心是什么？	
6. 如何描述二极管、三极管等非线性器件的特性？	
7. 二极管、三极管等非线性器件实现频率变换的原理和核心是什么？	

导学材料

一、概述

1. 信号的分类及表示方法

(1) 信号的频谱

在通信和电子技术中,信号的频谱是指组成信号的各个频率正弦分量按频率的分布情况,即用频率 f(或角频率 ω)作为横坐标、用组成这个信号的各个频率正弦分量的振幅 U_m 作为纵坐标作图,就可以得到该信号的频谱图,简称频谱。用频谱表示信号,可以更直观地了解信号的频率组成和特点,如信号的频带宽度(带宽)等。

(2) 信号的表示方法

信号的表示方法主要有3类:一是写出它的数学表达式(时域);二是画出它的波形(时域);三是画出它的频谱(频域)。这3种表示方法在本质上是相同的,故可由其中一种表示方法得到其他两种表示方法。数学表达式表示信号既清楚又准确,波形和频谱表示信号比较直观,但对于某些复杂的信号或无规律的信号,要写出它的数学表达式或画出它的波形很困难,这时用频谱来表示这种信号既容易又方便。因此用信号的频谱可以表示任何一种信号。下面举几个例子来理解它们之间的相互转换关系。

【例 4-1-1】 某电压信号的数学表达式为 $u(t)=3\sin \omega_o t$(V)，试画出它的波形和频谱。

解 这是一个单一频率的正弦信号，其频率 $f_o=\omega_o/2\pi$，其波形如图 4-1-1(a)所示。由于振幅 $U_m=3$ V，故其频谱如图 4-1-1(b)所示。

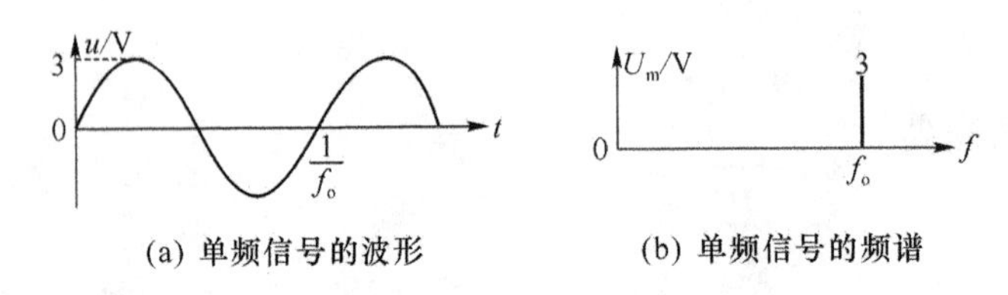

(a) 单频信号的波形　　(b) 单频信号的频谱

图 4-1-1　信号的波形和频谱

【例 4-1-2】 某电压信号的频谱如图 4-1-2(a)所示，试求它的数学表达式，并画出它的波形(设 $f_c \gg F$)。

解 设 $\omega_c=2\pi f_c$，$\Omega=2\pi F$，由图 4-1-2(a)可以得到该电压信号的数学表达式

$$u(t)=4\cos \omega_c t+\cos (\omega_c-\Omega)t+\cos (\omega_c+\Omega)t$$
$$=4\cos \omega_c t+2\cos \omega_c t\cos \Omega t=4(1+0.5\cos \Omega t)\cos \omega_c t$$

由上述的数学表达式可画出 $u(t)$ 的波形，如图 4-1-2(b)所示，图中虚线为 $u(t)$ 的包络。

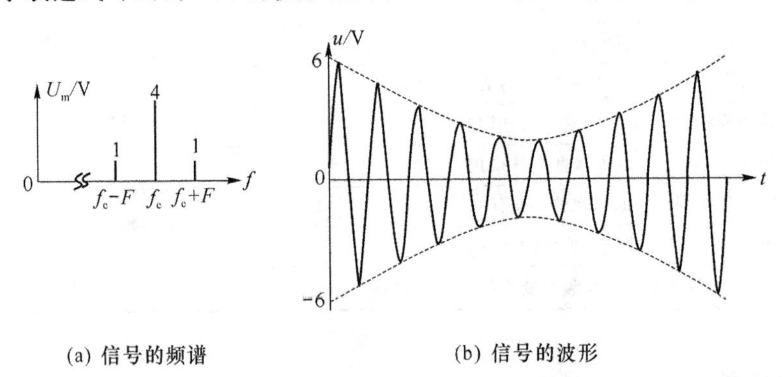

(a) 信号的频谱　　(b) 信号的波形

图 4-1-2　信号的频谱图和波形图

【例 4-1-3】 一个周期性方波(矩形脉冲)的波形如图 4-1-3(a)所示，写出相应的数学表达式，并画出它的频谱。

解 图 4-1-3(a)所示波形的数学表达式为

$$u(t)=\begin{cases}2 & nT\leqslant t\leqslant(n+1/2)T \\ 0 & (n+1/2)T\leqslant t\leqslant(n+1)T\end{cases}\quad (n\text{ 为整数})$$

为了画出它的频谱，需应用傅里叶级数把上述分段函数展开成幂级数的形式

$$u(t)=1+\frac{4}{\pi}\sin \omega_o t+\frac{4}{3\pi}\sin 3\omega_o t+\frac{4}{5\pi}\sin 5\omega_o t+\cdots+\frac{4}{(2n+1)\pi}\sin (2n+1)\omega_o t+\cdots$$

式中，$\omega_o=2\pi f_o=\frac{2\pi}{T}$。按上式可画出相应的频谱，如图 4-1-3(b)所示。其中，直流分量对应 $\omega=0$ 的那条谱线。由于 $u(t)$ 有无限多项，因此谱线也有无限多条(图中只画出 6 条谱线)。但随着 f 的升高，谱线的长度迅速减小。画频谱时应先写出信号数学表达式，然后展开，若展开式中有 n 项不同频率、不同振幅的正弦分量相叠加，则频谱中的谱线就有 n 条。

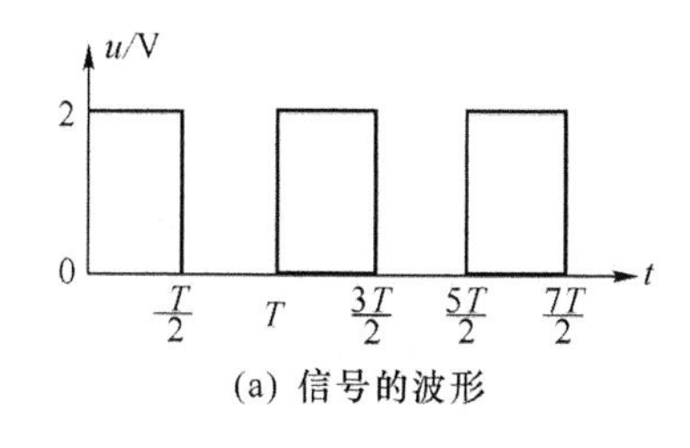

(a) 信号的波形

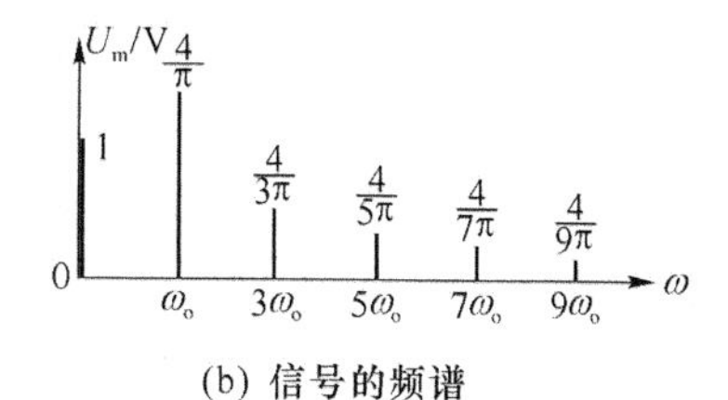

(b) 信号的频谱

图 4-1-3　信号的波形图和频谱图

通过以上 3 个例题的分析可以看出，信号的频谱、波形、数学表达式三者之间是可以转换的，即本质是一致的。

2. 频率变换

(1) 频率变换的概念

频率变换又称为频谱变换，它是指输出信号的频率与输入信号的频率不同，而且满足一定的变换关系。

实现频率变换的电路可以是调制器、解调器，也可以是变频器、混频器等。从频谱的角度来看，调制是把低频的调制信号频谱变换为高频的已调波频谱；解调则正好相反，它把高频的已调波频谱变换为低频的调制信号频谱；变频则把高频的已调波频谱变换为中频的已调波频谱。因此，调制、解调和变频电路都属于频谱变换电路。

(2) 频率变换电路的分类

频率变换电路可以分为频谱搬移电路和频谱非线性变换电路。

频谱搬移电路是将输入信号频谱沿频率轴不失真地搬移，搬移前后各频率分量的相对大小和相互间隔(即频谱内部结构)保持不变。本教材涉及的频谱搬移电路包括调幅、检波和变频电路。

频谱非线性变换电路是将输入信号频谱进行特定的非线性变换电路。变换前后，信号频谱在相对大小、相互间隔方面都可能发生变化。本教材涉及的频谱非线性变换电路包括调频和鉴频、调相和鉴相电路等。

(3) 频率变换电路的基本模型

频率变换电路(如频谱搬移)必须通过非线性器件的相乘作用才能实现，一般由非线性器件和滤波器两大部分组成，如图 4-1-4 所示。

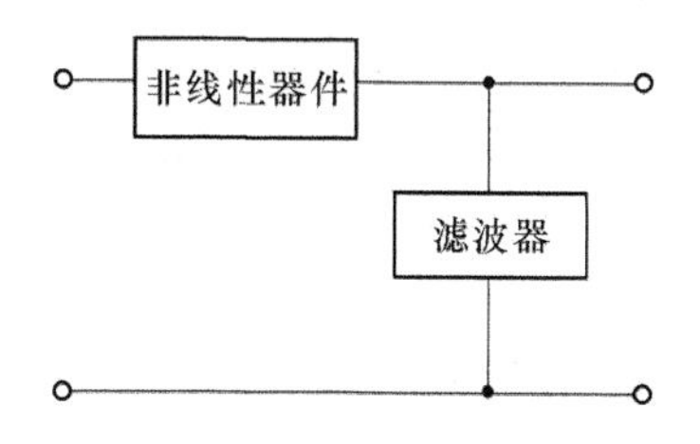

图 4-1-4　频率变换电路的基本模型

非线性器件可以采用二极管、三极管、场效应管、差分对管以及模拟乘法器等，起频率变换作用。滤波器起滤除通带以外频率分量的作用，只有落在通带范围的频率分量才会产生输出电压。本任务先介绍用模拟乘法器组成的非线性电路实现频谱搬移的原理，再分析一般非线性器件(如二极管、三极管)的相乘作用实现频谱搬移的过程。

二、模拟乘法器实现频率变换原理

随着集成技术的发展和应用的日益广泛，集成模拟乘法器已成为继集成运放后最通用的模拟集成电路之一，本节将对模拟乘法器的基本概念和应用进行简单的讨论。

1. 模拟乘法器简介

模拟乘法器是一种实现两个模拟信号相乘的电路，电路符号如图 4-1-5(a)所示，其中 X、Y 为模拟信号输入端，Z 为相乘结果输出端。

若输入信号分别用 u_X、u_Y表示，输出信号用 u_o 表示，则 u_o 与 u_X、u_Y乘积成正比，即

$$u_o = K_M u_X u_Y \tag{4-1-1}$$

其中，K_M 为比例系数，称为模拟乘法器的相乘增益，其量纲为 V^{-1}。

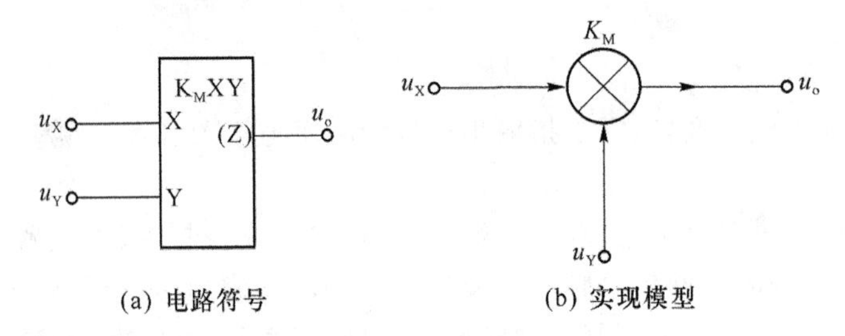

(a) 电路符号　　(b) 实现模型

图 4-1-5　模拟乘法器的符号及实现模型

在一般情况下，乘法器是一个典型的非线性器件，可以实现多种频谱搬移电路。它的线性特性只是非线性本质的一种特殊情况。

2. 模拟乘法器的应用

集成模拟乘法器的应用十分广泛，除了组成各种频率变换电路外(调幅、检波、变频、鉴相等)，还能组成各种模拟运算电路、压控增益电路和整流电路等。

(1) 乘方器

乘方器的功能是实现某个输入信号的平方、立方及更高次方运算。平方器电路和立方器电路分别如图 4-1-6(a)、(b)所示。

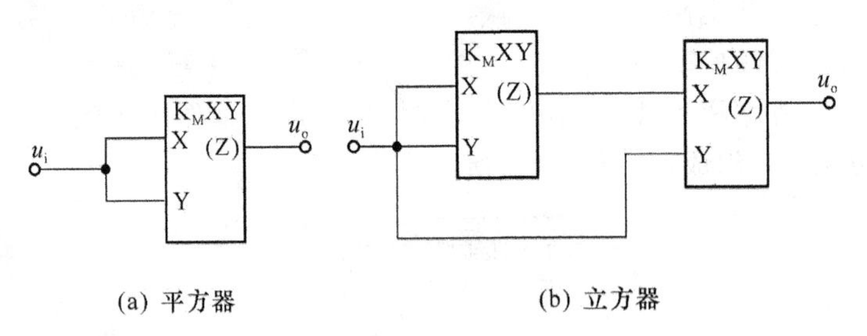

(a) 平方器　　(b) 立方器

图 4-1-6　乘方器电路

由图 4-1-6(a)及乘法器的功能可得，平方器的输出为

$$u_o = K_M u_i^2 \tag{4-1-2}$$

同理，由图 4-1-6(b)可得，立方器的输出为

$$u_o = K_{M1} K_{M2} u_i^3 \tag{4-1-3}$$

若取 $K_M = K_{M1} K_{M2}$，则有 $u_o = K_M u_i^3$，即输出信号与输入信号构成立方关系。

(2) 倍频器

若输入信号的频率是 f_i，倍频器的基本功能是输出频率为 nf_i 的信号(n 为不小于 2 的

正整数)。以图 4-1-6(a)所示平方器为例,若输入电压为 $u_i=U_{im}\sin\omega t$ 的正弦信号,将其值代入式(4-1-2)可得

$$u_o=K_M(U_{im}\sin\omega t)^2=\frac{1}{2}K_MU_{im}^2-\frac{1}{2}K_MU_{im}^2\cos 2\omega t \tag{4-1-4}$$

如果在平方器的输出端接一个隔直电容,则输出电压

$$u'_o=-\frac{1}{2}K_MU_{im}^2\cos 2\omega t \tag{4-1-5}$$

即平方器实现了正弦信号的二倍频。采用类似原理,可构成三倍频、四倍频等其他倍频电路。

(3) 除法器

除法器的功能是实现两个输入信号的除法运算。图 4-1-7 所示即为典型的除法电路,它由模拟乘法器和集成运放构成,乘法器置于运放的负反馈支路中。

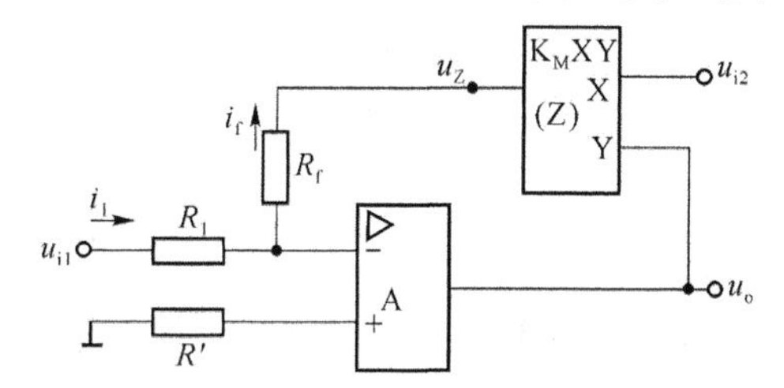

图 4-1-7　除法器电路

因集成运放工作在为负反馈条件下,根据"虚地"有

$$i_1=\frac{u_{i1}}{R_1},i_f=\frac{-u_Z}{R_f} \tag{4-1-6}$$

再根据"虚断"有

$$i_1=i_f \tag{4-1-7}$$

将 $u_Z=K_Mu_ou_{i2}$ 与式(4-1-6)、式(4-1-7)联立求解可得

$$u_o=-\frac{1}{K_M}\frac{R_f}{R_1}\frac{u_{i1}}{u_{i2}} \tag{4-1-8}$$

即电路实现了两个输入信号的除法运算,式中的负号表示反相除法。

为了给集成运放引入负反馈,保证其工作在线性运算状态,电路中的 u_{i2} 必须为正极性信号($K_M>0$)。

(4) 开方电路

利用除法电路可实现开平方运算。将图 4-1-7 中模拟乘法器的两个输入端都接至运放的输出端,便可构成如图 4-1-8 所示的开平方运算电路。

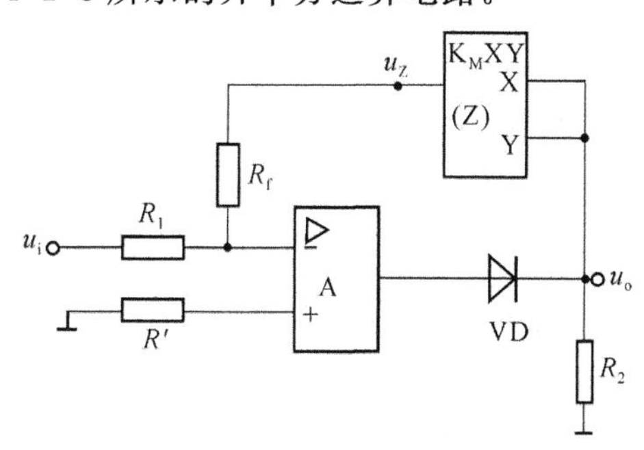

图 4-1-8　开平方运算电路

当 $R_1 = R_f$ 时，若忽略二极管 VD 的管压降，由图可得输出信号为

$$u_o = \sqrt{-u_i / K_M} \tag{4-1-9}$$

即电路实现了输入信号 u_i 的开平方运算。

为了给集成运放引入负反馈，保证其工作在线性运算状态，电路中的 u_i 必须为负极性信号（$K_M > 0$）。加入二极管的目的就是为了避免当 u_i 变为正极性信号（受干扰等）时电路被锁定现象。

如果在运放反馈支路中串联多个模拟乘法器，就可以得到开高次方的运算电路。

图 4-1-9 所示即为利用模拟两个乘法器组成的开立方运算电路，当 $R_1 = R_f$ 并忽略二极管 VD 的管压降，可得输出信号

$$u_o = \sqrt[3]{-u_i / (K_{M1} K_{M2})} \tag{4-1-10}$$

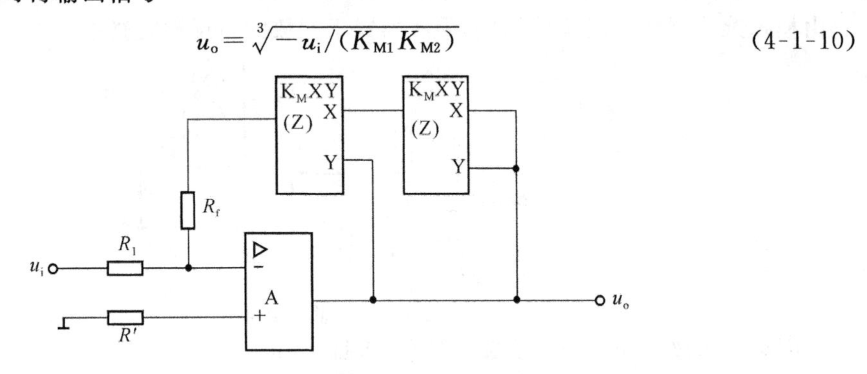

图 4-1-9　开立方运算电路

(5) 压控增益电路

若模拟乘法器的一个输入端接直流控制电压 U_C，另一个输入端接输入信号 u_i，则输出电压 $u_o = K_M U_C u_i$。此时，模拟乘法器相当于一个电压增益 $A_u = K_M U_C$ 的压控增益放大器，即可用电压 U_C 的大小控制增益 A_u 的大小。

图 4-1-7 所示的除法器也可用做压控增益放大器。由除法器公式知，若 $u_{i1} = u_i$，$u_{i2} = U_C$，则

$$u_o = -\frac{1}{K_M U_C} u_i \tag{4-1-11}$$

显然，此时该除法器可看做是输入信号为 u_i、电压增益 $A_u = 1/(K_M U_C)$ 的压控增益放大器。

3. 模拟乘法器频谱搬移的实现原理

模拟乘法器实现频谱搬移的原理电路如图 4-1-10 所示。该电路实现的是双边带调幅功能，$u_i(t)$ 为低频调制信号，$u_c(t)$ 为单频高频载波，一般取 $u_c(t) = U_{cm} \cos \omega_c t$。若设 $K_M = 1\ \text{V}^{-1}$、$U_{cm} = 1\ \text{V}$，则

$$u_o(t) = u_i(t) u_c(t) = u_i(t) U_{cm} \cos \omega_c t = u_i(t) \cos \omega_c t \tag{4-1-12}$$

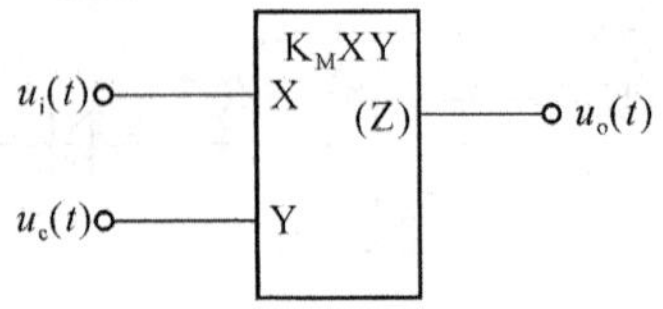

图 4-1-10　原理电路

(1) 若 $u_{i}(t)$为单频信号

取 $u_{i}=U_{im}\cos\omega_{i}t$(设 $\omega_{i}<\omega_{c}$)，代入式(4-1-12)可得

$$u_{o}(t)=U_{im}\cos\omega_{i}t\cos\omega_{c}t$$
$$=\frac{1}{2}U_{im}\cos(\omega_{c}-\omega_{i})t+\frac{1}{2}U_{im}\cos(\omega_{c}+\omega_{i})t \tag{4-1-13}$$

根据以上式子，可画出如图 4-1-11 所示的输入、输出信号的频谱图。由图可知，经过频谱搬移后，输出了两输入信号频率相加的分量和频率相减的分量，即和频分量和差频分量。

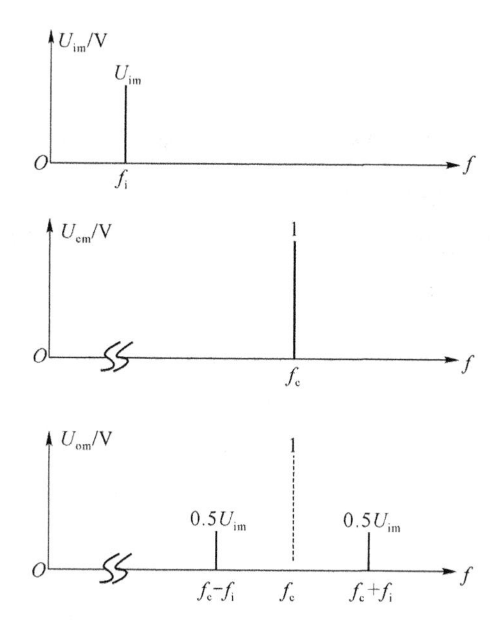

图 4-1-11　模拟乘法器实现的频谱变换(单频信号)

(2) 若 $u_{i}(t)$为多频信号

取 $u_{i}=U_{im1}\cos\omega_{i1}t+U_{im2}\cos\omega_{i2}t+\cdots+U_{imn}\cos\omega_{in}t$，代入式(4-1-12)可得

$$u_{o}(t)=(U_{im1}\cos\omega_{i1}t+U_{im2}\cos\omega_{i2}t+\cdots+U_{imn}\cos\omega_{in}t)\cos\omega_{c}t$$
$$=\frac{1}{2}U_{im1}\cos(\omega_{c}-\omega_{i1})t+\frac{1}{2}U_{im1}\cos(\omega_{c}+\omega_{i1})t+$$
$$\frac{1}{2}U_{im2}\cos(\omega_{c}-\omega_{i2})t+\frac{1}{2}U_{im2}\cos(\omega_{c}+\omega_{i2})t+\cdots+$$
$$\frac{1}{2}U_{imn}\cos(\omega_{c}-\omega_{in})t+\frac{1}{2}U_{imn}\cos(\omega_{c}+\omega_{in})t \tag{4-1-14}$$

根据以上式子，可画出如图 4-1-12 所示的输入、输出信号的频谱图。显然，输出信号仍为输入信号的和频分量和差频分量。

综上所述，信号 $u_{i}(t)$和 $\cos\omega_{c}t$ 相乘后，$u_{o}(t)$与 $u_{i}(t)$的频谱内部结构保持不变，仅相当于把 $u_{i}(t)$的频谱沿频率轴不失真地搬移到以 f_{c} 为中心的频率上，形成和频上边带分量和差频下边带分量，而各谱线长度则均减半。因此，利用模拟乘法器的相乘作用，可以实现频谱搬移。

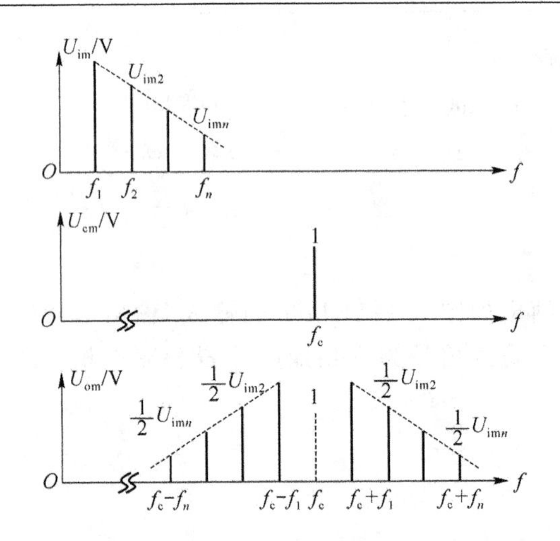

图 4-1-12　模拟乘法器实现的频谱变换(多频信号)

三、二极管等非线性器件实现频率变换原理

除模拟乘法器外,利用二极管、三极管、场效应管、变容管等非线性器件的相乘作用也可实现频谱搬移。下面首先介绍二极管等非线性器件的相乘作用,然后分析利用相乘原理实现频谱搬移的过程。

1. 非线性器件的特性描述

不同非线性器件的伏安特性是不同的,但均可以表示为

$$i=f(u) \tag{4-1-15}$$

如果非线性器件的静态工作点电压为 U_Q,电流为 I_Q,则其伏安特性可在 $U=U_Q$ 附近展开为幂级数

$$i=\alpha_0+\alpha_1(u-U_Q)+\alpha_2(u-U_Q)^2+\cdots+\alpha_n(u-U_Q)^n+\cdots \tag{4-1-16}$$

式中,$\alpha_0=f(U_Q)=I_Q$,$\alpha_n=\frac{1}{n!}\frac{\mathrm{d}^n i}{\mathrm{d}u^n}\bigg|_{u=U_Q}=\frac{1}{n!}f^{(n)}(U_Q)$ $(n=1,2,\cdots)$。

在实际分析和计算时,总是取上述幂级数的有限项来近似表示非线性器件的伏安特性。具体要取多少项,取决于要求近似的准确度和特性曲线的运用范围。一般来说,要求近似的准确度越高,或特性曲线的运用范围越宽,所取的项数就越多。当然,为了计算简单,在工程计算允许的准确度范围内,应尽量选取较少的项数来近似。例如,若非线性器件工作在特性曲线的近似直线的部分,或输入信号足够小,使器件工作在曲线很小的一段时,则可把非线性器件当成线性化来处理,只需取幂级数前两项,即 $i\approx\alpha_0+\alpha_1(u-U_Q)$。

如果非线性器件工作在特性曲线的弯曲部分,如要实现频谱搬移,则至少要取幂级数的前三项,即

$$i\approx\alpha_0+\alpha_1(u-U_Q)+\alpha_2(u-U_Q)^2 \tag{4-1-17}$$

如果加到器件上的信号很大(此时特性曲线运用的范围很宽),或在某些特定的场合(如混频干扰),就需要取幂级数更多的项。

2. 非线性器件频谱搬移的实现原理

若非线性器件外加两个输入电压 u_1 和 u_2,并忽略负载的反作用,则

$$u=U_Q+u_1+u_2 \tag{4-1-18}$$

将上式代入式(4-1-17),可得

$$i \approx \alpha_0 + \alpha_1 (u_1 + u_2) + \alpha_2 (u_1 + u_2)^2 \tag{4-1-19}$$

将式(4-1-19)的二次方项展开，即可得幂级数中实现两个输入信号相乘的项 $2\alpha_2 u_1 u_2$。实践证明，凡是伏安特性的幂级数展开式中含有二次方项的非线性器件，都具有相乘的作用，也都可实现频谱搬移。

但是，由式(4-1-16)可知，一般非线性器件的 i 中除含有用的相乘项 u_1u_2 外，还有 $u_1{}^m u_2{}^n$(m、n 是不能同时为 1 的整数)等众多无用的相乘项。这些无用相乘项将产生频率为 $f_k = |\pm p f_1 \pm q f_2|(p,q=0,1,2,\cdots)$ 等许多不需要的频率成分，必须用滤波器滤除，否则将形成干扰。

实际应用时一般采取下列措施减小干扰：①选取具有平方律特性的场效应管；②选择合适的静态工作点，使器件工作在特性接近平方律的区域；③采用多个非线性器件组成的平衡电路，抵消一部分无用的组合频率分量；④减小输入电压幅度，以便有效地减小 p、q 较大的组合频率分量的振幅；⑤选用合适的滤波器滤掉无用的组合频率分量等。

4-1-2　计划决策

通过任务分析和对相关资讯的了解，讨论学习的计划并选定最优方案。

计划和决策(参考)

第一步	理解频率变换的基本概念与信号的表示方法
第二步	掌握模拟乘法器及其典型应用电路的分析方法
第三步	理解模拟乘法器实现频率变换的原理
第四步	理解非线性元器件(二极管、三极管等)的特性描述及其实现频率变换的原理

4-1-3　任务实施

学习型工作任务单

学习领域	通信电子线路			学时	78(参考)
学习项目	项目 4　换个样子传输信号——认识频率变换电路			学时	30
工作任务	4-1　频率变换及模拟乘法器			学时	4
班　　级		小组编号		成员名单	
任务描述	1. 理解频率变换的基本概念与信号的表示方法。 2. 掌握模拟乘法器及其典型应用电路的分析方法。 3. 理解模拟乘法器实现频率变换的原理。 4. 理解非线性元器件(二极管、三极管等)的特性描述及其实现频率变换的原理。				
工作内容	1. 电信号有哪些表示方式？怎样相互转换？ 2. 什么叫频率变换？频率变换有哪些类型，各有什么特点？ 3. 频率变换电路由哪些部分构成，各有什么作用？ 4. 模拟乘法器的功能是什么？它有哪些具体应用，如何工作？ 5. 模拟乘法器实现频率变换的原理和核心是什么？ 6. 如何描述二极管、三极管等非线性器件的特性？ 7. 二极管、三极管等非线性器件实现频率变换的原理和核心是什么？				
提交成果和文件等	1. 信号的表示及其转换方法对照表。 2. 频率变换的概念、分类、电路基本组成、实现方法对照表。 3. 学习过程记录表及教学评价表(学生用表)。				
完成时间及签名					

4-1-4 展示评价

1. 教师及其他组负责人根据小组展示汇报整体情况进行小组评价。
2. 在学生展示汇报中，教师可针对小组成员的分工，对个别成员进行提问，给出个人评价。
3. 组内成员自评表及互评表打分。
4. 本学习项目成绩汇总。
5. 评选今日之星。

4-1-5 试一试

1. 信号的表示有__________、__________、__________3种方法。

2. 信号的频谱是指组成信号的__________按__________的分布情况，即用__________(或角频率 ω)作为__________坐标、用组成这个信号的各个频率正弦分量的__________作为纵坐标作图，就可以得到该信号的频谱图，简称频谱。

3. 所谓频率变换，是指______________，频率变换有__________、__________两种类型。频率变换电路由__________和__________两部分组成，分别实现______________和______________功能。

4. 模拟乘法器是一种实现__________的电路，其功能可表示为公式__________。

5. 模拟乘法器是利用信号的__________作用实现频谱搬移的。

6. 二极管和三极管等非线性器件的伏安特性幂级数的展开式可写为______________。

7. 二极管和三极管等非线性器件之所以能实现频谱搬移，是因为其幂级数的展开式中含有__________次方项。

4-1-6 练一练

1. 仿真分析：已知利用模拟乘法器实现的频谱搬移电路如图 4-1-13 所示，试用 Multisim 10 仿真分析电路各点信号的波形和频谱，并根据结果讨论频谱搬移的实现原理。

【参考方案】

(1) 绘制仿真电路

利用 Multisim 10 软件绘制如图 4-1-13 所示的频谱搬移仿真电路，各元件的名称及标称值均按图中所示定义。

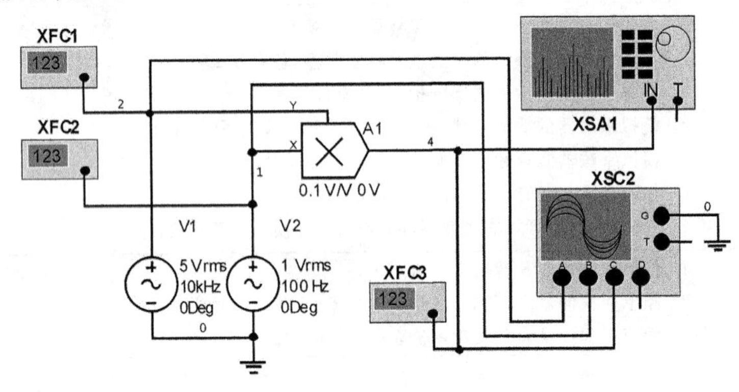

图 4-1-13 模拟乘法器频谱搬移仿真电路

仿真所涉及的虚拟实验仪器有四通道示波器、频率计、频谱分析仪、模拟乘法器。

(2) 电路测试

打开仿真开关，分别观察如下信息。

① 输入输出信号波形：双击示波器图标，然后合理调整时基扫描因子和幅度扫描因子，可得如图 4-1-14 所示的信号波形。

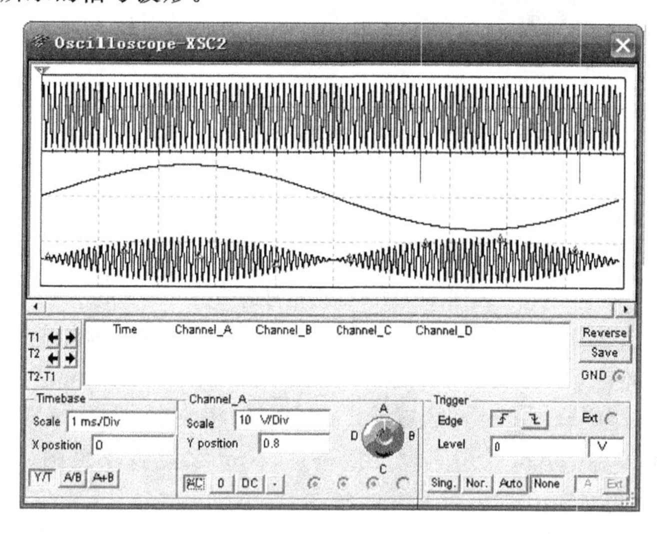

图 4-1-14　输入输出信号波形图

② 输入输出信号频谱：双击频率计图标，在“Measurement”中选择“Freq”测试频率，在“Sensitivity”中设置灵敏度，可得两个输入信号的频率如图 4-1-15 所示。

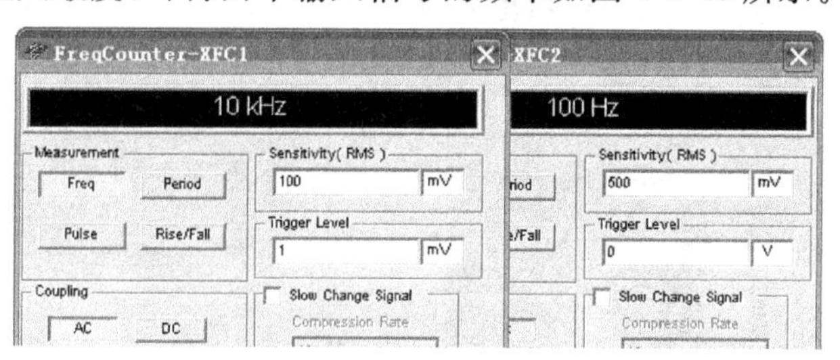

图 4-1-15　两个输入信号的频率

由于模拟乘法器的输出信号是一个包含多个频率分量的信号，如果用频率计测量其频率，所得数据将是不断变化的，如图 4-1-16 所示。结果显示，输出信号并不是理论上计算出的那样只有两个频率的信号，而是包含多个频率分量，这是由于模拟乘法器的非线性特性引起的。

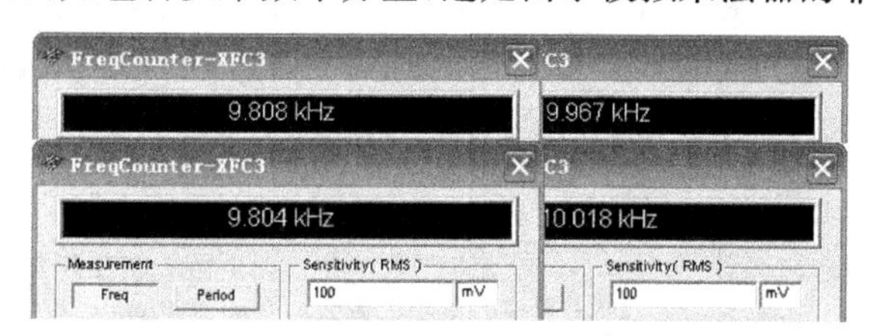

图 4-1-16　输出信号的频率

【提示】频率计主要用来测量信号的频率、周期、相位，脉冲信号的上升沿和下降沿。频率计的图标、面板以及使用如图 4-1-16 所示。使用过程中应注意根据输入信号的幅值调整频率计的“Sensitivity”(灵敏度)和“Trigger Level”(触发电平)。

为了更为直观地观察输出信号的频谱,可采用频谱分析仪。通过合理设置扫描范围、中心频率、频率分辨率,可得如图 4-1-17 所示的结果。由图可知,输出信号大致在 9.9 kHz 和 10.1 kHz 两个位置出现了尖锋值,这与理论推导结果基本一致。

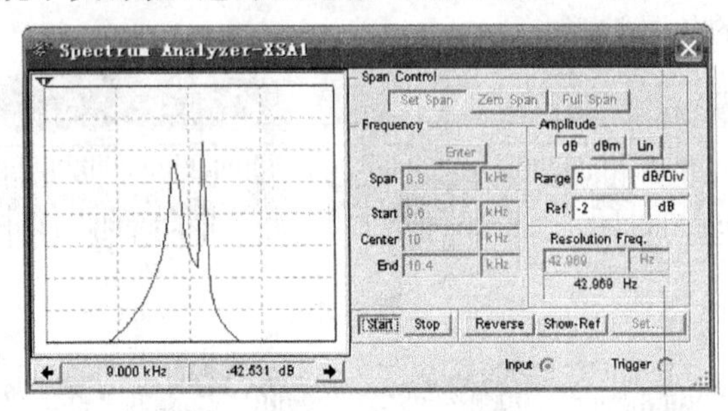

图 4-1-17　输出信号的频谱

【提示】频谱分析仪用来分析信号的频域特性,其频域分析范围的上限为 4 GHz。“Span Control”用来控制频率范围,选择“Set Span”的频率范围由“Frequency”区域决定;选择“Zero Span”的频率范围由“Frequency”区域设定的中心频率决定;选择“Full Span”的频率范围为 1 kHz～4 GHz。“Frequency”用来设定频率:“Span”设定频率范围、“Start”设定起始频率、“Center”设定中心频率、“End”设定终止频率。“Amplitude”用来设定幅值单位,有 3 种选择:dB、dBm、Lin。dB＝10 log10 V;dBm＝20 log10(V/0.775);Lin 为线性表示。

除了利用频率计、频谱分析仪等仪器来观察频率变换的过程外,也可以利用仿真软件中的“Fourier Analysis”来分析。执行菜单命令“Simulate/Analysis”,在列出的可操作分析类型中选择“Fourier Analysis”,则出现傅里叶分析对话框,如图 4-1-18 所示。

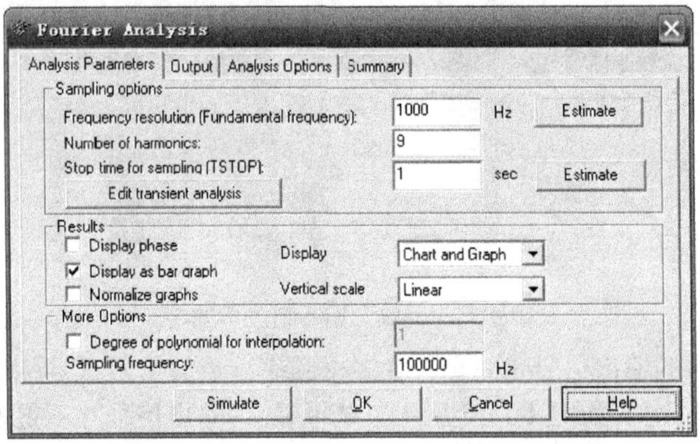

图 4-1-18　“Fourier Analysis”分析对话框

傅里叶分析对话框中“Analysis Parameters”页的设置项目及默认值等内容见表 4-1-1。

表 4-1-1　“Fourier Analysis”分析参数设置对照表

	项　目	注　释
Sampling options (采样选项)	Frequency resolution (基频)	取交流信号源频率。如果电路中有多个交流信号源,则取各信号源频率的最小公因数。单击“Estimate”按钮,系统将自动设置
	Number of harmonics (谐波数)	设置需要计算的谐波个数
	Stop time for sampling (停止采样时间)	设置停止采样时间。如果单击“Estimate”按钮,系统将自动设置

续 表

	项　目	注　释
Results（结果）	Display phase（相位显示）	如果选中，分析结果则会同时显示相频特性
	Display as bar graph（线条图形方式显示）	如果选中，以线条图形方式显示分析结果
	Normalize graphs（归一化图形）	如果选中，以归一化图形显示分析结果
	Displays（显示）	显示形式选择：可选 Chart（图表）、Graph（图形）或 Chart and Graph（图表和图形）
	Vertical scale（纵轴刻度）	纵轴刻度选择：可选 Linear（线性）、Logarithmic（对数）、Decibel（分贝）或 Octave（八倍）
More options（高级选项）	Sampling frequency（采样频率）	设置系统扫描频率

根据输入信号的特点，可设置基频为 10 kHz，谐波数为 3，停止采样时间为 0.02 s，采样频率为 10 000 000 Hz，其他为默认值，所得傅里叶分析幅度谱如图 4-1-19 所示。

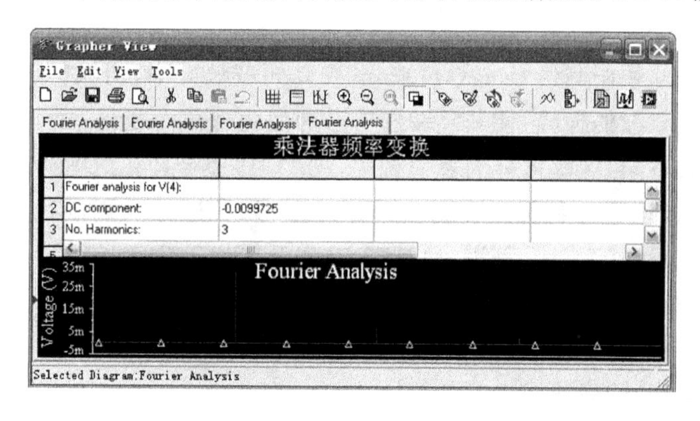

图 4-1-19　"Fourier Analysis"分析结果

按"F8"键，并在鼠标的配合下逐步放大图形显示的横坐标，可以观察到在 10 kHz 附近出现两条谱线。同样也可以看到，输出信号并不是理论上计算出的那样只有两个频率的信号，而是包含多个频率分量，这是由于模拟乘法器的非线性特性引起的。

任务 4-2　调幅电路

4-2-1　资讯准备

任务描述

1. 理解各类调幅波的基本性质：数学表达式、波形、频谱、带宽、功率关系等。
2. 掌握普通调幅电路的工作原理、工作状态的选择及分析方法。
3. 理解双边带调幅电路的工作原理及分析方法。
4. 了解单边带调幅电路的工作原理。
5. 掌握大信号基极、集电极调幅电路的设计方法及调整要点。

资讯内容	获取方式
1. 什么叫调幅？调幅有哪些类型，各有什么性质和特点？	阅读资料 上网 查阅图书 询问相关工作人员
2. 普通调幅电路有哪些实现方法，基本电路及工作原理是什么？	
3. 双边带调幅电路有哪些实现方法，基本电路及工作原理是什么？	
4. 单边带调幅电路有哪些实现方法，基本电路及工作原理是什么？	
5. 大信号基极、集电极调幅电路如何设计，调整要点有哪些？	

调幅是一种频谱搬移过程，广泛应用于广播、电视系统中。本项目将首先介绍各类调幅波的基本性质，然后详细讲解几种不同的调幅电路的电路结构及工作原理。

一、调幅波的基本性质

调幅是一种将低频调制信号 $u_{\Omega}(t)$“装载”到高频载波 $u_c(t)$的振幅上的过程，即利用调制信号去控制高频载波的振幅，使其随调制信号的变化规律而变化。

按照调幅方式不同，调幅可分为普通调幅(AM)、双边带调幅(DSB)、单边带调幅(SSB)以及残留边带调幅(VSB)4 种类型。对于调幅的学习，一般分为调制过程和检波过程两方面，从信号的数学表达式、波形、频谱、通频带、功率及效率等角度入手。

1. 普通调幅波的基本性质

(1) 数学表达式

设高频载波 $u_c(t)$的表达式为

$$u_c(t)=U_{cm}\cos\omega_c t=U_{cm}\cos 2\pi f_c t \tag{4-2-1}$$

与载波相比，普通调幅波的频率和相位保持不变，而振幅 $U_{cm}(t)$将随调制信号 $u_{\Omega}(t)$线性变化。当调制信号 $u_{\Omega}(t)=0$ 时，调幅波的振幅应等于载波振幅 U_{cm}。因此，调幅波的振幅 $U_{cm}(t)$可写成

$$U_{cm}(t)=U_{cm}+k_a u_{\Omega}(t) \tag{4-2-2}$$

其中，k_a 是一个与调幅电路有关的比例常数。$U_{cm}(t)$反映了调制信号的变化规律，称为调幅波的包络。根据式(4-2-1)和式(4-2-2)可得调幅波的数学表达式为

$$u_{AM}(t)=U_{cm}(t)\cos\omega_c t=(U_{cm}+k_a u_{\Omega}(t))\cos\omega_c t \tag{4-2-3}$$

① 若 $u_{\Omega}(t)$为单频信号(单频调制)

取 $u_{\Omega}(t)=U_{\Omega m}\cos\Omega t=U_{\Omega m}\cos 2\pi Ft(F<<f_c)$，代入式(4-2-3)得

$$\begin{aligned}u_{AM}(t)&=(U_{cm}+k_a U_{\Omega m}\cos\Omega t)\cos\omega_c\\&=U_{cm}(1+k_a U_{\Omega m}/U_{cm}\cos\Omega t)\cos\omega_c t\\&=U_{cm}(1+\Delta U_{cm}/U_{cm}\cos\Omega t)\cos\omega_c t\\&=U_{cm}(1+m_a\cos\Omega t)\cos\omega_c t\end{aligned} \tag{4-2-4}$$

其中，$\Delta U_{cm}=k_a U_{\Omega m}$为已调波与载波振幅相比的最大偏移量；$m_a$ 称为调幅系数或调幅度，它反映了载波振幅受调制信号控制的程度，其大小为

$$m_a=k_a U_{\Omega m}/U_{cm}=\Delta U_{cm}/U_{cm} \tag{4-2-5}$$

根据式(4-2-3)和式(4-2-5)可得调幅波的包络为

$$U_{cm}(t)=U_{cm}(1+m_a\cos\Omega t) \tag{4-2-6}$$

由式(4-2-6)可得调幅波的最大振幅为 $U_{cm\,max}=U_{cm}(1+m_a)$，最小振幅为 $U_{cm\,min}=U_{cm}(1-m_a)$，联立求解可得调幅度 m_a 的计算式为

$$m_a=(U_{cm\,max}-U_{cm\,min})/(U_{cm\,max}+U_{cm\,min}) \tag{4-2-7}$$

② 若 $u_\Omega(t)$ 为多频信号(多频调制)

取 $u_\Omega(t)=U_{\Omega m1}\cos\Omega_1 t+U_{\Omega m2}\cos\Omega_2 t+\cdots+U_{\Omega mn}\cos\Omega_n t$(此时调制信号为非正弦的周期信号，$F_1<F_2<\cdots<F_n$)，代入式(4-2-3)可得

$$\begin{aligned}u_{AM}(t)&=U_{cm}(1+m_{a1}\cos\Omega_1 t+m_{a2}\cos\Omega_2 t+\cdots+m_{an}\cos\Omega_n t)\cos\omega_c t\\&=U_{cm}(1+\sum_{j=1}^{n}m_{aj}\cos\Omega_j t)\cos\omega_c t\end{aligned} \tag{4-2-8}$$

其中，$m_{a1}=k_aU_{\Omega m1}/U_{cm}$，$m_{a2}=k_aU_{\Omega m2}/U_{cm}$，…，$m_{an}=k_aU_{\Omega mn}/U_{cm}$。

(2) 波形

① 单频调制时的波形

根据式(4-2-1)、式(4-2-3)、式(4-2-4)可画出 $u_\Omega(t)$、$u_c(t)$和不同 m_a 条件下 $u_{AM}(t)$的波形，如图 4-2-1 所示。

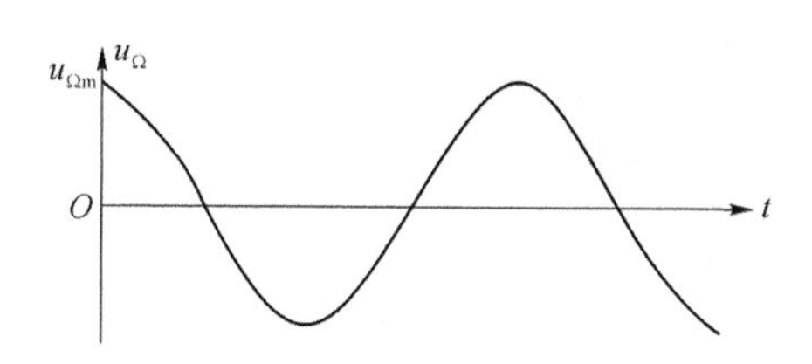

(a) 调制信号波形

(b) 载波信号波形

(c) m_a<1时的调幅波波形

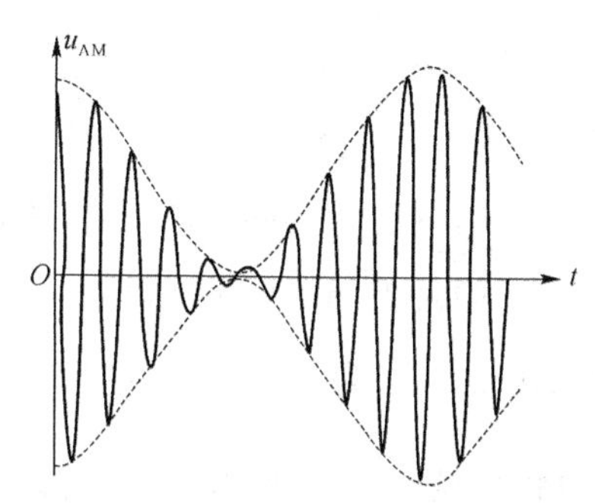

(d) m_a=1时的调幅波波形

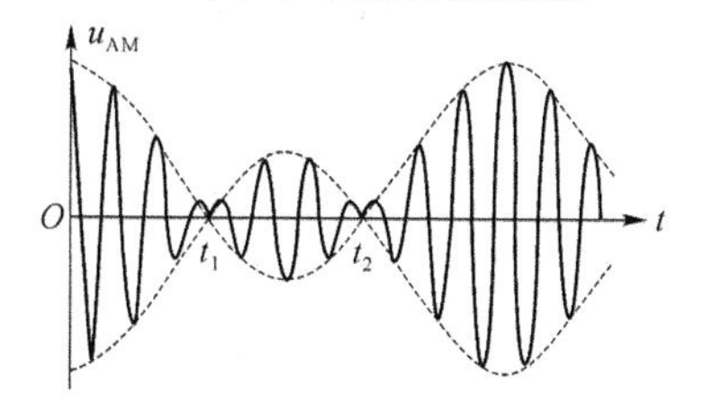

(e) m_a>1时的调幅波波形(理想调幅)

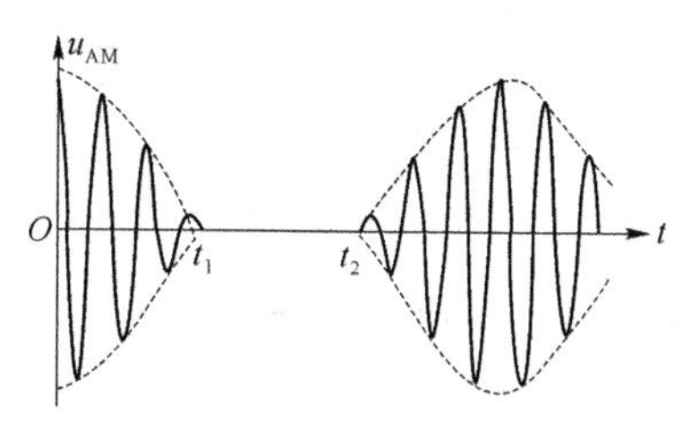

(f) m_a>1时的调幅波波形(实际调幅)

图 4-2-1　普通调幅的波形图(单频调制)

由图 4-2-1(c)、(d)可知，在 $m_a \leqslant 1$ 时，调幅波的包络与调制信号的形状完全相同，它反映了调制信号的变化规律。

由图 4-2-1(e)可知，在 $m_a > 1$ 时，在 $t_1 - t_2$ 时间间隔内，$1 + m_a \cos \Omega t < 0$，即 $U_{cm}(t) < 0$，此时信号包络已不能反映调制信号的变化规律。而在实际调幅器中，图 4-2-1(f)对基极调幅来说，在 $t_1 - t_2$ 时间内由于管子发射结加反偏电压而截止，使 $u_{AM}(t) = 0$，即出现包络部分中断。因此，将 $m_a > 1$ 时的调幅称为过调幅，此时调幅波将产生失真，称为过调幅失真。为了避免出现过调幅失真，应使调幅系数 $m_a \leqslant 1$。

在 $m_a > 1$ 时，由于振幅值恒大于零，$u_{AM}(t)$ 可写为 $u_{AM}(t) = U_{cm} |1 + m_a \cos \Omega t| \cos(\omega_c t + 180°)$，此时调幅波有 180°的相移，相位突变发生在 $1 + m_a \cos \Omega t = 0$ 的时刻，称为"零点突变"。

② 多频调制时的波形

根据式(4-2-8)可画出 $m_a \leqslant 1$ 时的 $u_{AM}(t)$ 的波形，如图 4-2-2 所示。

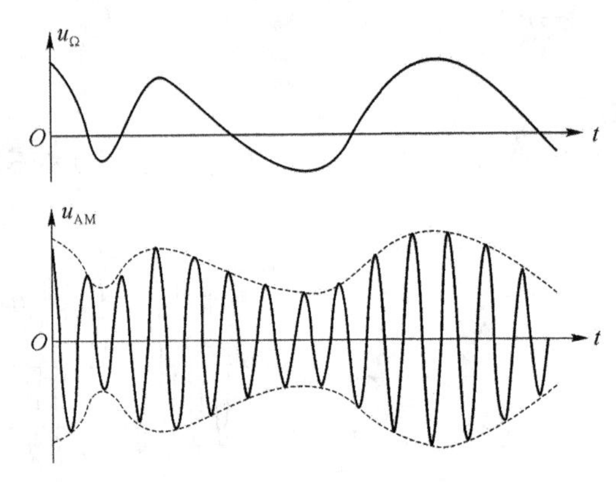

图 4-2-2 普通调幅的波形图(多频调制)

(3) 频谱与带宽

① 单频调制时的频谱与带宽

利用积化和差公式，可将式(4-2-4)分解为

$$u_{AM}(t) = U_{cm} \cos \omega_c t + \frac{1}{2} m_a U_{cm} \cos (\omega_c - \Omega) t + \frac{1}{2} m_a U_{cm} \cos (\omega_c + \Omega) t \tag{4-2-9}$$

式(4-2-9)表明，单频正弦信号调制的调幅波是由 3 个频率分量构成的：第一项为载波分量；第二项的频率为 $f_c - F$，称为下边频分量，其振幅为 $\frac{1}{2} m_a U_{cm}$；第三项的频率为 $f_c + F$，称为上边频分量，其振幅也为 $\frac{1}{2} m_a U_{cm}$。由此可画出相应的调幅波的频谱，如图 4-2-3(a)所示。由图可知，上下边频分量对称的排列在载波分量的两侧，则调幅波的带宽 f_{bw} 为

$$f_{bw} = (f_c + F) - (f_c - F) = 2F \tag{4-2-10}$$

② 多频调制时的频谱与带宽

利用积化和差公式，可将式(4-2-8)分解为

$$u_{AM}(t) = U_{cm} \cos \omega_c t + \frac{1}{2} \sum_{j=1}^{n} m_{aj} U_{cm} \cos (\omega_c - \Omega_j) t + \frac{1}{2} \sum_{j=1}^{n} m_{aj} U_{cm} \cos (\omega_c + \Omega_j) t \tag{4-2-11}$$

上式表明，多频信号调制的调幅波的频谱是由载波分量和 n 对对称于载波分量的边频分量组成，这些边频分量组成两个频带，其中频率范围为$(f_c + F_1) \sim (f_c + F_n)$称为上边带，

$(f_c-F_1)\sim(f_c-F_n)$称为下边带。信号的频谱如图4-2-3(b)所示，为简单起见，图中未标出各分量的振幅。

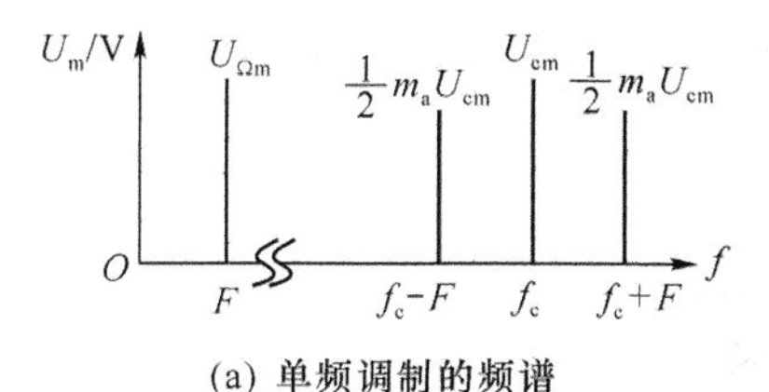

(a) 单频调制的频谱

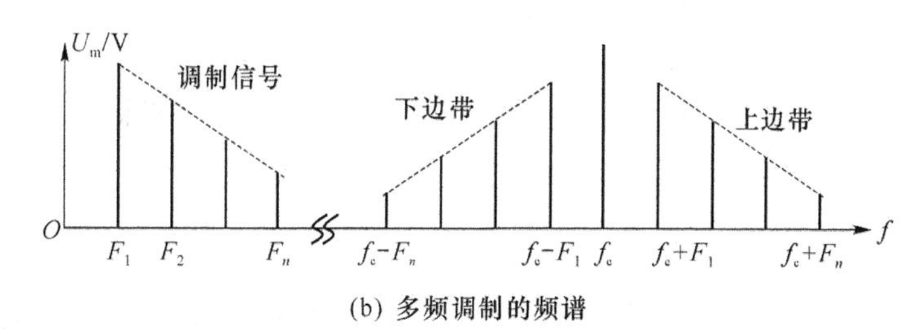

(b) 多频调制的频谱

图4-2-3　普通调幅的频谱

由图可知，多频调制时上下边带也对称地排列在载波分量的两侧，由于最低调制频率$F_{min}=F_1$，最高调制频率$F_{max}=F_n$，故调幅波的带宽为

$$f_{bw}=(f_c+F_n)-(f_c-F_n)=2F_n=2F_{max} \tag{4-2-12}$$

因此，调幅电路的作用是在时域实现$u_\Omega(t)$和$u_c(t)$相乘，反映在波形上就是将$u_\Omega(t)$不失真地搬移到高频振荡的振幅上，反映在频域上就是将$u_\Omega(t)$的频谱不失真地搬移到f_c的两边。

(4) 功率关系

① 单频调制时的功率关系

设负载电阻为R_L，则载波功率

$$P_c=\frac{1}{2}U_{cm}^2/R_L \tag{4-2-13}$$

上、下边频的功率均为

$$P_{sb上}=P_{sb下}=\frac{1}{2}\left(\frac{1}{2}m_aU_{cm}\right)^2/R_L \tag{4-2-14}$$

边频总功率为

$$P_{sb}=P_{sb上}+P_{sb下}=\frac{1}{4}(m_aU_{cm})^2/R_L=\frac{1}{2}m_a^2P_c \tag{4-2-15}$$

调幅波的平均功率

$$P_{av}=P_c+P_{sb}=\left(1+\frac{1}{2}m_a^2\right)P_c \tag{4-2-16}$$

调幅波的最大瞬时功率为

$$P_{max}=(1+m_a)^2P_c \tag{4-2-17}$$

由以上式子可知，调幅波的平均功率P_{av}和边频功率P_{sb}随m_a的增大而增加。由于调制信号的信息只存在于边频功率中，而并不包含在载波中，因此从传输信息的角度来看，调幅波平均功率P_{av}中有用的是边频功率P_{sb}，而在平均功率中占有较大比例的载波功率P_c是没有用的。当$m_a=1$时，有用的P_{sb}在P_{av}中所占的比例最大，约为33%。而实际上调幅波的m_a远小于1，因此，有用的边频功率占整个调幅波平均功率的比例很小，故普通调幅发射机的效率很低。

② 多频调制时的功率关系

当调制信号为多频信号时，调幅波的平均功率等于载波功率和各个边频功率之和，即

$$P_{av}=P_c+P_{sb1}+P_{sb2}+\cdots+P_{sbn}=\left(1+\frac{1}{2}\sum_{j=1}^{n}m_{aj}^2\right)P_c \tag{4-2-18}$$

2. 双边带调幅波的基本性质

从普通调幅信号的功率关系可知，占绝大部分功率的载频分量并不携带调制信号的信息，而只有上、下边频分量才反映调制信号的频谱结构。载波的作用是将调制信号频谱搬移到 f_c 的两边，而本身并不反映调制信号的变化。如果在传输前将载频分量抑制掉，则可以大大节省发射机的发射功率。这种仅传输两个边频（带）的调制方式称为抑制载波双边带调制，简称双边带调制(DSB)。

(1) 数学表达式

① 若 $u_\Omega(t)$为单频信号（单频调制）

将式(4-2-9)中的载波分量去掉，便可得单频调制双边带调幅波的数学表达式为

$$\begin{aligned}u_{DSB}(t)&=\frac{1}{2}m_aU_{cm}\cos(\omega_c-\Omega)t+\frac{1}{2}m_aU_{cm}\cos(\omega_c+\Omega)t\\&=m_aU_{cm}\cos\Omega t\cos\omega_c t\end{aligned} \tag{4-2-19}$$

② 若 $u_\Omega(t)$为多频信号（多频调制）

将式(4-2-11)中的载波分量去掉，便可得多频调制双边带调幅波的数学表达式为

$$u_{DSB}(t)=\frac{1}{2}\sum_{j=1}^{n}m_{aj}U_{cm}\cos(\omega_c-\Omega_j)t+\frac{1}{2}\sum_{j=1}^{n}m_{aj}U_{cm}\cos(\omega_c+\Omega_j)t \tag{4-2-20}$$

(2) 波形

以单频调制为例，根据式(4-2-3)、式(4-2-1)、式(4-2-19)可画出 $u_\Omega(t)$、$u_c(t)$和$u_{DSB}(t)$的波形，如图 4-2-4 所示。

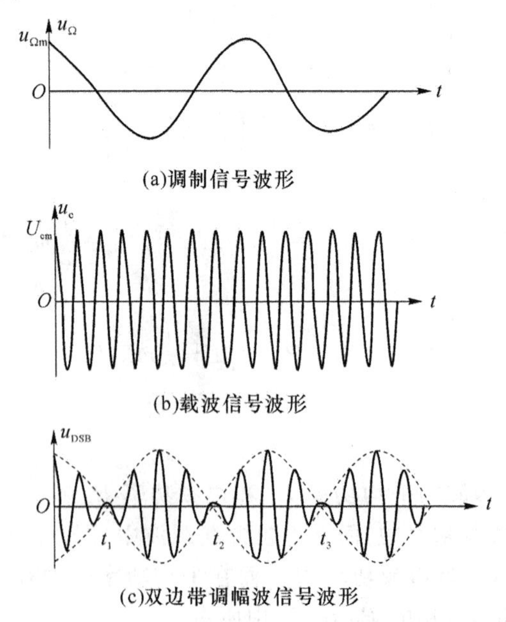

图 4-2-4 双边带调幅波各信号波形图

由图 4-2-4(c)所示的双边带调幅波信号波形可知，双边带信号的包络仍然是随调制信号变化的，但它的包络已不能完全准确地反映低频调制信号的变化规律。在调制信号的负半周，双边带已调波信号与原载频反相；在调制信号的正半周，双边带已调波信号与原载频同相。因此，双边带信号的相位在调制电压过零点处要突变 180°，即在 $t=t_1$、t_2、t_3 时波形有 180°的相位突变，最终导致已调波信号的包络已不再反映 $u_\Omega(t)$ 的变化规律。

(3) 频谱与带宽

① 单频调制时的频谱与带宽

由式(4-2-19)可知，双边带调制只有上、下边频两个分量，其频谱如图 4-2-5(a)所示。

由图 4-2-5(a)可知，双边带调幅仍为频谱搬移电路，上、下边频分量对称地排列在载波分量的两侧，调幅波的带宽 f_{bw} 为

$$f_{bw}=(f_c+F)-(f_c-F)=2F \tag{4-2-21}$$

② 多频调制时的频谱与带宽

由式(4-2-20)可得多频调制的双边带信号频谱，如图 4-2-5(b)所示。此时调幅波带宽为

$$f_{bw}=(f_c+F_n)-(f_c-F_n)=2F_n=2F_{max} \tag{4-2-22}$$

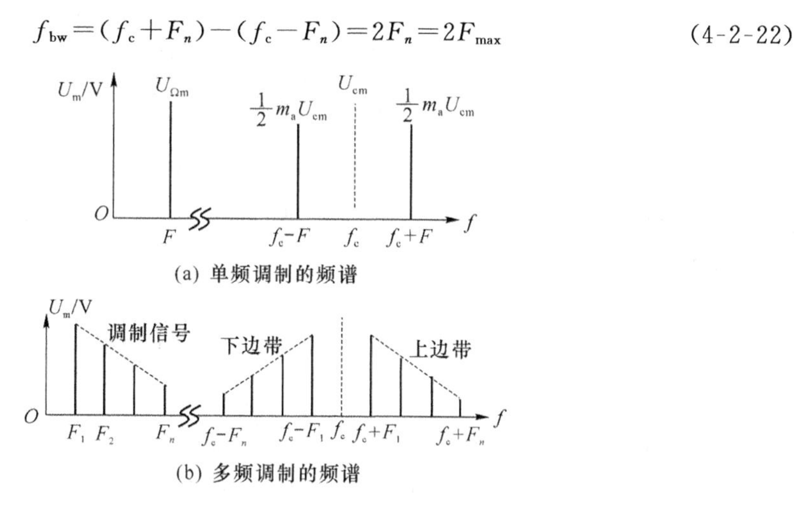

(a) 单频调制的频谱

(b) 多频调制的频谱

图 4-2-5 双边带调幅波的频谱

(4) 功率关系

$$P_{av}=P_{sb}=P_{sb上}+P_{sb下}=\frac{1}{2}m_a^2P_c \tag{4-2-23}$$

其中，P_c 可由式(4-2-13)求得。

3. 单边带调幅波的基本性质

从双边带调制的频谱结构上可知，上、下边带都反映了调制信号的频谱结构。因此，从传输信息的角度来看，还可以进一步将其中一个边带抑制掉。这种仅利用一个边带(上边带或下边带)来传输调制信息的调幅方式称为抑制载波的单边带调制，简称单边带调制(SSB)。

(1) 数学表达式

① 若 $u_\Omega(t)$ 为单频信号(单频调制)

由式(4-2-19)可得单频调制时的单边带调幅波的数学表达式为

$$u_{LSSB}(t)=\frac{1}{2}m_aU_{cm}\cos(\omega_c-\Omega)t \quad (下边带) \tag{4-2-24}$$

$$u_{HSSB}(t)=\frac{1}{2}m_aU_{cm}\cos(\omega_c+\Omega)t \quad (上边带) \tag{4-2-25}$$

② 若 $u_\Omega(t)$ 为多频信号(多频调制)

由式(4-2-20)可得多频调制时的单边带调幅波的数学表达式为

$$u_{LSSB}(t)=\frac{1}{2}\sum_{j=1}^{n}m_{aj}U_{cm}\cos(\omega_c-\Omega_j)t \quad (下边带) \tag{4-2-26}$$

$$u_{HSSB}(t)=\frac{1}{2}\sum_{j=1}^{n}m_{aj}U_{cm}\cos(\omega_c+\Omega_j)t \quad (上边带) \tag{4-2-27}$$

(2) 波形

以单频调制为例，根据式(4-2-24)、式(4-2-25)可画出 $u_{SSB}(t)$ 的波形，如图 4-2-6 所示。

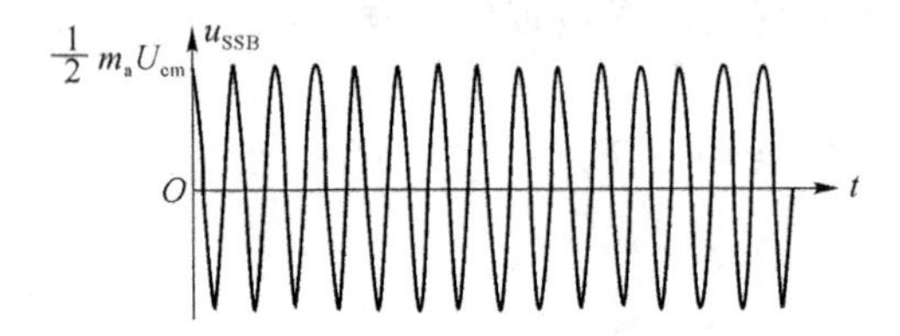

图 4-2-6　单边带调幅波信号波形

显然，单频调制时，已调波信号为等幅波，其频率高于或低于载频。但是，多频调制时就不是等幅波了。

(3) 频谱与带宽

由式(4-2-25)和式(4-2-27)可画出单边带调幅波(上边带调制)的频谱，如图 4-2-7 所示。

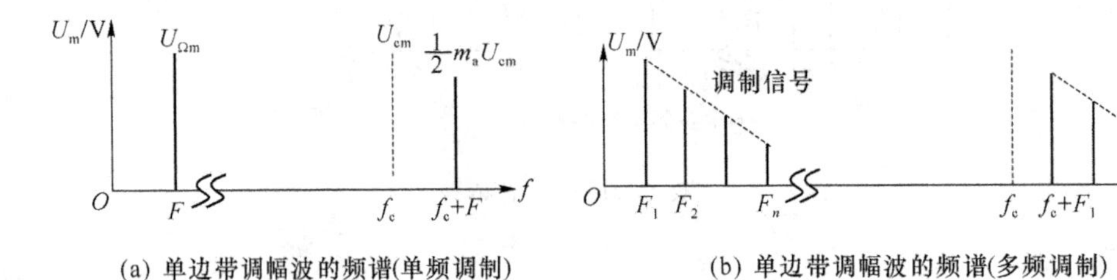

图 4-2-7　单边带调幅波的频谱

由图 4-2-7 可知，单边带调幅仍为频谱搬移电路，但是已调信号仅有上边带或下边带，因此调幅波的带宽为普通调幅和双边带调幅的一半，这对于提高短波波段的频带利用率具有重大的现实意义。以多频调制为例，其带宽为

$$f_{bw}=(f_c+F_n)-(f_c+F_1)=F_n-F_1\approx F_{max} \tag{4-2-28}$$

(4) 功率关系

$$P_{av}=P_{sb}=P_{sb上}=P_{sb下}=\frac{1}{4}m_a^2P_c \tag{4-2-29}$$

其中，P_c 可由式(4-2-13)求得。

下面对 3 种调幅方式进行比较，具体情况见表 4-2-1。

表 4-2-1　3 种调幅方式的比较

调幅方式＼项目	优　点	缺　点	应　用
普通调幅	发射机、接收机较简单，成本低	发射机效率很低，能耗大，频带较宽	中、短波广播
双边带调幅	发射机效率较高	发射机、接收机较复杂，频带较宽	实际应用很少
单边带调幅	发射机效率最高，频带节约一半	发射机、接收机较复杂	短波通信

【例 4-2-1】已知两个信号电压的频谱如图 4-2-8 所示，要求：

(1) 写出两个信号电压的数学表达式，并指出已调幅波的性质；

(2) 计算在单位电阻上消耗的边带功率和总功率，以及已调波的频带宽度。

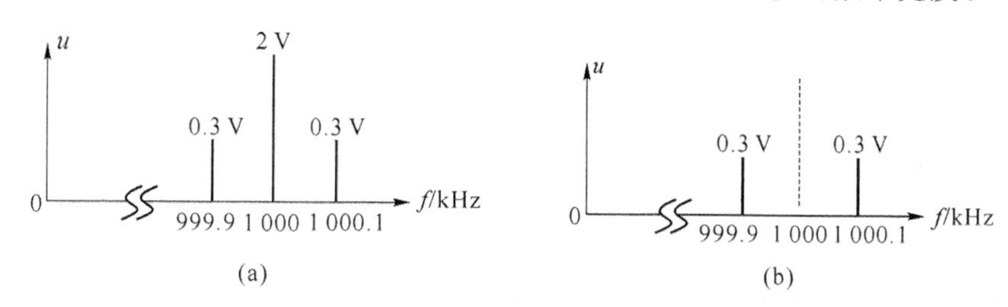

图 4-2-8　调幅波的频谱

解　(1) 由信号的频谱特点可知，图 4-2-8(a)为普通调幅波，图 4-2-8(b)为双边带调幅波，并且对于两图均有 $U_{cm}=2$ V，$0.5m_aU_{cm}=0.3$ V，解得 $m_a=0.3$。而调制信号的频率 $F=1\,000.1-1\,000=0.1$ kHz$=100$ Hz。

对于图 4-2-8(a)，根据式(4-2-4)可得

$$u_{AM}(t)=2(1+0.3\cos 2\pi\times10^2t)\cos 2\pi\times10^6t\ \text{V}$$

对于图 4-2-8(b)，根据式(4-2-19)可得

$$u_{DSB}(t)=0.6\cos 2\pi\times10^2t\cos 2\pi\times10^6t\ \text{V}$$

(2) 载波功率　$P_c=U_{cm}^2/(2R_L)=U_{cm}^2/2=2$ W

双边带信号功率　$P_{DSB}=0.5m_a^2P_c=0.09$ W

普通调幅信号功率　$P_{AM}=P_c+0.5m_a^2P_c=2.09$ W

AM 与 DSB 波的频带宽度相等，均为

$$f_{bw}=2F=200\ \text{Hz}$$

二、调幅电路

按照调幅方式不同，调幅电路可分为普通调幅(AM)电路、双边带调幅(DSB)电路、单边带调幅(SSB)电路以及残留边带调幅(VSB)电路 4 类。

按照输出功率的高低不同，调幅电路可分为低电平调幅电路和高电平调幅电路。低电平调幅是在低电平级进行的，它所需的调制功率小，输出的功率也小。当需要输出大功率时，该电路后面必须接线性功率放大器来达到所需的发射功率。属于这类调幅的方法有：模拟相乘调幅、平衡调幅、环形调幅、斩波调幅和平方律调幅等。高电平调幅是在高电平级进行的，它所需的调制功率大，输出的功率也大，可满足发射机输出功率的要求，常置于发射机的最后一级，是调幅发射机常采用的调幅电路，其核心元件一般由三极管、场效应管等组成。

1. 普通调幅电路

(1) 模拟乘法器构成的普通调幅电路

利用模拟乘法器构成的普通调幅电路的电路模型可由一个乘法器和一个加法器组成，如图 4-2-9 所示。其中，模拟乘法器用于完成双边带调制，形成上下边带信号，然后通过集成运放构成的加法器与载波分量相加，获得普通调幅信号。图中，K_M 为乘法器的相乘增益，A 为加法器的加权系数。

图 4-2-9 所示模型的原理电路如图 4-2-10 所示。

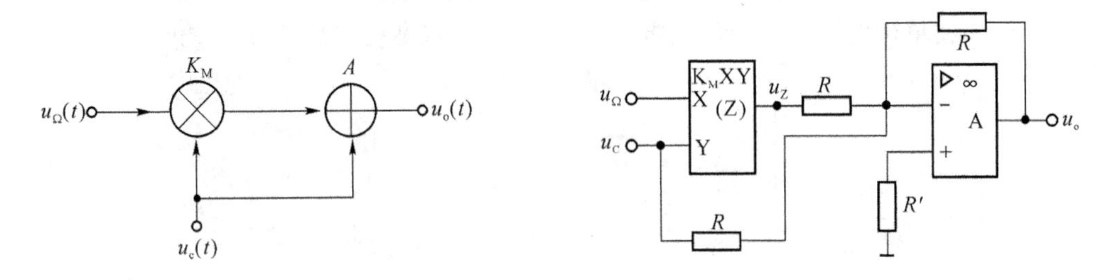

图 4-2-9　普通调幅电路的模型　　　　图 4-2-10　模拟乘法器构成的普通调幅电路

设调制信号为 $u_\Omega(t)=U_{\Omega m}\cos\Omega t$(单频信号)，载波信号为 $u_c(t)=U_{cm}\cos\omega_c t$，则模拟乘法器的输出 $u_Z(t)=K_M u_\Omega(t)\ u_c(t)$，电路的输出信号

$$u_o(t)=-[u_c(t)+u_Z(t)]=-U_{cm}(1+K_M U_{\Omega m}\cos\Omega t)\cos\omega_c t$$

令 $m_a=K_M U_{cm}$，则有

$$u_o(t)=-U_{cm}(1+m_a\cos\Omega t)\cos\omega_c t \tag{4-2-30}$$

由上式可知，该电路的输出信号为普通调幅波，为了不产生过调幅失真，应要求$|K_M U_{cm}|<1$。

【例 4-2-2】仿真分析：已知模拟乘法器构成的普通调幅电路如图 4-2-11 所示，试用 Multisim 10 仿真分析电路中各点的波形。

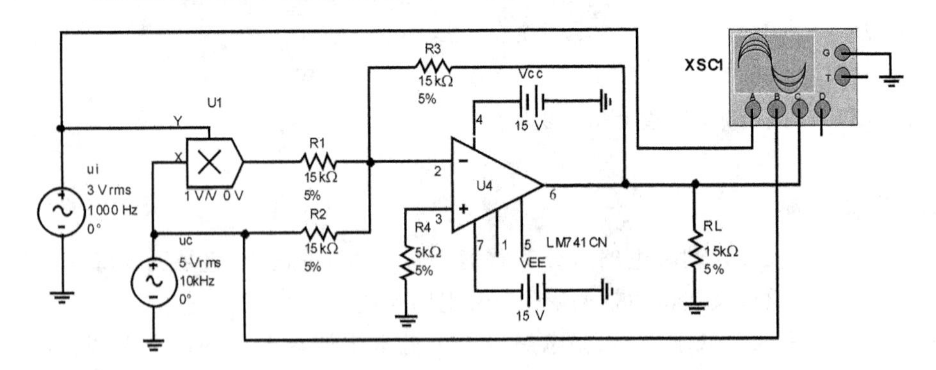

图 4-2-11　模拟乘法器实现的普通调幅仿真电路

解　首先按照图 4-2-11 所示用 Multisim 10 绘制仿真电路图，然后打开仿真开关，双击示波器图标，合理设置各路波形的时基扫描因子和幅度扫描因子，可得如图 4-2-12 所示的信号波形图。

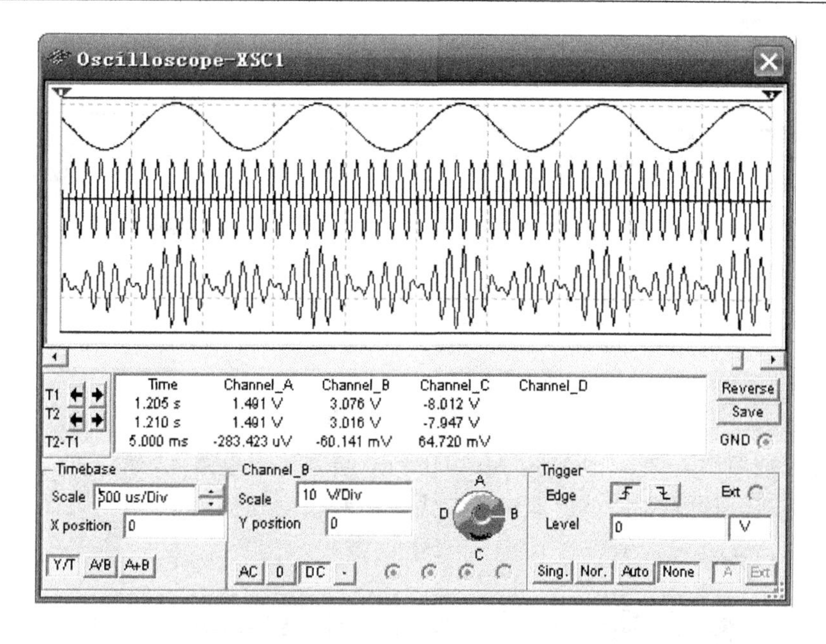

图 4-2-12　模拟乘法器实现的普通调幅电路仿真输出波形

结果显示，该电路能够实现普通调幅。

(2) 二极管平方律调幅器

利用二极管(非线性器件)的相乘作用，也可以实现调幅电路，如图 4-2-13 所示。图中，U 为偏置电压，使二极管的静态工作点位于特性曲线的非线性较严重的区域；L、C 组成中心频率为 f_c、通带宽度为 $2F$ 的带通滤波器。

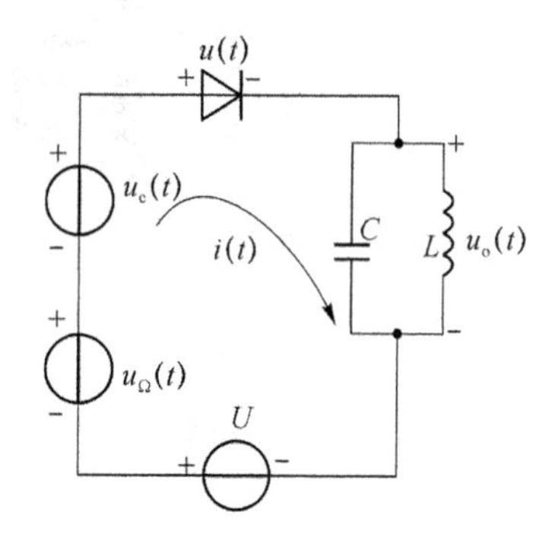

图 4-2-13　二极管平方律调幅器

若忽略输出电压的反作用，则二极管两端的电压为

$$u(t)=U+u_{\Omega}(t)+u_c(t)=U_Q+U_{\Omega m}\cos \Omega t+U_{cm}\cos \omega_c t \qquad (4\text{-}2\text{-}31)$$

由式(4-1-16)可得流过二极管的电流为

$$\begin{aligned}i=f(u)=&\alpha_0+\alpha_1(U_{\Omega m}\cos \Omega t+U_{cm}\cos \omega_c t)+\\&\alpha_2(U_{\Omega m}\cos \Omega t+U_{cm}\cos \omega_c t)^2+\cdots+\alpha_n(U_{\Omega m}\cos \Omega t+U_{cm}\cos \omega_c t)^n\end{aligned} \qquad (4\text{-}2\text{-}32)$$

该式中含有无限多个频率分量，其一般表达式为

$$f_k=|\pm pf_c\pm qF| \quad (p,q=0,1,2,\cdots)$$

该组合频率中含有 f_c、$f_c\pm F$ 的频率成分被带通滤波器选出，而其他组合频率成分被滤掉。设 L、C 回路的谐振电阻为 R_0，且幂级数展开式只取前三项，则输出为

$$u_o(t)=\alpha_1 U_{cm}R_0(1+m_a\cos \Omega t)\cos \omega_c t \quad (m_a=2\alpha_2 U_{\Omega m}/\alpha_1) \qquad (4\text{-}2\text{-}33)$$

显然，$u_o(t)$ 为普通调幅波。由于 i 中有用相乘项的存在才能得到调幅波，而有用相乘项是由幂级数展开式中二次方项产生的，所以该电路称为平方律调幅器。

由于该电路中二极管需工作在甲类非线性状态，因此效率不高。

【例 4-2-3】仿真分析：已知二极管平方律调幅器如图 4-2-14 所示，试用 Multisim 10 仿真分析电路中各点的波形。

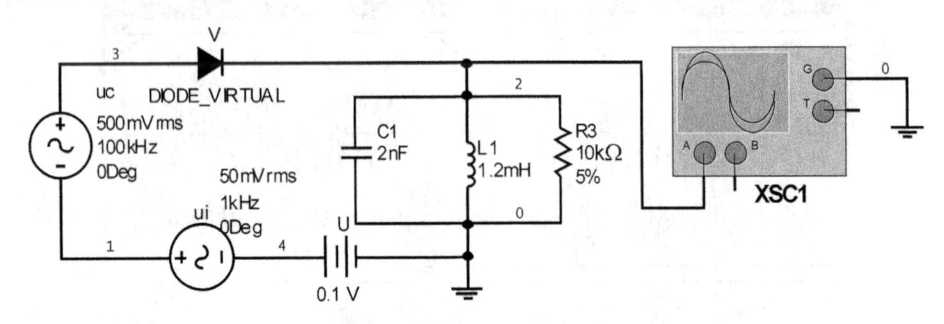

图 4-2-14　二极管平方律调幅器仿真电路

解　首先按照图 4-2-14 所示用 Multisim 10 绘制仿真电路图，然后打开仿真开关，双击示波器图标，合理设置各路波形的时基扫描因子和幅度扫描因子，可得如图 4-2-15 所示的信号波形图。

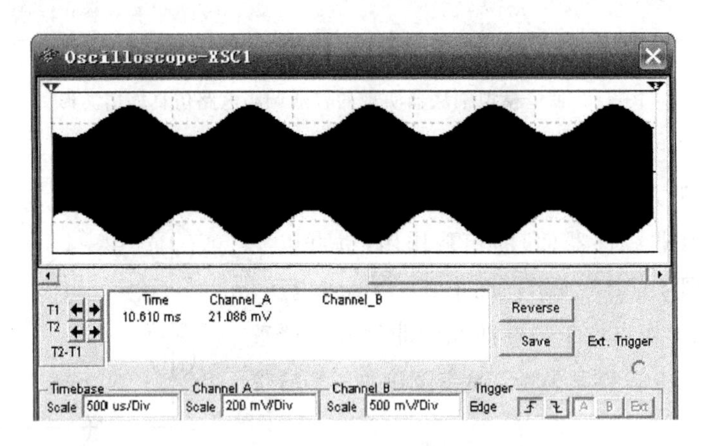

图 4-2-15　二极管平方律调幅器仿真输出波形($m_a=0.2$)

结果显示，该电路能够实现普通调幅。通过分析波形可知，此时的调幅度为 0.2。若改变调制信号的幅度为 100 mV，即将调幅度提高到 0.3，所得波形如图 4-2-16 所示。

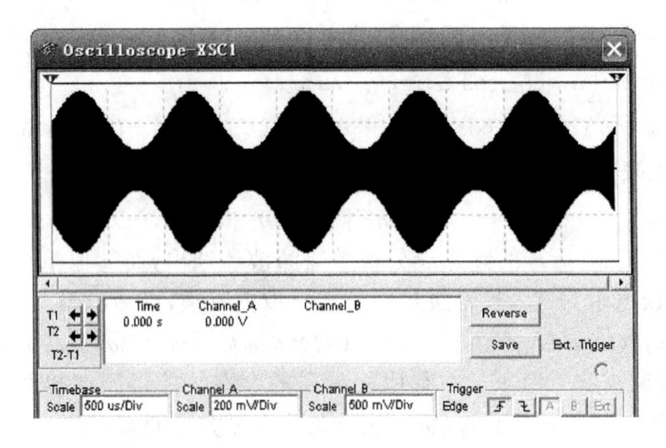

图 4-2-16　二极管平方律调幅器仿真输出波形($m_a=0.3$)

（3）基极调幅和集电极调幅电路

基极调幅和集电极调幅电路都属高电平调幅电路，利用丙类谐振放大器的调制特性实现对信号的调制，同时兼具放大功能，一般置于大功率调幅发射机的末级。

① 基极调幅电路

基极调幅电路是利用三极管的非线性特性，用调制信号来改变丙类谐振功放的基极偏压，从而实现调幅的。其电路如图 4-2-17 所示。

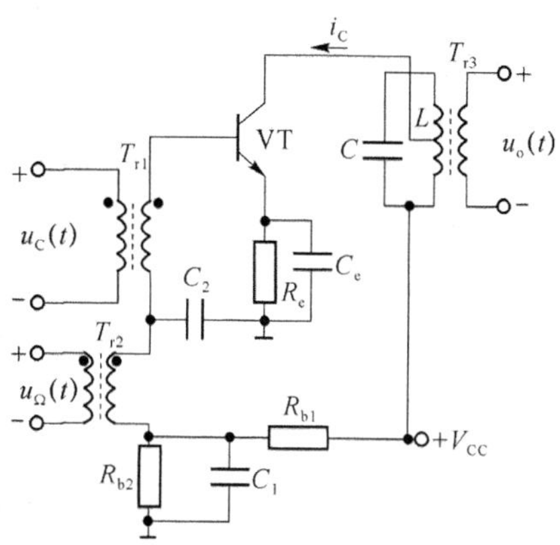

图 4-2-17　基极调幅电路

图中，C_2 为高频旁路电容，C_1 和 C_e 对高、低频均旁路；L、C 谐振在载频 f_c 上。载波 $u_c(t)$ 通过高频变压器 T_{r1} 加到基极，调制信号 $u_\Omega(t)$ 通过低频变压器 T_{r2} 加到基极回路。

由 KVL 方程可得，三极管基极所加的电压为

$$u_{BE}=V_{BB}+u_\Omega(t)+u_c(t)=V_{BB}(t)+u_c(t) \tag{4-2-34}$$

式中，$V_{BB}(t)=V_{BB}+u_\Omega(t)$；$V_{BB}=\frac{R_{b2}}{R_{b1}+R_{b2}}V_{CC}-I_E R_e$，它应是一个负偏压，以保证功放工作在丙类状态。

根据丙类功放的基极调制特性可知：在欠压状态下，集电极电流 i_C 的基波分量振幅 I_{cm1} 随基极偏压 $V_{BB}(t)$ 成线性变化，经过 LC 的选频作用，输出电压 $u_o(t)$ 的振幅就随调制信号的规律变化，即 $u_o(t)$ 为普通调幅波。

基极调幅电路可看成是以载波为激励信号、基极偏压受调制信号控制的丙类谐振功放。由于工作在欠压区，所以该电路的效率低，但调制信号所需的功率小。

【例 4-2-4】基极调幅电路设计要点分析。

（1）关于放大器的工作状态

放大器应工作于欠压状态，为保证放大器工作在欠压状态，设计时应使放大器最大工作点（调幅波幅值最大处叫最大工作点或调幅波波峰；反之，调幅波幅值最小处叫最小工作点或调幅波波谷）刚刚处于临界状态，那么便可保证其余部分都欠压工作。

设调幅系数 $m_a=1$，则最大工作点的电压幅值为

$$U_{cm\,max}=V_{CC}-U_{ces} \tag{4-2-35}$$

载波状态电压幅值为

$$U_{cm}=0.5U_{cm\,max}=0.5(V_{CC}-U_{ces}) \tag{4-2-36}$$

（2）放大器的最佳集电极负载电阻 R_{cp}

$$R_{cp}=U_{cm}/I_{cm1} \tag{4-2-37}$$

式中，I_{cm1} 为集电极基波电流。

（3）晶体管的选择

放大器的工作情况在调制过程中是变化的，应根据最不利的情况选择晶体管。电流脉冲和槽路电压（输出谐振回路谐振时两端的电压，因电路常调谐在基波上，所以槽路电压为基波电压）都是在最大工作点处最大，故

$$I_{CM} \geqslant I_{c\max} \qquad V_{(BR)CEO} \geqslant 2V_{CC} \qquad P_{CM} \geqslant P_c \tag{4-2-38}$$

式中，I_{CM}为集电极最大允许电流；$V_{(BR)CEO}$为基极开路时集电极、发射极间反向击穿电压；P_{CM}为集电极最大允许耗散功率。在载波状态下，放大器工作于欠压状态，其电压利用系数和集电极效率低，管耗很大，所以管子的功率容量应按载波状态选取。

(4) 对激励的要求

一般激励电压幅度是不变的，但由于基流脉冲大小是随调制信号改变的，所以所需功率也在变。激励电压可按调谐功率放大器的方法进行初步估算，但在调整时，应以达到在载波状态下的槽路电压为准。

关于激励功率，因为最大工作点处的基流脉冲最大，所以应根据该处的基流幅值(I_{bm1})确定激励功率，即

$$P_{\omega} = 0.5U_{\omega m}I_{bm1} \tag{4-2-39}$$

式中，P_{ω} 为激励功率；$U_{\omega m}$为激励电压幅值；I_{bm1}可按载波状态(无激励)基极电流的两倍估算。

(5) 对调幅放大器的要求

对调幅放大器的要求，主要是确定调制电压 $U_{\Omega m}$和调制功率 P_{Ω} 的大小，以及变压器 T_{r2}的等效负载电阻 R_{Ω}，以满足匹配之需要。

调制电压 $U_{\Omega m}$大，则调制度加深，但过大则出现过调失真。在正常情况下，为不造成过调，让 $U_{\Omega m}$与 $U_{\omega m}$大小大致相近。

为了确定调制功率，应先确定基极回路的调制电流。它是由基极脉冲电流的直流分量 I_{b0}在调制过程中变化而形成的。由此即可确定调制功率 P_{Ω} 及等效负载电阻 R_{Ω} 为

$$P_{\Omega} = 0.5U_{\Omega m}I_{\Omega m},\ R_{\Omega} = U_{\Omega m}/I_{\Omega m} \tag{4-2-40}$$

在 $m_a=1$ 的情况下，调制电流的幅值近似等于载波状态的直流分量，即 $I_{\Omega m} \approx I_{b0}$。

由上述可见，基极调幅电路的优点是所需调制信号功率很小(由于基极调幅电路基极电流小，消耗功率也小)，调制信号的放大电路比较简单。它的缺点是因其工作在欠压状态，集电极效率低。

② 集电极调幅电路

集电极调幅电路也是利用三极管的非线性特性，用调制信号来改变丙类谐振功放的集电极电源电压，从而实现调幅的。其电路如图 4-2-18 所示。

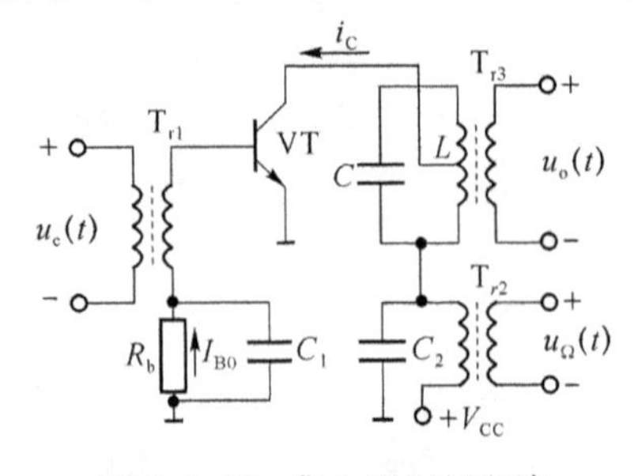

图 4-2-18　集电极调幅电路

图中，C_1、C_2 均为高频旁路电容，L、C 也谐振在载频 f_c 上。载波 $u_c(t)$通过高频变压器 T_{r1}加到基极，调制信号 $u_{\Omega}(t)$通过低频变压器 T_{r2}加到集电极回路。电路工作时，基极电流的直流分量 I_{B0}流过 R_b，使管子工作在丙类状态。

由 KVL 方程可得，三极管集电极所加的电压为

$$V_{CC}(t) = V_{CC} + u_{\Omega}(t) \tag{4-2-41}$$

根据丙类功放的集电极调制特性可知：在过压状态下，集电极电流 i_C 的基波分量振幅 I_{cm1}随集电极偏压 $V_{CC}(t)$成线性变化，经过 LC 的选频作用，输出电压 $u_o(t)$的振幅就随调制信号的规律变化，即 $u_o(t)$为普通调幅波。

集电极调幅电路可看成是以载波为激励信号、集电极电源电压受调制信号控制的丙类谐振功放。由于工作在过压区,所以该电路的效率高,但调制信号所需的功率大。

【例 4-2-5】仿真分析:已知利用丙类谐振功率放大器集电极调幅特性构成的普通调幅电路如图 4-2-19 所示,试用 Multisim 10 仿真分析输出波形。

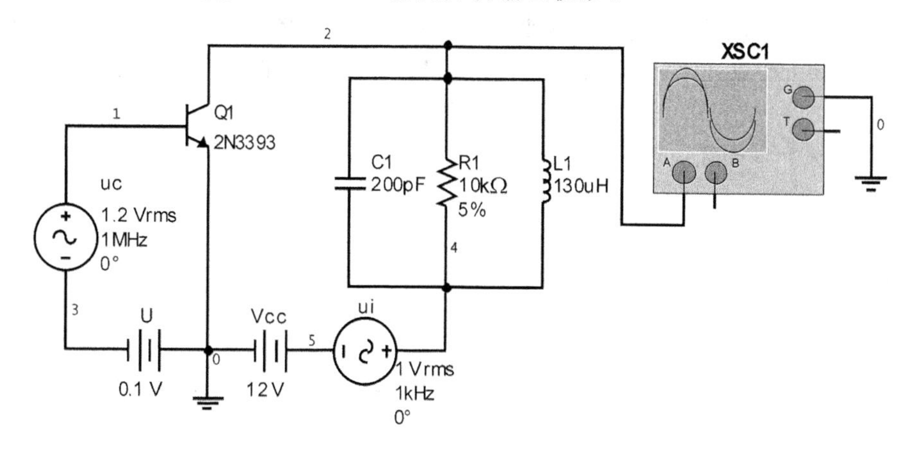

图 4-2-19　集电极调幅仿真电路

解　首先按照图 4-2-19 所示用 Multisim 10 绘制仿真电路图,然后打开仿真开关,双击示波器图标,合理设置各路波形的时基扫描因子和幅度扫描因子,可得如图 4-2-20 所示的信号波形图。

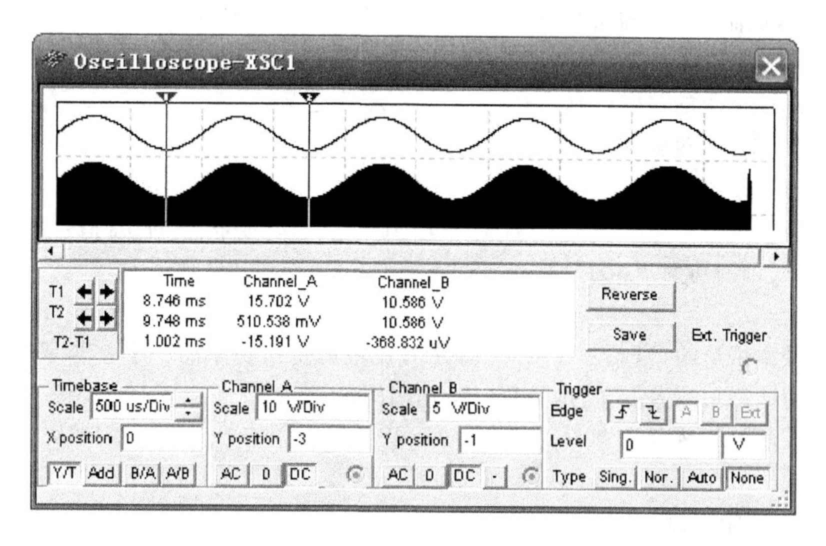

图 4-2-20　集电极调幅仿真输出波形

结果显示,该电路能够实现普通调幅。

【例 4-2-6】集电极调幅电路设计要点分析。

(1) 放大器的工作状态

放大器最大工作点应设计在临界状态,那么便可保证其余时间都处于过压状态。任务 2-3 中关于确定 R_{cp}和匝比的关系式仍可应用,只要将交流输出功率 P_o 理解为载波状态的输出功率 P_o 即可。

(2) 选管子

管子电流的 I_{CM} 应根据最大工作点电流脉冲幅值来定，即

$$I_{CM} \geqslant I_{c\max} \tag{4-2-42}$$

式中，$I_{c\max}$ 是最大工作点电流 i_C 脉冲的最大值。

晶体管耐压应根据最大集电极电压来定。集电极电压是综合电源电压 $V_{CC}+u_\Omega$ 和高频电压之和。在最大工作点处，综合电源电压可接近 $2V_{CC}$，集电极瞬时电压最大值为 $4V_{CC}$，故

$$V_{(BR)CEO} \geqslant 4V_{CC} \tag{4-2-43}$$

管子最大集电极允许损耗可按

$$P_{CM} > (P_C)_{av} = (P_o)_c(1+0.5m_a^2)\left(\frac{1}{\eta_c}-1\right) \tag{4-2-44}$$

计算。设 $m_a=1$ 时

$$(P_C)_{av} = 1.5(P_o)_c\left(\frac{1}{\eta_c}-1\right) \tag{4-2-45}$$

可见，平均集电极损耗功率大于载波状态损耗功率的 1.5 倍，所以选管子时，应满足式(4-2-44)和式(4-2-45)。

(3) 对激励的要求

在过压状态下，激励是有余量的，余量最小瞬间是在最大工作点。为保证放大器工作在过压状态，激励的强度(电压、功率)应满足最大工作点(并且 $m_a=1$)工作在临界状态。

如激励不足，在 $V_{CC}+u_\Omega$ 较高的时间内，放大器将进入欠压状态，这时 u_{ce} 幅值将不随 $V_{CC}+u_\Omega$ 变化，从而造成调幅波包络线腹部变平，产生波腹变平的失真。

(4) 对调制信号的要求

为了获得 $m_a=1$ 的深度调制，调制电压 $U_{\Omega m}$ 应接近 V_{CC}，即 $U_{\Omega m}\approx V_{CC}$。$U_{\Omega m}$ 过小则调制不深，$U_{\Omega m}$ 过大则产生过调幅失真。

流过调制变压器副边的调制电流 $I_{\Omega m}$ 是由集电极电流脉冲的直流分量在调制过程中变化形成的。当 $m_a=1$ 时，I_{c0} 变化幅度的平均值就等于载波状态的 I_{c0} 值，故可近似认为 $I_{\Omega m}\approx I_{c0}$。所以调制功率 P_Ω 为

$$P_\Omega = 0.5U_{\Omega m}I_{\Omega m} \approx 0.5V_{CC}I_{c0} \tag{4-2-46}$$

它是调制信号源供给的，当 $m_a=1$ 时，它等于直流电源供给功率的一半。非常明显，其比基极调幅需要的调制功率大得多，这是集电极调幅的缺点。

调制变压器的等效负载为

$$R_\Omega = U_{\Omega m}/I_{\Omega m} = V_{CC}/I_{c0}$$

2. 双边带调幅电路

(1) 模拟乘法器构成的双边带调幅电路

利用模拟乘法器构成的双边带调幅电路的电路模型如图 4-2-21 所示，利用该模型实现的原理电路如图 4-2-22 所示。

若调制信号 $u_\Omega(t)=U_{\Omega m}\cos\Omega t$，载波信号为 $u_c(t)=U_{cm}\cos\omega_c t$，当 $U_{\Omega m}$ 和 U_{cm} 都不是很大，乘法器工作在线性动态范围时，其输出电压为

$$u_o(t)=K_M u_\Omega(t)u_c(t)=K_M U_{\Omega m}U_{cm}\cos\Omega t\cos\omega_c t \tag{4-2-47}$$

显然，$u_o(t)$ 为双边带调幅信号。

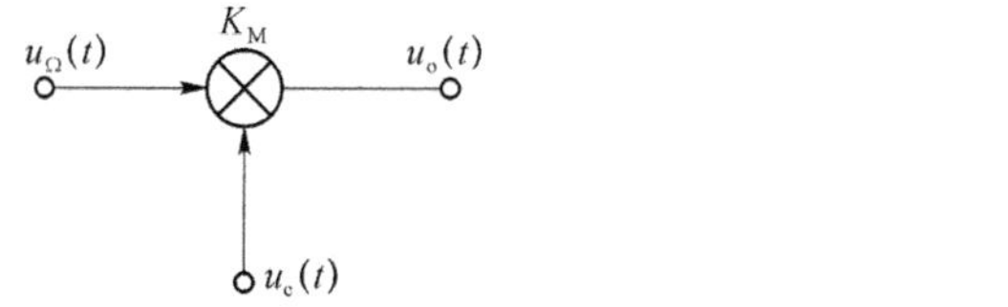

图 4-2-21　双边带调幅电路的模型

图 4-2-22　原理电路

(2) 二极管平衡调幅器

① 基本电路及工作原理

图 4-2-23(a)是二极管平衡电路的原理电路。它是由两个性能一致的二极管 VD_1、VD_2 及中心抽头变压器 T_{r1}、T_{r2} 接成平衡电路的，其中 T_{r1} 为高频变压器，初、次匝数比为 $2\times1:1$，T_{r2} 为低频变压器。

由于 $i_3=i_1-i_2$，而 $u_o(t)=i_3R_L=(i_1-i_2)R_L$，所以图 4-2-23(a)可简化为图 4-2-23(b)电路。该电路可看成是由两个平方律调幅器构成的上下对称的平衡调幅器。

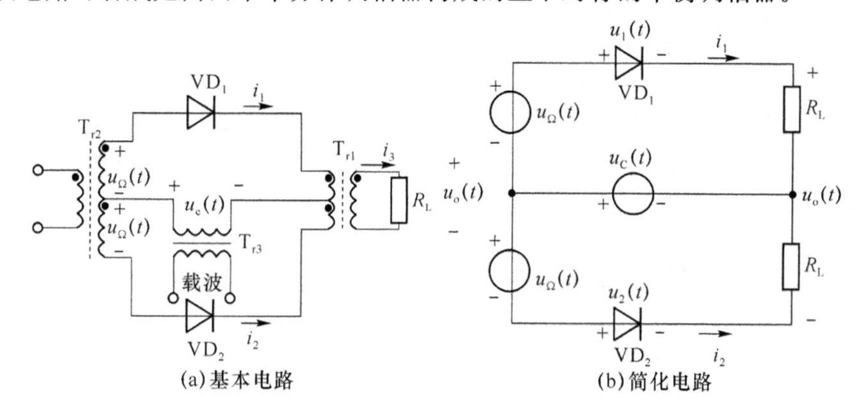

图 4-2-23　二极管平衡调幅器

二极管伏安特性表达式为

$$i_1=\alpha_0+\alpha_1u_1+\alpha_2u_1^2+\cdots+\alpha_nu_1^n$$

$$i_2=\alpha_0+\alpha_1u_2+\alpha_2u_2^2+\cdots+\alpha_nu_2^n$$

当忽略输出电压的反作用时，$u_1(t)=u_c(t)+u_\Omega(t)$，$u_2(t)=u_c(t)-u_\Omega(t)$，则

$$u_o(t)=(i_1-i_2)R_L=(2\alpha_1u_\Omega+4\alpha_2u_\Omega u_c+\cdots)R_L \tag{4-2-48}$$

若调制信号 $u_\Omega(t)=U_{\Omega m}\cos\Omega t$，载波信号为 $u_c(t)=U_{cm}\cos\omega_c t$，则 $u_o(t)$ 中的组合频率表达式为

$$f_k=|\pm pf_c\pm(2q+1)F|\qquad(p,q=0,1,2,\cdots) \tag{4-2-49}$$

可见，比单管平方律调幅来说，平衡调幅器的组合频率分量已大为减少，其频率中已没有载波分量。如非线性幂级数展开式只取前三项，则

$$u_o(t)=2R_L[\alpha_1U_{\Omega m}\cos\Omega t+\alpha_2U_{cm}U_{\Omega m}\cos(\omega_c+\Omega)t+\alpha_2U_{cm}U_{\Omega m}\cos(\omega_c-\Omega)t]$$

若在输出端接一个中心频率为 f_c、通带宽度为 $2F$ 的带通滤波器，则得到只有 $f_c\pm F$ 的上、下边频分量，即实现了双边带调幅。

【例 4-2-7】仿真分析：已知利用丙类谐振功率放大器集电极调幅特性构成的双边带调幅电路如图 4-2-24 所示，试用 Multisim 10 仿真分析输出波形。(注意，因为图中没有采用变压器耦合，为了满足所需的电压极性要求，二极管 D_2 的连接极性与图 4-2-23 相反。)

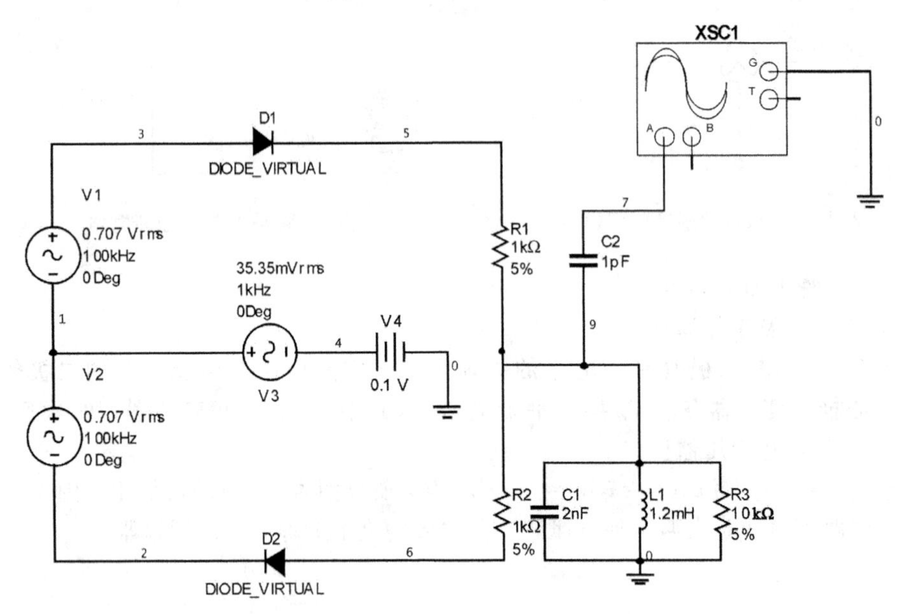

图 4-2-24 二极管平衡调幅器仿真电路

解 首先按照图 4-2-24 所示用 Multisim 10 绘制仿真电路图，然后打开仿真开关，双击示波器图标，合理设置各路波形的时基扫描因子和幅度扫描因子，可得如图 4-2-25 所示的信号波形图。

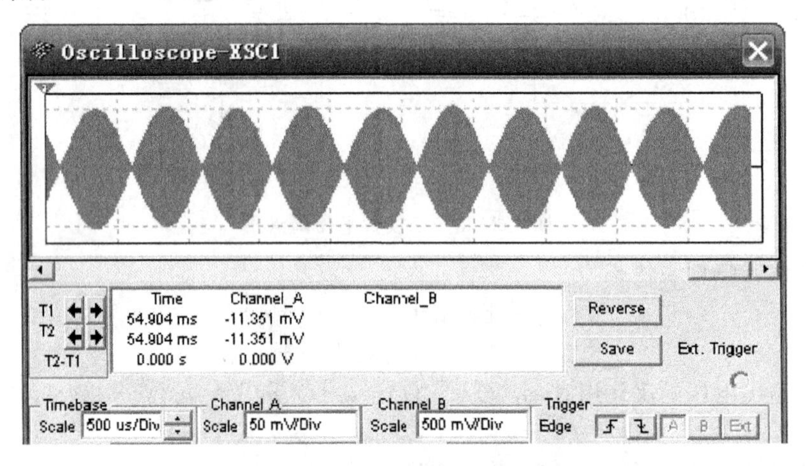

图 4-2-25 集电极调幅仿真输出波形

结果显示，该电路能够实现双边带调幅。

② 平衡斩波调幅

为进一步减小无用的组合频率分量，实际电路常工作在大载波和小调制信号的条件下（$U_{cm} \gg U_{\Omega m}$），这时二极管工作在受 $u_c(t)$ 控制的开关状态下，即在 $u_c(t) \geqslant 0$（$\cos \omega_c t \geqslant 0$）时二极管导通，在 $u_c(t) < 0$（$\cos \omega_c t < 0$）时截止，根据该特点可画出如图 4-2-26所示的等效电路。

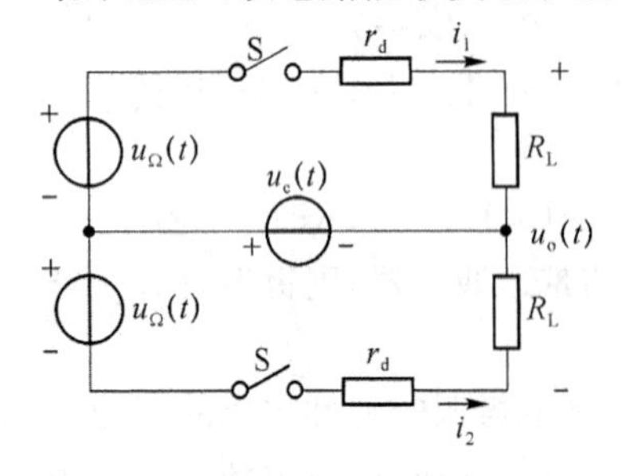

图 4-2-26 平衡斩波调幅时的等效电路

图中，r_d 为二极管的导通电阻，S 的开关函数 $S_1(t)$为

$$S_1(t)=\begin{cases}1, \cos\omega_c t\geqslant 0\\ 0, \cos\omega_c t<0\end{cases} \tag{4-2-50}$$

其中，$S_1(t)$为幅度等于 1、频率等于 f_c 的方波。当 $\cos\omega_c t\geqslant 0$ 时，VD_1、VD_2 导通，有电流 i_1、i_2；当 $\cos\omega_c t<0$ 时，VD_1、VD_2 截止，$i_1=i_2=0$。当 $R_L\gg r_d$ 时，有

$$i_1=\frac{u_c+u_\Omega}{R_L+r_d}S_1(t)\approx\frac{u_c+u_\Omega}{R_L}S_1(t), i_2=\frac{u_c-u_\Omega}{R_L+r_d}S_1(t)\approx\frac{u_c-u_\Omega}{R_L}S_1(t) \tag{4-2-51}$$

此时，输出信号

$$u_o(t)=(i_1-i_2)R_L\approx 2u_\Omega(t)S_1(t) \tag{4-2-52}$$

将 $S_1(t)$展开为幂级数为

$$S_1(t)=\frac{1}{2}+\frac{2}{\pi}\cos\omega_c t-\frac{2}{3\pi}\cos 3\omega_c t+\frac{2}{5\pi}\cos 5\omega_c t+\cdots \tag{4-2-53}$$

则输出信号

$$u_o(t)=u_\Omega(t)+\frac{4}{\pi}u_\Omega(t)\cos\omega_c t-\frac{4}{3\pi}u_\Omega(t)\cos 3\omega_c t+\cdots \tag{4-2-54}$$

若调制信号 $u_\Omega(t)=U_{\Omega m}\cos\Omega t$，则由式(4-2-54)可知，$u_o(t)$中的组合频率为 F 和 $(2p+1)f_c\pm F$。与平衡调幅相比，其组合频率分量大大减少。如果在输出端接一个中心频率为 f_c、通带宽度为 $2F$ 的带通滤波器，则可选出其中 $f_c\pm F$ 分量，从而获得双边带调幅信号 $u_{DSB}(t)$。

平衡斩波调幅状态下，各个波形如图 4-2-27 所示。

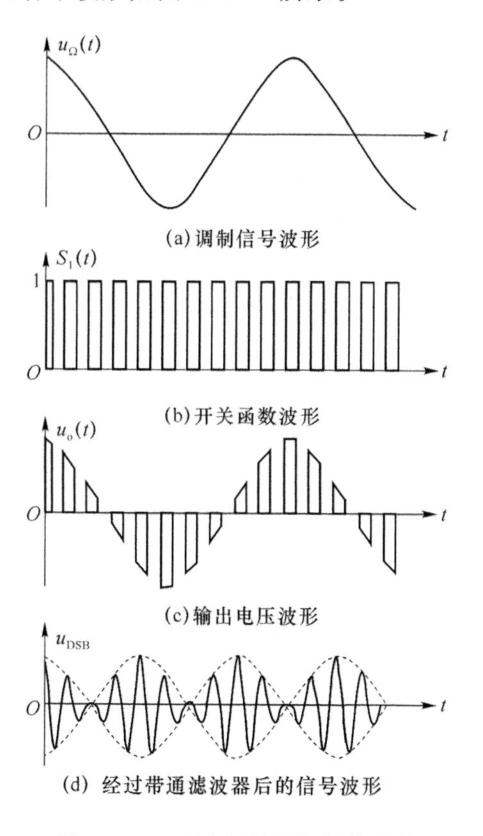

图 4-2-27　平衡斩波调幅器的波形

可以发现图 4-2-27(c)的波形就是用开关函数 $S_1(t)$的波形去斩调制信号 $u_\Omega(t)$的波形,它被斩成频率为 f_c 的脉冲信号,故称为平衡斩波调幅。

(3) 二极管环形斩波调幅电路

二极管环形斩波调幅电路如图 4-2-28 所示,该电路由 4 个二极管首尾相接,组成一个环形电路。与平衡调幅器相比,它多了两个二极管 VD_3 和 VD_4,而工作原理相似,也工作在大载波、小调制信号的情况,即实现环形斩波调幅。

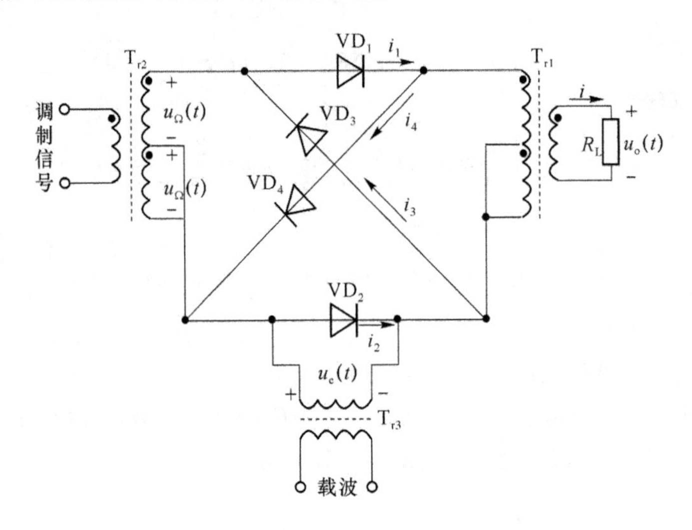

图 4-2-28　二极管环形调幅器

设调制信号 $u_\Omega(t)=U_{\Omega m}\cos\Omega t$,载波信号为 $u_c(t)=U_{cm}\cos\omega_c t$,并且 $U_{cm}\gg U_{\Omega m}$。由图 4-2-28 可知,当 $u_c(t)\geqslant0(\cos\omega_c t\geqslant0)$时,$VD_1$、$VD_2$ 导通,VD_3、VD_4 截止,有 i_1、i_2 电流,$i_3=i_4=0$,等效电路如图 4-2-29 所示。当 $u_c(t)<0(\cos\omega_c t<0)$时,$VD_3$、$VD_4$ 导通,VD_1、VD_2 截止,有 i_3、i_4 电流,$i_1=i_2=0$,等效电路如图 4-2-30 所示。所以,环形调幅器可看成是由两个平衡调幅器构成的电路,又称为双平衡调幅器。

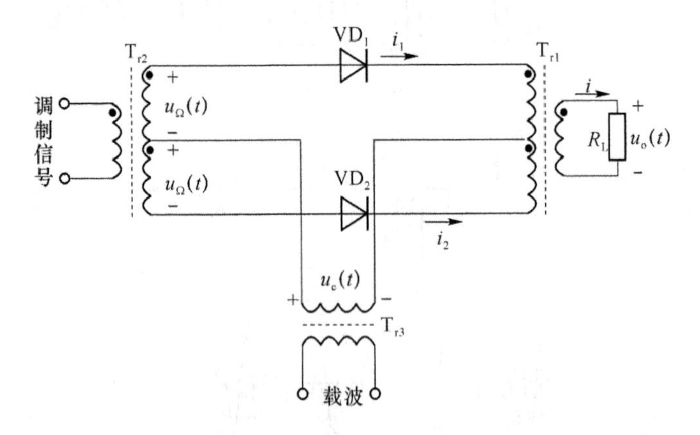

图 4-2-29　VD_1、VD_2 导通,VD_3、VD_4 截止时的等效电路

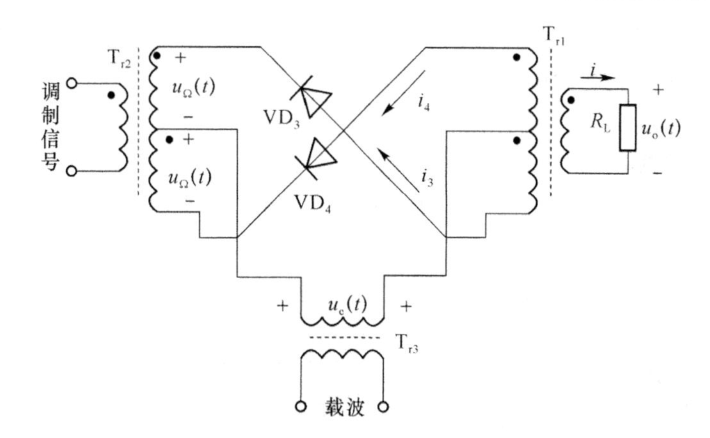

图 4-2-30　VD_3、VD_4 导通，VD_1、VD_2 截止时的等效电路

由图 4-2-28 可知，输出信号

$$u_o(t)=(i_1-i_2+i_3-i_4)R_L \tag{4-2-55}$$

由式(4-2-52)可知，$(i_1-i_2)R_L\approx 2u_\Omega(t)S_1(t)$，同理可得

$$(i_3-i_4)R_L\approx -2u_\Omega(t)S_2(t) \tag{4-2-56}$$

其中，开关函数 $S_2(t)$ 为

$$S_2(t)=\begin{cases}0,\cos\omega_c t\geqslant 0\\1,\cos\omega_c t<0\end{cases} \tag{4-2-57}$$

因此，输出信号

$$u_o(t)=2u_\Omega(t)[S_1(t)-S_2(t)]=2u_\Omega(t)S(t) \tag{4-2-58}$$

其中，开关函数 $S(t)=S_1(t)-S_2(t)$，其幂级数展开式为

$$S(t)=\frac{4}{\pi}\cos\omega_c t-\frac{4}{3\pi}\cos 3\omega_c t+\frac{4}{5\pi}\cos 5\omega_c t+\cdots \tag{4-2-59}$$

因此，输出信号

$$u_o(t)=\frac{8}{\pi}u_\Omega(t)\cos\omega_c t-\frac{8}{3\pi}u_\Omega(t)\cos 3\omega_c t+\frac{8}{5\pi}u_\Omega(t)\cos 5\omega_c t+\cdots \tag{4-2-60}$$

则由式(4-2-60)可知，$u_o(t)$中的组合频率为$(2p+1)f_c\pm F$，与平衡斩波调幅相比，环形调幅输出电压中没有 F 的频率分量，而其他分量的振幅加倍。如果在输出端接一个中心频率为 f_c、通带宽度为 $2F$ 的带通滤波器，则可选出其中 $f_c\pm F$ 分量，从而就获得双边带调幅信号 $u_{DSB}(t)$。

以上介绍的双边带调幅电路都属于低电平调幅电路，由模拟乘法器或二极管等非线性器件来完成调幅。常用的分析方法有幂级数法、开关函数分析法和线性时变分析法等。

模拟乘法器实现的调幅最理想，它也可以工作在大载波、小调制的情况下，即出现斩波调幅。

二极管实现的调幅电路有 3 种形式，其中斩波调幅电路可以大大减少无用组合频率分量数目，使调幅效果更好。而环形斩波调幅与平衡斩波调幅电路相比，其无用频率分量数目减少，且输出信号幅度增加一倍，但电路更复杂。

分析结果表明:同一非线性器件或电路在不同工作状态时,输出的频率分量也不同,因此,在各种不同功能的非线性电路中,采用与各电路相适应的工作状态,将有利于系统性能的改善。

3. 单边带调幅电路

单边带调幅电路主要有两种实现方法:滤波法和相移法。前者是从频域观点得到的方法,后者是从时域观点得到的方法。

(1) 滤波法单边带调幅电路

滤波法单边带调幅电路的电路模型及原理电路如图 4-2-31 所示。在双边带调制电路的后面接入合适的带通滤波器 BPF,滤除一个边带,只让另一个边带分量输出,便得到单边带调幅信号。但由于上、下两个边带信号的频率间隔为 $2F_{min}$,所以要求滤波器的衰减特性必须十分陡峭。

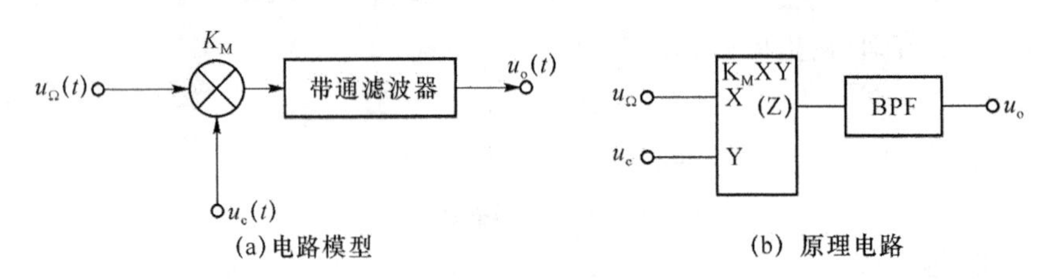

图 4-2-31　滤波法单边带调幅电路的模型及原理电路

(2) 相移法单边带调幅电路

相移法单边带调幅的原理电路(上边带)如图 4-2-32 所示。

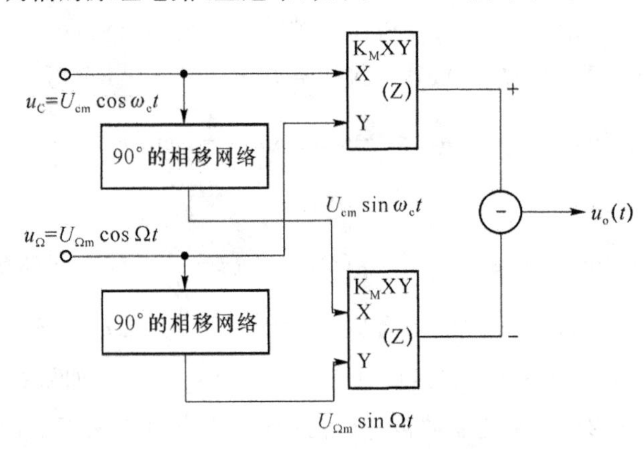

图 4-2-32　相移法单边带调幅的原理电路(上边带)

由图 4-2-32 可知,输出信号

$$u_o(t)=K_MU_{cm}\cos\omega_c tU_{\Omega m}\cos\Omega t-K_MU_{cm}\sin\omega_c tU_{\Omega m}\sin\Omega t \tag{4-2-61}$$

若令 $K_MU_{\Omega m}=0.5m_a$,则有

$$u_o(t)=\frac{1}{2}m_aU_{cm}\cos\omega_c t\cos\Omega t-\frac{1}{2}m_aU_{cm}\sin\omega_c t\sin\Omega t$$

$$=\frac{1}{2}m_aU_{cm}\cos(\omega_c+\Omega)t \tag{4-2-62}$$

即实现了上边带调制。如把图中减法器改为加法器,则可实现下边带调制。

该电路的缺点是当调制信号为多频信号时，相移法要求对调制信号中的每个频率分量都要移相90°，这实际上是比较麻烦的。

【例4-2-8】仿真分析：已知利用模拟乘法器构成的相移法单边带调幅电路如图4-2-33所示，试用Multisim 10仿真分析输出波形。

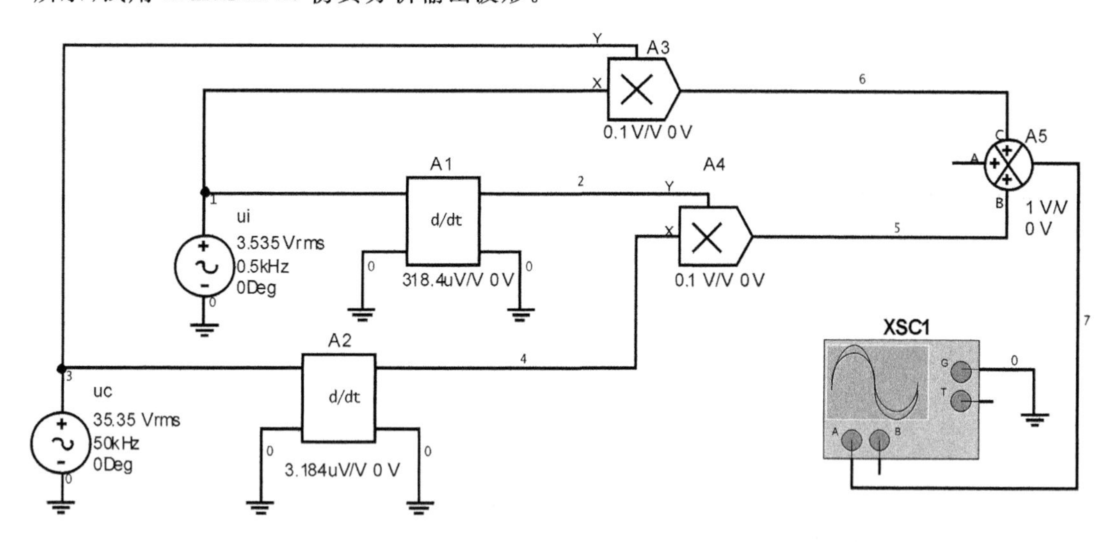

图4-2-33 相移法单边带调幅器仿真电路

解 首先按照图4-2-33所示用Multisim 10绘制仿真电路图，然后打开仿真开关，双击示波器图标，合理设置各路波形的时基扫描因子和幅度扫描因子，可得如图4-2-34所示的信号波形图。

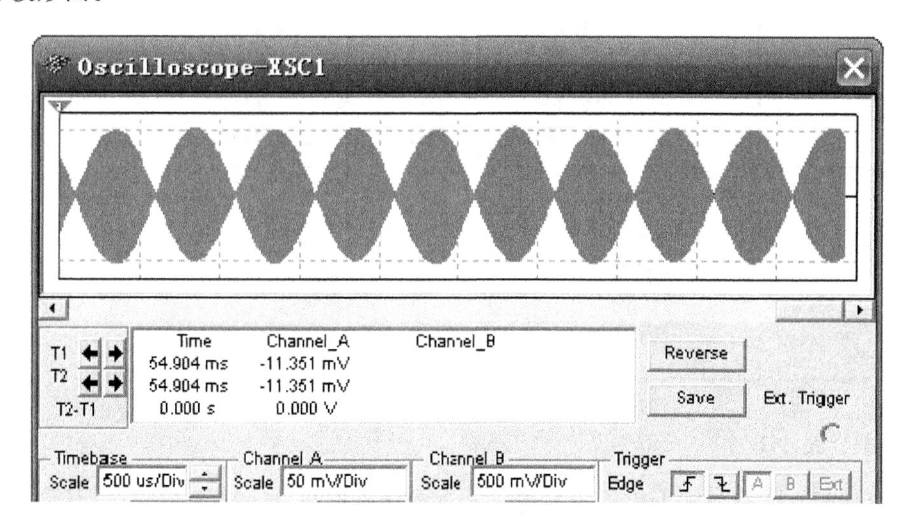

图4-2-34 相移法单边带调幅器仿真输出波形

结果显示，该电路能够实现单边带调幅。

4-2-2 计划决策

通过任务分析和对相关资讯的了解，讨论学习的计划并选定最优方案。

计划和决策(参考)

第一步	理解各类调幅波的基本性质:数学表达式、波形、频谱、带宽、功率关系等
第二步	掌握普通调幅电路的工作原理、工作状态的选择及分析方法
第三步	理解双边带调幅电路的工作原理及分析方法
第四步	了解单边带调幅电路的工作原理
第五步	通过实验法或仿真法研究信号基极、集电极调幅电路的设计方法及调整要点

4-2-3 任务实施

学习型工作任务单

<table>
<tr><td>学习领域</td><td colspan="4">通信电子线路</td><td>学时</td><td>78(参考)</td></tr>
<tr><td>学习项目</td><td colspan="4">项目 4 换个样子传输信号——认识频率变换电路</td><td>学时</td><td>30</td></tr>
<tr><td>工作任务</td><td colspan="4">4-2 调幅电路</td><td>学时</td><td>6</td></tr>
<tr><td>班 级</td><td></td><td>小组编号</td><td></td><td>成员名单</td><td colspan="2"></td></tr>
<tr><td>任务描述</td><td colspan="6">1. 理解各类调幅波的基本性质:数学表达式、波形、频谱、带宽、功率关系等。
2. 掌握普通调幅电路的工作原理、工作状态的选择及分析方法。
3. 理解双边带调幅电路的工作原理及分析方法。
4. 了解单边带调幅电路的工作原理。
5. 掌握大信号基极、集电极调幅电路的设计方法及调整要点。</td></tr>
<tr><td>工作内容</td><td colspan="6">1. 什么叫调幅? 调幅有哪些类型,各有什么性质和特点?
2. 普通调幅电路有哪些实现方法,基本电路及工作原理是什么?
3. 双边带调幅电路有哪些实现方法,基本电路及工作原理是什么?
4. 单边带调幅电路有哪些实现方法,基本电路及工作原理是什么?
5. 大信号基极、集电极调幅电路如何设计? 调整要点有哪些?</td></tr>
<tr><td>提交成果
和文件等</td><td colspan="6">1. 调幅波的类型及性质对照表。
2. 大信号基极、集电极调幅电路的设计、调整要点。
3. 学习过程记录表及教学评价表(学生用表)。</td></tr>
<tr><td>完成时间
及签名</td><td colspan="6"></td></tr>
</table>

4-2-4 展示评价

1. 教师及其他组负责人根据小组展示汇报整体情况进行小组评价。

2. 在学生展示汇报中,教师可针对小组成员的分工,对个别成员进行提问,给出个人评价。

3. 组内成员自评表及互评表打分。

4. 本学习项目成绩汇总。

5. 评选今日之星。

4-2-5　试一试

一、填空

1. 调幅过程实质上是__________搬移的过程。

2. 在普通调幅制发射机的频谱中，功率消耗最大的是__________。

3. 调幅系数为 1 的调幅信号功率分配比例是：载波占调幅波总功率的__________。

4. 调幅按功率大小分类为__________和__________。

5. 调幅按调幅方式分类为__________、__________、__________和__________。

6. 高电平调制在__________放大器中进行，分__________和__________。

7. DSB 信号的特点为____。

8. 单边带调幅的实现有两种方法，分别是__________和__________。

二、判断

1. 大信号基极调幅应使放大器工作在过压状态，大信号集电极调幅应使放大器工作在欠压状态。(　　)

2. 大信号基极调幅的优点是效率高。(　　)

3. 调幅发射机载频变化时将使调幅信号成为过调幅信号。(　　)

4. 单边带接收机比调幅接收机信噪比大为提高，主要是因为信号带宽压缩一半。(　　)

三、计算

1. 已知某普通调幅波的载频为 640 kHz，载波功率为 500 kW，调制信号频率允许范围为 20 Hz～4 kHz。试求该调幅波占据的频带宽度。

2. 测得某电台发射的信号

$$u(t)=10(1+0.2\cos 800\pi t)\cos 12\pi\times 10^6 t(\mathrm{mV})$$

问此电台的频率是多少？调制信号的角频率等于多少？信号带宽等于多少？总边带功率相对于总功率是多少分贝？

3. 载波功率为 $P_c=1\,000$ W，试求 $m_a=1$ 和 $m_a=0.7$ 时的总功率和两个边频功率各为多少瓦？

4. 已知某调幅发射机的载波输出功率 $P_c=5$ W，$m_a=0.7$，被调级平均效率为 50%，试求：

(1) 边频功率；

(2) 电路为集电极调幅时，直流电源供给被调级的功率 P_{V1}；

(3) 电路为基极调幅时，直流电源供给被调级的功率 P_{V2}。

4-2-6　练一练

电路设计：设计一款小功率点频调幅发射机，主要技术指标如下：(1)工作频率7 MHz；(2)发射功率不低于 500 mW；(3)调制度 100%；(4)频率稳定度$\Delta f_o/f_o\leqslant 5\times 10^{-4}$。

【参考方案】

(1) 整体方案设计：由于设计任务所要求的调幅发射机输出功率小，因此可选用最基本的发射机结构，系统框图如图 4-2-35 所示，由主振、放大和被调级构成。由石英晶体构成的振荡电路产生载频，通过隔离放大网络加载到受调放大电路上，同时将调制信号也加载到受调放大电路中，利用三极管集电极调幅进行调制，然后进行功率放大并通过天线辐射出去。

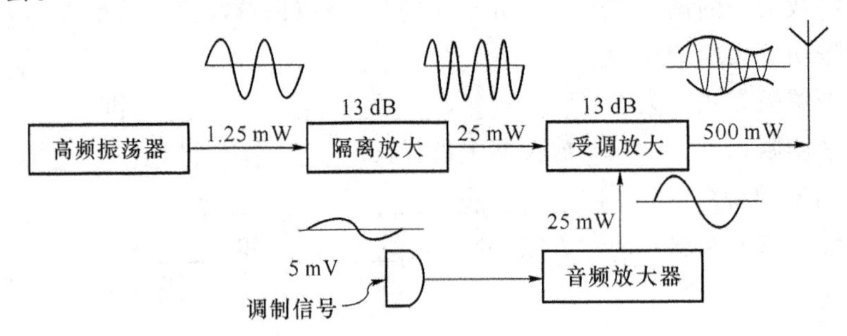

图 4-2-35　点频调幅发射机组成方框图

发射机的输出需要有一定的功率才能将信号发射出去，但是每一级的功率又不能太大，否则会引起电路工作不稳定，再加上功率增益又不可能集中在末级功放，否则电路性能不稳定，很容易自激。因此，应根据发射机各组成部分的作用，合理地分配各级的功率增益指标。本设计各级电路的输出功率及增益分配如图 4-2-35 所示。

由于晶体稳定性好、Q 值很高，故频率稳定度也很高。因此，主振级采用晶体振荡器，以满足所需的频率稳定度。因电路工作在较低的 7 MHz 频率，一般的晶体振荡器都能实现，而无须进行倍频。

由于发射功率小，一级末级功放就能达到要求。本设计的末级功放采用串联馈电方式，电源靠近的一端杂散电容小，可减小对谐振回路的影响，使电路稳定工作。为了有较高的效率，可采用基极电流的直流分量在基极偏置电阻上产生所需的负偏压，使其工作在丙类状态。输出回路采用变压器耦合式谐振回路，利用电感抽头实现阻抗匹配，调整末级功放管的工作状态，从而达到有效的集电极调幅，有最佳的功率输出。

(2) 参考电路设计：整体电路如图 4-2-36 所示。

① 高频振荡器设计

高频振荡器是无线电发射的心脏部分，用于产生频率稳定的载波，它的频率叫做载频。本设计选用频率稳定度高的石英晶体振荡器，工作频率为 7 MHz。频率输出需要通过 C_4 微调。C_1、C_2 为回路电容，改变 C_8 可以改变耦合程度，R_1、R_2 为偏置电阻，R_3 为集电极负载电阻，R_4 为发射极电阻，C_3 为旁路电容，Z_1 为高频扼流圈，C_6、C_7 为电容退耦电容。

已知 $V_{CC}=12$ V，$f_o=7$ MHz，电路的谐振频率为

$$f_o \approx \frac{1}{2\pi\sqrt{(L_1+L_2+2M)C}}=\frac{1}{2\pi\sqrt{LC}}$$

其中，L_1+L_2+2M 为考虑互感的谐振回路总电感。

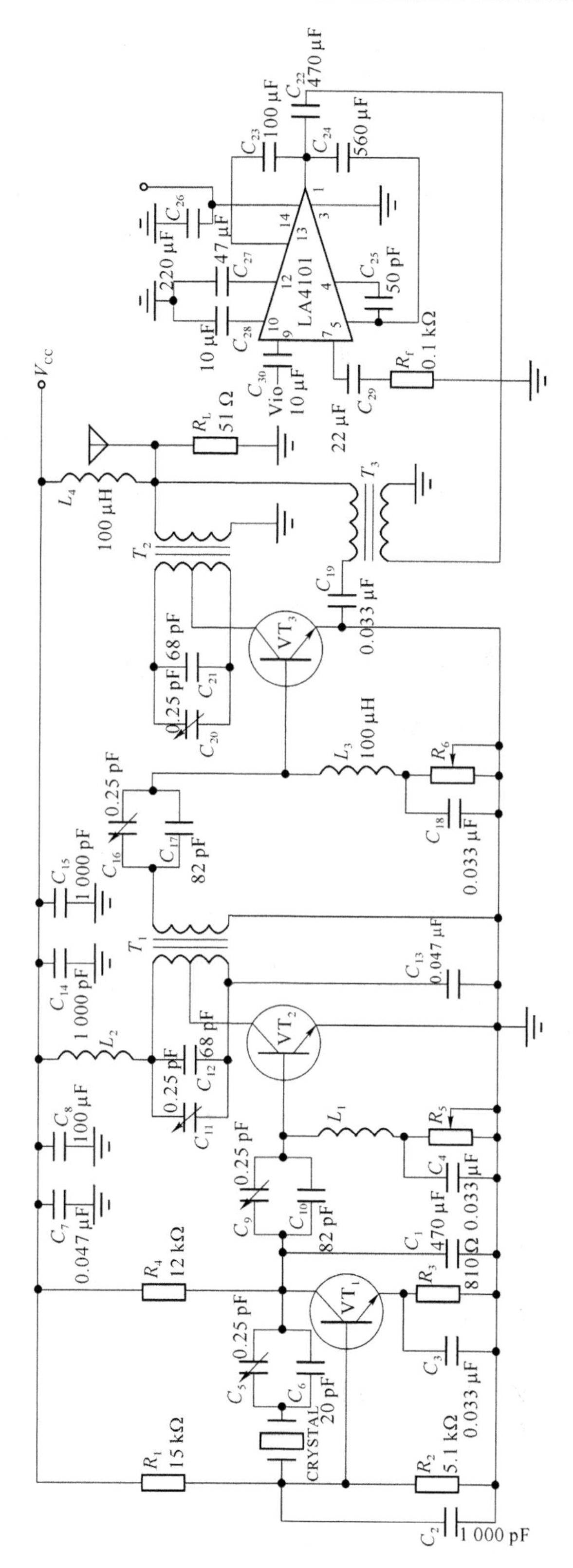

图 4-2-36　点频调幅发射机整体电路

选择 3DG6A 型晶体管作为振荡管，其主要参数为 $f_T=100$ MHz；$\beta=25\sim270$，可取 $\beta=50$；$K_p=7$ dB；$h_{ie}=1$ kΩ；$I_{CM}=20$ mA；$C_{ob}\leqslant4$ pF；$f_\beta=f_T/\beta=2$ MHz。根据 3DG6A 的静态特性，曲线选取工作点为 $I_E=2$ mA，$U_{CE}=0.6V_{CC}=7.2$ V。取 $U_C=0.8V_{CC}=9.6$ V，$U_E=0.2V_{CC}=2.4$ V，则有

$$R_C=(V_{CC}-U_C)/I_E=(12-9.6)/0.002=1.2\ \text{k}\Omega$$

$$R_E=U_E/I_E=2.4/0.002=1.2\ \text{k}\Omega$$

取 $R_{B2}=5R_E=5\times1.2\times10^3=6$ kΩ，$R_{B1}=(V_{CC}-U_E)R_{B2}/U_E=24$ kΩ。计算 $r_{b'e}$的值为

$$r_{b'e}=26\beta/I_E=26\times50/2=650\ \Omega$$

根据图 4-2-36 可确定 C_1C_2 乘积的极限值，为

$$C_1C_2=\frac{\beta}{r_{b'e}\omega^2R_e\left[1+\left(\frac{f}{f_\beta}\right)^2\right]^{\frac{1}{2}}}=\frac{50}{(2\pi\times6\times10^6)^2\times650\times50\times\left[1+\left(\frac{6}{2}\right)^2\right]^{\frac{1}{2}}}=345\ 000\ \text{pF}^2$$

根据负载电容的定义，对于如图 4-2-34 所示的电路可以得出

$$C_L=\frac{1}{\frac{1}{C_{1,2}}+\frac{1}{C_{4,5}}}$$

其中，$C_{1,2}$为 C_1 与 C_2 相串联的电容值，可得 $C_{1,2}=\frac{C_{4,5}C_L}{C_{4,5}-C_L}$。

若取 $C_{4,5}=35$（一般应略大于负载电容值），则 $C_{1,2}=\frac{C_{4,5}C_L}{C_{4,5}-C_L}=\frac{35\times30}{35-30}=210$ pF。

由反馈系数 $F=\frac{C_1}{C_2}$和 $C_{1,2}=\frac{C_1C_2}{C_1+C_2}$两式联立求解，并取 $F=\frac{1}{2}$，则

$$C_1=C_{1,2}(1+F)=210\times(0.5+1)=315\ \text{pF}$$

$$C_2=C_{1,2}\left(1+\frac{1}{F}\right)=210\times(2+1)=630\ \text{pF}$$

根据电容量的标称值，取 $C_1=300$ pF，$C_2=620$ pF。此时，$C_1C_2=186\ 000\ \text{pF}^2<345\ 000\ \text{pF}^2$，可见该值远小于确定 C_1、C_2 乘积的极限值，故该电路满足起振条件。

② 隔离放大器设计

隔离的作用是为了防止发射的部分高频信号对载波信号产生干扰；放大的作用是为下一级提供足够的功率，该电路采用自给负偏压丙类谐振功率放大器，通过改变 R_5 大小可改变负偏压大小。回路谐振在工作频率，可以改变变压器 B_1 耦合输出。Z_2、Z_3 为高频扼流圈，C_{10}为旁路电容，C_{11}、C_{12}为回路电容，C_{16}、C_{17}为耦合电容，C_{14}、C_{15}为电源退耦电容。

一般选取晶体管的原则是 $V_{(BR)CEO}$、P_{CM}、I_{CM}必须满足要求。末级功率放大器管的基本要求是：工作频率为 7 MHz，最大输出功率为 0.5 W，当 $m_a=1$ 时，$V_{cmax}=4V_{CC}=4\times12=48$ V，可选用 3DA1B，其参数为 $V_{(BR)CEO}>0$，$P_{CM}=7.5$ W，$I_{CM}=0.75$ A，$f=70\ \text{MHz}\geqslant10f_o=70$ MHz，$A_P=13$ dB。

集电极瞬时电压为 $V_C=V_{cm}\cos\omega_ct+V_{CC}$，其最大值为 $V_{cmax}=V_{cm}+V_C=V_{CC}(m_a+1)$。当 $m_a=1$ 时，$V_{cmax}=24$ V。

集电极输出的功率为 156.25 mW，末级激励功率为 125 mW，若取 $A_P=10$ dB(10 倍)，则末级激励功率为 156.25 mW/10=15.6 mW，可选用 3DG12B，其参数为 $I_{CM}=300$ mA，$f_T\geqslant200$ MHz，$V_{(BR)CEO}\geqslant45$ V，$P_{CM}=0.7$ W。振荡管的选择，要求放大倍数 $\beta\geqslant50$，$f_T\geqslant10f_o$，仍选用 3DG12B。已知条件：$V_{CC}=12$ V，$f_o=7$ MHz，末级激励功率 $P_1=31.25$ mW，

系数 $P_1=0.2$，$P_2=0.4$，管子选 3DG12B，其 $A_P=10$，$C_{bc}=15$ pF。

同理，取 $C_{12}=85.5$ pF，则 $L_2=6$ H，用 Q 表测得其圈数 $n=12$ 匝，$n_1=P_1n=2$ 匝，$n_2=P_2n=5$ 匝。$C_0=2C_{bc}=30$ pF，折合到回路上从而算出回路所需电容为 80.8 pF。取 $C_{12}=68$ pF，$C_{11}=0.25$ pF，$R_5=1$ kΩ，$C_{14}=0.047$ F，$C_{15}=100$ F，$Z_3=Z_2=100$ H，$C_{10}=0.033$ F。

③ 受调放大级电路设计

在谐振功率放大器中，当 U_{BB}、U_{bm} 及 R_P 保持不变时，只要使放大器工作于过压状态，通过改变集电极电源电压 V_{CC} 便可使 I_{cm1} 发生变化，这就是所谓集电极调制特性，应用谐振功率放大器的集电极调制特性，才可以构成集电极调幅电路。该末级采用串联馈电的方式。为了有较高的效率，本级利用基极电流的直流分量在基极偏置电阻上产生所需要的负偏压，使其工作在丙类状态。输出回路采用变压器耦合式谐振回路，利用电感抽头实现阻抗匹配，调整末级功放的工作状态，从而达到有效的集电极调幅，有最佳的功率输出。为加强耦合度，可在变压器初次级之间接一个小耦合电容 C_{22}，C_{20} 和 C_{21} 为回路电容。

已知 $V_{CC}=12$ V，$f_o=7$ MHz，$Q_l=5$，$P_o=0.5$ W，$R_L=51$，$h_{fe}=10$，$Q_0=150$，系数 $P_1=0.15$，$P_2=0.2$，三级管型号 3DA1B。

通过计算，可得：$I_{c1m}=0.104$ A，$I_{cm}=0.238$ A，$I_{c0}=0.06$ A，$P_V=I_{c0}V_{CC}=0.72$ W，$P_C=P_V-P_o=0.098$ W，$\eta=P_o/P_V=86.8\%$，$A_P=10\log10(P_o/P_V)=13$ dB(20 倍)，所以，激励功率 $P_i=P_o/20=31.25$ mW。$I_{bm}=I_{cm}/h_{fe}=0.0238$ A，$I_{b1m}=0.01$ A，$V_{bm}=2P_i/I_{b1m}=6.24$ V，$V_{bb}=V_{BZ}-V_{bm}\cos\omega_c t$，$I_{b0}=6$ mA，$R_5=|V_{bb}|/I_{b0}=310$ Ω，标称值可取 $R_5=390$ Ω 可变电压。

取耦合电容 $C_{22}=8$ pF，旁路电容 $C_{18}=C_{19}=0.033$ F，高频扼流圈 $Z_4=Z_5=100$ H，从而得到各项功率的计算。

④ 音频放大电路设计

音频放大器采用芯片 LA4101，芯片 LA4101 的主要功能是给音响放大器的负载 R_L（扬声器）提供一定的输出功率。当负载一定时，希望输出的功率尽可能大，输出信号的非线性失真尽可能小，效率尽可能高。芯片 LA4101 常见的电路形式有 OTL 电路和 OCL 电路，此电路采用的是 OCL 电路，其中引脚 1 为输出端，直流电平应为 $V_{CC}/2$，3 引脚为接地端（或接负电源），4、5 引脚为了消除振荡，应接相位补偿电容，6 引脚为负反馈端，一般接 RC 串联网络到地，以构成电压串联负反馈，9 引脚为输入端，引脚 10、12 为抑制纹波电压，应接入大的电解电容到地，引脚 13 为自举端，应接大的电容起自举作用，引脚 14 为电源端，接电源 V_{CC}。此话筒和音频放大电路的电源由 14 脚接入，3 脚接地，10 脚与地之间接退耦电容 C_{20}，12 脚与地之间接有源滤波退耦电容 C_{21}。信号由 9 脚输入，经放大后由 1 脚经输出电容 C_{26} 送到受调放大级。6 脚到地之间接入 C_{19} 和 R_f 组成的负反馈电路，决定放大倍数的大小。R_f 越小，电路增益越高；反之，增益越小。13、14 之间接入自举电容 C_{24}、C_{21} 和 C_{23}，以防止产生寄生振荡。

采用如图 4-2-36 所示电路，由 R_f、C_{24} 组成的交流负反馈支路，控制功放级的电压增益 A_{VF}，即 $A_{VF}=1+R/R_f\approx R/R_f$。功放的电压增益 $A_V=V_o/V_i=10$，若取 $R_f=100$ Ω，则 $C_{24}=22\ \mu$F。

如果功放级前级是音量控制电位器，则 $R_f=110$ Ω 以保证功放级的输入阻抗远大于前级的输出阻抗。若取静态电流 $I_0=1$ mA，由于静态时 $V_C=0$，所以 $I\approx V_{CC}-V_DR_f=12-0.7/R_f$，则 $R_f=100$ Ω。

任务 4-3　检波电路

4-3-1　资讯准备

任务描述

1. 了解检波的功能及类型。
2. 理解同步检波的工作原理及实现方法。
3. 理解大信号峰值包络检波器的工作原理及实现方法。
4. 掌握大信号峰值包络检波器的设计方法及调整要点。

资讯指南

资讯内容	获取方式
1. 什么叫检波？检波有哪些类型，各有什么特点？	阅读资料
2. 同步检波是利用什么原理实现调幅信号解调的？基本电路有哪些？	上网
3. 大信号峰值包络检波器的基本电路及工作原理是什么？	查阅图书
4. 大信号峰值包络检波器如何设计？调整要点有哪些？	询问相关工作人员

导学材料

一、概述

1. 检波器的功能

从高频调幅波中解调出原调制信号的过程，称为检波。完成这个功能的电路称为检波器。下面分别从频谱和波形来理解检波的实质。

图 4-3-1 所示即检波前和检波后信号的频谱。从图中可以看出，检波是调幅的逆过程，其频谱变换与调幅刚好相反，就是将调幅波的频谱由高频不失真地搬移到低频，其频谱向左搬移了 f_c。可见，检波器也是一种频谱搬移电路。

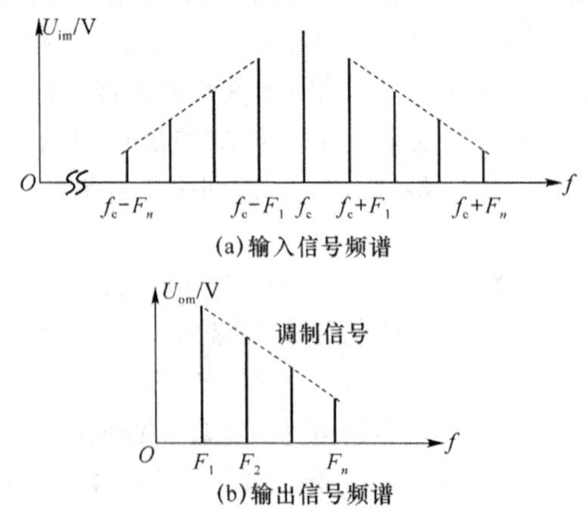

图 4-3-1　检波器的频谱变换过程(普通调幅)

下面再从信号波形变换角度来了解检波器的基本功能。图 4-3-2 和图 4-3-3 所示分别为检波器输入高频等幅波和单频正弦信号调制的普通调幅波时，检波前和检波后信号的波形。

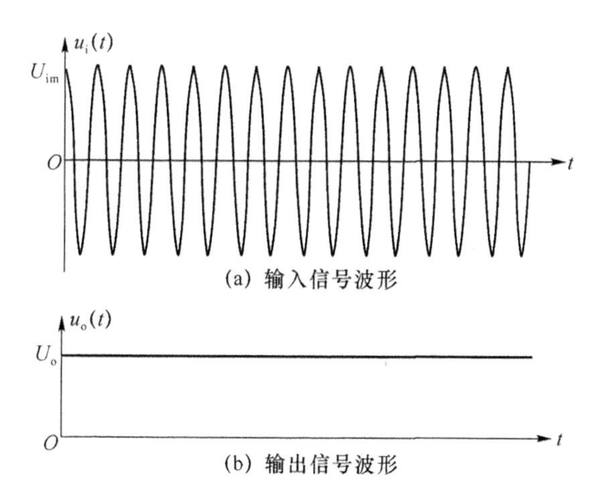

图 4-3-2　输入为高频等幅波时检波电路波形

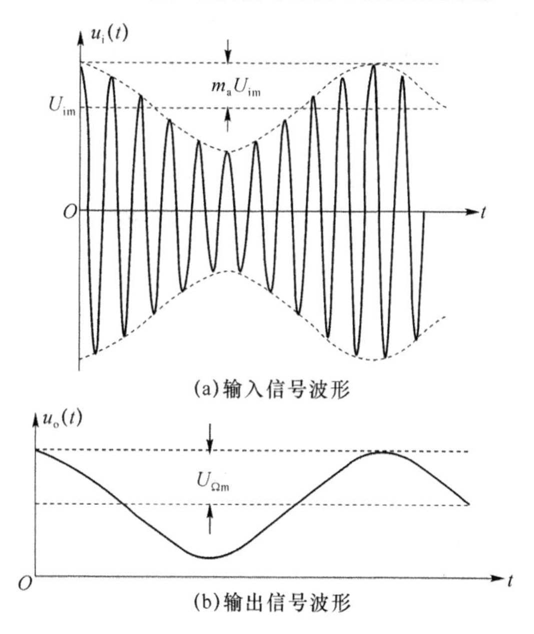

图 4-3-3　输入为单频正弦信号调制的普通调幅波时检波电路波形

图 4-3-2 中，由于输入为高频等幅波，故输出为直流电压。而在图 4-3-3 中，检波器输入的信号是随单频正弦信号规律而变化的普通调幅波，因此检波输出信号也是一单频正弦信号，并且是一种与调制信号保持相同变化规律的信号。从以上分析可知，调幅过程是将低频调制信号“装载”到高频载波上，而检波则是要从高频载波上“取出”调制信号。

2. 检波器的分类和组成

根据检波方式不同，检波器可分为同步检波器(相干检波器)、非同步检波器(非相干检波器)，前者需要接收方从所收信号中提出同步载波，而后者不需要。

由于检波器也是一种频谱搬移电路，所以组成检波器的核心元件也是模拟乘法器、二极管等非线性器件，同时也需用低通滤波器滤除无用频率分量，取出原调制信号的频率分量。

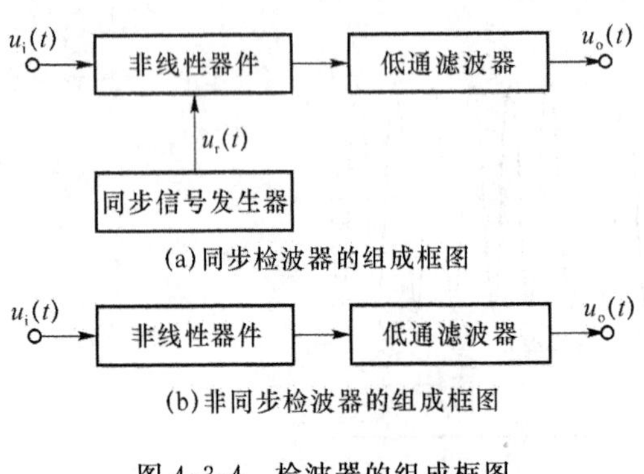

(a)同步检波器的组成框图

(b)非同步检波器的组成框图

图 4-3-4　检波器的组成框图

(1) 同步检波器

同步检波器的组成框图如图 4-3-4(a)所示。同步检波器在工作时，必须给非线性器件输入一个与载波同频同相的本地参考电压，即同步电压 $u_r(t)=U_{rm}\cos\omega_c t$。因此，检波器由乘法器（或其他非线性器件）、低通滤波器和同步信号发生器组成，这种检波器就称为同步检波器，它适合于各种调幅波的检波（AM、DSB、SSB）。

(2) 非同步检波器

非同步检波器的组成框图如图 4-3-4(b)所示。非同步检波器检波时不需要同步信号，由非线性器件和低通滤波器构成，它只适合于普通调幅波（AM）的检波。这种检波器的输出信号（原调制信号）与调幅波的包络变化规律一致，故称为包络检波器。

3. 检波器的主要技术指标

(1) 电压传输系数 K_d

电压传输系数用来说明检波器对高频信号的解调能力，又称为检波效率，用 K_d 表示。

若检波器输入为高频等幅波，如图 4-3-2 所示，其振幅为 U_{im}，而输出直流电压为 U_o，则检波器的电压传输系数

$$K_d=\frac{U_o}{U_{im}} \tag{4-3-1}$$

若检波器输入为高频调幅波，如图 4-2-3 所示，其包络振幅为 m_aU_{im}，而输出低频电压振幅为 $U_{\Omega m}$，则检波器的电压传输系数

$$K_d=\frac{U_{\Omega m}}{m_aU_{im}} \tag{4-3-2}$$

显然，检波器的电压传输系数越大，则在同样输入信号的情况下，输出信号就越大，即检波效率高。一般二极管检波器 K_d 总小于 1，K_d 越接近于 1 越好。

(2) 输入电阻 R_i

检波器的输入电阻 R_i 是指从检波器输入端看进去的等效电阻，用来说明检波器对前级电路的影响程度。定义 R_i 为输入高频等幅波的电压振幅 U_{im} 与输入高频脉冲电流中基波振幅 I_{im} 之比，即

$$R_i=U_{im}/I_{im} \tag{4-3-3}$$

二、检波电路

1. 同步检波器

同步检波电路有两种实现方法：一种采用模拟乘法器实现；另一种采用二极管包络检波器构成叠加型同步检波器。

(1) 用模拟乘法器实现的同步检波

用模拟乘法器实现的同步检波器电路模型如图 4-3-5 所示。$u_i(t)$为送入检波器的高频调幅信号，$u_r(t)$为同步电压，一般取 $u_r(t)=U_{rm}\cos\omega_c t$。

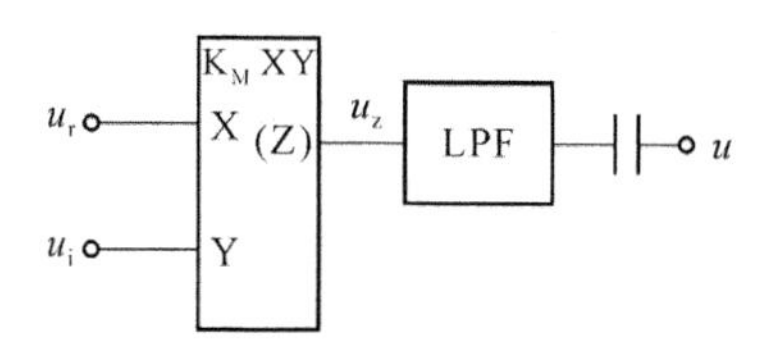

图 4-3-5　用模拟乘法器实现的同步检波电路

① 当输入 $u_i(t)=U_{im}(1+m_a\cos\Omega t)\cos\omega_c t$ 为普通调幅波时

乘法器的输出电压为

$$\begin{aligned}u_z(t)&=K_M u_i(t)u_r(t)=K_M U_{im}U_{rm}(1+m_a\cos\Omega t)\cos^2\omega_c t\\&=\frac{1}{2}K_M U_{im}U_{rm}+\frac{1}{2}K_M U_{im}U_{rm}m_a\cos\Omega t+\frac{1}{2}K_M U_{im}U_{rm}\cos 2\omega_c t+\\&\quad\frac{1}{4}K_M U_{rm}U_{im}m_a\cos(2\omega_c+\Omega)t+\frac{1}{4}K_M U_{rm}U_{im}m_a\cos(2\omega_c-\Omega)t\end{aligned}$$

可见，$u_z(t)$中含有 0、F、$2f_c$、$2f_c\pm F$ 共 5 个频率分量，经过低通滤波器 LPF 后滤去 $2f_c$、$2f_c\pm F$高频分量，再经隔直电容后，就得到

$$u_o(t)=\frac{1}{2}K_M U_{rm}U_{im}m_a\cos\Omega t=U_{\Omega m}\cos\Omega t \tag{4-3-4}$$

式中，$U_{\Omega m}=0.5K_M U_{rm}U_{im}m_a$。显然，检波输出信号为原调制信号。

② 当输入 $u_i(t)=m_a U_{im}\cos\Omega t\cos\omega_c t$ 为双边带调幅波时

$$\begin{aligned}u_z(t)&=K_M u_i(t)u_r(t)=K_M U_{im}U_{rm}m_a\cos\Omega t\cos^2\omega_c t\\&=\frac{1}{2}K_M U_{im}U_{rm}m_a\cos\Omega t+\frac{1}{4}K_M U_{rm}U_{im}m_a\cos(2\omega_c+\Omega)t+\\&\quad\frac{1}{4}K_M U_{rm}U_{im}m_a\cos(2\omega_c-\Omega)t\end{aligned}$$

可见，$u_z(t)$中含有 F、$2f_c\pm F$ 共 3 个频率分量，经过 LPF 后滤去 $2f_c\pm F$ 两个高频分量，就得到

$$u_o(t)=\frac{1}{2}K_M U_{rm}U_{im}m_a\cos\Omega t=U_{\Omega m}\cos\Omega t \tag{4-3-5}$$

③ 当输入 $u_i(t)=0.5m_a U_{im}\cos(\omega_c+\Omega)t$ 为单边带调幅波时

$$\begin{aligned}u_z(t)&=K_M u_i(t)u_r(t)=\frac{1}{2}K_M U_{im}U_{rm}m_a\cos(\omega_c+\Omega)t\cos\omega_c t\\&=\frac{1}{4}K_M U_{im}U_{rm}m_a\cos\Omega t+\frac{1}{4}K_M U_{rm}U_{im}m_a\cos(2\omega_c+\Omega)t\end{aligned}$$

可见，$u_z(t)$中含有 F、$2f_c+F$ 共 2 个频率分量，经过 LPF 后滤去 $2f_c+F$ 高频分量，就得到

$$u_o(t)=\frac{1}{4}K_M U_{rm}U_{im}m_a\cos\Omega t=U_{\Omega m}\cos\Omega t \tag{4-3-6}$$

由以上的分析可知，同步检波器的电压传输系数为

$$K_d=\frac{U_{\Omega m}}{m_a U_{im}}=\frac{1}{4}K_m U_{rm} \tag{4-3-7}$$

用模拟乘法器实现的同步检波器原理电路如图 4-3-6 所示。图中，电源采用 12 V 单电

源供电，调幅信号 $u_i(t)$通过 0.1 μF 耦合电容加到 1 端，其有效值在 100 mV 范围以内都能不失真解调，同步信号 $u_r(t)$通过 0.1 μF 耦合电容加到 8 端，电平大小只要求能使双差分对管工作于开关状态(50～500 mV 之间)。输出端 9 经过 RC 的一个 π 型低通滤波器和一个1 μF 的耦合电容取出调制信号。

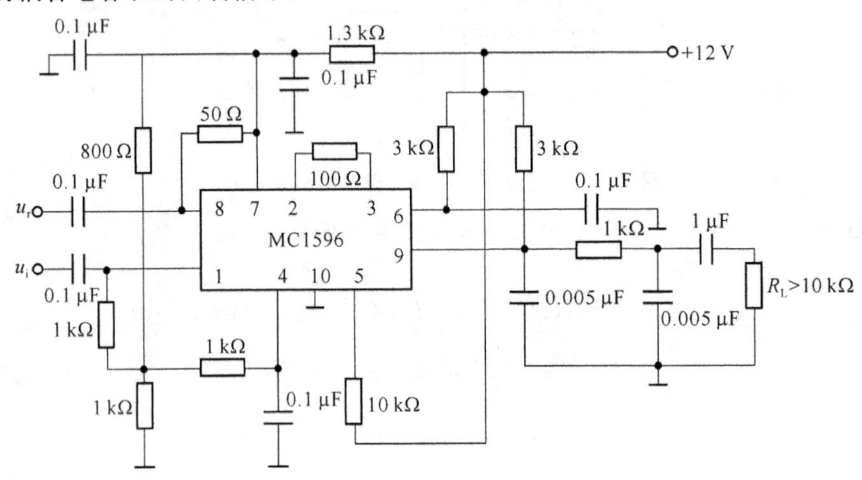

图 4-3-6 采用 MC1596 构成的同步检波器

(2) 叠加型同步检波器

叠加型同步检波电路模型及电路如图 4-3-7 所示。它的工作原理是将双边带调制信号 $u_i(t)$与同步信号 $u_r(t)$叠加，得到一个普通调幅波，然后再经过包络检波器(下节内容介绍)解调出调制信号。

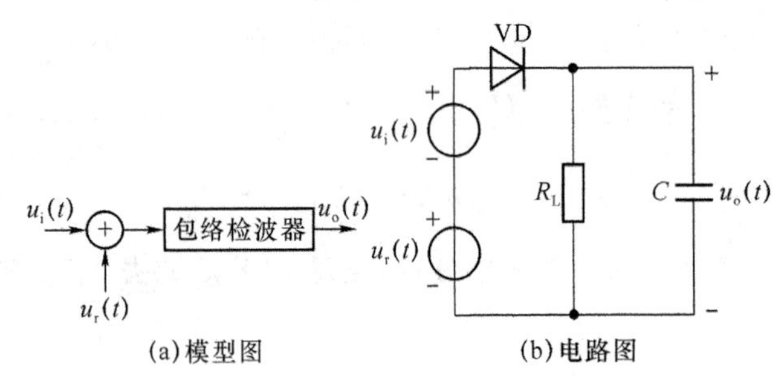

图 4-3-7 叠加型同步检波电路模型及电路

由以上的分析可知，同步检波器可用于各种调幅波的检波，且同步电压振幅 U_{rm}越大，检波器的电压传输系数也越大。

(3) 同步信号的频率和相位偏差对检波的影响

前面在分析同步检波器的工作原理时，所取同步电压 $u_r(t)$与载波同频同相，即保持严格的同步。若 $u_r(t)$与载波不能保持严格同步，即存在频偏 $\Delta\omega$、相偏 $\Delta\varphi$ 时，对检波器有何影响呢？下面以 $u_i(t)=m_aU_{im}\cos\Omega t\cos\omega_c t$ 双边带调幅信号检波过程为例进行简要分析。

① $u_r(t)$与载波同频不同相

设 $u_r(t)=U_{rm}\cos(\omega_c t+\Delta\varphi)$，则检波器输出信号为

$$u_o(t)=\frac{1}{2}K_M U_{rm}U_{im}m_a\cos\Delta\varphi\cos\Omega t \tag{4-3-8}$$

式中，$U_{\Omega m}=0.5K_M U_{rm}U_{im}m_a\cos\Delta\varphi$。显然，如果 $\Delta\varphi$ 为一个变化量，则检波输出电压将会失

真。而当 $\Delta\varphi$ 为定值时，检波器输出电压没有失真，但 $\cos\Delta\varphi\leqslant1$，将使输出低频电压的振幅减小；若 $\Delta\varphi=0$，即参考电压与载波同频同相，则输出低频电压的振幅最大；若 $\Delta\varphi=90°$，则 $u_o(t)=0$。显然，$\Delta\varphi$ 越小越好。

② $u_r(t)$与载波不同频同相

设 $u_r(t)=U_{rm}\cos(\omega_c+\Delta\omega)t$，则检波器输出信号为

$$u_o(t)=\frac{1}{2}K_MU_{rm}U_{im}m_a\cos\Delta\omega t\cos\Omega t \tag{4-3-9}$$

此时，$u_o(t)$的振幅将是按 $\cos\Delta\omega t$ 变化的低频电压，产生了失真。

③ $u_r(t)$与载波不同频不同相

设 $u_r(t)=U_{rm}\cos[(\omega_c+\Delta\omega)t+\Delta\varphi]$，则检波器输出信号为

$$u_o(t)=\frac{1}{2}K_MU_{rm}U_{im}m_a\cos(\Delta\omega t+\Delta\varphi)\cos\Omega t \tag{4-3-10}$$

此时，$u_o(t)$的振幅将是按 $\cos(\Delta\omega t+\Delta\varphi)$变化的低频电压，也产生了失真。

综上所述，为了保证同步检波器不失真地解调出幅度尽可能大的信号，参考电压应与输入载波同频同相，即实现二者的同步。在实际工作时，二者的频率必须相同，而允许有很小的相位差。但如果是电视图像信号时，也会有明显的相位失真，这一点要注意。

(4) 同步信号的产生方法

若输入信号为普通调幅波，可将调幅波限幅去除包络线变化，得到的是角频率为 ω_c 的方波，用窄带滤波器取出 ω_c 成分的同步信号。

若输入信号为双边带调幅波，将双边带调制信号 $u_i(t)$取平方 $u_i^2(t)$，从中取出角频率为 $2\omega_c$ 的分量，经二分频将它变为角频率为 ω_c 的同步信号。

若输入信号为发射导频的单边带调幅波，可采用高选择性的窄带滤波器，从输入信号中取出该导频信号，导频信号放大后就可作为同步信号。如果发射机不发射导频信号，则接收机就要采用高稳定度晶体振荡器产生指定频率的同步信号。

2. 大信号峰值包络检波器

(1) 电路结构

大信号包络检波器只适于普通调幅波的检波。目前应用最广的是二极管包络检波器(集成电路中多采用三极管射极包络检波器)，其电路如图 4-3-8 所示。

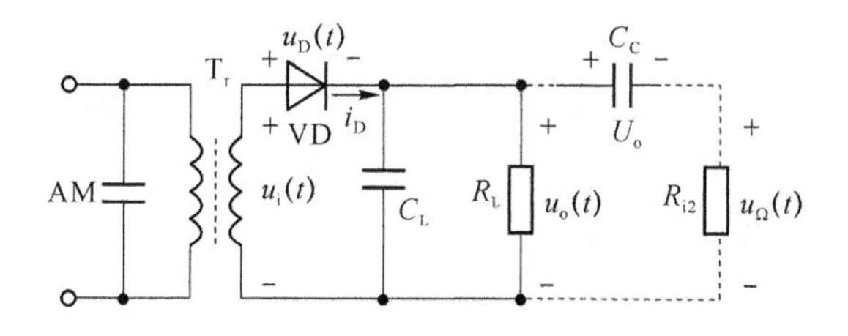

图 4-3-8 二极管包络检波器

该电路由二极管 VD 和 R_L、C_L 组成的低通滤波器串接而成，R_L 为检波负载电阻，C_L 为检波负载电容。变压器 T_r 将前级的普通调幅波送到检波器的输入端，虚线所示的 C_c 为隔直电容，R_{i2}为后级输入电阻。该电路输入的是大信号，即输入高频电压 $u_i(t)$的振幅在 500 mV以上，这时二极管就工作在受 $u_D(t)$控制的开关状态。

(2) 工作原理

二极管两端的电压 $u_D(t)=u_i(t)-u_o(t)$，由于 $u_i(t)$是大信号，所以 $u_o(t)$也很大，其反

作用不能忽略。当 $u_D(t)>0$ 时，二极管 VD 导通；当 $u_D(t)\leqslant 0$ 时，二极管 VD 截止。R_L 和 C_L 并联，所以检波器的输出电压 $u_o(t)$ 就是电容 C_L 两端的电压。

① 若输入 $u_i(t)$ 为高频等幅波

若 $u_i(t)$ 为高频等幅波（$u_i(t)=U_{im}\cos\omega_c t$），检波器的输入输出信号如图 4-3-9 所示。

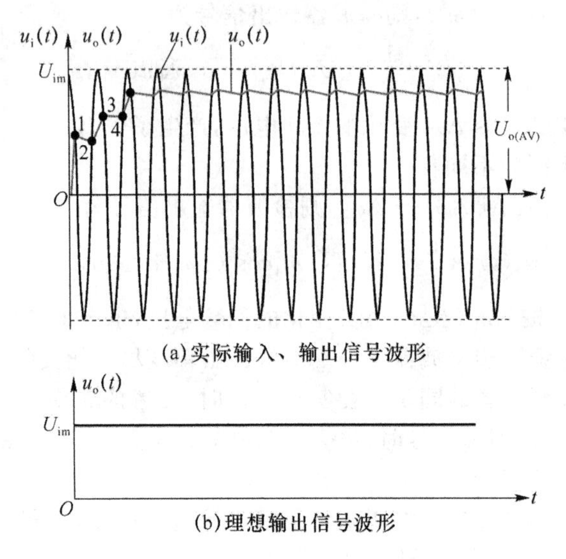

(a)实际输入、输出信号波形

(b)理想输出信号波形

图 4-3-9 当输入高频等幅波时的电路信号波形

若在 $t=0$ 时 C_L 上没有电荷，即 $u_o(t)=0$，此时 $u_D(t)=u_i(t)-u_o(t)>0$，二极管导通，形成电流 i_D 对 C_L 充电，充电时间常数为 $\tau_{充}=r_d C_L$，由于 r_d 很小，所以电容充电非常快，其 $u_o(t)$ 电压上升很快，如图 4-3-9(a)第一段折线所示，该曲线非常陡峭。

当曲线上升到"1"点时，两曲线相交这一点，表明 $u_o(t)=u_i(t)$，则 $u_D(t)=0$，二极管处在临界状态。当过"1"点后，$u_i(t)$ 有下降趋势，此时 $u_D(t)=u_i(t)-u_o(t)<0$，二极管截止，C_L 放电，放电时间常数为 $\tau_{放}=R_L C_L$，其值比较大，所以电容放电非常慢，其 $u_o(t)$ 电压下降很慢，如图 4-3-9(a)第二段折线所示，该曲线比较平缓。

当曲线下降到"2"点时，两曲线相交这一点，表明 $u_o(t)=u_i(t)$，则 $u_D(t)=0$，二极管处在临界状态。当过"2"点后，$u_i(t)$ 有上升趋势，则 $u_D(t)=u_i(t)-u_o(t)>0$，二极管又导通，形成电流 i_D 对 C_L 充电。如此反复，由于充电快，放电慢，在很短时间内就达到充放电的动态平衡。此后，$u_o(t)$ 便在平均值 $U_{o(AV)}\approx U_{im}$ 上下按频率 f_c 作锯齿状的小波动（低通滤波器非理想特性将导致在 C_L 两端产生残余高频电压）。

如果 $R_L C_L \gg T_c$（T_c 为高频等幅波 $u_i(t)$ 的周期），则 C_L 放掉的电荷量很少，因此 $u_o(t)$ 的锯齿波动很小，一般可以忽略，则 $u_o(t)$ 的波形就近似是 $u_i(t)$ 的包络，检波输出波形如图 4-3-9(b)所示。此时，因 $u_o(t)\approx U_{im}$，检波效率约为 1。

② 若输入 $u_i(t)$ 为普通调幅波

设 $u_i(t)=U_{im}(1+m_a\cos\Omega t)\cos\omega_c t$，此时检波器的工作过程与高频等幅波输入时很相似，只是随着 $u_i(t)$ 幅度的增大或减小，$u_o(t)$ 也作相应的变化。

由于电容存在充放电时间差，因此 $u_o(t)$ 将是与调幅包络相似的有小锯齿波动的电压，如图 4-3-10(a)折线所示。忽略锯齿小波动后，其波形如图 4-3-10(b)所示。

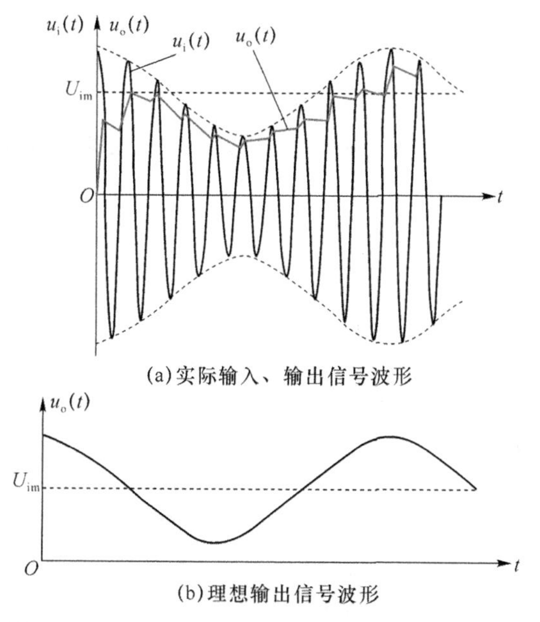

(a)实际输入、输出信号波形

(b)理想输出信号波形

图 4-3-10　当输入单频普通调幅波时电路信号波形

由图 4-3-10(b)可知，$u_o(t)\approx U_{im}(1+m_a\cos\Omega t)=U_{im}+m_aU_{im}\cos\Omega t$，即 $u_o(t)$可分解为一个直流分量 $U_o=U_{im}$和一个按调幅波包络变化的低频分量 $u_\Omega(t)=m_aU_{im}\cos\Omega t$。经过隔直电容 C_c 的作用，在 R_{i2}上就得到低频原调制信号 $u_\Omega(t)$。由于检波器的输出电压 $u_o(t)$与输入高频调幅波 $u_i(t)$的包络基本相同，故又称为峰值包络检波。

(3) 主要性能分析

① 电压传输系数 K_d

- 当输入为高频等幅波时，$K_d=U_o/U_{im}\approx1$；
- 当输入为单频普通调幅波时，$K_d=U_{\Omega m}/m_aU_{im}\approx1$。

② 输入电阻 R_i

当检波器输入为高频等幅波 $u_i(t)=U_{im}\cos\omega_c t$，则检波器输入功率为 $P_i=U_{im}^2/(2R_i)$，输出功率为 $P_o=U_{om}^2/R_L$(直流功率)，输入功率一部分转换为输出功率，一部分消耗在二极管的正向电阻上。

由于二极管消耗的功率很小，可忽略不计，所以有 $P_i=P_o$，又因 $u_o(t)\approx U_{im}$，可得 $U_{im}^2/(2R_i)\approx U_{im}^2/R_L$，计算可得检波器的输入电阻为

$$R_i\approx0.5R_L \tag{4-3-11}$$

三、检波器的失真

检波器的失真包括非线性失真、截止失真、频率失真、惰性失真和负峰切割失真。其中，惰性失真和负峰切割失真是大信号包络检波器特有的失真，应重点理解。

1. 非线性失真

产生原因：是由于二极管伏安特性的非线性引起的，这时检波器的输出电压不能完全和调幅波的包络成正比。

克服措施：如果负载电阻选得足够大，则检波管非线性特性影响越小，它所引起的非线性失真即可忽略。

2. 截止失真

产生原因：是由于二极管存在导通电压 U_{ON}，当输入调幅波的振幅小于 U_{ON} 时，二极管截止引起的。

克服措施：使 $U_{im}(1-m_a)>U_{ON}$，则可避免截止失真；或者尽量采用锗管二极管。

3. 频率失真

产生原因：是由于检波负载电容 C_L 和隔直电容 C_c 取值不合理引起的。其中，C_L 的作用是旁路高频分量，若值太大，则其容抗值很小，将使有用的低频分量受到损失，引起频率失真；C_c 的作用是隔直流通低频分量，若值太小，则其容抗值很大，将使有用的低频分量受到损失，引起频率失真。

克服措施：若满足 $C_L\leqslant 1/(R_L\Omega_{max})$ 和 $C_c\geqslant 1/(R_{i2}\Omega_{min})$，则可避免频率失真。在通常的音频范围内，取值是容易满足的，一般 C_c 约为几微法，C_L 约为 0.01 μF。

4. 惰性失真

产生原因：检波负载 R_L、C_L 越大，C_L 在二极管截止期间放电速度就越慢，则电压传输系数和高频滤波能力就越高。但 R_LC_L 取值过大，将会出现二极管截止期间电容 C_L 对 R_L 放电速度太慢，这样检波器的输出电压就不能跟随包络线变化，于是产生了惰性失真，如图 4-3-11 所示。

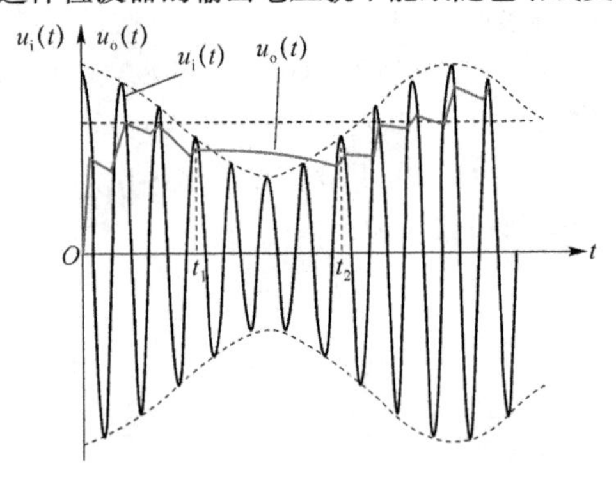

图 4-3-11　惰性失真波形

由图 4-3-11 可以看出，在 t_1 时刻，C_L 上电压的下降速度低于调幅波包络的下降速度，使下一个高频正半周的最高电压仍低于此时 C_L 的两端电压 $u_o(t)$，二极管截止，则 $u_o(t)$ 不再按调幅波包络变化，而是按 C_L 对 R_L 的放电规律变化。直到 t_2 时刻，$u_i(t)$ 的振幅才开始大于 $u_o(t)$，检波器才恢复正常工作。这样，在 $t_1\sim t_2$ 期间产生了惰性失真，又称为对角切削失真。

克服措施：为了避免产生惰性失真，二极管必须在每个高频周期内导通一次，则要求电容 C_L 的放电速度大于或等于调幅波包络下降的速度，即

$$R_LC_L\leqslant\frac{\sqrt{1-m_a^2}}{m_a\Omega_{max}}\tag{4-3-12}$$

该式表明，m_a 和 Ω 越大，包络下降速度就越快，则避免产生惰性失真所要求的 R_LC_L 值也就必须越小。在多频调制时，m_a 和 Ω 应取最大值。

5. 负峰切割失真

产生原因：检波器的输出端经隔直电容 C_c 接到下一级的输入电阻 R_{i2}，要求 C_c 的容量大，才能传送低频信号。而 C_c 两端存在直流电压 $U_o\approx U_{im}$，其极性为左正右负，可以把它看成一直流电源。这个直流电源给 R_L 分的电压为

$$U_{RL}\approx U_{im}\frac{R_L}{R_L+R_{i2}}$$

此电压极性为上正下负，相当于给二极管加了一个额外的反向偏压。当 $R_L\geqslant R_{i2}$ 时，U_{RL} 就很大，这就可能使输入调幅波包络在负半周最小值附近的某些时刻小于 U_{RL}，则二极管在这

段时间就会截止，电容 C_L 只放电不充电。但由于 C_L 容量很大，其两端电压放电很慢，因此输出电压 $u_o(t)=U_{RL}$，不随包络变化，从而产生失真，如图 4-3-12 所示。

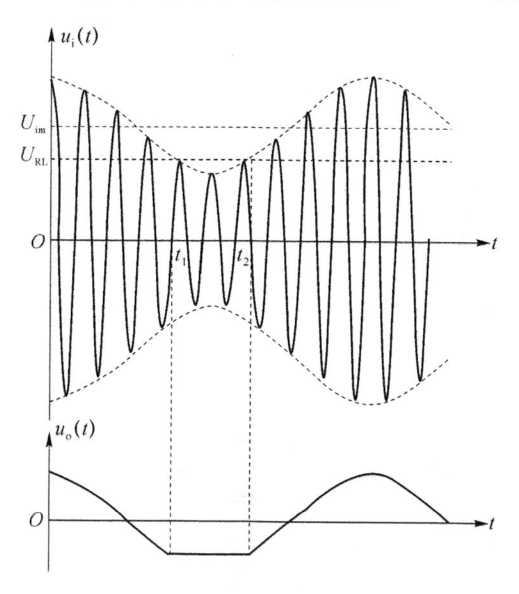

图 4-3-12　负峰切割失真波形

由图 4-3-12 可以看出，信号在 $t_1 \sim t_2$ 期间产生了失真，由于这种失真出现在输出低频信号的负半周，其底部被切割，故称为负峰切割失真。

克服措施：为避免产生负峰切割失真，应使输入调幅波包络的最小值 $U_{im}(1-m_a)>U_{RL}$，即

$$m_a<\frac{R_{i2}}{R_L+R_{i2}} \tag{4-3-13}$$

令检波器的直流负载为 R_L，低频交流负载为 R_Ω，则 $R_\Omega=R_L//R_{i2}$。因此式(4-3-12)可转换为

$$m_a<\frac{R_\Omega}{R_L} \tag{4-3-14}$$

因此，产生负峰切割失真的原因是检波器的交、直流负载电阻不等和调幅系数过大。克服失真的措施就是增大 R_{i2}，使 $R_\Omega \approx R_L$。

避免负峰切割失真的改进电路如图 4-3-13 所示。图中把 R_L 分为 R_{L1} 和 R_{L2}，检波器的直流负载电阻 $R_L = R_{L1}+R_{L2}$，交流负载电阻 $R_\Omega = R_{L1}+R_{L2}//R_{i2}$，$C_1$ 是用来进一步滤除高频分量的。当 R_L 一定时，R_{L1} 越大，检波器的交、直流负载电阻的差别就越小，越不易出现负峰切割失真。为了避免低频电压值过小，一般取 $R_{L1}/R_{L2}=0.1\sim0.2$。

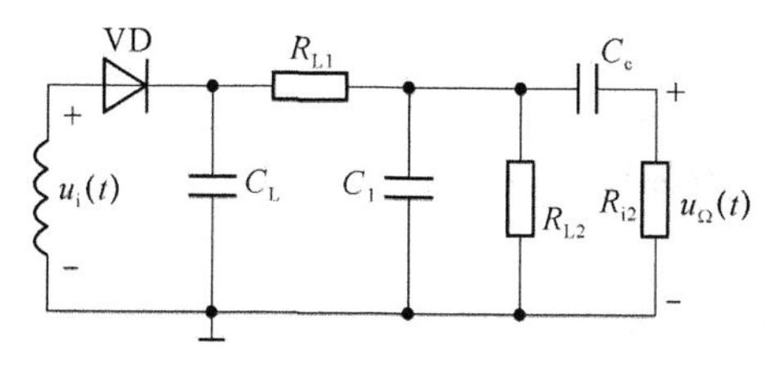

图 4-3-13　避免负峰切割失真改进电路

4-3-2　计划决策

通过任务分析和对相关资讯的了解，讨论学习的计划并选定最优方案。

计划和决策(参考)

第一步	了解检波的功能及类型
第二步	理解同步检波的工作原理及实现方法
第三步	理解大信号峰值包络检波器的工作原理及实现方法
第四步	掌握大信号峰值包络检波器的设计方法及调整要点

4-3-3　任务实施

学习型工作任务单

学习领域	通信电子线路				学时	78(参考)
学习项目	项目 4 换个样子传输信号——认识频率变换电路				学时	30
工作任务	4-3　检波电路				学时	2
班　　级		小组编号		成员名单		
任务描述	1. 了解检波的功能及类型。 2. 理解同步检波的工作原理及实现方法。 3. 理解大信号峰值包络检波器的工作原理及实现方法。 4. 掌握大信号峰值包络检波器的设计方法及调整要点。					
工作内容	1. 什么叫检波？检波有哪些类型，各有什么特点？ 2. 同步检波是利用什么原理实现调幅信号的解调的？基本电路有哪些？ 3. 大信号峰值包络检波器的基本电路及工作原理是什么？ 4. 大信号峰值包络检波器如何设计？调整要点有哪些？					
提交成果和文件等	1. 检波的功能、类型、特点对照表。 2. 大信号峰值包络检波的设计、调整要点。 3. 学习过程记录表及教学评价表(学生用表)。					
完成时间及签名						

4-3-4　展示评价

1. 教师及其他组负责人根据小组展示汇报整体情况进行小组评价。

2. 在学生展示汇报中，教师可针对小组成员的分工，对个别成员进行提问，给出个人评价。

3. 组内成员自评表及互评表打分。

4. 本学习项目成绩汇总。

5. 评选今日之星。

4-3-5　试一试

一、填空

1. 检波是__________的逆过程，它也是一种__________搬移过程。

2. 检波按实现方式分类为__________、__________。

3. 同步检波器用来解调 SSB 或 DSB 调幅信号，对本地载波的要求是__________。

4. 大信号包络检波，实际加在二极管上的电压是__________电压与__________电压之差。二极管输出电流是__________。

5. 信号包络检波器的工作原理是利用__________和 RC 网络__________的滤波特性工作。

二、分析计算

1. 为什么检波电路中一定要有非线性元件？如果将大信号检波电路中的二极管反接是否能起检波作用？其输出电压波形与二极管正接时有什么不同？试绘图说明。

2. 在同步检波器中，为什么参考电压与输入载波同频同相？二者不同频将对检波有什么影响？二者不同相又将对检波产生什么影响？

3. 大信号二极管检波电路如图 4-3-14 所示。若给定 $R_L=10\ \text{k}\Omega$，$m_a=0.3$，试求：

(1) 载频 $f_c=465\ \text{kHz}$，调制信号最高频率 $F=340\ \text{Hz}$，问电容 C 应如何选取？检波器输入阻抗大约是多少？

(2) 若 $f_c=30\ \text{MHz}$，$F=0.3\ \text{MHz}$，C 应选多少？检波器输入阻抗大约是多少？

4. 检波电路如图 4-3-15 所示。已知

$$u(t)=5\cos 2\pi\times465\times10^3 t+4\cos 2\pi\times10^3 t\cos 2\pi\times465\times10^3 t$$

二极管内阻 $r_D=100\ \Omega$，$C=0.01\ \mu\text{F}$，$C_1=47\ \mu\text{F}$。在保证不失真的情况下，试求：

(1) 检波器直流负载电阻的最大值；

(2) 下级输入电阻 R_{i2} 的最小值。

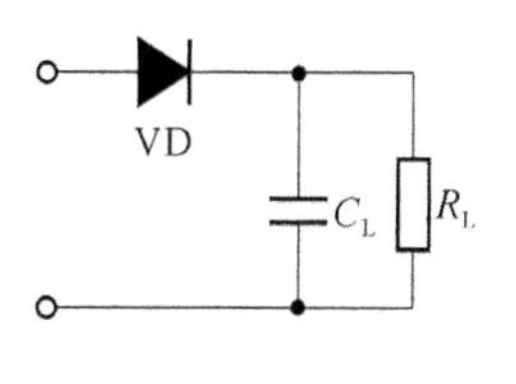

图 4-3-14　检波电路

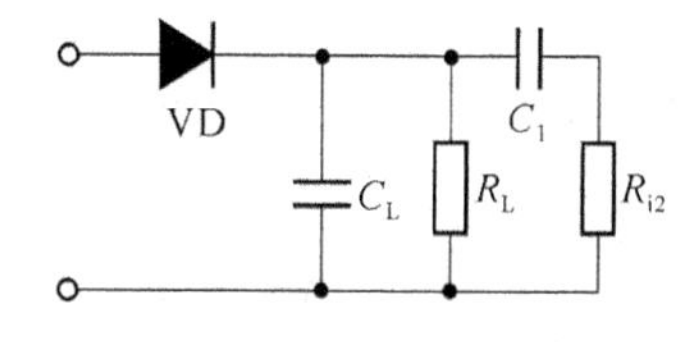

图 4-3-15　检波电路

5. 大信号二极管检波电路的负载电阻 $R_L=200\ \text{k}\Omega$，负载电容 $C=100\ \text{pF}$。设 $F_{max}=6\ \text{kHz}$，为避免对角线失真，最大调制指数应为多少？

4-3-6　练一练

1. 仿真分析：已知二极管大信号峰值包络检波器仿真电路如图 4-3-16 所示，试用 Multisim 10 仿真分析电路的工作原理及波形失真的消除方法。

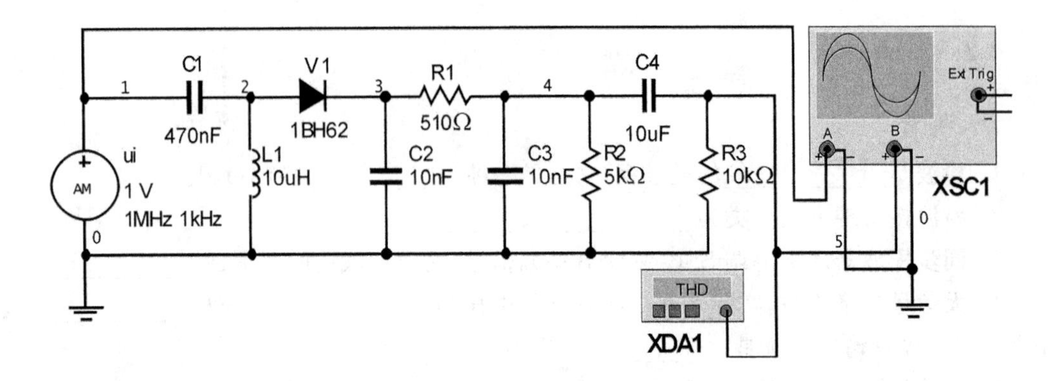

图 4-3-16　二极管大信号峰值包络检波器仿真电路

图 4-3-16 中，输入调幅波，二极管 V_1 与负载电路 R 串联，称为串联检波器。主要技术指标：载波频率 $f_c=1$ MHz，调制频率 $F=1$ kHz，调幅度 $m_a=0.5$。电路主要元件参数：晶体管为 1BH62(实际电路一般选择 2AP 系列，如 2AP9)，导通电阻 $r_d=100\ \Omega$，结电容 $C_d\approx 1$ pF，下一级的输入电阻 $R_3=10$ kΩ。电路中直流负载电阻 $R_L=R_1+R_2=5.51$ kΩ，交流负载电阻 $R_\Omega= R_1+ R_2//R_3=3.84$ kΩ。可以看出，R_1 越大，交、直流电阻差别就越小，负峰切割失真就不易产生。正是 R_1 与 R_2 的分压作用，使输出电压减小，因此兼顾二者，$R_1=(0.1\sim0.2)R_2$。

为了提高检波器的高频滤波能力，在电路中的 R_2 上并接了电容 C_3。滤波电路的时间常数为

$$R_LC_L=(R_1+R_2)C_2+R_2C_3=0.105\,1\times10^{-3}\,\mathrm{s} \tag{4-3-15}$$

其中，$C_2=C_3=0.01\ \mu$F。

为了避免对输出低频信号产生分压，C_4 取 10 μF。

由前面的分析可知：$m_a=0.5$，直流电阻 $R_L=5.51$ kΩ，交流电阻 $R_\Omega=3.84$ kΩ。$m_a< R_\Omega/R_L=0.697$，满足式(4-3-14)，电路不会产生负峰切割失真。

将式(4-3-15)所得结果及调制频率 $F=1$ kHz 代入式(4-3-12)可知，电路满足不产生惰性失真的条件，不会产生惰性失真。

【参考方案】

(1) 绘制仿真电路

利用 Multisim 10 软件绘制如图 4-3-16 所示的仿真电路，各元件的名称及标称值均按图中所示定义。仿真所涉及的虚拟实验仪器及器材有二通道示波器、THD 分析仪。

(2) 检波波形测试

① 首先输入高频等幅波(更换输入信号源为 AC_Voltage，设置频率为 1 MHz，幅度为 1 V)，观察检波输出波形，如图 4-3-17 所示。由图可知，输入高频等幅波时，输出为直流信号，电压传输系数 $K_d=U_o/U_{im}=\dfrac{365.379\ \mathrm{mV}}{994.701\ \mathrm{mV}}\approx0.37$。

② 输入普通调幅波，有关参数按图 4-3-16 所示设置，然后观察检波输出波形，如图 4-3-18 所示。由图可知，输入普通调幅波时，检波输出信号与输入调幅波包络一致。

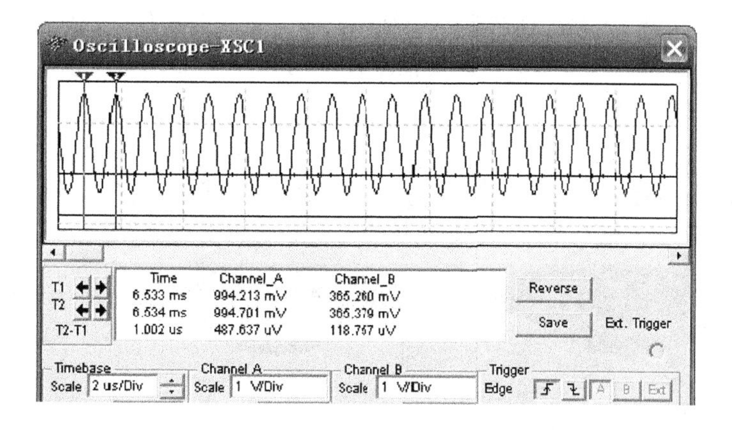

图 4-3-17　输入高频等幅波时的检波输出波形

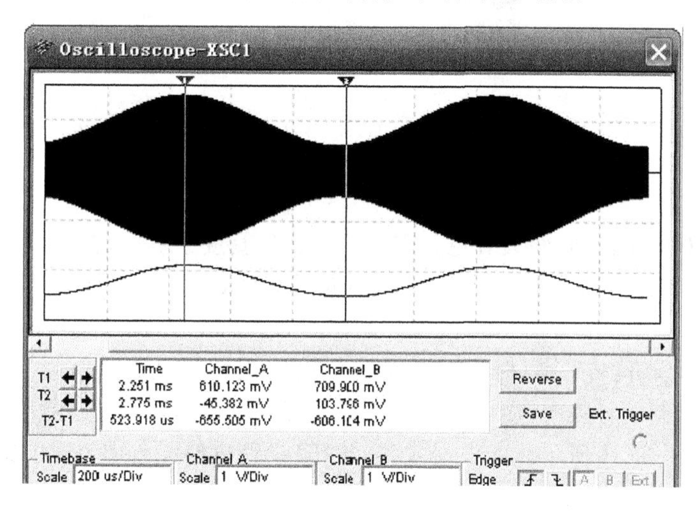

图 4-3-18　输入普通调幅波时的检波输出波形

(3) 失真情况分析

① 负峰切割失真分析：以(2)中输入普通调幅时的检波过程为例，鼠标双击调幅波输入仪，在弹出的属性栏中修改“Modulation Index”值为 0.8，此时 $m_a > R_\Omega / R_L = 0.697$，理论上将产生负峰切割失真；然后运行仿真，所得波形如图 4-3-19 所示。

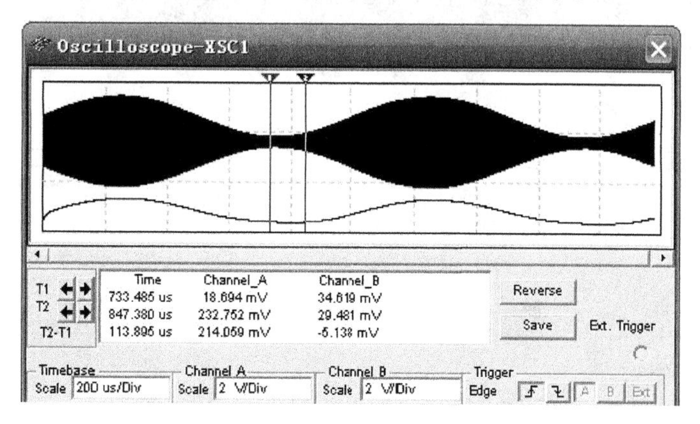

图 4-3-19　$m_a = 0.8$ 时的负峰切割失真输出波形

由图 4-3-19 可知,此时已经产生了失真。双击失真度分析仪,合理设置有关参数,可得此时的失真度为 92.004%。如果修改调幅度,可以更加直观地看到失真情况,图 4-3-20 所示为 $m_a=1$ 时的波形情况。

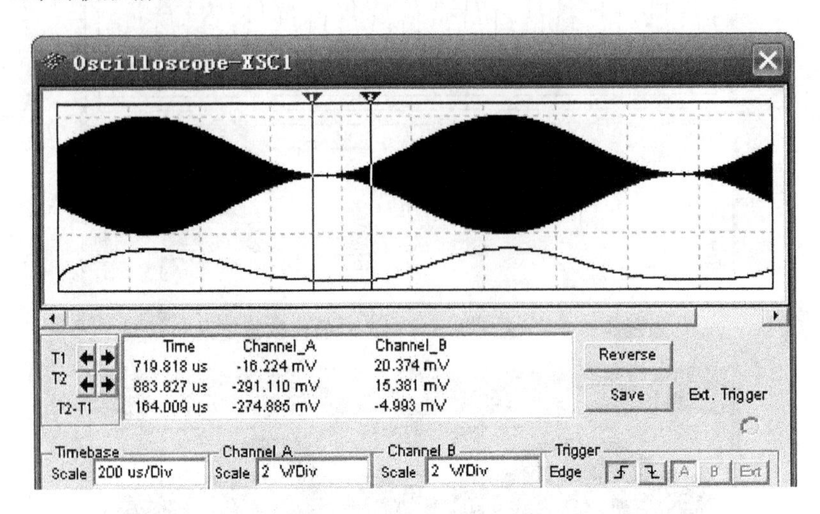

图 4-3-20　$m_a=1$ 时的负峰切割失真输出波形

由图 4-3-20 可知,此时的失真更为严重。双击失真度分析仪,合理设置有关参数,可得此时的失真度为 35.769%。在此基础上,若调整 R_1 和 R_2 等元件参数,可以减小失真程度,改善电路性能。

② 惰性失真分析:将普通调幅波 m_a 设置为 0.5,然后可根据式(4-3-15)调整电路元件参数,也可调整调制信号频率,便可观察到惰性失真。以改变调制信号频率 20 kHz 为例,所得信号波形如图 4-3-21 所示。如根据式(4-3-15)调整电路元件参数,可以减小失真程度,改善电路性能。

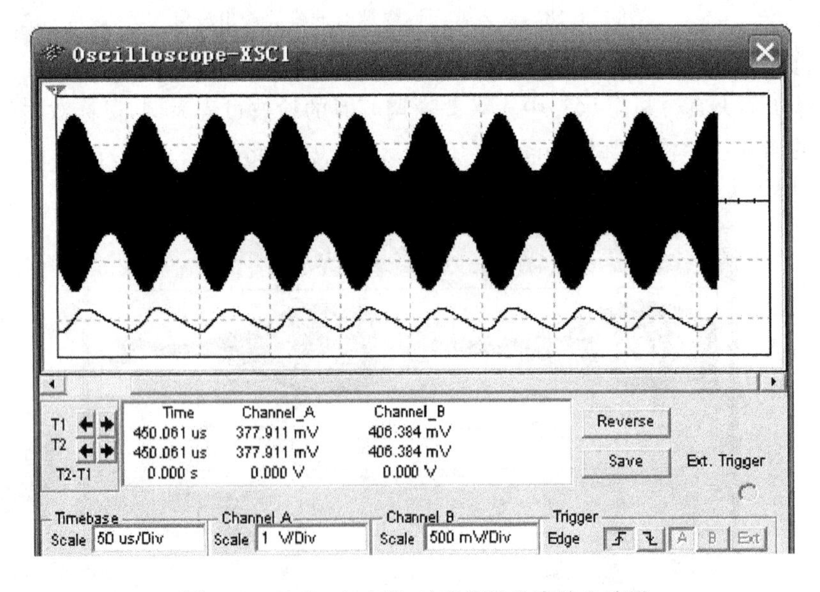

图 4-3-21　$F=20$ kHz 时的惰性失真输出波形

任务4-4　变频电路

4-4-1　资讯准备

任务描述

1. 理解变频器(混频器)的功能、组成、基本原理与数学分析方法、主要技术指标。
2. 理解模拟乘法器混频器的工作原理。
3. 理解二极管混频器的工作原理。
4. 理解晶体三极管变频电路的基本原理、工作状态选择及应用。
5. 了解变频干扰与失真的产生原因及克服方法。

资讯指南

资讯内容	获取方式
1. 什么叫变频？变频器有什么功能，基本组成和技术指标是什么？	阅读资料 上网 查阅图书 询问相关工作人员
2. 模拟乘法器混频器的电路结构及工作原理如何？	
3. 二极管混频器的电路结构及工作原理如何？	
4. 晶体三极管变频电路的基本原理、工作状态的选择及应用特点是什么？	
5. 变频过程中存在哪些干扰或失真，如何产生，又怎样克服？	

导学材料

一、概述

变频(Frequency Conversion)是将高频已调波经过频率变换，变为固定中频(Intermediate Frequency)已调波。变频的应用十分广泛，它不但用于各种超外差式接收机中，而且还用于频率合成器等电路或电子设备中。

1. 变频器的功能

在变频过程中，信号的频谱内部结构(即各频率分量的相对振幅和相互间隔)和调制类型(调幅、调频还是调相)保持不变，改变的只是信号的载频。具有这种作用的电路称为变频电路或变频器。

以调幅信号的变频波形和频谱的变化为例，变频过程如图4-4-1所示。

观察图4-4-1，从波形角度看，变频输出的中频调幅波与输入的高频调幅波的包络形状完全相同，但波形的疏密由密变疏，载频由高频 f_c 变为中频 f_I；从频谱来看，变频仅把已调波的频谱不失真地由高频位置移到中频位置，而频谱的内部结构并没有发生变化。因此，变频电路是频谱搬移电路，是频率的线性变换电路。

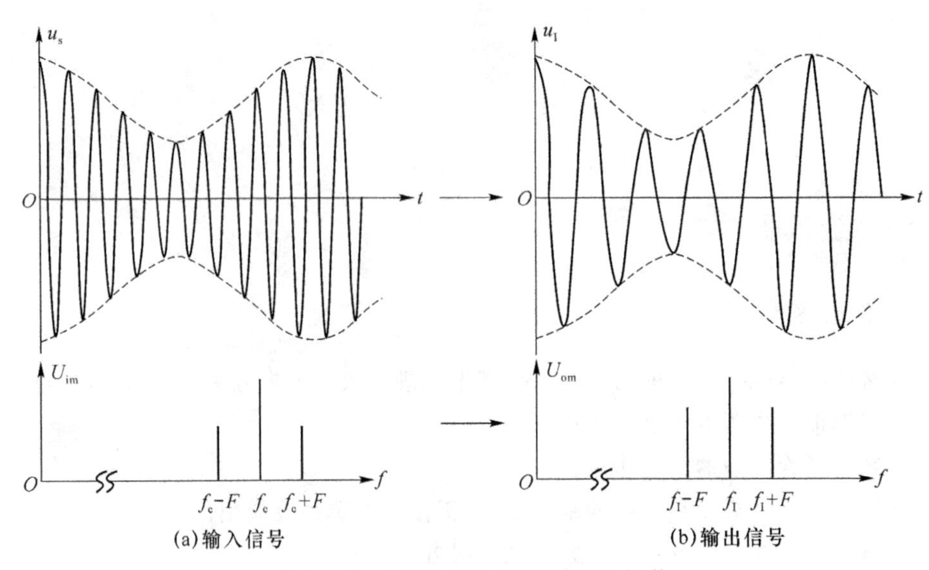

图 4-4-1　调幅波变频时的波形和频谱

2. 变频器的工作原理

(1) 组成框图

变频器由非线性器件、本地振荡器和带通滤波器组成，如图 4-4-2 所示。其中，非线性器件和带通滤波器合在一起称为混频器。

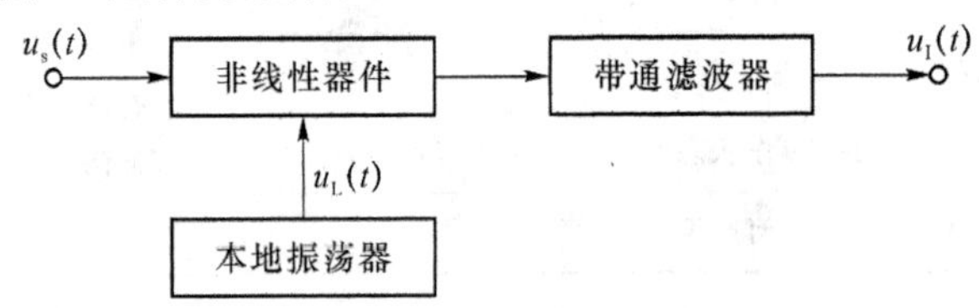

图 4-4-2　变频器的组成框图

本地振荡器用来产生本振信号$u_L(t)$；非线性器件用于将输入信号$u_s(t)$和本振信号$u_L(t)$进行混频，以产生新的频率，是变频器的核心元件；带通滤波器的作用是从各种频率中取出中频信号，同时抑制其他频率信号。

(2) 工作原理

设变频器的高频输入信号为等幅波，即 $u_s=U_{sm}\cos\omega_c t$，而本振信号 $u_L=U_{Lm}\cos\omega_L t$。非线性器件特性的幂级数展开式为

$$i=\alpha_0+\alpha_1(u_s+u_L)+\alpha_2(u_s+u_L)^2+\cdots$$
$$=\alpha_0+\alpha_1(U_{sm}\cos\omega_c t+U_{Lm}\cos\omega_L t)+\alpha_2(U_{sm}\cos\omega_c t+U_{Lm}\cos\omega_L t)^2+\cdots \quad (4\text{-}4\text{-}1)$$

i 中含有无限多个组合频率分量

$$f_k=|\pm pf_L\pm qf_c| \quad (p,q=0,1,2,\cdots) \quad (4\text{-}4\text{-}2)$$

其中，含有差频 f_L-f_c 及和频 f_L+f_c 的频率成分($p,q=1$)，如果滤波器为中心频率等于$f_I(f_I=f_L-f_c)$的带通滤波器，则它将选出差频成分，同时滤除其他成分，于是就得到变频所需要的中频成分。若非线性器件特性的幂级数展开式只取前三项，则差频(或者和频)分量是由 u_s 和 u_I 的相乘项产生的，不难得到电流 i 中的中频分量

$$i_I=\alpha_2U_{sm}U_{Lm}\cos(\omega_L-\omega_c)t=\alpha_2U_{sm}U_{Lm}\cos\omega_I t \quad (4\text{-}4\text{-}3)$$

应该指出，在实际应用时也可能取 i 中的和频成分，这时带通滤波器的中心频率为 $f_I=f_L+f_c$，即把输入高频信号变为频率更高的高中频信号，在频谱上也就是把输入高频信号的频谱从高频位置搬到高中频位置。一般情况下，取 u_s 和 u_L 的差频作为中频（低中频）。在中频采用差频时，一般都取本振频率 f_L 高于信号频率 f_c，以减小本地振荡器的波段覆盖系数，使其振幅稳定。

上述分析是基于 u_s 为正弦波的情况，如果 $u_s(t)=U_{sm}(1+m_a\cos\Omega t)\cos\omega_c t$，即 u_s 为调幅波，分析的结果是相同的。若带通滤波器的中心频率为 $f_I=f_L-f_c$，通带宽度为 $2F$，则输出的中频电流

$$i_I=\alpha_2 U_{sm}U_{Lm}(1+m_a\cos\Omega t)\cos(\omega_L-\omega_c)t=\alpha_2 U_{sm}U_{Lm}(1+m_a\cos\Omega t)\cos\omega_I t$$

即 i_I 为中频调幅波，其包络形状与输入信号 u_s 的包络相同。

不难看出，变频与调幅有相似之处：它们都是输入两个不同频率的信号（设变频输入为单频正弦信号），输出信号中都包含了两个信号的差频及和频在内的组合频率成分。但是，它们也有各自不同的特点：调幅的两个输入信号频率相差很大（$f_c\gg F$），则和频 f_c+F 与差频 f_c-F（也就是上、下边频）相距很近，很容易用滤波器将它们同时取出；而变频的两个输入信号频率 f_L、f_c 都是高频，相对而言它们相差不大，则和频 f_L+f_c 与差频 f_L-f_c 相差较大，便于用中频滤波器取出其中一个分量。

3. 变频器的主要技术指标

(1) 变频增益

变频电压增益 A_{uc} 定义为变频器中频输出电压振幅 U_{Im} 与高频输入信号电压振幅 U_{sm} 之比，即

$$A_{uc}=20\lg\frac{U_{Im}}{U_{sm}}\quad(\text{dB})\tag{4-4-4}$$

变频功率增益 A_{pc} 为输出中频信号功率 P_I 与输入高频信号功率 P_s 之比，即

$$A_{pc}=10\lg\frac{P_I}{P_s}\quad(\text{dB})\tag{4-4-5}$$

变频增益越大，接收机的灵敏度就高，但太大将使非线性干扰也大。

(2) 失真和干扰

变频器的失真有频率失真和非线性失真。除此之外，还会产生各种非线性干扰，如组合频率、交叉调制和互相调制等干扰，在后面的内容中将详细讨论。所以对混频器，不仅要求频率特性好，而且还要求变频器工作在非线性不太严重的区域，使之既能完成频率变换，又能抑制各种干扰。

二、混频电路

混频电路的种类很多，这里将介绍常用的模拟相乘混频器、二极管环形混频器和三极管混频器。

1. 模拟相乘混频器

模拟相乘混频器电路如图 4-4-3 所示。设输入调幅波 $u_s=U_{sm}(1+m_a\cos\Omega t)\cos\omega_c t$，本振信号 $u_L=U_{Lm}\cos\omega_L t$，则乘法器的输出电压

$$u_z(t)=K_M u_s(t)u_L(t)=\frac{1}{2}K_M U_{sm}U_{Lm}(1+m_a\cos\Omega t)\cos(\omega_L+\omega_c)t+$$

$$\frac{1}{2}K_M U_{sm}U_{Lm}(1+m_a\cos\Omega t)\cos(\omega_L-\omega_c)t\tag{4-4-6}$$

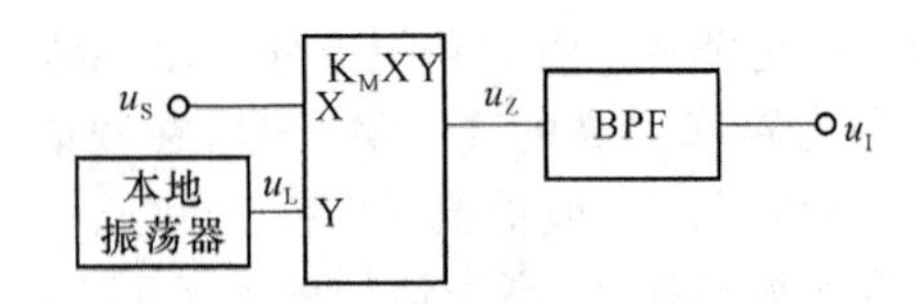

图 4-4-3　模拟相乘混频器电路

经中心频率为 f_I，带宽为 $2F$ 的带通滤波器滤波后，得

$$u_o(t)=\frac{1}{2}K_M U_{sm} U_{Lm}(1+m_a\cos\Omega t)\cos(\omega_L-\omega_c)t=U_{Im}(1+m_a\cos\Omega t)\cos\omega_I t \quad (4\text{-}4\text{-}7)$$

其中，$U_{Im}=\frac{1}{2}K_M U_{sm} U_{Lm}$，$\omega_I=\omega_L-\omega_c$。

2. 二极管环形混频器

二极管组成的平衡电路和环形电路可用于调幅和检波，它们本质上都是实现两个信号的相乘。因此，这两种电路也可用于混频，于是就得到二极管平衡混频器和二极管环形混频器。下面介绍二极管环形混频器，其电路如图 4-4-4 所示。

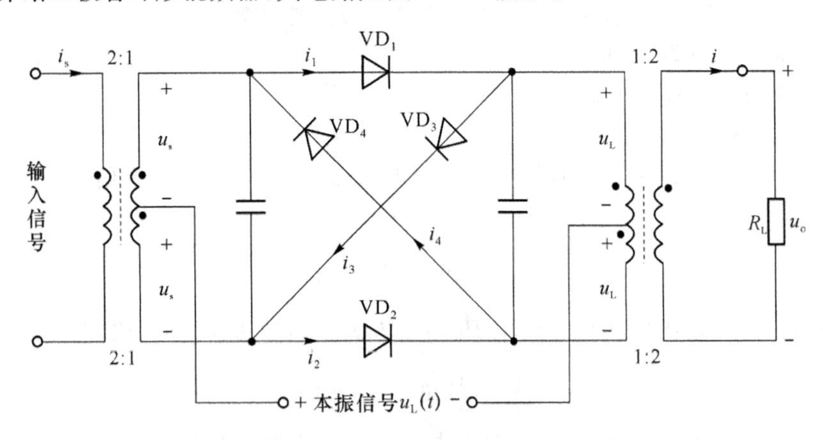

图 4-4-4　二极管环形混频器

二极管环形混频器的工作原理与二极管环形调幅电路一致，只不过用 u_s、u_L 分别代替了 u_Ω、u_c。因此，在分析环形混频时，可直接引用环形混频器的分析结果。在实际运用时经常用到大本振、小输入的情况($U_{Lm}\gg U_{sm}$)，本振电压对二极管的工作起着导通和截止的开关作用，此时图 4-4-4 所示电路就为开关混频器。u_o 中的组合频率分量为$(2p\pm1)f_L\pm f_c$，组合频率大大减小，干扰也就大大减小。若图 4-4-4 中的输入变压器初次级匝数比为 $2\times1:1$，当接上带通滤波器时，可得中频电压为

$$u_o(t)=\frac{4}{\pi}U_{sm}\cos\omega_I t \quad (4\text{-}4\text{-}8)$$

二极管环形混频器具有电路简单、噪声低、组合频率分量少、工作频带宽(可工作到微波段)、动态范围大等优点，因此应用很广；主要缺点是变频增益低(小于 1)。

3. 三极管混频器

三极管混频器是利用晶体三极管的非线性特性实现变频的，其优点是具有较高的变频增益，常用于一般的接收机中。

(1) 电路形式

根据管子组态和本振电压注入方式不同,三极管混频器有如图 4-4-5 所示的 4 种基本形式。

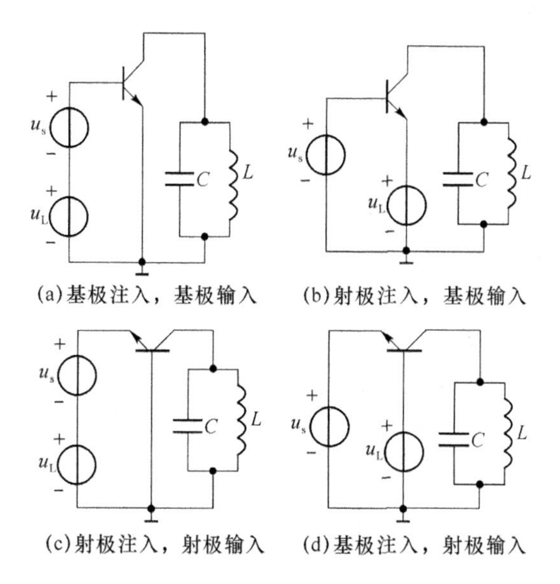

图 4-4-5　三极管混频器的电路形式

(a)、(b)都是共射组态,其增益高,故应用较广;(c)、(d)都是共基组态,其频率特性好,一般只用在频率较高的调频接收机中。

(b)、(d)两信号分别接在管子的两极,故两信号影响小;(a)、(c)两信号接在管子的同一极,故两信号影响大。

(a)、(d)本振从基极注入,故所需功率小;(b)、(c)本振从射极注入,故所需功率大。

上述 4 种电路虽然各有不同的特点,但它们的混频原理都是相同的。因为,尽管 u_L 的注入点和 u_s 的输入点不同,实际上 u_L 和 u_s 都是串接后加至管子的发射结,利用 i_c 与 u_{BE}的非线性关系实现频率变换的。

(2) 工作原理

晶体三极管混频电路如图 4-4-6 所示,它是利用图 4-4-7 所示的三极管 i_c 和 u_{BE}的转移特性来进行频率变换的。

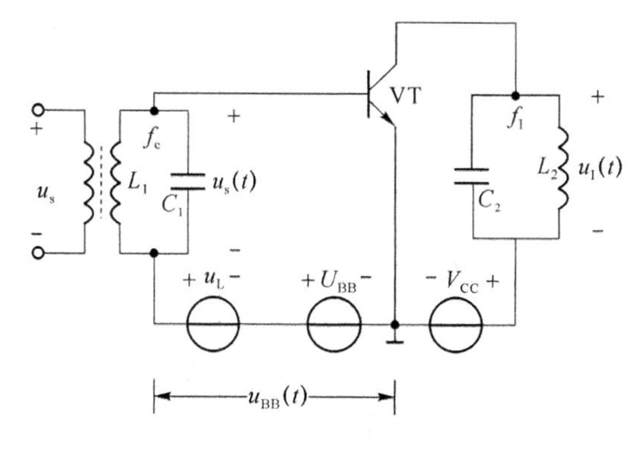

图 4-4-6　三极管混频电路

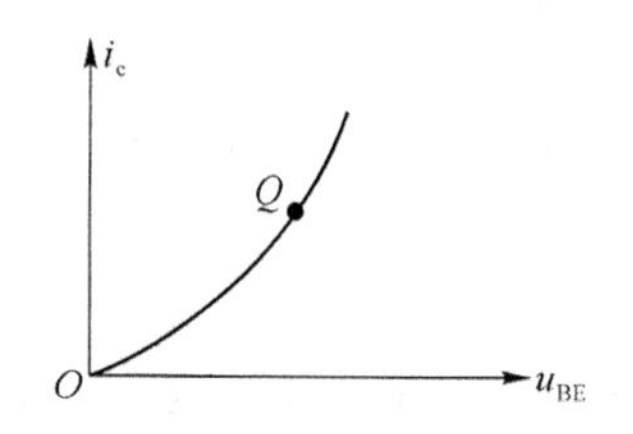

图 4-4-7　三极管的转移特性

由图 4-4-7 可得三极管的转移特性的斜率为

$$g=\left.\frac{\partial i_c}{\partial u_{BE}}\right|_Q \tag{4-4-9}$$

g 称为三极管的跨导。跨导随时间不断变化称为时变跨导，即

$$g=\left.\frac{\partial i_c}{\partial u_{BE}}\right|_Q=0 \tag{4-4-10}$$

三极管的集电极电流

$$i_c=f(u_{BE})=f(U_{BB}+u_L)+f'(U_{BB}+u_L)u_s \tag{4-4-11}$$

式中，$f(U_{BB}+u_L)$和 $f'(U_{BB}+u_L)$都随 u_L 变化，即随时间变化，故分别用时变静态集电极电流 $I_c(u_L)$和时变跨导 $g_m(u_L)$表示，即

$$i_c=I_c(u_L)+g_m(u_L)u_s \tag{4-4-12}$$

在时变偏压作用下，$g_m(u_L)$的傅里叶级数展开式为

$$g_m(u_L)=g_m(t)=g_0+g_{m1}\cos\omega_L t+g_{m2}\cos 2\omega_L t+\cdots \tag{4-4-13}$$

$g_m(t)$中的基波分量 $g_{m1}\cos\omega_L t$ 与输入信号电压 u_s 相乘可得

$$g_{m1}\cos\omega_L t\cdot U_{sm}\cos\omega_c t=\frac{1}{2}g_{m1}U_{sm}[\cos(\omega_L+\omega_c)t+\cos(\omega_L-\omega_c)t]$$

从中取出 $\omega_I=\omega_L-\omega_c$ 中频电流分量，得

$$i_I=I_{Im}\cos\omega_L t=\frac{1}{2}g_{m1}U_{sm}\cos\omega_I t=g_{mc}U_{sm}\cos\omega_I t \tag{4-4-14}$$

其中，$g_{mc}=\frac{1}{2}g_{m1}$。

三、混频干扰和失真

由于混频器件特性的非线性，混频器将产生各种干扰和失真。

1. 干扰

(1) 组合频率干扰(干扰啸声)

组合频率干扰是混频器本身的组合频率中无用频率分量所引起的干扰。对混频器而言，作用于非线性器件的两个信号为输入信号 $u_s(f_c)$和本振电压 $u_L(f_L)$，则非线性器件产生的组合频率分量为

$$f_k=|\pm pf_L\pm qf_c|\quad(p,q=0,1,2,\cdots) \tag{4-4-15}$$

当有用中频为差频，即 $f_I=f_L-f_c$ 或 $f_I=f_c-f_L$ 时，只要存在 $pf_L-qf_c=f_I$ 或 $qf_c-pf_L=f_I$ 两种情况就可能会形成干扰，即 $pf_L-qf_c\approx\pm f_I$，这些组合信号频率落在中频放大器的通频带内，它就与有用信号一起放大后加到检波器上。通过检波器的非线性作用，这些信号与中频信号发生差拍检波，产生音频，在扬声器中以啸叫的形式出现，故这种干扰称为组合频率干扰或干扰啸声。

(2) 副波道干扰(寄生通道干扰)

副波道干扰是由于接收机前端选择性不好，外界干扰信号窜入而引起的干扰。

① 中频干扰

当干扰频率等于或接近于接收机中频时，如果接收机前端电路的选择性不够好，干扰电压一旦漏到混频器的输入端，混频器对这种干扰相当于一级(中频)放大器，放大器的跨导为 $g_m(t)$中的 g_{m0}，从而将干扰放大，并顺利地通过其后各级电路，就会在检波器中与中频信号

发生差拍检波，产生音频哨叫，形成干扰。

② 镜像干扰

设混频器中 $f_L > f_c$，当外来干扰频率 $f_n = f_L + f_I$ 时，u_n 与 u_L 共同作用在混频器输入端，也会产生差频 $f_n - f_L = f_I$，从而在接收机输出端听到干扰电台的声音，如图 4-4-8 所示。由于组合频率干扰和副波道干扰都是信号频率 f_c 或干扰频率 f_n 与本振频率 f_L 经过混频的非线性变换后，产生接近中频 f_I 的分量而引起的，因此这类干扰是混频器特有的。要抑制中频干扰和镜像干扰，必须提高混频器前端电路的选择性。

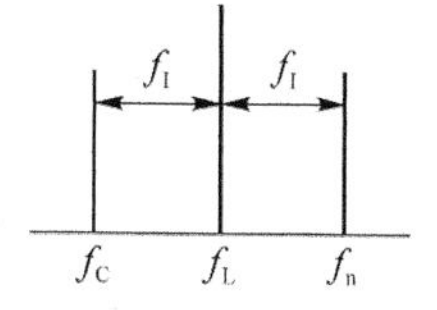

图 4-4-8　镜像干扰

2. 失真

(1) 交调失真

当有用信号和干扰信号同时作用在混频器的输入端时，由于混频器的非线性作用，使输出中频信号的包络上叠加有干扰电压的包络，造成有用信号的失真，这种现象称为交叉调制失真，简称交调失真。

交调失真是由于非线性特性中的三次以上的非线性项产生的，并且与干扰电压的振幅平方成正比，而与频率无关。其特点是，在有用信号存在时，有干扰电压的包络存在，一旦有用信号消失，干扰电压的包络也随之消失。

抑制交调失真的措施是：提高混频器前级的选择性，尽量减小干扰信号；选择合适的器件和合适的工作状态，使混频器的非线性高次方项尽可能小；采用抗干扰能力较强的平衡混频器和模拟乘法器混频电路。

(2) 互调失真

当混频器输入端有两个干扰电压同时作用时，由于混频器的非线性，这两个干扰电压与本振电压相互作用，会产生接近中频的组合频率分量，并能通过中频放大器，在输出端形成干扰信号。

互调失真也是由器件特性的幂级数展开式中三次或更高次项产生的，其两个干扰频率和信号频率存在一定的关系，所以它不同于交调失真。例如，当接到 2.4 MHz 的有用信号时，频率为 1.5 MHz 和 0.9 MHz 的两个电台(此时它们为干扰信号)因接收机前端电路选择性不好也进入混频器的输入端，它们的和频也为 2.4 MHz，从而产生互调失真。

3. 减小干扰和失真的措施

综上所述，根据混频器干扰和失真产生的原因，可以得到下述的减小干扰和失真的措施。

(1) 混频器的干扰和失真程度与干扰信号的大小有关，因此提高混频器前端电路的选择性(如天线回路和高放级的选择性)，可有效地减小干扰和失真的影响。

(2) 采用高中频，则镜像频率、中频频率和某些副波道干扰的频率离开有用信号频率很远，混频器前端电路很容易将它们滤除，故可基本上抑制镜像干扰、中频干扰和某些副波道干扰。因此，在近代短波通信接收机中，广泛采用高中频，同时混频后的中频放大器，相应采用晶体滤波器作为它的中频滤波网络，以克服高中频带来的选择性差的缺点。

(3) 适当减小混频器有用信号的幅度，以减小组合频率干扰和包络失真。但是，若有用信号幅度太小，则影响电路的信噪比，因此选择时要慎重。

(4) 选择模拟乘法器和场效应管作为混频器件，可减小输出的组合频率数目，并消除其特性中的三次或更高次非线性项，可有效地减小或抑制干扰和失真；或者合理选择混频管的工作点，使其主要工作在器件特性的二次方区域，也可减小干扰和失真。应该指出，这种办法不能减小中频干扰和镜像干扰。

(5) 采用平衡混频器、环形混频器和开关混频器，或让混频管工作在线性时变状态，可大大减小组合频率分量，也就减小了干扰和失真。

4-4-2 计划决策

通过任务分析和对相关资讯的了解，讨论学习的计划并选定最优方案。

计划和决策(参考)

第一步	理解变频器(混频器)的功能、组成、基本原理与数学分析方法、主要技术指标
第二步	理解模拟乘法器混频器、二极管混频器的工作原理
第三步	理解晶体三极管变频电路的基本原理、工作状态选择及应用
第四步	了解变频干扰与失真的产生原因及克服方法

4-4-3 任务实施

学习型工作任务单

<table>
<tr><td>学习领域</td><td colspan="3">通信电子线路</td><td>学时</td><td>78(参考)</td></tr>
<tr><td>学习项目</td><td colspan="3">项目 4　换个样子传输信号——认识频率变换电路</td><td>学时</td><td>30</td></tr>
<tr><td>工作任务</td><td colspan="3">4-4　变频电路</td><td>学时</td><td>2</td></tr>
<tr><td>班　　级</td><td></td><td>小组编号</td><td></td><td>成员名单</td><td></td></tr>
<tr><td>任务描述</td><td colspan="5">1. 理解变频器(混频器)的功能、组成、基本原理与数学分析方法、主要技术指标。
2. 理解模拟乘法器混频器的工作原理。
3. 理解二极管混频器的工作原理。
4. 理解晶体三极管变频电路的基本原理、工作状态选择及应用。
5. 了解变频干扰与失真的产生原因及克服方法。</td></tr>
<tr><td>工作内容</td><td colspan="5">1. 什么叫变频？变频器有什么功能，基本组成和技术指标是什么？
2. 模拟乘法器混频器的电路结构及工作原理如何？
3. 二极管混频器的电路结构及工作原理如何？
4. 晶体三极管变频电路的基本原理、工作状态的选择及应用特点是什么？
5. 变频过程中存在哪些干扰或失真？如何产生，又怎样克服？</td></tr>
<tr><td>提交成果
和文件等</td><td colspan="5">1. 变频的概念，变频器的功能、组成、工作原理及技术指标对照表。
2. 各类混频器的电路结构、工作原理、应用特点对照表。
3. 学习过程记录表及教学评价表(学生用表)。</td></tr>
<tr><td>完成时间
及签名</td><td colspan="5"></td></tr>
</table>

4-4-4　展示评价

1. 教师及其他组负责人根据小组展示汇报整体情况进行小组评价。
2. 在学生展示汇报中，教师可针对小组成员的分工，对个别成员进行提问，给出个人评价。
3. 组内成员自评表及互评表打分。
4. 本学习项目成绩汇总。
5. 评选今日之星。

4-4-5　试一试

1. 所谓变频（Frequency Conversion），就是将＿＿＿＿＿＿经过＿＿＿＿＿＿，变为＿＿＿＿＿＿。

2. 在变频过程中，信号的＿＿＿＿＿＿（即各频率分量的相对振幅和相互间隔）和＿＿＿＿＿＿（调幅、调频还是调相）保持不变，改变的只是信号的＿＿＿＿＿＿。具有这种作用的电路称为＿＿＿＿＿＿＿＿＿＿＿＿。

3. 从组成上看，变频器由＿＿＿＿＿＿、＿＿＿＿＿＿、＿＿＿＿＿＿三部分组成；它的技术指标主要有＿＿＿＿＿＿、＿＿＿＿＿＿等。

4. 混频器的主要类型有＿＿＿＿＿＿、＿＿＿＿＿＿、＿＿＿＿＿＿等。

5. 混频器的干扰主要有＿＿＿＿＿＿、＿＿＿＿＿＿两类；失真主要有＿＿＿＿＿＿、＿＿＿＿＿＿等两类。

6. 一中频 f_I=465 kHz 的调幅超外差式接收机，当收听 f_c=1 396 kHz 的电台时，听到哨声干扰，说明哨声产生的原因，分析哨声的频率。

7. 一中波段调幅超外差收音机，在收听 565 kHz 的电台时，听到频率为 1 495 kHz 的强电台干扰，试分析这是何种干扰，是如何形成的？

4-4-6　练一练

1. 仿真分析：已知利用模拟乘法器构成的混频器仿真电路如图 4-4-9 所示，试用 Multisim 10 仿真分析电路的工作原理。

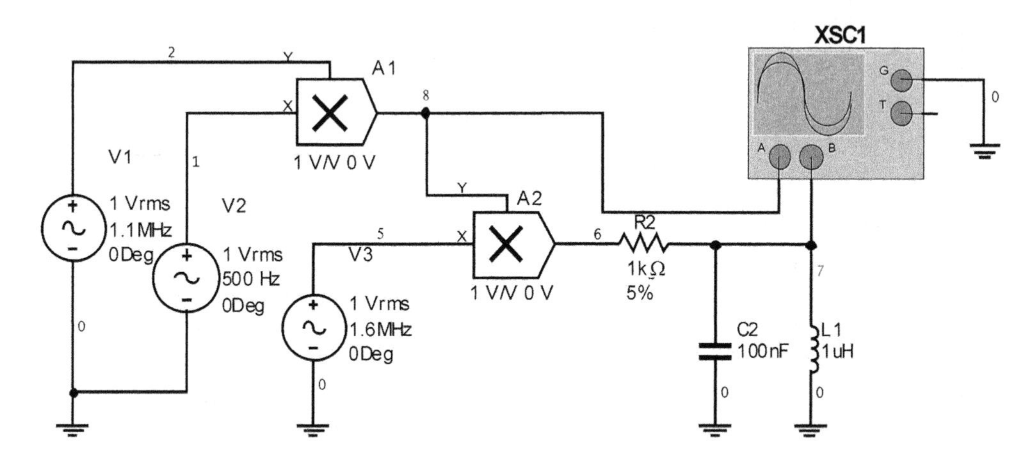

图 4-4-9　模拟乘法器混频器仿真电路

【参考方案】

(1) 绘制仿真电路:利用 Multisim 10 软件绘制如图 4-4-9 所示的仿真电路,各元件的名称及标称值均按图中所示定义。仿真所涉及的虚拟实验仪器及器材有二通道示波器、频谱分析仪。

(2) 混频输出波形测试:仿真结果如图 4-4-10 所示。合理调整示波器时基扫描因子后可以发现,混频前后,输入调幅波和输出中频信号波形的包络的周期和相位均没有变化(幅度有变化),说明输入输出信号携带有相同的信息,但是输出中频信号的周期变大,计算可知混频后留下的是输入调幅波和本振信号的差频信号。

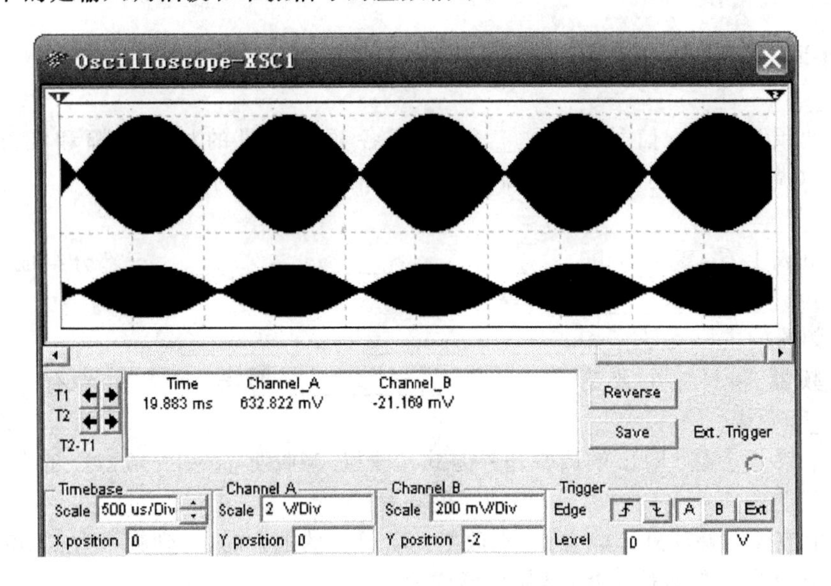

图 4-4-10　模拟乘法器混频器仿真输出波形

2. 仿真分析:已知三极管混频器仿真电路如图 4-4-11 所示,试仿照题 1 所示步骤,用 Multisim 10 仿真分析电路的波形及频谱特点。

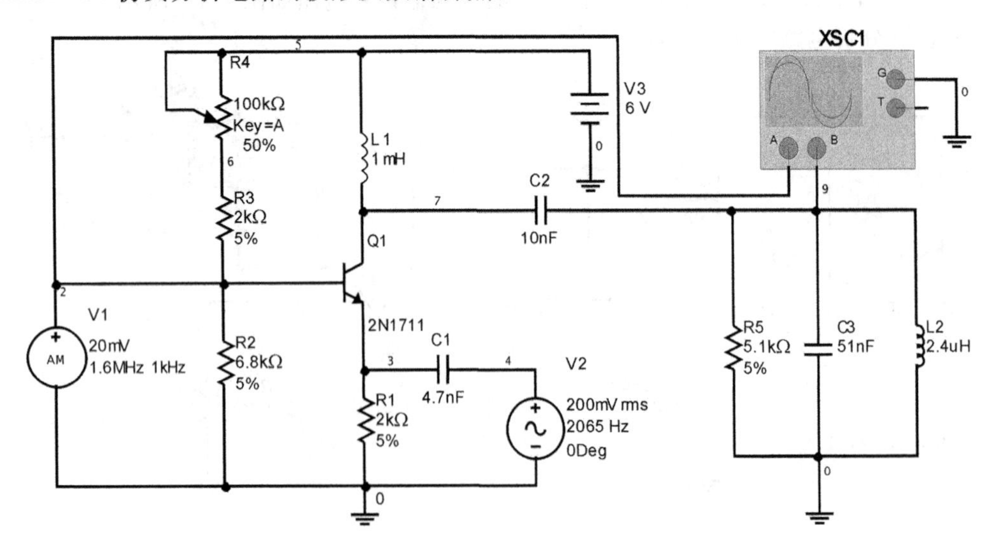

图 4-4-11　三极管混频器仿真电路

任务 4-5　调频与调相

4-5-1　资讯准备

任务描述

1. 理解各类调角波的基本性质:数学表达式、波形、频谱、带宽、功率关系等。
2. 理解变容二极管调频电路的基本结构及工作原理。
3. 理解扩展频偏的方法。
4. 理解间接调频的实现原理。

资讯指南

资讯内容	获取方式
1. 什么叫调角？调角有哪些类型,各有什么性质和特点？	阅读资料 上网 查阅图书 询问相关工作人员
2. 直接调频电路有哪些实现方法,基本电路及工作原理是什么？	
3. 间接调频电路有哪些实现方法,基本电路及工作原理是什么？	
4. 怎样扩展调频电路的频偏？	

导学材料

一、概述

1. 角度调制的功能、分类及特点

角度调制是使高频信号的频率或相位按调制信号的规律变化而变化,但振幅又保持不变的一种调制方式。

角度调制可分为两种:一种是频率调制,简称调频(FM),它是指载波的角频率随调制信号的变化规律变化;另一种是相位调制,简称调相(PM),它是指载波的相位随调制信号的变化规律变化。

角度调制属于频谱的非线性变换,即已调波信号的频谱结构不再保持原调制信号频谱的内部结构,且调制后的信号带宽比原调制信号带宽大得多。虽然角度调制信号频带的利用率不高,但其有较强的抗干扰和抗噪声能力,广泛应用于各种无线电通信和各种仪器仪表中。

2. 调频波的基本性质

调频(FM)是指保持载波的幅度不变,而使其瞬时角频率 $\omega(t)$ 随调制信号 $u_\Omega(t)$ 作线性变化。

(1) 数学表达式

设载波信号 $u_c(t)=U_{cm}\cos\omega_c t$,调制信号 $u_\Omega(t)=U_{\Omega m}\cos\Omega t$,则调频波的瞬时角频率为

$$\omega(t)=\omega_c+\Delta\omega(t)=\omega_c+k_f U_{\Omega m}\cos\Omega t=\omega_c+\Delta\omega_m\cos\Omega t \tag{4-5-1}$$

其中,ω_c 为载波角频率,即调频波中心角频率;k_f 为调频灵敏度,表示单位调制信号幅度引

起的频率变化，单位是 rad/s · V 或 Hz/V；$\Delta\omega_m$ 为调频波最大角频偏，表示调频波频率摆动的幅度，$\Delta\omega_m = k_f U_{\Omega m}$。

设 $m_f = \Delta\omega_m/\Omega = k_f U_{\Omega m}/\Omega = \Delta f_m/F = \Delta\varphi_{FM}$，根据 $\varphi_f(t) = \int \omega(t)\mathrm{d}t$ 可得

$$\varphi_f(t) = \omega_c t + m_f \sin \Omega t \tag{4-5-2}$$

其中，m_f 为调频系数或调频指数，它是指调频时在载波信号的相位上附加的最大相位偏移，其值与 $U_{\Omega m}$ 成正比、与 Ω 成反比，m_f 的值可以大于 1，单位为 rad。

由式(4-5-2)可得

$$u_{FM}(t) = U_{cm}\cos \varphi_f(t) = U_{cm}\cos(\omega_c t + m_f \sin \Omega t) \tag{4-5-3}$$

将式(4-5-1)代入式(4-5-3)可得调频波的一般数学表达式为

$$u_{FM}(t) = U_{cm}\cos\left[\omega_c t + \Delta\varphi_f(t)\right] = U_{cm}\cos\left[\omega_c t + k_f\int_0^t u_\Omega(t)\mathrm{d}t\right] \tag{4-5-4}$$

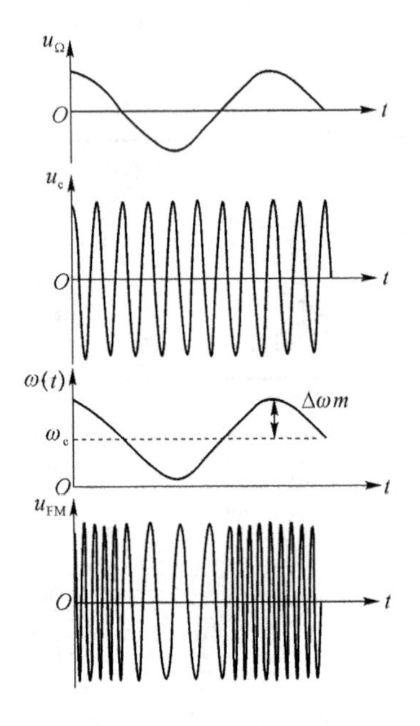

图 4-5-1　调频波波形

其中，$\Delta\varphi_f(t) = k_f\int_0^t u_\Omega(t)\mathrm{d}t$ 表示调频波的相移，它反映了调频信号的瞬时相位按调制信号时间积分的规律变化。

以上分析说明：调频时瞬时角频率的变化与调制信号成线性关系，瞬时相位的变化与调制信号的积分成线性关系。

(2) 波形

调频时各信号的波形如图 4-5-1 所示。

由图 4-5-1 可以看出，调频波的波形是等幅的疏密波，已调波的频率反映了调制信号的变化规律。调频时，频偏反映了 $u_\Omega(t)$ 的变化规律，而相偏正比于 $u_\Omega(t)$ 的积分。

(3) 频谱

由式(4-5-3)可知，调频波的数学表达式为 $u_{FM}(t) = U_{cm}\cos(\omega_c t + m_f \sin \Omega t)$。根据三角函数变换公式 $\cos(A+B) = \cos A\cos B - \sin A\sin B$，将其变换成

$$u_{FM}(t) = U_{cm}[\cos(m_f \sin \Omega t)\cos \omega_c t - \sin(m_f \sin \Omega t)\sin \omega_c t] \tag{4-5-5}$$

将上式展开成傅里叶级数，并用贝塞尔函数 $\mathrm{J}_n(m_f)$ 来确定展开式中各次分量的幅度。根据贝塞尔函数理论，可得下述关系：

$$\cos(m_f \sin \Omega t) = \mathrm{J}_0(m_f) + 2\mathrm{J}_2(m_f)\cos 2\Omega t + 2\mathrm{J}_4(m_f)\cos 4\Omega t + \cdots \tag{4-5-6}$$

$$\sin(m_f \sin \Omega t) = 2\mathrm{J}_1(m_f)\sin \Omega t + 2\mathrm{J}_3(m_f)\sin 3\Omega t + 2\mathrm{J}_5(m_f)\cos 5\Omega t + \cdots \tag{4-5-7}$$

将式(4-5-6)和式(4-5-7)代入式(4-5-5)得

$$\begin{aligned} u_{FM}(t) = & U_{cm}\mathrm{J}_0(m_f)\cos \omega_c t + U_{cm}\mathrm{J}_1(m_f)[\cos(\omega_c+\Omega)t - \cos(\omega_c-\Omega)t] + \\ & U_{cm}\mathrm{J}_2(m_f)[\cos(\omega_c+2\Omega)t + \cos(\omega_c-2\Omega)t] + \\ & U_{cm}\mathrm{J}_3(m_f)[\cos(\omega_c+3\Omega)t - \cos(\omega_c-3\Omega)t] + \cdots \end{aligned} \tag{4-5-8}$$

从式(4-5-8)可以看到，单频信号调制的调频波，其频谱是由载波分量和无数对边频分

量 $\omega_c \pm n\Omega(n=0,1,2,\cdots)$ 所组成，各分量的间隔为 Ω。其中，当 n 为奇数时，信号上、下边频分量的振幅相等，极性相反；当 n 为偶数时，信号上、下边频分量的振幅相等，极性相同；第 n 个边频分量的振幅为 $U_{cm}J_n(m_f)$。根据贝塞尔函数的特性可知，边频分量的振幅随着 n 的增大而趋于减小；调频指数 m_f 越大，具有较大振幅的边频分量就越多；对于某些 m_f 值，载波或某些边频分量的振幅为零。图 4-5-2 所示为 m_f 为 2、4 和 8 时调频波的频谱。因此，调频波是一种调制信号的频谱进行特定的非线性变换的已调波，而调频电路则是一种频谱非线性变换电路。

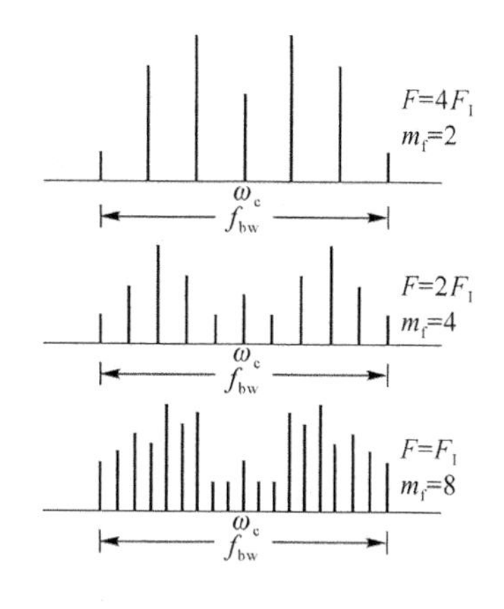

图 4-5-2　调频波的频谱

(4) 通频带

由于调频波的频谱包含无数对边频分量，因此理论上它的频带宽度(带宽)应为无限大。实际上，对于任一给定的 m_f 值，高到一定次数的边频分量的振幅已经小到可以忽略，以致滤除这些边频分量与否对调频波形不会产生显著的影响。因此，调频波和频带宽度实际上可以认为是有限的。通常规定将振幅小于未调制载波振幅的 10% 的边频分量略去不计，保留下来的频谱分量就确定了调频波和频带宽度(带宽)，它可用下式进行估算：

$$f_{bw}=2(m_f+1)F=2(\Delta f_m+F) \tag{4-5-9}$$

当 m_f 远远小于 1 时，$f_{bw}\approx 2F$，此时为窄带调频；当 m_f 远远大于 1 时，$f_{bw}\approx 2m_fF=2\Delta f_m$，此时为宽带调频。

(5) 功率关系

调频波的平均功率等于各个频率分量平均功率之和，因此，单位电阻上的平均功率为

$$p_{av}=\frac{U_{cm}^2}{2}\sum_{n=-\infty}^{\infty}J_n^2(m_f) \tag{4-5-10}$$

根据第一类贝塞尔函数特性

$$\sum_{n=-\infty}^{\infty}J_n^2(m_f)=1$$

可得调频波的平均功率为

$$P_{av}=P_C=U_{cm}^2/2 \tag{4-5-11}$$

式(4-5-11)说明，在 U_{cm} 一定时，调频波的平均功率也就一定，且等于未调制时的载波功率，其值与 m_f 无关。改变 m_f 仅引起各个分量之间的功率重新分配。这样可适当选择 m_f 的大小，使载波分量携带的功率很小，绝大部分功率由边频分量携带，从而极大地提高调频系统设备的利用率。

由于边频分量包含有用信息，这样便有利于提高调频系统接收机输出端的信噪比。可以证明，调频指数越大，调频波的抗干扰能力越强，但是，调频波占有的有效频带宽度也就越宽。因此，调频制抗干扰能力的提高是以增加有效带宽为代价的。

3. 调相波的基本性质

调相(PM)是指保持载波的幅度不变，而使其瞬时角相位 $\varphi(t)$ 随调制信号 $u_\Omega(t)$ 作线性变化。

(1) 数学表达式

设载波信号 $u_c(t)=U_{cm}\cos\omega_c t$，调制信号 $u_\Omega(t)=U_{\Omega m}\cos\Omega t$，则调相波的瞬时相位为

$$\varphi_p(t)=\omega_c t+k_p U_{\Omega m}\cos\Omega t=\omega_c t+\Delta\varphi_p(t)=\omega_c t+m_p\cos\Omega t \tag{4-5-12}$$

其中，ω_c 为载波角频率，即调相波中心角频率；k_p 为调相灵敏度，表示单位调制信号幅度引起的相位变化，单位是 rad/V；m_p 为调相系数，即最大相位偏移，表示调相波相位摆动的幅度，$m_p=k_p U_{\Omega m}$，单位为 rad。

根据 $\omega_p(t)=\mathrm{d}\varphi_p(t)/\mathrm{d}t$ 可得

$$\omega_p(t)=\omega_c-m_p\Omega\sin\Omega t=\omega_c-\Delta\omega_{PM}\sin\Omega t \tag{4-5-13}$$

其中，$\Delta\omega_{PM}$表示调相波的最大角频偏，其大小为

$$\Delta\omega_{PM}=m_p\Omega=k_p U_{\Omega m}\Omega \tag{4-5-14}$$

由此可得调相系数为

$$m_p=k_p U_{\Omega m}=\Delta\omega_{PM}/\Omega=\Delta\varphi_{PM}$$

因此，调相波的数学表达式为

$$\begin{aligned}u_{PM}(t)&=U_{cm}\cos\varphi(t)=U_{cm}\cos(\omega_c t+m_p\cos\Omega t)\\&=U_{cm}\cos[\omega_c t+\Delta\varphi_p(t)]=U_{cm}\cos[\omega_c t+k_p u_\Omega(t)]\end{aligned} \tag{4-5-15}$$

其中，$\Delta\varphi_p(t)=k_p u_\Omega(t)$，表示调相波的相移，反映了调相信号的瞬时相位按调制信号的规律变化。

以上分析说明：调相时瞬时相位的变化与调制信号成线性关系，瞬时角频率的变化与调制信号的导数成线性关系。

(2) 波形

调相时各信号的波形如图 4-5-3 所示。由图可知，调相波的波形是等幅疏密波。调相时，相偏反映 $u_\Omega(t)$的变化规律，而频偏正比于 $u_\Omega(t)$的导数。

(3) 频谱

由于单频信号调制时调频波和调相波的数学表达式很相似(两者相位只相差 90°)，则它们的频谱结构也很相似，而且它们的分析方法也是相同的，因此，前面分析调频波的频谱，对调相波也是适用的。调相波的频谱如图 4-5-4 所示。

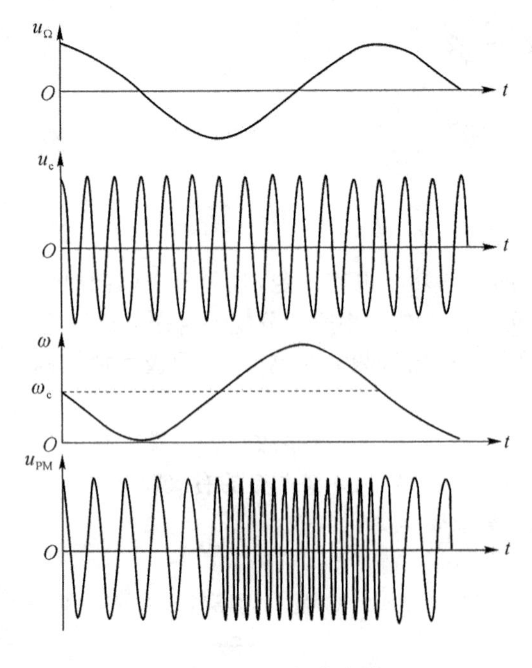

图 4-5-3 调相波波形

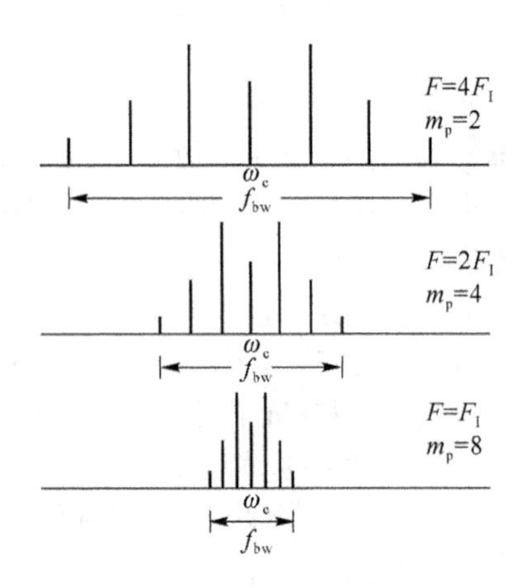

图 4-5-4 调相波的频谱

(4) 通频带

调相波的通频带与调频时的计算方法一致，为

$$f_{bw}=2(m_p+1)F=2(\Delta f_m+F) \tag{4-5-16}$$

(5) 功率关系

调相波的平均功率与 m_p 无关，在 U_{cm} 为定值时，也就为定值，并且等于未调制时的载波功率，即

$$P_{av}=P_C=U_{cm}^2/2 \tag{4-5-17}$$

在模拟信号调制中，可以证明当系统带宽相同时，调频系统接收机输出端的信号噪声比明显优于调相系统，因此，目前在模拟通信中，仍广泛采用调频制而较少采用调相制。不过在数字通信中，相位键控的抗干扰能力优于频率键控和幅度键控，因而调相在数字通信中获得了广泛的应用。

4. 调频和调相的比较

(1) 相同之处

① 二者都是等幅信号。

② 二者的频率和相位都随调制信号而变化，均产生频偏与相偏。

(2) 不同之处

① 二者的频率和相位随调制信号变化的规律不一样，但由于频率与相位是微积分关系，故二者是有密切联系的。

② 从表 4-5-1 中可以看出，调频信号的调频指数 m_f 与调制频率有关，最大频偏与调制频率无关，而调相信号的最大频偏与调制频率有关，调相指数 m_p 与调制频率无关。

表 4-5-1　调频与调相的参数比较

项目	调频波	调相波
载波	$u_c(t)=U_{cm}\cos\omega_c t$	$u_c(t)=U_{cm}\cos\omega_c t$
调制信号	$u_\Omega(t)=U_{\Omega m}\cos\Omega t$	$u_\Omega(t)=U_{\Omega m}\cos\Omega t$
偏移量	频率	相位
调制指数（最大相偏）	$m_f=\Delta\omega_{FM}/\Omega$ $=k_fU_{\Omega m}/\Omega=\Delta\varphi_{FM}$	$m_p=\Delta\omega_{PM}/\Omega$ $=k_pU_{\Omega m}=\Delta\varphi_{PM}$
最大频偏	$\Delta\omega_{FM}=k_fU_{\Omega m}$	$\Delta\omega_{PM}=k_pU_{\Omega m}\Omega$
瞬时角频率	$\omega_f(t)=\omega_c+k_fU_\Omega(t)$	$\omega_p(t)=\omega_c+k_p\frac{du_\Omega(t)}{dt}$
瞬时相位	$\varphi_f(t)=\omega_c t+k_f\int_0^t u_\Omega(t)dt$	$\varphi_p(t)=\omega_c t+k_p u_\Omega(t)$
已调波	$u_{FM}=U_{cm}\cos(\omega_c t+m_f\sin\Omega t)$	$u_{PM}=U_{cm}\cos(\omega_c t+m_p\cos\Omega t)$
信号带宽	$f_{bw}=2(m_f+1)F_{max}$（恒定带宽）	$f_{bw}=2(m_p+1)F_{max}$（非恒定带宽）

③ 从理论上讲，调频信号的最大角频偏 $\Delta\omega_m<\omega_c$，由于载频 ω_c 很高，故 $\Delta\omega_m$ 可以很大，即调制范围很大。由于相位以 2π 为周期，所以调相信号的最大相偏（调相指数）$m_p<\pi$，故调制范围很小。

5. 调频和调幅的比较

在通信设备中,采用调频制与采用调幅制相比,具有下述特点。

(1) 调频制的抗干扰能力强

由于调频波比调幅波具有更大的携带有用信号的边频功率,所以调频制的信噪比大,抗干扰能力就强。

此外,干扰的表现是引起寄生调幅和寄生调频。对于调幅接收机,寄生调频干扰对它不起作用,寄生调幅干扰却无法消除。显然,调幅系数 m_a 越大,调幅接收机的抗干扰能力就越强,但由于 m_a 必须小于 1,所以它的抗干扰能力较差。对于调频接收机,寄生调幅干扰可通过限幅器除去(因调频波是等幅波),寄生调频干扰却无法消除,同样,调频指数 m_f 越大,调频接收机的抗干扰能力就越强,由于一般 m_f 可远大于 1,所以它的抗干扰能力很强。

(2) 调频发射机的功率利用率高

由于调幅波的平均功率 P_{av} 与 m_a 有关,故应按 m_a 可能的最大值选用功率放大管,而在实际工作时 m_a 较小,所以造成功率放大管利用率低。而调频波的平均功率 P_{av} 保持不变,使得功率放大管能按其实际需要选取,利用率就高。

(3) 调频制信号传输的保真度高

因为调频制比调幅制抗干扰能力强,又允许占有较宽的频带,传输的调制信号频率范围也较大,所以调频制信号传输的保真度高。

(4) 调频制信号必须工作在超短波以上的波段

因为调频信号所占的频带宽,若在中、短波段工作,则这些波段容纳的电台数目很有限,所以必须工作在超短波以上的波段,这也使调频信号传送的距离很近(可采用卫星通信)。

(5) 调频接收机比调幅接收机的设备复杂

调频接收机的线路复杂,需要的元件较多,调试复杂,成本较之于调幅接收机也更高。

二、调角电路

实现调频和调相的电路称为调角电路,它包含了调频和调相两类电路。

1. 调频电路

因为频率调制不是频谱线性搬移过程,它的电路就不能采用乘法器和线性滤波器来构成,而必须根据调频波的特点,提出具体实现的方法。对于调频电路的性能指标,一般有以下几方面的要求。

- 具有线性的调制特性:已调波的瞬时频率偏移与调制信号电压的关系称为调制特性。在一定的调制电压范围内,尽量提高调频电路调制特性线性度,这样才能保证不失真地传输信息。
- 具有较高的调制灵敏度:单位调制电压变化所产生的振荡频率偏移称为调制灵敏度。提高灵敏度,可提高调制信号的控制作用。
- 最大频率偏移与调制信号频率无关:在正常调制电压作用下,所能达到的最大频率偏移称为最大频偏 Δf_m。它是根据对调频指数 m_f 的要求确定的,要求其数值在整个调制信号所占有的频带内保持恒定。不同的调频系统要求有不同的最大频偏 Δf_m。例如,调频广播要求 $\Delta f_m=75$ kHz,移动通信的无线电话要求 $\Delta f_m=5$ kHz,电视伴音要求 $\Delta f_m=50$ kHz。

- 未调制的载波频率应具有一定的频率稳定度：未调制的载波频率就是调频波的中心频率。为保证接收机能正常接收调频信号，要求调频电路中心频率要有足够的稳定度。例如，对于调频广播发射机，要求中心频率漂移不超过±2 kHz，无寄生调幅或寄生调幅尽可能小。

实现调频的方法可分为直接调频和间接调频两大类。

(1) 直接调频电路

根据调频信号的瞬时频率随调制信号成线性变化这一基本特性，可以将调制信号作为压控振荡器的控制电压，直接控制主振荡回路元件的参数 L 或 C，使其产生的振荡频率随调制信号规律而变化，压控振荡器的中心频率即为载波频率。显然，这是实现调频的最直接方法，故称为直接调频。

① 变容二极管直接调频电路

最常用的直接调频电路是变容二极管直接调频电路。

变容二极管是根据PN结的结电容随反向电压改变而变化的原理设计的一种二极管，它的极间结构、伏安特性与一般检波二极管没有多大差别。不同的是在加反向偏压时，变容二极管呈现一个较大的结电容，这个结电容的大小能灵敏地随反向偏压而变化。正是利用了变容二极管的这一特性，将变容二极管接到振荡器的振荡回路中，作为可控电容元件，则回路的电容量会明显地随调制电压而变化，从而改变振荡频率，达到调频的目的。

变容二极管的反向电压 u 与其结电容 C_j 呈非线性关系：

$$C_j=\frac{C_{j0}}{\left(1+\frac{u}{U_D}\right)^{\gamma}} \tag{4-5-18}$$

其中，U_D 为PN结的势垒电压；C_{j0} 为 $u=0$ 时的结电容；γ 为电容变化系数。

将变容二极管接入 LC 正弦振荡器的谐振回路中，便构成了变容二极管调频电路，如图4-5-5(a)所示。图中，L 和变容二极管组成谐振回路，虚方框为变容二极管的控制电路。U_Q 用来提供变容二极管的反向偏压，其取值应保证变容二极管在调制信号电压 $u_\Omega(t)$ 的变化范围内，始终工作在反向偏置状态，同时还应保证由 U_Q 值决定的振荡频率等于所要求的载波频率。通常调制电压比振荡回路的高频振荡电压大得多，所以变容二极管的反向电压随调制信号变化，即

$$u(t)=U_Q+U_{\Omega m}\cos\Omega t \tag{4-5-19}$$

为了防止 U_Q 和 $u_\Omega(t)$ 对振荡回路的影响，在控制电路中必须接入 L_1 和 C_3。L_1 为高频扼流圈，它对高频的感抗很大，接近开路，而对直流和调制频率接近短路；C_3 为高频滤波电容，它对高频的容抗很小，接近短路，而对调制频率的容抗很大，接近开路。为了防止振荡回路 L 对 U_Q 和 $u_\Omega(t)$ 短路，必须在变容二极管和 L 之间加入隔直电容 C_1 和 C_2，它们对于高频接近短路，对于调制频率接近开路。综上所述，对于高频而言，由于 L_1 开路、C_3 短路，可得高频通路，如图4-5-5(b)所示。这时振荡频率可由回路电感 L 和变容二极管结电容 C_j 决定，即

$$\omega=\frac{1}{\sqrt{LC_j}} \tag{4-5-20}$$

对于直流和调制频率而言，由于 C_1 的阻断，因而 U_Q 和 $u_\Omega(t)$ 可有效加到变容二极管上，可得直流和调制频率通路，如图 4-5-5(c)所示。将式(4-5-19)代入式(4-5-18)，可得变容二极管结电容随调制信号电压变化规律，即

$$C_j=\frac{C_{j0}}{\left[1+\frac{1}{U_D}(U_Q+U_{\Omega m}\cos\Omega t)\right]^\gamma}=\frac{C_{jQ}}{(1+m_c\cos\Omega t)^\gamma} \tag{4-5-21}$$

$$m_c=\frac{U_{\Omega m}}{U_D+U_Q} \tag{4-5-22}$$

$$C_{jQ}=\frac{C_{j0}}{\left(1+\frac{U_Q}{U_D}\right)^\gamma} \tag{4-5-23}$$

其中，m_c 为变容管电容调制度；C_{jQ} 为 $u(t)=U_Q$ 处的电容。

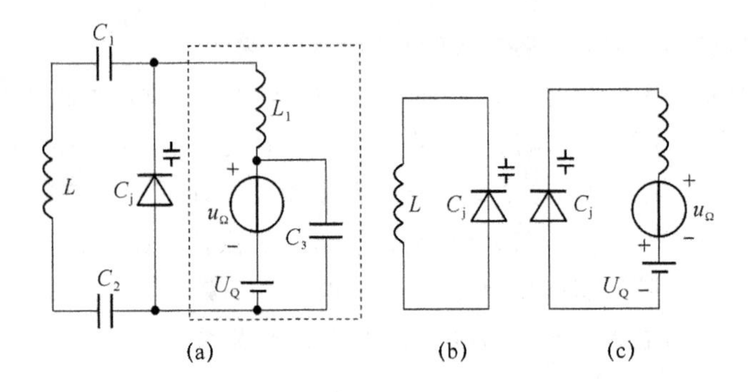

图 4-5-5　变容二极管调频电路

将式(4-5-21)代入式(4-5-20)，可得

$$\omega(t)=\frac{1}{\sqrt{LC_{jQ}}}(1+m_c\cos\Omega t)^{\frac{\gamma}{2}}=\omega_c(1+m_c\cos\Omega t)^{\frac{\gamma}{2}} \tag{4-5-24}$$

其中，ω_c 是调制器未受 $u_\Omega(t)$ 调制时的振荡频率，即调频波的中心频率。

根据式(4-5-24)可以看出，只有在 $\gamma=2$ 时为理想线性调制，可得到输出信号是一调频波，其余都是非线性。因此，在变容管作为振荡回路总电容的情况下，必须选用 $\gamma=2$ 的超突变结变容管。否则，频率调制器产生的调频波不仅出现非线性失真，而且还会出现中心频率不稳定的情况。

应当指出，以上分析是在忽略高频振荡电压对变容二极管的影响下进行的，在电路设计时可采取对接的方式来减小高频电压的影响，如图 4-5-6 所示。图中，L 和 C 为振荡回路；L_1、L_2 为高频扼流圈；C_1、C_2、C_3 为高频耦合电容和旁路电容。对于 U_Q 和 $u_\Omega(t)$ 来讲，两个变容二极管是并联的；对于高频振荡电压来讲，两个变容二极管是串联的，这样在每只变容二极管上的高频电压幅度减半，并且两管高频电压相位相反，结电容因高频电压作用可相互抵消，因此，变容二极管基本上不受高频电压影响。

由于变容二极管的 C_j 会随温度、偏置电压变化而变化，造成中心频率不稳定，因而在电路中常采用一个小电容 C_2 与变容二极管串联，同时在回路中并联上一个电容 C_1，如图 4-5-7所示。这样，使变容二极管部分接入振荡回路，从而降低了 C_j 对振荡频率的影响，提高了中心频率的稳定性。同时，调节 C_1、C_2，可使调制特性接近线性。

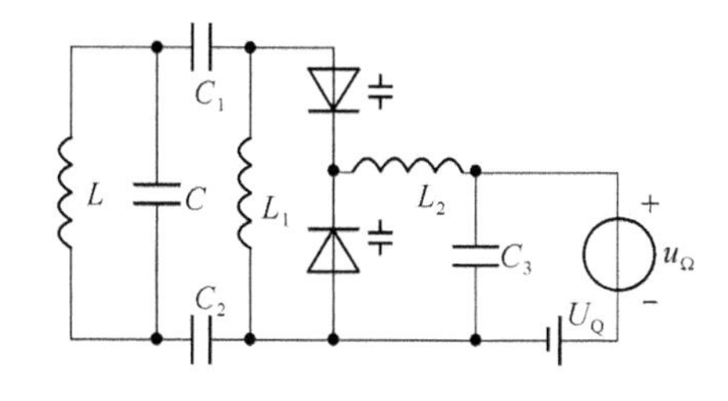

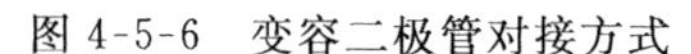
图 4-5-6　变容二极管对接方式

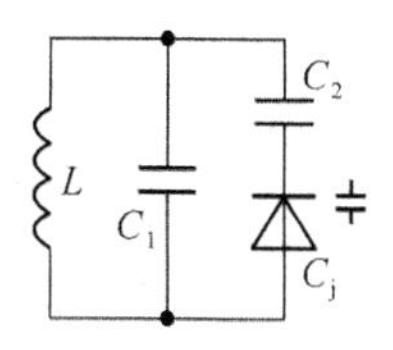

图 4-5-7　变容二极管的部分接入

② 直接调频电路实际电路

图 4-5-8 所示是一个 8 MHz 变容二极管调频振荡器原理图和高频等效电路。这是一个共集电极的电容三点式振荡电路。图中，变容二极管的直流偏压由 R_1、R_2 和电位器 W 组成的分压电路供给。为了获得较好的调制特性，偏置电压选在 −4 V，对应的结电容为 100 pF。当偏压在 0～−8 V 变化时，结电容将在 230～60 pF 范围内变化。调制信号通过耦合电容 C_3 和高频扼流圈 ZL_1 加到变容二极管上，扼流圈对 8 MHz 信号起扼流作用，对调制信号相当于短路。因此，加在变容二极管上的是直流偏压与调制电压之和。

电路的振荡频率是

$$f_c = \frac{1}{2\pi\sqrt{L_1 C_\Sigma}} \tag{4-5-25}$$

其中，$C_\Sigma = \dfrac{1}{\dfrac{1}{C_7}+\dfrac{1}{C_8}+\dfrac{1}{C_9}} + \dfrac{1}{\dfrac{1}{C_5}+\dfrac{1}{C_6}+\dfrac{1}{C_j}}$。

此调频电路的最大线性频偏为 ±200 kHz。为了使振荡器的中心频率稳定在8 MHz，电路采用了自动频率微调措施，自动频率微调电压经滤波电容 C_{11} 和扼流圈 ZL_2 加到变容二极管负极（自动频率微调电路未画出）。

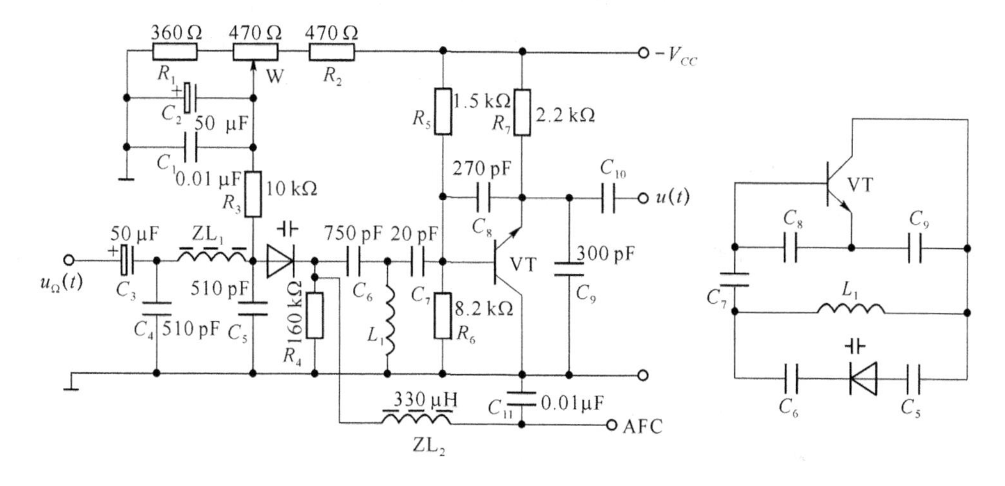

图 4-5-8　8 MHz 变容二极管调频振荡电路

图 4-5-9 所示为某通信机中的变容二极管调频电路。它是一个电容三点式振荡器，变容二极管经电容 C_5 接入谐振回路，调整电感 L 的电感量和变容二极管的偏置电压 V_B 可使振荡器的中心频率在 50～100 MHz 范围内变化。调制电压 $u_\Omega(t)$ 通过高频扼流圈 L_{P2} 加到变容二极管的负极上实现调频。

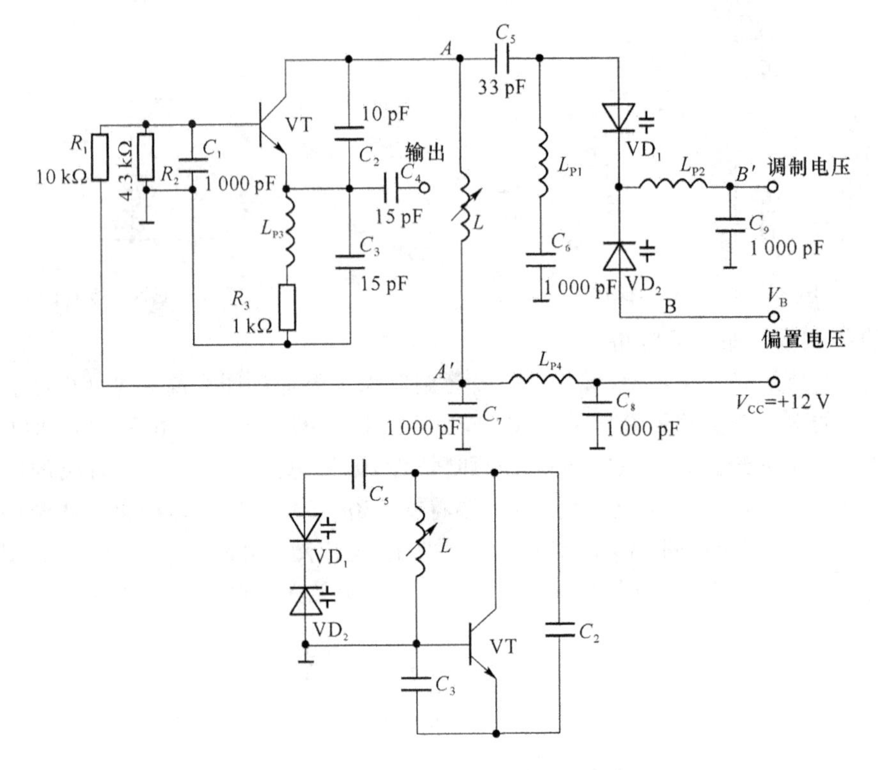

图 4-5-9　变容二极管调频电路及其等效电路

在这个电路中采用了两个变容二极管，并且同极性对接，称为背靠背连接，其主要目的是减小高频振荡电压对变容二极管总电容的影响。在前面的分析中曾假设变容二极管两端高频振荡电压很小，忽略其对变容二极管电容的影响，而实际上这个影响是存在的。为了减小这个影响，采用两个变容二极管背靠背串接的方式，由两个变容二极管代替一个变容二极管。对高频振荡电压来说，每一个变容二极管只有原来高频振荡电压的一半，这样就能减小高频振荡电压对变容二极管总电容的影响。而对于调制电压 $u_{\Omega}(t)$ 来说，由于是低频信号，高频扼流圈 L_{P1} 和 L_{P2} 相当于短路，加在两个变容二极管上的调制电压是相同的。

变容二极管调频电路的优点是电路简单、工作频率高、易于获得较大的频偏，而且在频偏较小的情况下，非线性失真可以很小。因为变容二极管是电压控制器件，所需调制信号的功率很小，在广播、电视和通信等领域中得到了广泛应用。这种电路的缺点是偏置电压漂移、温度变化等会改变变容二极管的结电容，即调频振荡器的中心频率稳定度不高，而在频偏较大时，非线性失真较大。

(2) 间接调频电路

直接调频电路的最大缺点是中心频率稳定度差，一般可以采用自动频率控制电路或频率合成器来提高调频波的中心频率稳定度，但这又增加了电路的复杂度。

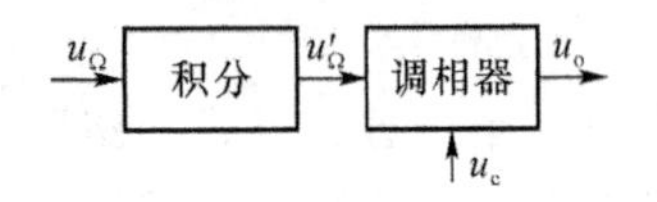

图 4-5-10　间接调频框图

为了稳定中心频率稳定度，一般采用间接调频方式，先将调制信号 $u_{\Omega}(t)$ 积分，再加到调相器对载波信号调相，从而完成调频。间接调频是借用调相的方式来实现调频，其原理框图如图 4-5-10 所示。

设调制信号 $u_\Omega(t)=U_{\Omega m}\cos\Omega t$，经积分后得

$$u'_\Omega = k\int u_\Omega(t)\mathrm{d}t = k\frac{U_{\Omega m}}{\Omega}\sin\Omega t \tag{4-5-26}$$

其中，k 为积分增益。

用积分后的调制信号对载波 $u_c(t)=U_{cm}\cos\omega_c t$ 进行调相，则得

$$u_o(t)=U_{cm}\cos\left(\omega_c t+k_p k\frac{U_{\Omega m}}{\Omega}\sin\Omega t\right)=U_{cm}\cos(\omega_c t+m_f\sin\Omega t) \tag{4-5-27}$$

其中，$m_f=k_f U_{\Omega m}/\Omega$；$k_f=k_p k$。

式(4-5-27)与调频波的表示式完全相同。由此可见，实现间接调频的关键电路是调相，因为调相电路输入的载波振荡信号可采用频率稳定度很高的晶体振荡器，所以采用调相电路实现间接调频，可以提高调频电路中心频率的稳定度。

在实际应用中，间接调频应用较为广泛。根据实现方式不同，调相电路可分为可变移相法调相电路和可变时延法调相电路两大类。

① 可变移相法调相电路

可变移相法就是利用调制信号控制移相网络或谐振回路的电抗或电阻元件来实现调相，其原理框图如图 4-5-11 所示。

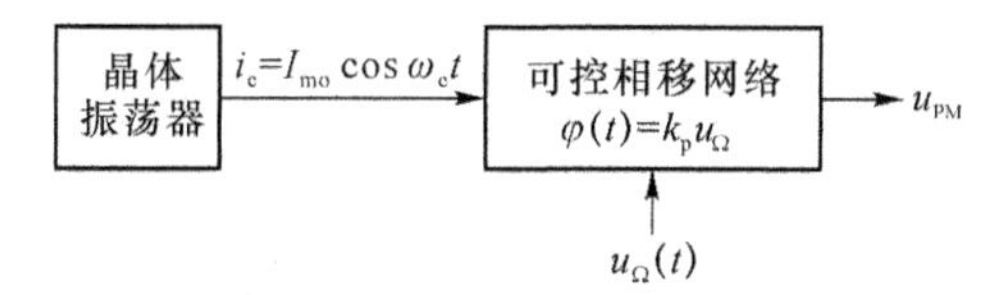

图 4-5-11　可变移相法调相原理框图

将载波振荡信号电压通过一个受调制信号电压控制的相移网络，即可以实现调相。可控相移网络有多种实现电路，应用最广的是变容二极管调相电路。图 4-5-12 所示电路是单回路变容二极管调相电路。利用由电感 L 和变容二极管 C_j 组成的谐振回路可作为可控相移网络，其谐振频率随变容二极管结电容变化而变化从而实现调相。图中 C_1、C_2 对载波频率 ω_c 相当于短路，是耦合电容。它们的另一作用是隔直流，保证直流电源能给变容二极管提供直流偏压。C_3 的作用是保证变容二极管上能加上反向直流偏压，而对于 ω_c 相当于短路。R_1、R_2 是谐振回路对输入和输出端的隔离电阻，R_1 是直流电源与调制信号源之间的隔离电阻。

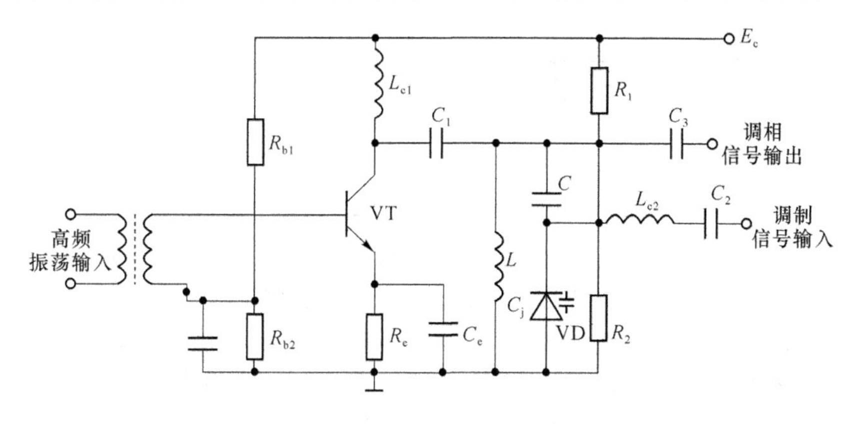

图 4-5-12　单回路变容二极管调相电路

当调制电压 $u_{\Omega}(t)=0$ 时，9 V 的直流电压加在变容二极管的负极，提供反向直流偏压 $U_Q=9$ V。在这种条件下，变容二极管的结电容 C_{jQ} 与 L 组成谐振回路，其谐振频率正好与输入载波信号的频率 ω_c 相等。谐振回路的相频特性如图 4-5-13 中的曲线②所示。谐振回路对 ω_c 来说无附加相移，输出电压与输入载波相位相同。当 $u_{\Omega}(t)=0$ 时，变容二极管的负极电压增大，即反向偏压增大，则变容二极管的结电容减小，L 与 C_j 组成谐振回路的谐振频率增大，其相频特性如图 4-5-13 中的曲线①所示。这时谐振回路对 ω_c 来说有一个正的附加相移 φ，输出电压的相位为$(\omega_c t+\varphi)$。当 $u_{\Omega}(t)<0$ 时，变容二极管的反向偏压减小，则变容二极管的结电容增大，L 和 C_j 组成谐振回路的谐振频率降低，其相频特性如图 4-5-13 中的曲线③所示。这时谐振回路对 ω_c 来说有一个负的附加相移 $-\varphi$，输出电压的相位为$(\omega_c t-\varphi)$。因为附加相移 φ 是由 $u_{\Omega}(t)$ 控制变容二极管而产生的，这样输出电压的相位就随 $u_{\Omega}(t)$ 变化而变化，从而实现了调相。

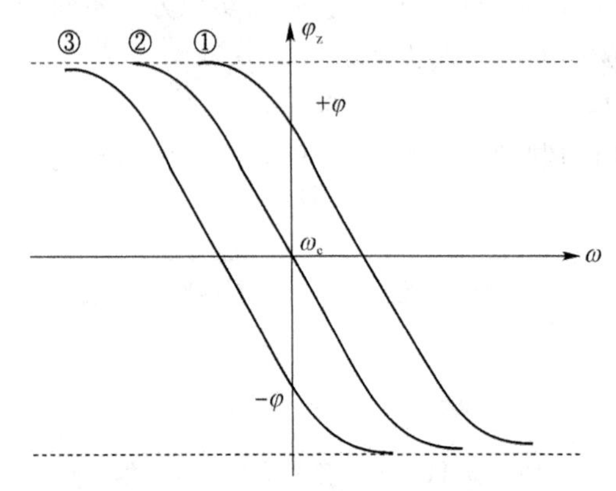

图 4-5-13　谐振频率变化产生附加相移

在实际应用中，为了增大频偏，可以采用多级单回路构成的变容二极管调相电路，如图 4-5-14 所示。

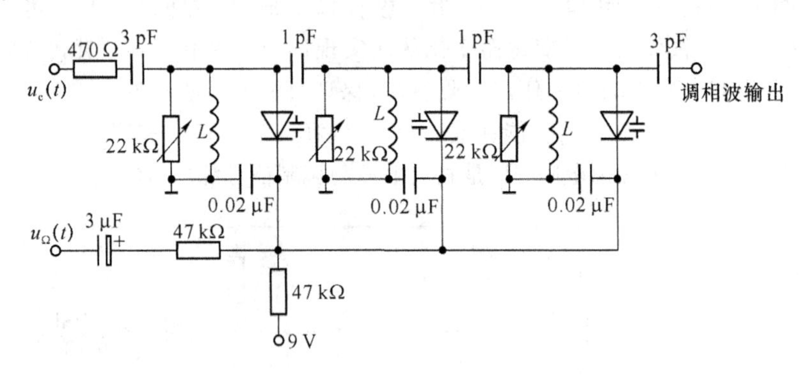

图 4-5-14　三级单回路变容二极管调相电路

图 4-5-14 所示是一个三级单回路变容二极管调相电路。每一个回路均有一个变容二极管以实现调相，三个变容二极管的电容量变化受同一调制信号控制。为了保证 3 个回路产生相等的相移，每个回路的 Q 值都用可变电阻(22 kΩ)调节。级间采用小电容(1 pF)作为耦合电容，因其耦合弱，可认为级与级之间的相互影响较小，总相移是三级相移之和。这种电路能在 90°范围内得到线性调制。由于电路简单、调整方便，这类电路得到了广泛的应用。

② 可变时延法调相电路

可变时延法调相电路框图如图 4-5-15 所示。设晶振产生的载波 $u_c(t)=U_{cm}\cos\omega_c t$，调制信号为 $u_\Omega(t)=U_{\Omega m}\cos\Omega t$。若时延网络的延时时间为 τ，则有

$$\tau=k_d u_\Omega(t)=k_d U_{\Omega m}\cos\Omega t \tag{4-5-28}$$

输出信号为

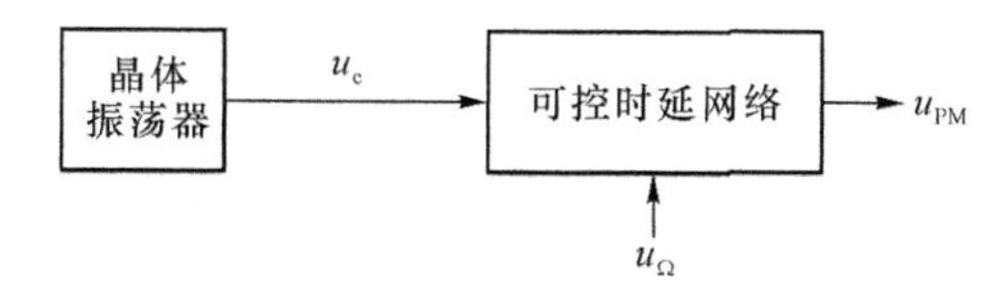

图 4-5-15　可变时延法调相电路方框图

$$u_{PM}(t)=U_{cm}\cos\omega_c(t-\tau)=U_{cm}\cos[\omega_c t-k_d\omega_c u_\Omega(t)]=U_{cm}\cos[\omega_c t-m_p\cos\Omega t] \tag{4-5-29}$$

其中，$m_p=k_d U_{\Omega m}\omega_c$。由此可知，输出信号已变成调相信号了。

可变时延法调相电路中，对脉冲波进行可控时延的脉冲调相电路广泛应用于调频广播发射机中，它具有线性相移较大的特点。这种调相电路由窄脉冲序列发生器、锯齿波发生器、门限检测电路、脉冲发生器等组成，由于篇幅所限，这里不再详细介绍。

(3) 扩展线性频偏的方法

在调频电路中，调频特性的线性和最大频偏往往是相互矛盾的两个指标，因此如何扩展最大线性频偏是调频电路设计的一个关键问题。扩展线性频偏可以采用倍频和混频的方法。

假设调频电路产生的单频调频信号的瞬时角频率为

$$\omega_1=\omega_c+k_f U_{\Omega m}\cos\Omega t=\omega_c+\Delta\omega_m\cos\Omega t \tag{4-5-30}$$

经过 n 倍频电路之后，瞬时角频率变成

$$\omega_2=n\omega_c+n\Delta\omega_m\cos\Omega t \tag{4-5-31}$$

可见，n 倍频电路可将调频信号的载频和最大频偏同时扩大为原来的 n 倍，但最大相对频偏仍保持不变。

若将瞬时角频率为 ω_2 的调频信号与固定角频率为 $\omega_3=(n+1)\omega_c$ 的高频正弦信号进行混频，则差频为

$$\omega_4=\omega_3-\omega_2=\omega_c-n\Delta\omega_m\cos\Omega t \tag{4-5-32}$$

可见，混频能使调频信号最大频偏保持不变，最大相对频偏发生变化。

根据以上分析，由直接调频、倍频和混频电路三者的组合可使产生的调频信号的载频不变，最大线性频偏扩大为原来的 n 倍。

【例 4-5-1】某调频设备采用如图 4-5-16 所示的间接调频电路，若已知间接调频电路输出载波频率为 100 kHz，最大频偏为 24.41 Hz，现要求产生载波频率为 100 MHz，最大频偏为 75 kHz。试分析图示框图的扩展频偏的过程。

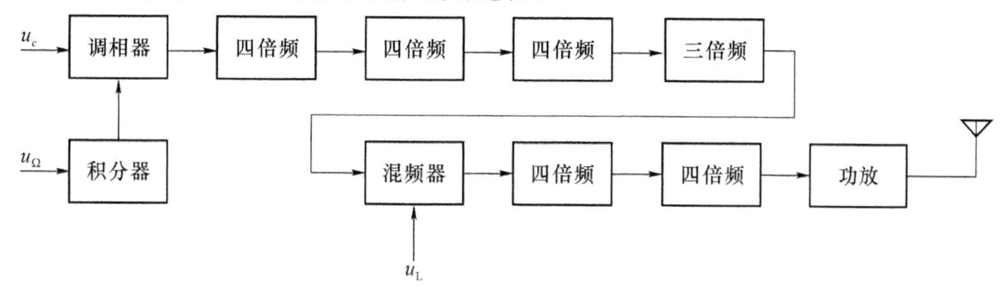

图 4-5-16　扩展最大频偏的方法

解 图 4-5-16 中，积分器和调相器构成间接调频电路，$f_{c1}=100\ \text{kHz}$，最大频偏 $\Delta f_{m1}=24.41\ \text{Hz}$，倍频器Ⅰ的倍频次数等于 192，它的输出载频 $f_{c2}=19.2\ \text{MHz}$，最大频偏 $\Delta f_{m2}=4.687\ \text{kHz}$。若本振频率 $f_L=25.45\ \text{MHz}$，则混频器输出调频波的载频 $f_{c3}=f_L-f_{c2}=6.25\ \text{MHz}$，最大频偏仍为 4.687 kHz。倍频器Ⅱ的倍频次数等于 16，它的输出载频 $f_c=100\ \text{MHz}$，最大频偏 $\Delta f_{FM}=75\ \text{kHz}$。

4-5-2 计划决策

通过任务分析和对相关资讯的了解，讨论学习的计划并选定最优方案。

计划和决策(参考)

第一步	理解各类调角波的基本性质：数学表达式、波形、频谱、带宽、功率关系等
第二步	理解直接调频电路特别是变容二极管调频电路的基本结构及工作原理
第三步	理解间接调频的实现原理
第四步	理解扩展频偏的方法

4-5-3 任务实施

学习型工作任务单

<table>
<tr><td>学习领域</td><td colspan="4">通信电子线路</td><td>学时</td><td>78(参考)</td></tr>
<tr><td>学习项目</td><td colspan="4">项目 4 换个样子传输信号——认识频率变换电路</td><td>学时</td><td>30</td></tr>
<tr><td>工作任务</td><td colspan="4">4-5 调频与调相</td><td>学时</td><td>4</td></tr>
<tr><td>班 级</td><td></td><td>小组编号</td><td></td><td>成员名单</td><td colspan="2"></td></tr>
<tr><td>任务描述</td><td colspan="6">1. 理解各类调角波的基本性质：数学表达式、波形、频谱、带宽、功率关系等。
2. 理解变容二极管调频电路的基本结构及工作原理。
3. 理解扩展频偏的方法。
4. 理解间接调频的实现原理。</td></tr>
<tr><td>工作内容</td><td colspan="6">1. 什么叫调角？调角有哪些类型，各有什么性质和特点？
2. 直接调频电路有哪些实现方法，基本电路及工作原理是什么？
3. 间接调频电路有哪些实现方法，基本电路及工作原理是什么？
4. 怎样扩展调频电路的频偏？</td></tr>
<tr><td>提交成果和文件等</td><td colspan="6">1. 调角波的类型及性质对照表。
2. 变容二极管调频电路的电路结构、工作原理分析及设计与调整要点。
3. 学习过程记录表及教学评价表(学生用表)。</td></tr>
<tr><td>完成时间及签名</td><td colspan="6"></td></tr>
</table>

4-5-4　展示评价

1. 教师及其他组负责人根据小组展示汇报整体情况进行小组评价。
2. 在学生展示汇报中，教师可针对小组成员的分工，对个别成员进行提问，给出个人评价。
3. 组内成员自评表及互评表打分。
4. 本学习项目成绩汇总。
5. 评选今日之星。

4-5-5　试一试

1. 角度调制包括两种类型，分别是__________、__________。

2. 频率调制时，可采用__________和__________两种实现方式。

3. 窄带调频时，调频波与调幅波的频带宽度__________。

4. 在宽带调频中，调频信号的带宽与频偏、调制信号频率的关系为__________。

5. 为什么调幅波的调制系数不能大于1，而角度调制的调制系数可以大于1?

6. 若调制信号频率为400 Hz，振幅为2.4 V，调制指数为60。当调制信号频率减小为250 Hz，同时振幅上升为3.2 V时，调制指数将变为__________。

7. 若调角波 $u(t)=10\cos(2\pi\times10^6 t+10\cos 2\,000\pi t)$(V)，试确定：(1)最大频偏；(2)最大相偏；(3)信号带宽 ；(4)此信号在单位电阻上的功率；(5)能否确定这是FM波还是PM波?

8. 设载频 $f_c=12$ MHz，载波振幅 $U_{cm}=5$ V，调制信号 $u_\Omega(t)=1.5\cos 2\pi\times10^3 t$，调频灵敏度 $k_f=25$ kHz/V，试求：(1)调频表达式；(2)调制信号频率和调频波中心频率；(3)最大频偏、调频系数和最大相偏；(4)调制信号频率减半时的最大频偏和相偏；(5)调制信号振幅加倍时的最大频偏和相偏。

9. 图4-5-17所示为一调频无线话筒中的发射机，看图回答问题：(1) R_5、R_6、R_7 的作用是什么? (2)振荡回路的组成元件有哪些? (3)VT_1 的作用是什么? (4)说明电路的工作原理。

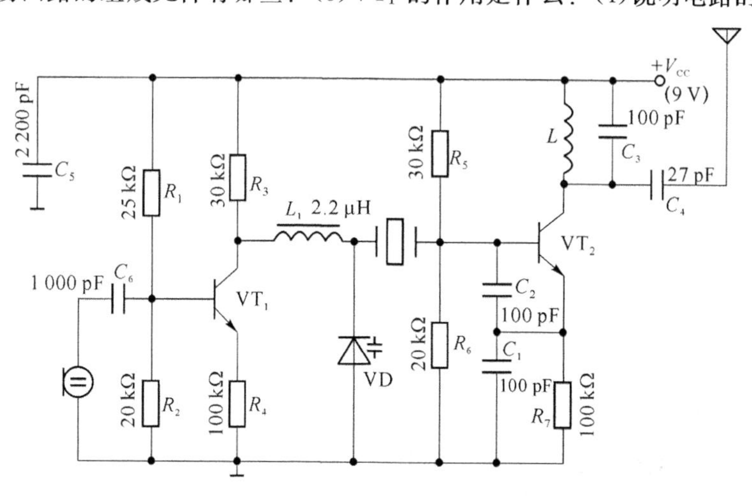

图4-5-17　调频无线话筒发射机电路原理图

10. 已知间接调频电路输出载波频率为 200 kHz，最大频偏为 25 Hz。要求产生载波频率为 91.2 MHz，最大频偏为 75 kHz 的调频波，试画出扩展最大频偏的框图。

4-5-6 练一练

仿真分析：已知利用变容二极管构成的调频器仿真电路如图 4-5-18 所示，试用 Multisim 10 仿真分析电路的工作原理及主要技术指标。

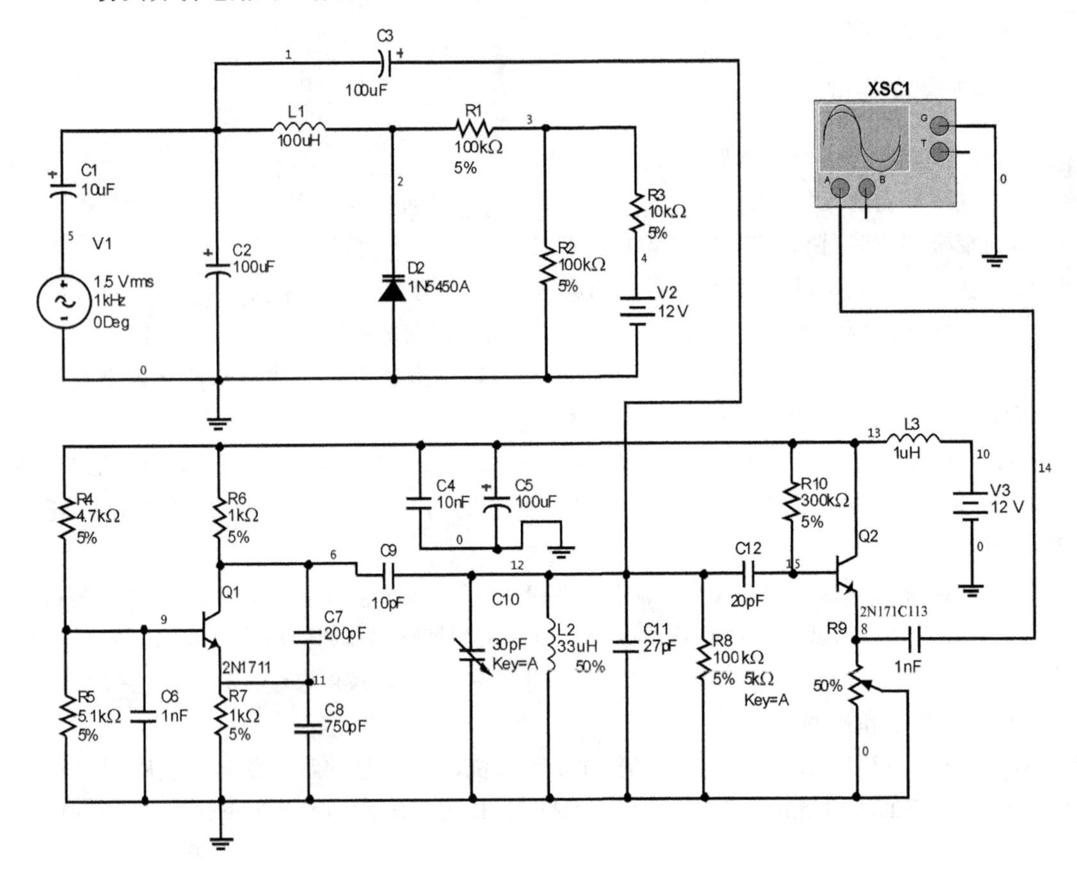

图 4-5-18 变容二极管调频器仿真电路

任务 4-6 鉴频与鉴相

4-6-1 资讯准备

任务描述

1. 了解鉴频的概念、方法及鉴频的主要技术要求。
2. 理解各类鉴频电路的组成、工作原理、分析方法及主要特点。

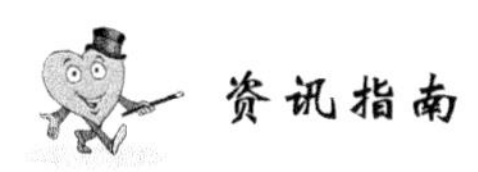

资讯指南

资讯内容	获取方式
1. 什么是鉴频？鉴频的方法有哪些？鉴频器有哪些技术要求？	阅读资料 上网 查阅图书 询问相关工作人员
2. 斜率鉴频器的电路结构及工作原理是什么？	
3. 相位鉴频器的电路结构及工作原理是什么？	
4. 脉冲计数式鉴频器的电路结构及工作原理是什么？	

导学材料

一、鉴频方法综述

调频信号解调又称为频率检波，是从调频波中取出原调制信号，即输出电压与输入信号的瞬时频率偏移成正比，又称为鉴频器，简称鉴频。它是把调频信号的频率 $\omega(t)=\omega_c+\Delta\omega(t)$ 与载波频率 ω_c 比较，得到频差 $\Delta\omega(t)=\Delta\omega_m f(t)$，从而实现频率检波。

1. 鉴频的方法

鉴频的方法很多，其工作原理都是将输入的调频信号进行特定的变换，使变换后的波形包含反映瞬时频率变化的量，再通过低通滤波器滤波就可以得到原调制信号。常用的鉴频方法有以下 3 种。

(1) 斜率鉴频器

它先将输入等幅的调频波通过线性网络进行频率-幅度变换，得到振幅随瞬时频率变化的调频波，然后用包络检波器将信号的振幅变化取出来，其输出信号就是原调制信号。

(2) 相位鉴频器

它先将输入等幅的调频波通过线性网络进行频率-相位变换，得到附加相位随瞬时频率变化的调频波，然后用鉴相器将它的附加相移变化取出来，其输出信号就是原调制信号。

(3) 脉冲计数式鉴频器

它先将输入等幅的调频波通过非线性变换网络进行波形变换，得到数目与瞬时频率成正比、幅度和形状相同的调频脉冲序列，然后将信号通过低通滤波器，其输出信号就是原调制信号。

2. 鉴频器的主要技术要求

鉴频器的输出电压 u_o 随输入调频的瞬时频率 f 变化的特性称为鉴频特性。为了实现不失真的解调，u_o 应与 f 成线性关系，即鉴频特性曲线应为一条直线。但是，实际的鉴频特性往往是一条曲线，所以它只能在有限频率范围内实现线性鉴频。图 4-6-1 所示为一典型的鉴频特性曲线，由于该曲线与英文字母“S”相似，故又称为 S 曲线。由图可以看出，对应于调频波的中心频率 f_c，输出电压 $u_o=0$；当信号频率向左右偏离时，u_o 分别为正负值。

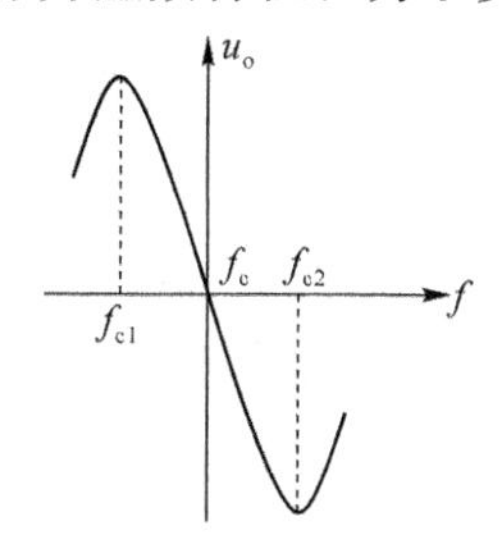

图 4-6-1　鉴频特性曲线

对鉴频器的主要技术要求如下。

(1) 鉴频特性为线性

鉴频电路输出低频解调电压与输入调频信号瞬时频偏的关系称为鉴频特性，理想的鉴频特性应是线性的。实际电路的非线性失真应该尽量减小。

(2) 鉴频线性范围要宽

由于输入调频信号的瞬时频率在载频附近变化，故鉴频特性曲线位于载频附近，其中线性部分称为鉴频线性范围。要求其鉴频线性范围足够宽。

(3) 鉴频灵敏度要高

在鉴频线性范围内，单位频偏产生的解调信号电压的大小称为鉴频灵敏度 S_d。S_d 越大，鉴频效率就越高。

二、鉴频电路

1. 斜率鉴频器

斜率鉴频器是利用频幅转换网络将调频信号转换成调频-调幅信号，然后再经过检波电路取出原调制信号，这种方法称为斜率鉴频，因为在线性解调范围内，解调信号电压与调频信号瞬时频率之间的比值和频幅转换网络特性曲线的斜率成正比。斜率鉴频的电路模型如图 4-6-2 所示。

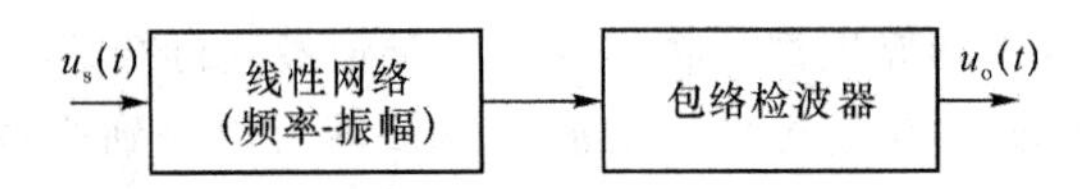

图 4-6-2　斜率鉴频器模型

在斜率鉴频电路中，频幅转换网络通常采用 LC 并联回路或 LC 互感耦合回路，检波电路通常采用差分检波电路或二极管包络检波电路。

(1) 单失谐回路斜率鉴频器

单失谐回路斜率鉴频器电路原理如图 4-6-3 所示。图中虚线左边采用简单的并联失谐回路，实际上它起着时域微分器的作用；右边是二极管包络检波器，通过它检出调制信号的电压。

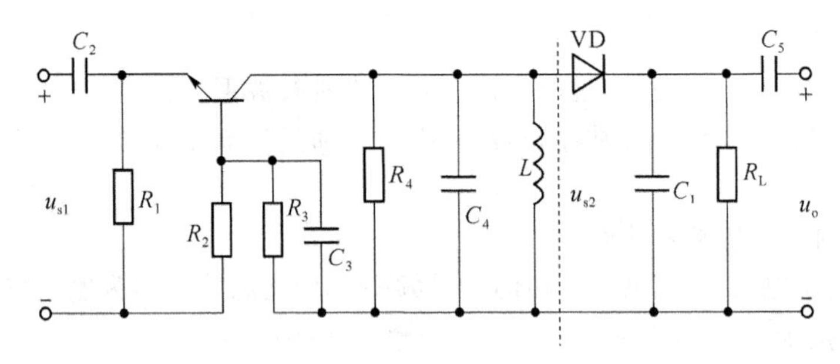

图 4-6-3　单失谐回路鉴频原理电路

当输入调频信号为 $u_{s1}(t)=U_{sm1}\cos(\omega_c t+m_f\sin\Omega t)$ 时，通过起着频幅变换作用的时域微分器(并联失谐回路)后，其输出为

$$\begin{aligned}u_{s2}(t)&=A_0U_{sm1}\frac{\mathrm{d}}{\mathrm{d}t}\cos(\omega_c t+m_f\sin\Omega t)\\&=-A_0U_{sm1}(\omega_c+\Delta\omega_m\cos\Omega t)\sin(\omega_c t+m_f\sin\Omega t)\end{aligned}\tag{4-6-1}$$

其中，微分器频率特性 $A(j\omega)=jA_0\omega_0$，A_0 为电路增益。然后通过二极管包络检波器，得到需要的调制信号。

所谓单失谐回路，是指该并联回路对输入调频波的中心频率是失谐的。在应用时，为了获得线性鉴频特性，总是使输入调频波 u_{s1} 的载波角频率 ω_c 工作在 LC 并联回路幅频特性曲线上接近于直线段线性部分的中点上，见图 4-6-4(a)中 O 或 O' 点。这样，单失谐回路就可将输入的等幅调频波变换成幅度按频率变化的调频波 u_{s2}，然后通过二极管包络检波器，得到需要的调制信号 $u_\Omega(t)$，如图 4-6-4(b)所示。

由于单失谐回路的幅频特性曲线倾斜部分的线性很差，所以这种鉴频器的非线性失真严重，其线性鉴频范围很窄。为了扩展线性范围，可采用双失谐回路鉴频器。

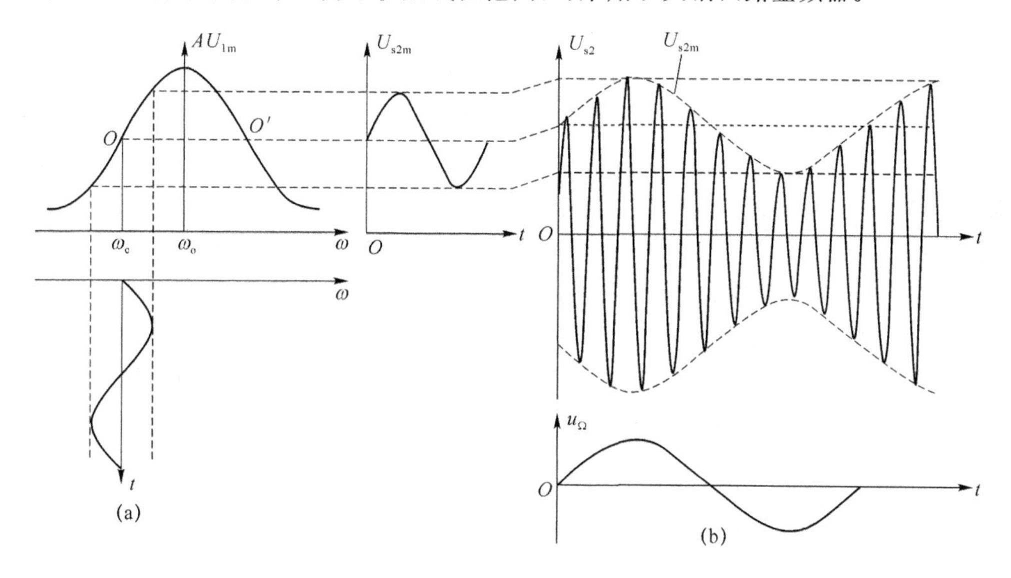

图 4-6-4　单失谐回路斜率鉴频器

(2) 双失谐回路鉴频器

图 4-6-5 是双失谐回路鉴频器的原理图。它是由 3 个调谐回路组成的调频-调幅变换电路和上下对称的两个振幅检波器组成。初级回路谐振于调频信号的中心频率，其通带较宽。次级两个回路的谐振频率分别为 ω_{01}、ω_{02}，使 ω_{01}、ω_{02} 与 ω_c 成对称失谐，即 $\omega_c-\omega_{01}=\omega_{02}-\omega_c$。

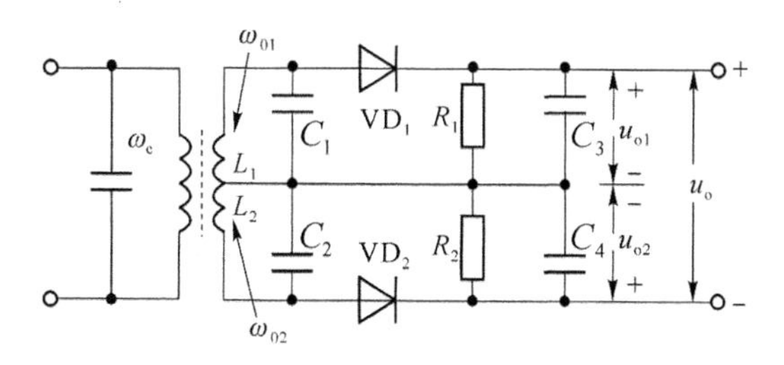

图 4-6-5　双失谐回路鉴频器原理图

图 4-6-6 所示是双失谐回路鉴频器的幅频特性，其中实线表示第一个回路的幅频特性，虚线表示第二个回路的幅频特性，这两个幅频特性对于 ω_c 是对称的。当输入调频信号的频率为 ω_c 时，两个次级回路输出电压幅度相等，经检波后输出电压为 $u_o=u_{o1}-u_{o2}=0$。

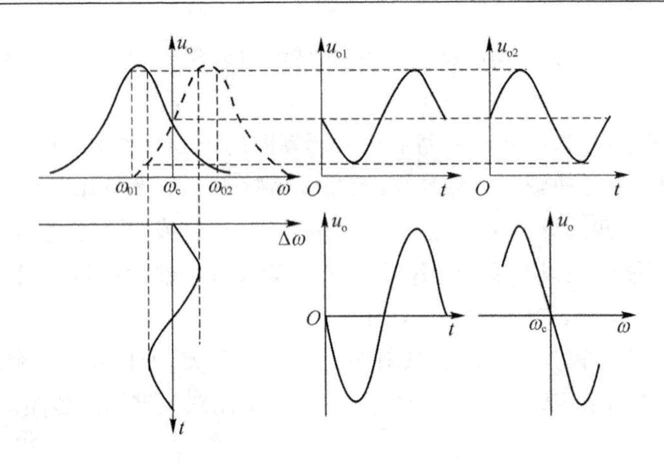

图 4-6-6 双失谐回路鉴频器的特性

当输入调频信号的频率由 ω_c 向升高的方向偏离时，L_2C_2 回路输出电压大，而 L_1C_1 回路输出电压小，经检波后 $u_{o1}<u_{o2}$，则 $u_o=u_{o1}-u_{o2}<0$。当输入调频波信号的频率由 ω_c 向降低方向偏离时，L_1C_1 回路输出电压大，L_2C_2 回路输出电压小，经检波后 $u_{o1}>u_{o2}$，则 $u_o=u_{o1}-u_{o2}>0$。

图 4-6-7 所示是某微波通信机采用的双失谐回路鉴频器的实际电路，它的谐振频率是 35 MHz 和 40 MHz。调频信号经两个共基放大器分别加到上、下两个回路上，而两个回路的连接点与检波电容一起接地。这与前面电路不同。由于接地点改变，输出电压 u_o 改从检波器电阻中间取出，它是由检波电流 I_1 和 I_2 决定的。因为检波二极管 VD_1 和 VD_2 的方向是相反的，所以 u_o 决定于两个检波电流之差。

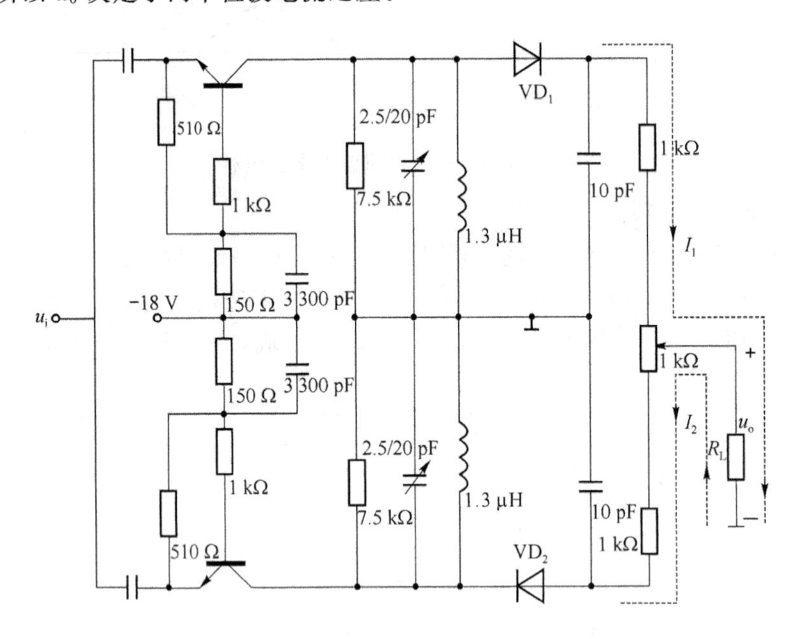

图 4-6-7 双失谐回路鉴频器的实用电路

2. 相位鉴频器

相位鉴频器有乘积型相位鉴频器和叠加型相位鉴频器两种。鉴相器有多种实现电路，大体上可以归纳为数字鉴相器和模拟鉴相器两大类。数字鉴相器由数字电路构成。模拟鉴相器广泛用于相位鉴频器中，这类鉴相器又可分为乘积型和叠加型两种。采用乘积型鉴相器构成相位鉴频器的称为乘积型相位鉴频器，采用叠加型鉴相器构成相位鉴频器的称为叠加型相位鉴频器，电路模型如图 4-6-8 所示。

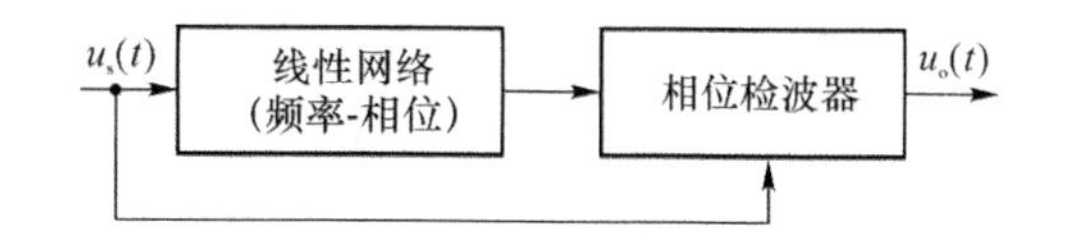

图 4-6-8　相位鉴频器模型

相位鉴频器由两部分组成：第一部分先将输入等幅调频波通过线性网络(频率-相位)进行变换，使调频波的瞬时频率变化转换为附加相移的变化，即进行 FM-PM 波变换；第二部分利用相位检波器检出所需要的调制信号。相位鉴频器的关键是找到一个线性的频率-相位变换网络。下面将从这方面讨论，然后讨论乘积型相位检波器。

(1) 频率-相位变换网络

频率-相位变换网络有：单谐振回路、耦合回路或其他 RLC 电路等。图 4-6-9(a)所示为电路中常采用的频相转换网络。这个电路是由一个电容 C_1 和谐振回路 LC_2R 组成的分压电路。

由图 4-6-9(a)可写出输出电压表达式

$$\dot{U}_2=\frac{\overline{\left(\frac{1}{R}+\mathrm{j}\omega C_2+\frac{1}{\mathrm{j}\omega L}\right)}^{\,1}}{\left(\frac{1}{\mathrm{j}\omega C_1}\right)+\left(\frac{1}{R}+\mathrm{j}\omega C_2+\frac{1}{\mathrm{j}\omega L}\right)^{-1}}\dot{U}_1$$

整理上式，并令

$$\omega_0=\frac{1}{\sqrt{L(C_1+C_2)}}$$

$$Q_\mathrm{p}=\frac{R}{\omega_0 L}=\frac{R}{\omega L}=R\omega(C_1+C_2)$$

得

$$\frac{\dot{U}_2}{\dot{U}_1}\approx\frac{\mathrm{j}\omega C_1 R}{1+\mathrm{j}Q_\mathrm{p}\dfrac{2(\omega-\omega_0)}{\omega_0}}=\frac{\mathrm{j}\omega C_1 R}{1+\mathrm{j}\xi}\tag{4-6-2}$$

其中，$\xi=\dfrac{2(\omega-\omega_0)}{\omega_0}Q_\mathrm{p}$ 为广义失谐量。由式(4-6-2)可求得网络的幅频特性 $A(\omega)$ 和相频特性 $\Phi_\mathrm{A}(\omega)$ 分别为

$$A(\omega)=\frac{\omega C_1 R}{\sqrt{1+\xi^2}},\Phi_\mathrm{A}(\omega)=\frac{\pi}{2}-\arctan\xi\tag{4-6-3}$$

由式(4-6-3)可画出网络的幅频特性曲线和相频特性曲线，如图 4-6-9(b)所示。只有在 $\arctan\xi<\pm\dfrac{\pi}{2}$ 时，$\Phi_\mathrm{A}(\omega)$ 可近似为直线，此时有

$$\Phi_\mathrm{A}(\omega)\approx\frac{\pi}{2}-\xi=\frac{\pi}{2}-2Q_\mathrm{p}\frac{\omega-\omega_0}{\omega_0}$$

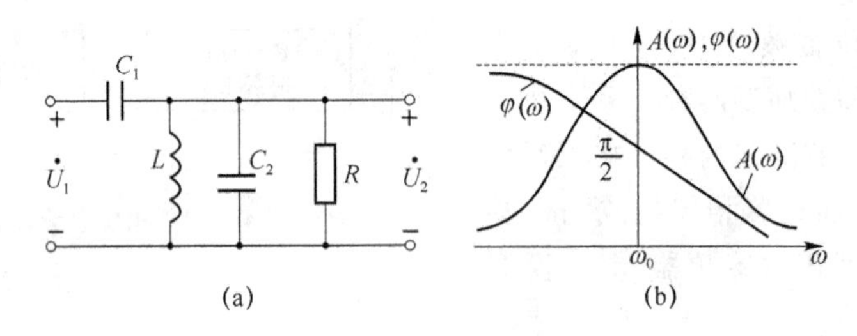

图 4-6-9　频率-相位变换网络

假定输入调频波的中心频率 $\omega_c=\omega_0$，将输入调频波的瞬时角频率

$$\omega=\omega_c+\Delta\omega_m\cos\Omega t=\omega_c+\Delta\omega$$

代入上式，得

$$\Phi_A(\omega)\approx\frac{\pi}{2}-\frac{2Q_p}{\omega_0}\Delta\omega \tag{4-6-4}$$

以上分析说明，对于实现频率-相位变换网络，要求移相特性曲线在 $\omega_c=\omega_0$ 时的相移量为 $\pi/2$，并且在 ω_0 附近特性曲线近似为直线。只有当输入调幅的瞬时频率偏移最大值 $\Delta\omega_m$ 比较小时，变换网络才可不失真地完成频率-相位变换。

$$\Delta\Phi\approx\frac{2Q_p}{\omega_0}\Delta\omega \tag{4-6-5}$$

(2) 乘积型相位鉴频器

乘积型相位鉴频器实现模型方框图如图 4-6-10 所示。不难看出，在频率-相位变换网络后面增加乘积型相位检波电路(由相乘器和低通滤波器构成)，便可构成乘积型相位鉴频器。还可看出，只需将鉴相特性公式中的 $\Delta\Phi$ 用式(4-6-5)代替，即可获得相应的鉴频特性公式，这里不再讨论。

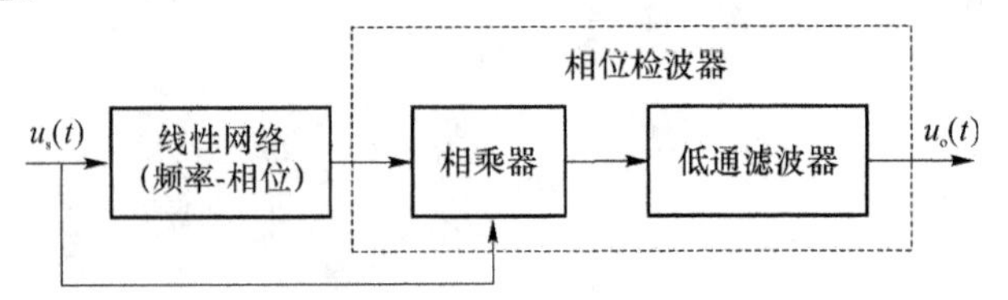

图 4-6-10　乘积型相位鉴频器实现模型

3. 脉冲计数式鉴频器

脉冲计数式鉴频器的电路模型如图 4-6-11 所示。

图 4-6-11　脉冲计数式鉴频器

调频信号瞬时频率的变化，直接表现为单位时间内调频信号过零值点(简称过零点)的疏密变化，如图 4-6-12 所示。调频信号每周期有两个过零点，由负变为正的过零点称为“正过零点”，如 01、03、05 等，由正变为负的过零点称为“负过零点”，如 02、04、06 等。如果在调频信号的每一个正过零点处由电路产生一个振幅为 U_m、宽度为 τ 的单极性矩形脉冲，这样就把调频信号转换成了重复频率与调频信号的瞬时频率相同的单向矩形脉冲序列。这时，单位时间内矩形脉冲的数目反映了调频波的瞬时频率，该脉冲序列振幅的平均值能直接反映单位时间内矩形脉冲的数目。脉冲个数越多，平均分量越大；脉冲个数越少，平均分量越

小。因此实际应用时,不需要对脉冲直接计数,而只需用一个低通滤波器取出这一反映单位时间内脉冲个数的平均分量,就能实现鉴频。

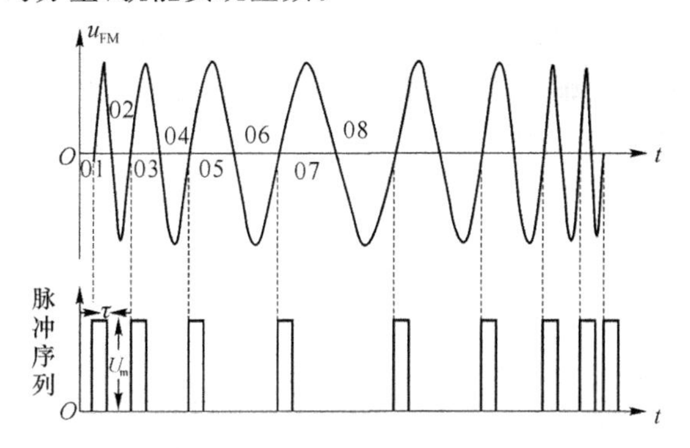

图 4-6-12　调频信号变换成单向矩形脉冲序列

设调频信号通过变换电路得到一个矩形脉冲序列,并让这一脉冲序列通过传输系数为 k_L 的低通滤波器进行滤波,则滤波后的输出电压 u_o 可写成

$$u_o = u_{av} = U_m \tau k_L / T = U_m \tau k_L f \tag{4-6-6}$$

其中,u_{av}表示一个周期内脉冲振幅的平均值;τ 是脉冲宽度;U_m 是脉冲振幅;k_L 是低通滤波器的传输系数;f 是重复频率,也就是调频信号的瞬时频率;T 是重复周期。

由式(4-6-6)可知,滤波后输出电压与调制信号的瞬时频率 f 成正比。脉冲计数式鉴频器的优点是线性好、频带宽、易于集成化,一般能工作在 10 MHz 左右,是一种应用较广泛的鉴频器。

4-6-2　计划决策

通过任务分析和对相关资讯的了解,讨论学习的计划并选定最优方案。

计划和决策(参考)

第一步	了解鉴频的概念、方法及鉴频的主要技术要求
第二步	理解各类鉴频电路的组成、工作原理、分析方法及主要特点

4-6-3　任务实施

学习型工作任务单

学习领域	通信电子线路			学时	78(参考)
学习项目	项目4　换个样子传输信号——认识频率变换电路			学时	30
工作任务	4-6　鉴频与鉴相			学时	2
班　　级		小组编号		成员名单	
任务描述	1. 了解鉴频的概念、方法及鉴频的主要技术要求。 2. 理解各类鉴频电路的组成、工作原理、分析方法及主要特点。				
工作内容	1. 什么是鉴频？鉴频的方法有哪些？鉴频器有哪些技术要求？ 2. 斜率鉴频器的电路结构及工作原理是什么？ 3. 相位鉴频器的电路结构及工作原理是什么？ 4. 脉冲计数式鉴频器的电路结构及工作原理是什么？				
提交成果和文件等	1. 鉴频的概念、方法、技术指标、主要电路及工作过程分析对照表。 2. 学习过程记录表及教学评价表(学生用表)。				
完成时间及签名					

4-6-4　展示评价

1. 教师及其他组负责人根据小组展示汇报整体情况进行小组评价。
2. 在学生展示汇报中,教师可针对小组成员的分工,对个别成员进行提问,给出个人评价。
3. 组内成员自评表及互评表打分。
4. 本学习项目成绩汇总。
5. 评选今日之星。

4-6-5　试一试

1. 鉴频灵敏度高说明________________________________。
2. 鉴频器的主要技术要求包括__________、__________、__________。
3. 将双失谐回路鉴频器的两个检波二极管 VD_1、VD_2 都调换极性反接,电路还能否工作?只接反其中一个,电路还能否工作?有一个损坏(开路),电路还能否工作?

4-6-6　练一练

仿真分析:已知斜率鉴频器仿真电路如图 4-6-13 所示,试用 Multisim 10 分析斜率鉴频器的工作原理、电路和性能特点,并观察幅频转换网络参数的变化对鉴频器输出的影响。

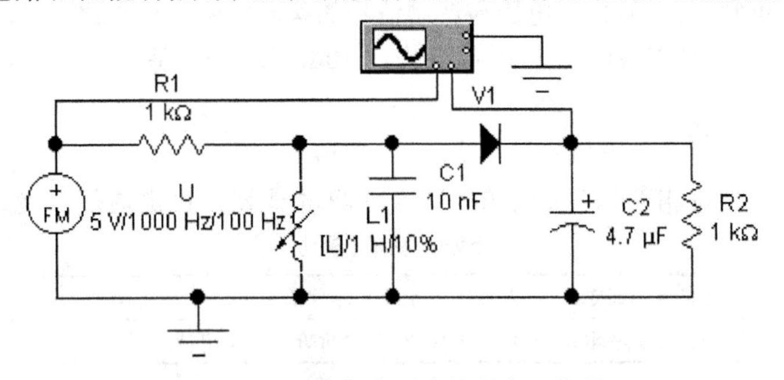

图 4-6-13　单失谐回路的斜率鉴频器

【参考方案】

(1) 仿真单失谐回路的幅频特性曲线:由于斜率鉴频器是由频幅转换网络和包络检波器组成,因此,首先利用 EWB5.12 软件绘制如图 4-6-14 所示的单失谐回路的频幅转换网络,各元件的名称及标称值均按图中所示定义,然后设置好调频信号源和电路参数。图 4-6-15所示为单失谐回路的幅频特性曲线。

仿真所涉及的虚拟实验仪器及器材有二通道示波器。

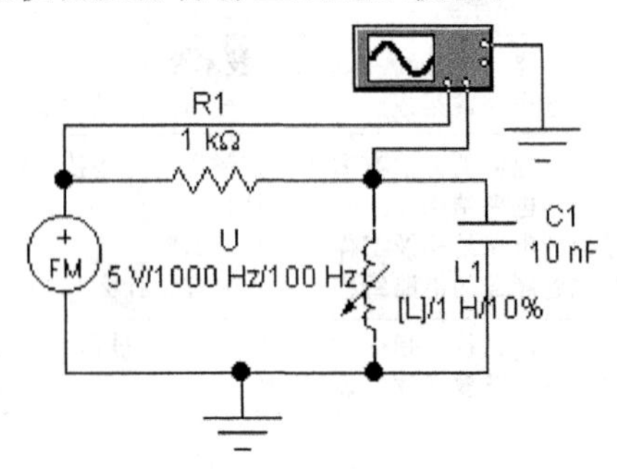

图 4-6-14　单失谐回路的频幅转换网络

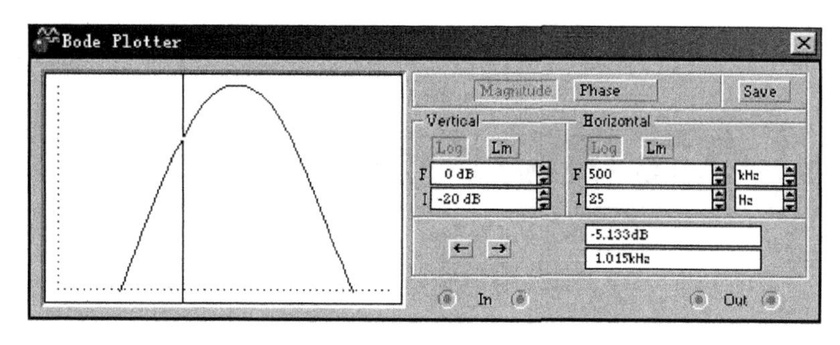

图 4-6-15　单失谐回路的幅频特性曲线

提示:利用波特图仪可以方便地测量和显示电路的频率响应,波特图仪适合于分析滤波电路或电路的频率特性,特别易于观察截止频率。需要连接两路信号,一路是电路输入信号,另一路是电路输出信号,需要在电路的输入端接交流信号。

波特图仪控制面板分为 Magnitude(幅值)或 Phase(相位)的选择、Horizontal(横轴)设置、Vertical(纵轴)设置、显示方式的其他控制信号,面板中的 F 指的是终值,I 指的是初值。在波特图仪的面板上,可以直接设置横轴和纵轴的坐标及其参数。

(2) 打开仿真电源开关,从示波器上将会看到单失谐回路能够将调频波的频率变化转变为幅度的变化,即将调频波转化为调幅-调频波。波形如图 4-6-16 所示。

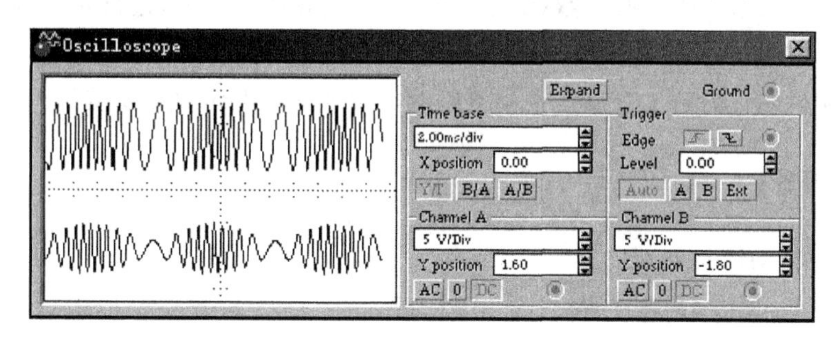

图 4-6-16　输入的调频波与输出的调幅-调频波

(3) 改变 L_1 的电感量,即可改变 L_1、C_1 单失谐回路的谐振频率,观察输出波形有何变化。作好记录,并说明其原因。

(4) 按图 4-6-13 所示,正确搭接单失谐回路的斜率鉴频器,并按图示要求设置电路中元件的参数。打开仿真电源开关,将会看到如图 4-6-17 所示的输出波形。

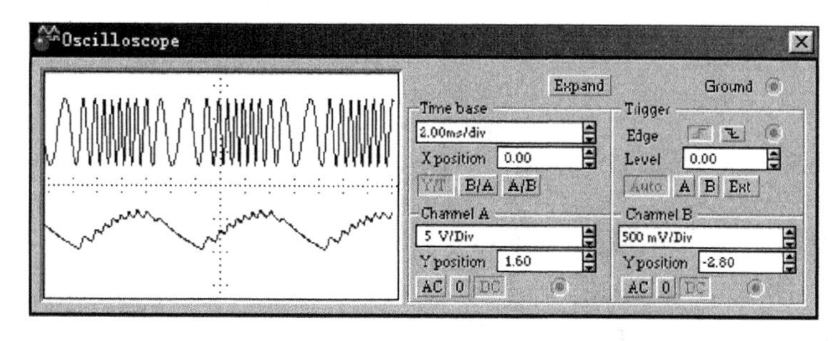

图 4-6-17　斜率鉴频器的输入、输出波形

(5) 改变调频信号的调频指数 m_f,观察输出波形有何变化,作好波形的记录,并说明其原因。

项目5 让电路自动调整性能

——认识反馈控制电路

项目描述

在现代通信系统和电子设备中，为了提高它们的技术性能指标，或者实现某些特定的功能要求，广泛地采用各种类型的反馈控制电路。这些控制电路大都是利用反馈的原理实现对自身的调节与控制，因此统称为反馈控制电路(Feedback Control Circuits)。

反馈控制电路是电子系统中的一种自动调节电路，其作用是在反馈系统受到扰动的情况下，系统通过自身反馈控制的调节作用，即利用反馈信号与原输入信号进行比较，进而输出一个比较信号对系统的某些参数(如电信号的振幅、频率或相位)进行修正，使其达到预定的精度，从而提高系统的性能。

学习本项目的目的是了解反馈控制电路的类型、组成、工作原理及应用。

学习任务

任务 5-1：自动增益控制电路。

任务 5-2：自动频率控制电路。

任务 5-3：锁相环路。

任务 5-1　自动增益控制电路

5-1-1　资讯准备

任务描述

1. 了解反馈控制电路的概念、组成。
2. 理解反馈控制的基本原理。
3. 了解反馈控制电路的类型、特点及应用。
4. 理解自动增益控制的工作原理和电路类型。

资讯指南

资讯内容	获取方式
1. 什么叫反馈？反馈控制电路的概念是什么？	阅读资料 上网 查阅图书 询问相关工作人员
2. 反馈控制电路由哪些部件组成，怎样工作？	
3. 反馈控制电路有哪些类型，各有什么特点，应用于哪些领域？	
4. 自动增益控制电路的工作原理是什么？	
5. 自动增益控制电路有哪些类型，各有什么特点？	

导学材料

一、反馈控制电路的概念及功能

在现代通信系统和电子设备中，为了提高它们的技术性能指标，或者实现某些特定的功能要求，广泛地采用各种类型的反馈控制电路。这些控制电路大都是利用反馈的原理实现对自身的调节与控制，因此统称为反馈控制电路(Feedback Control Circuits)。若反馈系统都是闭环系统，则称为环路系统。

如图 5-1-1 所示，反馈控制电路可以看成是由比较部件、控制部件、被控对象和测量部件(反馈网络)四部分组成的自动调节系统。其中，X_O 为系统输出量，X_I 为系统输入量，也就是反馈控制器的比较标准量。比较部件的作用是将输入信号 X_I 和测量部件产生的反馈信号 X_F 进行比较，输出一个误差信号 X_E；控制部件的作用是根据误差信号产生相应的控制信号，驱动被控部件产生输出量。

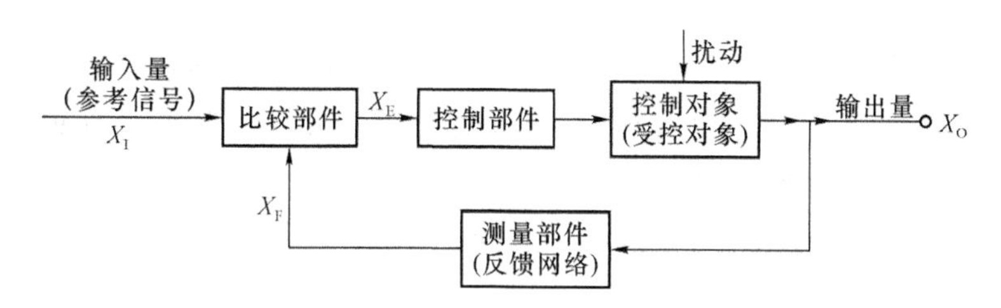

图 5-1-1　反馈控制电路的组成方框图

实际电路中，每个反馈控制电路的 X_O 与 X_I 之间都有确定的关系，可表示为 $X_O=f(X_I)$。若此关系受到破坏，则比较部件就能够检测出输出量与输入量的关系偏离程度，从而产生相应的误差信号 X_E，加到被控对象上对输出量 X_O 进行调整，使输出量与输入量之间的关系恢复到 $X_O=f(X_I)$。

二、反馈控制电路的分类及特点

图 5-1-1 中，各 X 参量可以是电压(电流)、频率或相位，如果比较的参量是电压或电流，则称之为自动增益控制电路；如果比较的参量为频率，则称之为自动频率控制电路；如果比较的参量是相位，则称之为自动相位控制电路或锁相环路。

(1) 自动增益控制电路(AGC，Automatic Gain Control)广泛应用于各类接收机中，是接收机的重要辅助电路之一。其主要功能是根据输入信号电平的大小，自动调整接收机的增益，从而使接收机在输入信号幅度忽大忽小变化时，保持输出信号电平稳定。即当输入信号很弱时，接收机的增益大；当输入信号很强时，接收机的增益小。这样，当信号场强变化时，接收机输出端的电压或功率基本稳定。

(2) 自动频率控制电路(AFC，Automatic Frequency Control)又称自动频率微调电路，主要用于电子设备中稳定振荡器的振荡频率。它利用反馈控制量自动调节振荡器的振荡频率，使振荡器稳定在某一预期的标准频率附近。

(3) 自动相位控制电路(APC，Automatic Phase Control)用于锁定相位，实现无频差反馈控制，因此又叫锁相环路(PLL，Phase Locked Loop)。锁相环路功能强大，应用广泛，这也是本章的重点。

反馈控制电路之所以能控制输出参量并使之稳定，其主要原因在于它能够利用反馈量与参考量之间的误差量实现对电路的控制，即利用存在的误差来减小误差。因此，在控制过程中，被控制量始终存在误差，反馈控制只是维持误差在一定范围内，无法完全消除误差。

在通信、导航、遥控遥测系统中，由于受发射功率大小、收发距离远近、电波传播衰落等各种因素的影响，接收机所接收的信号强弱变化范围很大。如果接收机增益不变，将会使接收机输出信号很不稳定，例如，接收信号太强时接收机可能产生饱和失真或阻塞，而接收信号太弱时又有可能丢失。因此，必须采用自动增益控制电路，使接收机的增益随输入信号的强弱而变化。

当然，不仅在接收机中需要用到自动增益控制电路，在发射机和其他电子设备中，自动增益控制电路也有广泛的应用，如光纤通信系统的光发射机就利用了反馈控制原理控制激光器的发光功率，虽然是对功率进行控制和调整，但实际上仍是自动增益控制。

三、自动增益控制电路的工作原理

AGC 电路的作用是，当输入信号电压变化很大时，保持接收机输出电压几乎不变。图 5-1-2 是一款典型的具有 AGC 的超外差式调幅接收机的方框图。图中，高频放大器起前置放大作用，它和中频放大器是直接受控的增益可控的放大器，是 AGC 控制环路的被控对象。AGC 检波器、低通滤波器和直流放大器组成测量部件，起反馈作用。

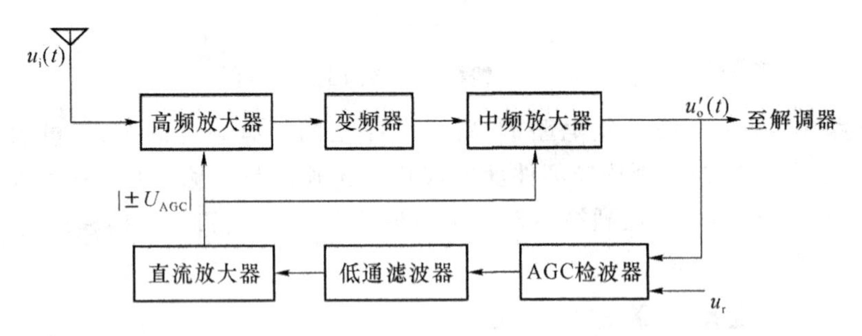

图 5-1-2　具有 AGC 的超外差式调幅接收机方框图

天线接收到的信号 $u_i(t)$ 经高频放大、变频和中频放大后得到中频调幅波 $u'_o(t)$，经 AGC 检波器和低通滤波器后，得到反映输入信号大小变化趋势的直流分量，再经直流放大后得到 AGC 电压($|\pm U_{AGC}|$)。显然，输入信号强，$|\pm U_{AGC}|$ 大；反之，则 $|\pm U_{AGC}|$ 小。利用 AGC 电压去控制高放或中放的增益，使 $|\pm U_{AGC}|$ 大时增益低，$|\pm U_{AGC}|$ 小时增益高，就可达

到自动增益控制的目的。

在实际电路中，AGC检波和恢复低频信号的检波一般共用一个检波器，直流放大器和高频放大器通常可省略，有时 AGC 电压只控制中放的增益。但无论电路怎么实现，一个 AGC 电路都要满足两方面的要求：一是能产生一个随输入信号大小而变化的控制电压，即$|\pm U_{AGC}|$；二是能利用此$|\pm U_{AGC}|$去控制相关可控增益放大器，实现自动增益控制。

以图 5-1-2 所示的前置高频放大器为例，若采用小信号谐振放大器，由任务 2-1 的讨论可知，其电压增益为

$$\dot{A}_{uo}=-\frac{P_1P_2Y_{fe}}{g_{\Sigma}}=-\frac{P_1P_2Y_{fe}}{P_1^2g_{oe}+P_2^2g_L+g_0} \tag{5-1-1}$$

其中，$g_{\Sigma}=P_1^2g_{oe}+P_2^2g_L+g_0$，$Y_{fe}\propto I_E$。

在采用 AGC 电路实现对放大器增益的自动控制过程中，可利用改变晶体管发射极电流 I_E 或改变负载电阻 $R_L(R_L=1/g_L)$，分别完成对 Y_{fe} 或 g_{Σ} 的控制，调整放大器的增益，达到自动增益控制的目的。

1. 改变发射极的电流 I_E

图 5-1-3 所示为典型的中放管的 β-I_E 曲线。由图可以看出，当 I_E 较小时，β 随着 I_E 的增大而增大(ab 段)；当 I_E 增至某一值 I_{EQ}时，β 最大；若 I_E 继续增大，则 β 逐渐减小(bc 段)。因此，根据晶体管的上述特点，利用 AGC 电压控制 I_E，就可以实现 AGC。

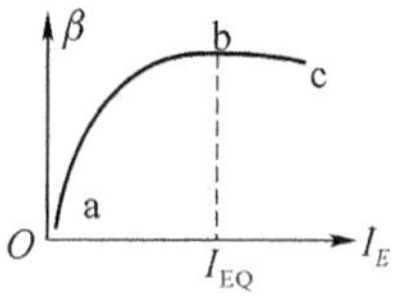

利用 β-I_E 曲线的上升部分(ab 段)或下降部分(bc 段)都可实现增益控制，前者称为反向 AGC，后者称为正向 AGC。

图 5-1-3　晶体管 β-I_E 曲线

在反向 AGC 中，I_E 必须随着$|\pm U_{AGC}|$的增大而减小，才能使 β 下降，增益降低，因此起始工作点应选择在曲线上升部分的 b 点，其控制过程可表示为

$$U_{im}\uparrow\rightarrow U_{om}\uparrow\rightarrow|\pm U_{AGC}|\uparrow\rightarrow I_E\downarrow\rightarrow\beta\downarrow\rightarrow|Y_{fe}|\downarrow\rightarrow|A_{uo}|\downarrow\rightarrow U_{om}\downarrow$$

在正向 AGC 中，I_E 必须随着$|\pm U_{AGC}|$的增大而增大，才能使 β 下降，增益降低，因此起始工作点应选择在 β 值较大处(b 点)，其控制过程可表示为

$$U_{im}\uparrow\rightarrow U_{om}\uparrow\rightarrow|\pm U_{AGC}|\uparrow\rightarrow I_E\uparrow\rightarrow\beta\downarrow\rightarrow|Y_{fe}|\downarrow\rightarrow|A_{uo}|\downarrow\rightarrow U_{om}\downarrow$$

图 5-1-4(a)所示是反向 AGC。反馈控制电压$+U_{AGC}$加载到晶体管的发射极。输入信号增加时，通过小信号放大器的输出信号增加，反馈控制电压随之增大，晶体管发射极电位上升，u_{BE}减小，发射极电流 I_E 减小，利用反向作用可使放大器增益下降，从而使输出信号由增大变为趋于稳定。

图 5-1-4(b)所示也是反向 AGC。反馈控制电压$-U_{AGC}$加载到晶体管的基极。输入信号增加时，通过小信号放大器的输出信号增加，反向后的反馈控制电压随之减小，晶体管基极电位下降，u_{BE}减小，发射极电流 I_E 减小，利用反向作用可使放大器增益下降，从而使输出信号由增大变为趋于稳定。

图 5-1-4(c)所示为正向 AGC。反馈控制电压$-U_{AGC}$加载到晶体管的发射极。输入信号增加时，通过小信号放大器的输出信号增加，反向后的反馈控制电压随之减小，晶体管发射极电位下降，u_{BE}增大，发射极电流 I_E 增大，利用正向作用可使放大器增益下降，从而使输出信号由增大变为趋于稳定。

反向 AGC 的优点是利用 β-I_E 曲线较陡峭的上升部分实现对放大器增益的控制，因此控制灵敏度高。反向 AGC 对晶体管要求不高，使用普通的中、高频管即可，而且管子的电

流不大，不致使管子的集电极损耗超过允许值。反向 AGC 的缺点是随着输入信号的增大，晶体管的工作点降得很低，动态范围很小，即增益控制范围窄。

为了克服反向 AGC 的缺点，应采用正向 AGC，以增大增益控制范围，但要求工作电流较大时管子不被损坏。此外，为了使正向 AGC 增益控制灵敏，管子 β-I_E 曲线的下降部分应较为陡峭。

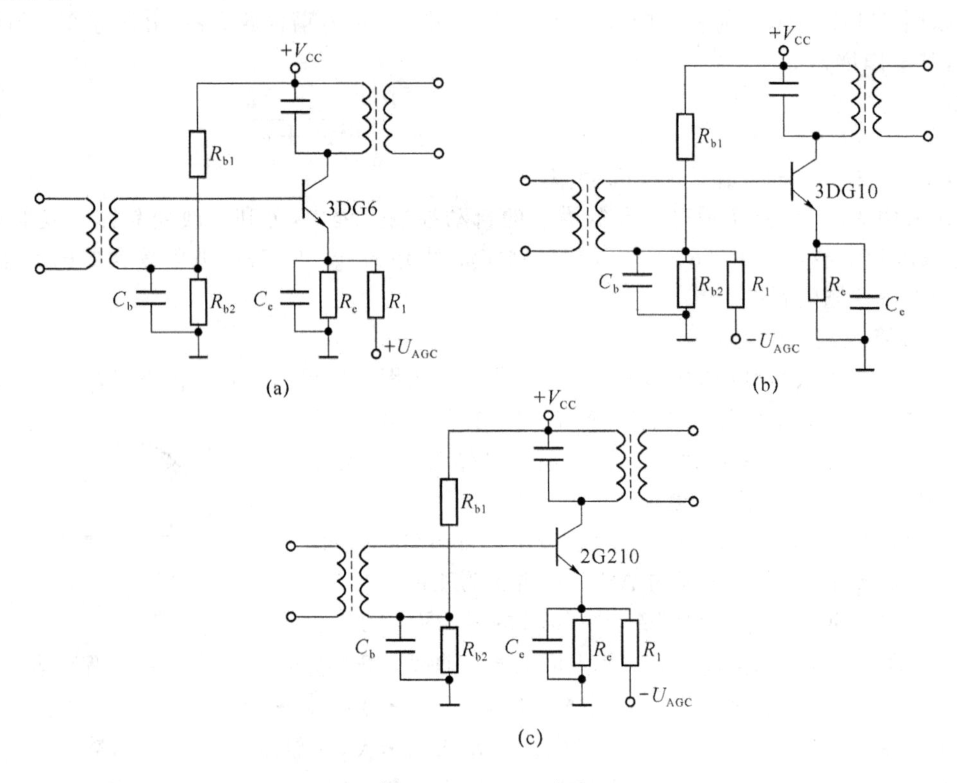

图 5-1-4　AGC 电路

2. 改变放大器的负载 R_L

改变放大器的负载 R_L 是在集成电路组成的接收机中常用的实现 AGC 的方法。由于放大器的增益与负载密切相关，因此通过改变负载就可以控制放大器的增益。在集成电路中，受控放大器的部分负载通常是晶体管的发射极输入电阻(发射结电阻)，若用 AGC 电压控制管子的偏流，则该电阻也随着改变，从而达到控制放大器增益的目的。

当输入信号增加时，改变负载 R_L 的控制过程可以表示为

$$U_{im}\uparrow \rightarrow U_{om}\uparrow \rightarrow |\pm U_{AGC}|\uparrow \rightarrow R_L\downarrow \rightarrow g_\Sigma\uparrow \rightarrow |A_{uo}|\downarrow \rightarrow U_{om}\downarrow$$

当输入信号减小时，改变负载 R_L 的控制过程可以表示为

$$U_{im}\downarrow \rightarrow U_{om}\downarrow \rightarrow |\pm U_{AGC}|\downarrow \rightarrow R_L\uparrow \rightarrow g_\Sigma\downarrow \rightarrow |A_{uo}|\uparrow \rightarrow U_{om}\uparrow$$

四、自动增益控制电路的类型

根据输入信号的类型、特点以及控制的要求，AGC 电路主要有简单 AGC 和延迟式 AGC 两种类型。

简单 AGC 电路是只要接收机有外来信号输入，中频放大器有信号输出，AGC 电路就立刻工作，产生误差控制电压 $|\pm U_{AGC}|$ 去控制可控增益放大器。

接收机的输入感应电动势 e_A 与输出电压 u_o 的关系曲线，称为 AGC 特性曲线。简单

AGC 与无 AGC 电路的传输特性如图 5-1-5 所示。无 AGC 电路的传输特性如曲线①所示，接收机的输出电压 u_o 随天线上感应电动势 e_A 的增大而增大(不考虑外来信号过强，超出晶体管的线性工作范围时)。具有简单 AGC 电路的接收机，其增益随外来 e_A 的增加而减小，如曲线②所示。

简单 AGC 电路的主要缺点是，一有输入信号，AGC 立刻起作用，接收机的增益就因受控制而减小。这对提高接收机的灵敏度是不利的，尤其在外来信号很微弱时，不利一面表现尤为突出。为了克服这个缺点，也就是希望输入信号小于某值时 AGC 不起作用，与无 AGC 电路输出电压相同，只有当输入信号大于该值时 AGC 才起作用，为此可采用延迟式 AGC 电路。

延迟式 AGC 电路的特性曲线如图 5-1-6 所示。图中，当 $e_A < E_{A0}$ 时，AGC 不起作用，接收机输出信号与无 AGC 时的输出一样；当 $e_A > E_{A0}$ 时，AGC 电路才开始工作，这时虽然外来输入信号继续增强，但接收机的输出电压却能因为高频放大器或中频放大器的增益降低而维持不变。延迟式 AGC 的优点在于既能保证接收机有高的灵敏度，又能保证输出电压幅度恒定。

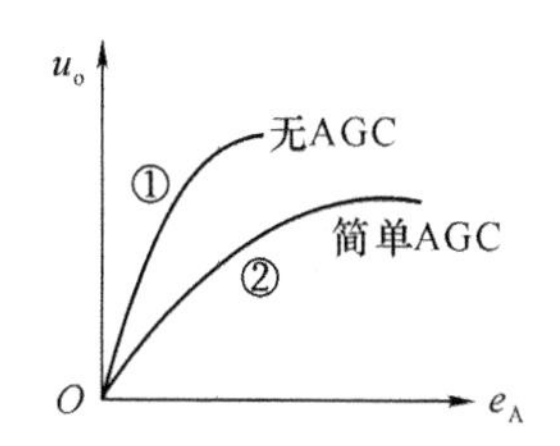

图 5-1-5　简单 AGC 特性曲线

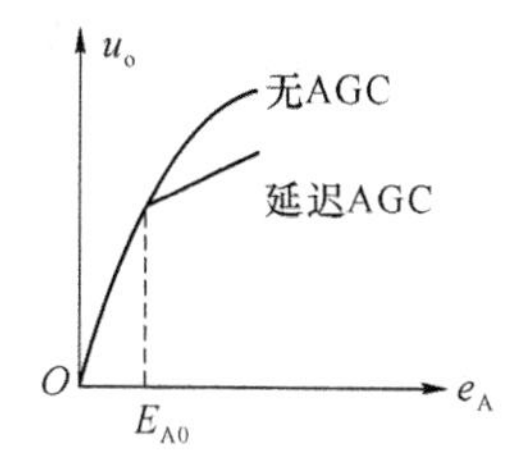

图 5-1-6　延迟式 AGC 特性曲线

延迟式 AGC 的原理电路如图 5-1-7 所示。二极管 VD 和负载 R_1、C_1 组成包络检波器，检波输出电压经 RC 低通滤波器滤波，取出直流 AGC 电压。另外，在二极管上加有一负电压 E_{A0}(由负电源分压获得)，称为延迟电压。

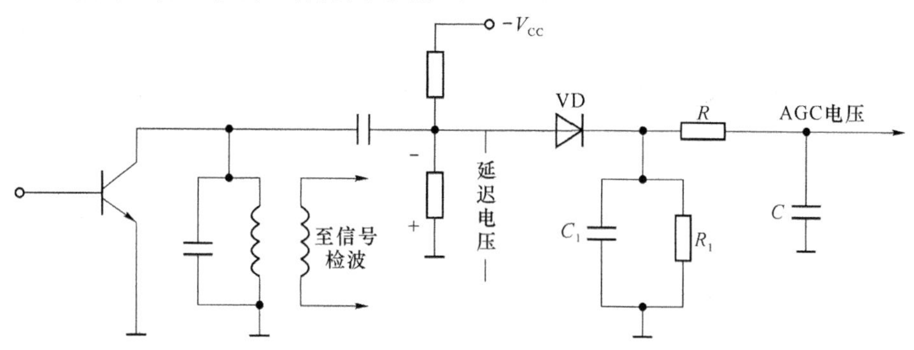

图 5-1-7　延迟式 AGC 电路

当天线上的感应电动势 e_A 很小时，AGC 检波器的输入电压也比较小，由于延迟电压的存在，AGC 检波器的二极管将处于截止状态，没有 AGC 电压输出，因此没有 AGC 作用。只有当 e_A 大到一定程度($e_A > E_{A0}$)，使检波器输入电压的幅值大于延迟电压后，AGC 检波器才工作，产生 AGC 作用。调节延迟电压可改变 E_{A0} 的数值，以满足不同的要求。由于延迟电压的存在，信号检波器必须要与 AGC 检波器分开，否则延迟电压会加到信号检波器上，使外来信号小时不能检波，而信号大时又产生非线性失真。

当 e_A 变化范围一定时，接收机输出电压 u_o 的变化越小，AGC 的性能越好，通常以此作为 AGC 的质量指标。例如，收音机的 AGC 指标为输入信号强度变化 26 dB 时，输出电压的变化不超过 5 dB；在高级通信机中，AGC 指标为输入信号强度变化 60 dB 时，输出电压的变化不超过 6 dB，输入信号在 10 μV 以下时，AGC 不起作用。

为了提高 AGC 的能力，可在 AGC 检波器的前面或后面再增加放大器，这种电路称为延迟放大式 AGC 电路，其电路方框图分别如图 5-1-8(a)、(b)所示。

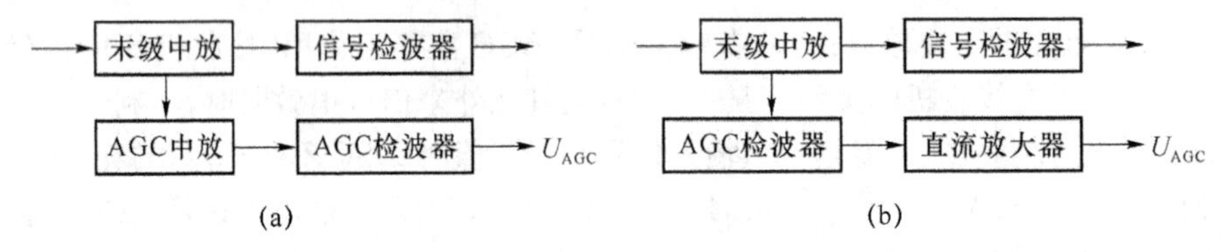

图 5-1-8　延迟放大式 AGC 电路方框图

5-1-2　计划决策

通过任务分析和对相关资讯的了解，讨论学习的计划并选定最优方案。

计划和决策(参考)

第一步	了解反馈控制电路的概念、组成
第二步	理解反馈控制的基本原理
第三步	了解反馈控制电路的类型、特点及应用
第四步	理解自动增益控制的工作原理和电路类型

5-1-3　任务实施

学习型工作任务单

<table>
<tr><td>学习领域</td><td colspan="4">通信电子线路</td><td>学时</td><td>78(参考)</td></tr>
<tr><td>学习项目</td><td colspan="4">项目 5　让电路自动调整性能——认识反馈控制电路</td><td>学时</td><td>6</td></tr>
<tr><td>工作任务</td><td colspan="4">5-1　自动增益控制电路</td><td>学时</td><td>2</td></tr>
<tr><td>班　　级</td><td></td><td>小组编号</td><td></td><td>成员名单</td><td colspan="2"></td></tr>
<tr><td>任务描述</td><td colspan="6">1. 了解反馈控制电路的概念、组成。
2. 理解反馈控制的基本原理。
3. 了解反馈控制电路的类型、特点及应用。
4. 理解自动增益控制的工作原理和电路类型。</td></tr>
<tr><td>工作内容</td><td colspan="6">1. 什么叫反馈？反馈控制电路的概念是什么？
2. 反馈控制电路由哪些部件组成，怎样工作？
3. 反馈控制电路有哪些类型，各有什么特点，应用于哪些场合？
4. 自动增益控制电路的工作原理是什么？
5. 自动增益控制电路有哪些类型，各有什么特点？</td></tr>
<tr><td>提交成果
和文件等</td><td colspan="6">1. 反馈控制电路的概念、组成、类型、特点、应用领域对照表。
2. 自动增益控制电路的工作原理和实现方法对照表。
3. 学习过程记录表及教学评价表(学生用表)。</td></tr>
<tr><td>完成时间
及签名</td><td colspan="6"></td></tr>
</table>

5-1-4　展示评价

1. 教师及其他组负责人根据小组展示汇报整体情况进行小组评价。

2. 在学生展示汇报中，教师可针对小组成员的分工，对个别成员进行提问，给出个人评价。

3. 组内成员自评表及互评表打分。

4. 本学习项目成绩汇总。

5. 评选今日之星。

5-1-5　试一试

1. 反馈控制电路是利用__________的原理实现对__________的调节与控制。

2. 反馈控制电路之所以能控制输出参量并使之稳定，其主要原因在于它能够利用反馈量与参考量之间的__________实现对电路的控制，即利用存在的__________来减小误差。因此，在控制过程中，被控制量始终存在__________，反馈控制只是维持误差在一定范围，并__________消除误差。

3. 反馈控制电路主要有 3 种，分别是__________、__________、__________。

4. 自动增益控制电路(AGC)的主要功能是根据__________的大小，自动调整接收机的增益，从而使接收机在输入信号幅度忽大忽小变化时保持输出信号__________。即当输入信号很弱时，接收机的增益__________；当输入信号很强时，接收机的增益__________。这样，当信号场强变化时，接收机输出端的__________。

5. 自动频率控制电路(AFC)又称__________，主要用于电子设备中稳定振荡器的振荡频率。它利用反馈控制量自动调节振荡器的__________，使振荡器稳定在某一预期的__________附近。

6. 自动相位控制电路(PLL)用于锁定__________，实现__________反馈控制。

7. 自动增益控制电路的控制原理有两种，分别是__________、__________。

8. 根据输入信号的类型、特点以及控制的要求，AGC 电路主要有__________和__________两种类型。

9. 已知某 AGC 电路如图 5-1-9 所示，试判断它们是正向 AGC 还是反向 AGC。

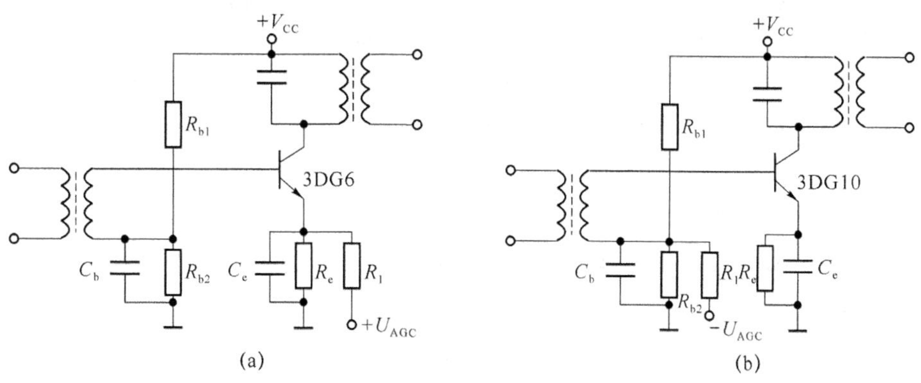

图 5-1-9　AGC 电路

5-1-6 练一练

调研分析:收音机中有无反馈控制电路?若有,是哪种类型的反馈控制电路?

任务 5-2 自动频率控制电路

5-2-1 资讯准备

任务描述

1. 了解自动频率控制电路的概念及特点。
2. 理解自动频率控制的控制原理和典型应用。

资讯指南

资讯内容	获取方式
1. 自动频率控制电路的概念及特点是什么?	阅读资料 上网 查阅图书 询问相关工作人员
2. 自动频率控制的控制原理是什么?	
3. 自动频率控制主要应用于哪些场合?	

导学材料

自动频率控制电路也称为自动频率微调电路(AFC),是用来自动调整振荡器的振荡频率,使振荡器的振荡频率稳定在某个标准频率附近的反馈控制电路。

AFC 与 AGC 电路的区别在于控制对象不同,AGC 电路的控制对象是信号电平,而 AFC 电路的控制对象则是信号的频率。AFC 的主要作用是自动调整振荡器的振荡频率,从而维持振荡器的振荡频率基本不变。例如,在超外差式接收机中利用 AFC 电路的调节作用自动地控制本振频率,使其与外来信号的频率之差维持近乎中频的数值。在调频发射机中如果振荡频率漂移,用 AFC 电路可适当减少载频的变化,提高载频的稳定度。在调频接收机中,用 AFC 电路的跟踪特性构成调频解调器,即所谓调频负反馈解调器,可有效改善调频解调的门限效应。

一、自动频率控制的控制原理

自动频率控制电路由频率比较器、低通滤波器和压控振荡器三部分组成,其原理方框图如图 5-2-1 所示。

AFC 电路的控制参量是频率。环路的输入信号 u_R 的频率为 f_R,输出信号 u_o 的频率为 f_o,它们之间的关系可根据频率比较器的类型而定。频率比较器通常有两种:一种是鉴频器,另一种是混频-鉴频器。频率比较器输出的误差电压 u_d 经低通滤波器后取出缓变控制

信号u_c，控制压控振荡器工作。输出信号的频率可写为

$$f_o(t)=f_{00}+k_c u_c(t) \tag{5-2-1}$$

其中，f_{00}是控制信号$u_c(t)=0$时的振荡频率，称为VCO的固有振荡频率，k_c是压控灵敏度。

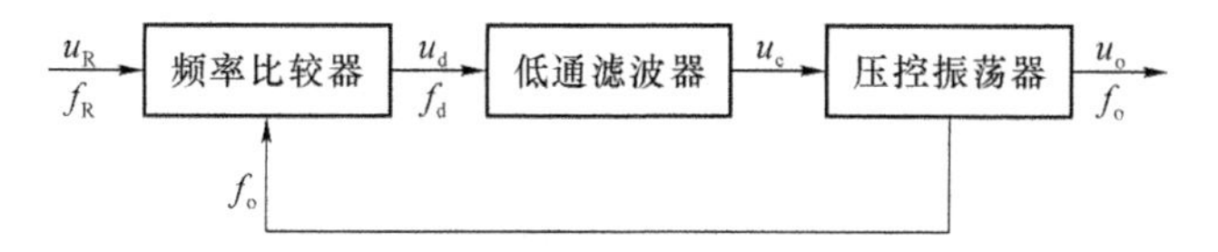

图5-2-1　自动频率控制系统的组成方框图

当频率比较器是鉴频器时，输出信号直接与输入信号进行鉴频，输出误差电压为

$$u_d(t)=k_b(f_R-f_o) \tag{5-2-2}$$

其中，k_b是鉴频灵敏度。当输出信号频率f_o与输入信号频率f_R不相等时，误差电压$u_d\neq 0$，经低通滤波器后送出控制电压u_c，调节VCO的振荡频率，使之稳定在f_R上。

当频率比较器是混频-鉴频器时，输出信号(频率为f_o)先与本振信号(频率为f_L)混频，输出差频信号(频率为$f_d=f_o-f_L$)再与u_R(频率为f_R)进行鉴频。鉴频器输出误差电压为

$$u_d(t)=k_b(f_R-f_d) \tag{5-2-3}$$

可见，当差频$f_d\neq f_R$时，误差电压$u_d\neq 0$，经低通滤波器后送出控制电压u_c，调节VCO的振荡频率f_o，使之与f_L的差值稳定在f_R上。若f_L是变化的，则f_o将随f_L变化，并保持其差频f_d基本不变。

鉴频器和压控振荡器均是非线性器件，但在一定条件下可工作在近似线性状态，则k_b与k_c均可视为常数。

二、自动频率控制电路的应用

AFC广泛应用于发射机和接收机中，现简单介绍如下。

1. 在调幅接收机中用于稳定中频频率

超外差式接收机是一种主要的现代接收系统，它利用混频器将不同载频的高频已调波信号先变成固定中频的已调波信号，再进行中频放大和解调。其整机增益和选择性主要取决于中频放大器的性能，所以，常采用AFC电路稳定中频频率。

采用AFC电路的调幅接收机的AFC电路方框图如图5-2-2所示。正常情况下，接收机输入调幅波信号载频为f_c，相应的本振信号频率为f_L，混频后输出中频信号频率为$f_I=f_c-f_L$。如果由于某种原因，本振频率发生偏移Δf_L而变成$f_L+\Delta f_L$，则混频后的中频将变成$f_I+\Delta f_I$。此中频信号经中频放大后送至鉴频器，鉴频器将产生相应的误差电压u_d，经低通滤波、直流放大后控制本振频率f_L，使其向相反方向变化，从而使混频后的中频也向相反方向变化，经过不断地循环反馈，系统达到新的稳定状态，实际中频f_I的偏离值将远小于Δf_I，从而实现了稳定中频的目的。

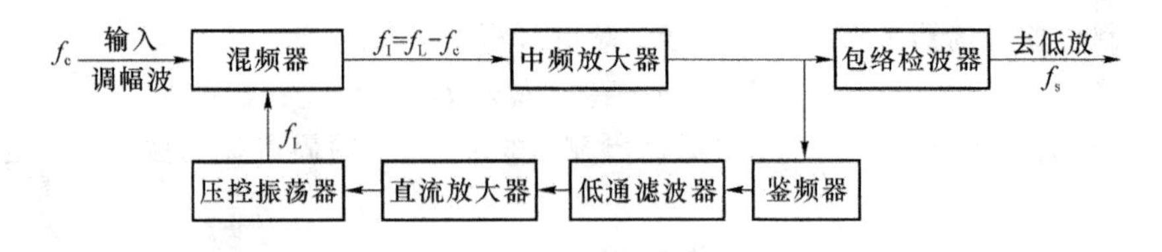

图 5-2-2 采用 AFC 的调幅接收机组成方框图

2. 在调频发射机中用于稳定中心频率

图 5-2-3 所示为采用 AFC 的调频器组成框图。采用 AFC 的目的在于稳定调频振荡器的中心频率，即稳定输出调频波 u_o 的中心频率。图中，调频振荡器是频率可控的压控振荡器(VCO)，一般采用振荡回路含有变容管的 LC 振荡器，而不直接使用石英晶体振荡器。虽然石英晶体振荡器具有更高的频率稳定度，但其频率变化范围很窄，无法满足调频波频偏的要求，而且其振荡频率不易调节，不一定能符合调频所需的中心频率，因此一般使用 LC 振荡器做压控振荡器。虽然 LC 振荡器具有更宽的可调频偏，但其频率稳定度差，因此常用一个石英晶体振荡器对调频振荡器的中心频率进行控制，从而获得中心频率稳定度高而频偏又足够宽的调频信号。

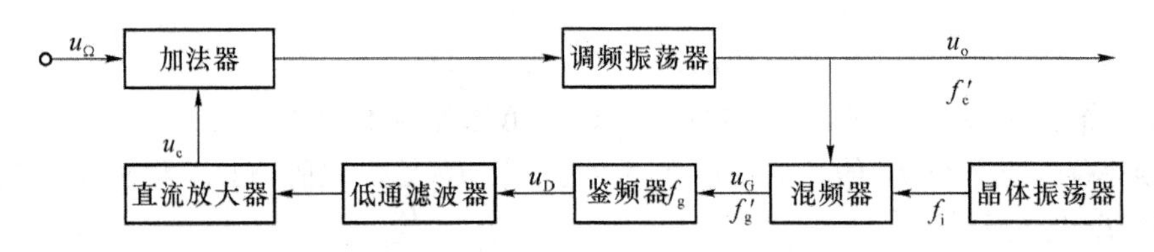

图 5-2-3 采用 AFC 的调频器组成框图

设调频信号 u_o 的额定中心频率为 f_c，而实际的中心频率为接近 f_c 的 f'_c，晶体振荡器的振荡频率为 f_i。理想情况下，混频器的输出 u_G 是与 u_o 频偏相同的调频波，其中心频率 $f_g=f_i-f_c$，而实际上 u_G 的中心频率为 $f'_g=f_i-f'_c$。显然，u_G 中心频率的偏移与 u_o 中心频率的偏移相同。

若鉴频器的中心频率为 f_g，则 u_G 经鉴频后输出的误差电压 u_D 与 u_o 的频偏、u_o 中心频率的偏移二者之和成正比。若低通滤波器的通带截止频率足够低，则 u_D 经滤波后，其中随 u_o 频偏变化的分量被滤除，随 u_o 中心频率偏移变化的分量由于变化极其缓慢而成为滤波器的输出电压，并被直流放大器放大为控制电压 u_c。因此，u_c 只反映了 u_o 中心频率的偏移。u_c 与调制信号 u_Ω 通过加法器相加后，一起送到调频振荡器中变容管的两端，调节调频振荡器的振荡频率。其中，调频振荡器的中心频率在 u_c 的控制下趋于 $f_c=f_i-f_g$，调频振荡器的频偏就是 u_Ω 作用下振荡器频率的变化量，即 u_o 的频偏。实际上，当 $u_\Omega=0$，即未加入调制信号时，调频振荡器的频率就是 u_o 的中心频率(载频)，这时振荡器只受 u_c 控制。

由上述分析可知，调频振荡器中心频率的稳定度除了与晶体振荡器 f_i 的稳定度有关外，还取决于鉴频器中心频率 f_g 的稳定度，因此应精心选择鉴频器谐振回路的有关元件。

5-2-2　计划决策

通过任务分析和对相关资讯的了解，讨论学习的计划并选定最优方案。

计划和决策(参考)

第一步	了解反馈控制电路的概念、组成
第二步	理解反馈控制的基本原理
第三步	了解反馈控制电路的类型、特点及应用
第四步	理解自动增益控制的工作原理和电路类型

5-2-3　任务实施

学习型工作任务单

<table>
<tr><td>学习领域</td><td colspan="4">通信电子线路</td><td>学时</td><td>78(参考)</td></tr>
<tr><td>学习项目</td><td colspan="4">项目5　让电路自动调整性能——认识反馈控制电路</td><td>学时</td><td>6</td></tr>
<tr><td>工作任务</td><td colspan="4">5-2　自动频率控制电路</td><td>学时</td><td>1</td></tr>
<tr><td>班　　级</td><td></td><td>小组编号</td><td></td><td>成员名单</td><td colspan="2"></td></tr>
<tr><td>任务描述</td><td colspan="6">1. 了解自动频率控制电路的概念及特点。
2. 理解自动频率控制的控制原理和典型应用。</td></tr>
<tr><td>工作内容</td><td colspan="6">1. 自动频率控制电路的概念及特点是什么？
2. 自动频率控制的控制原理是什么？
3. 自动频率控制主要应用于哪些场合？</td></tr>
<tr><td>提交成果
和文件等</td><td colspan="6">1. 自动频率控制的概念、组成、原理、特点、应用领域对照表。
2. 学习过程记录表及教学评价表(学生用表)。</td></tr>
<tr><td>完成时间
及签名</td><td colspan="6"></td></tr>
</table>

5-2-4　展示评价

1. 教师及其他组负责人根据小组展示汇报整体情况进行小组评价。

2. 在学生展示汇报中，教师可针对小组成员的分工，对个别成员进行提问，给出个人评价。

3. 组内成员自评表及互评表打分。

4. 本学习项目成绩汇总。

5. 评选今日之星。

5-2-5 试一试

1. AFC 电路是指以消除__________为目的的反馈控制电路。
2. 自动频率控制电路由__________、__________和__________三部分组成。
3. 自动频率控制电路主要应用于____等领域。
4. 反馈控制电路主要有 3 种，分别是__________、__________、__________。

5-2-6 练一练

1. 调研分析：广播发射机中有无反馈控制电路？若有，是哪种类型的反馈控制电路？

任务 5-3 锁相环路

5-3-1 资讯准备

任务描述

1. 理解锁相环路的构成及工作原理。
2. 理解锁相环路各组成部分的分析及锁相环路的数学模型。
3. 理解环路的锁定、捕获和跟踪过程，了解环路的同步带和捕捉带的概念。
4. 理解锁相环路的特性及应用。
5. 理解 CD4046 CMOS 单片锁相环路的工作原理以及应用。
6. 理解 NE564 单片锁相环路的工作原理以及应用。

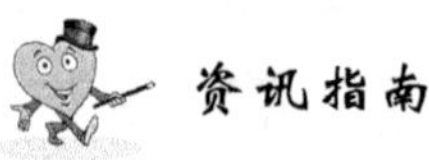

资讯内容	获取方式
1. 锁相环路的概念、特点及应用是什么？	阅读资料 上网 查阅图书 询问相关工作人员
2. 锁相环路的构成及工作原理是什么？	
3. 锁相环路各组成部分的分析及锁相环路的数学模型是什么？	
4. 环路的锁定、捕获和跟踪过程，环路的同步带和捕捉带的概念是什么？	
5. CD4046 CMOS 单片锁相环路的工作原理以及应用是什么？	
6. NE564 单片锁相环路的工作原理以及应用是什么？	

导学材料

AFC 电路是以消除频率误差为目的的反馈控制电路。由于其基本原理是利用频率误差电压去消除频率误差，所以当电路达到平衡状态之后，必然有剩余频率误差存在，即无法完全消除频差，这也是 AFC 电路无法克服的缺点。

锁相环路(PLL,Phase Lock Loop)也是一种以消除频率误差为目的的反馈控制电路。但它的基本原理是利用相位误差电压去消除频率误差,所以当电路达到平衡状态之后,虽然有剩余相位误差存在,但频率误差可以降低到零,从而实现无频差的频率跟踪和相位跟踪。而且锁相环路还具有可以不用电感线圈、易于集成化、性能优越等许多优点,因此广泛应用于通信、雷达、制导、导航、仪表和电机等方面。

锁相环路早期应用于电视机的同步系统,使电视图像的同步性能得到了很大的改善。20世纪50年代后期,随着空间科学的发展,锁相环在跟踪和接收来自宇宙飞行器(人造卫星、宇宙飞船)的微弱信号方面显示出了很大的优越性。普通的超外差接收机,频带做得相当宽,噪声大,同时信噪比也大大降低。而在锁相环接收机中,由于中频信号可以锁定,所以频带可以做得很窄(几十赫兹以下),则带宽可以下降很多,所以输出信噪比也就大大提高了。只有采用锁相环路做成的窄带锁相跟踪接收机才能把深埋在噪声中的信号提取出来。随着电子技术的发展、集成锁相环的出现,在各种电子系统中广泛使用锁相环路,例如,锁相接收机、微波锁相振荡源、锁相调频器、锁相鉴频器等。在锁相频率合成器中,锁相环路具有稳频作用,能够完成频率的加、减、乘、除等运算,可以作为频率的加减器、倍频器、分频器等使用。

一、锁相环路的工作原理

锁相环路的基本组成框图如图5-3-1所示。可以看出,锁相环路是由鉴相器(PD,Phase Detector)、环路滤波器(LF,Loop Filter)和压控振荡器(VCO)组成的,其中LF为低通滤波器。

图中,鉴相器是一个相位比较器,将输入信号 $u_i(t)$ 与VCO输出信号 $u_o(t)$ 的相位进行比较,输出与二者相位误差 $\varphi_e(t)=\varphi_i(t)-\varphi_o(t)$ 呈线性关系的误差电压 $u_d(t)$。环路滤波器(LF)是一个低通滤波器(LPF),其作用是滤除误差电压 $u_d(t)$ 中的高频分量及干扰分量,输出控制电压 $u_c(t)$。压控振荡器是一种电压-频率变换器,其输出信号的角频率 $\omega_o(t)$ 与控制电压 $u_c(t)$ 呈对应关系。这样,当 $\varphi_e(t)=\varphi_i(t)-\varphi_o(t)\neq 0$ 时,$u_d(t)$、$u_c(t)$、$\omega_o(t)$ 都将随 $\varphi_e(t)$ 的变化而变化,其最终趋势是使 $u_i(t)$ 与 $u_o(t)$ 的相位差不断减小,最后保持在某一预期值附近。

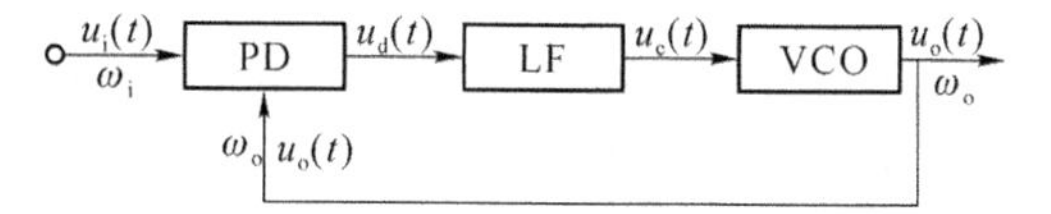

图5-3-1 锁相环路的基本组成框图

如果输入信号 $u_i(t)$ 的角频率 ω_i 和输出信号 $u_o(t)$ 的频率 ω_o 不相等,则称锁相环路处于“失锁”状态,此时两个信号必然存在变动的相位差。此时,$u_i(t)$ 将与 $u_o(t)$ 进行相位比较,由PD输出一个与相位差成正比的误差电压 $u_d(t)$,经LF滤波后取出其中缓慢变化的直流或低频电压分量 $u_c(t)$ 作为控制电压,控制VCO的振荡频率,使 ω_o 不断改变,$u_i(t)$ 与 $u_o(t)$ 的相位差不断减小,当减小到某一较小的恒定值时,就称锁相环路处于“锁定”状态,锁相一词由此而来。

锁相环路和AFC电路都是用来实现频率跟踪的自动控制电路,但控制原理不同:AFC电路利用的是频率误差信号实现频率跟踪;锁相环路利用的是相位误差信号实现频率跟踪,一旦相位锁定,虽存在相位差,但不存在频差,即可以实现无误差的频率跟踪。

二、锁相环路的相位模型及性能分析

1. 相位模型

(1) 鉴相器

在锁相环路中，鉴相器用做相位比较，其原理框图如图 5-3-2 所示。由图可知，鉴相器的输入信号分别为环路的输入信号 $u_i(t)$和压控振荡器的输出信号 $u_o(t)$，输出信号为与上述两个信号瞬时相位差成比例的误差信号 $u_d(t)$。$u_d(t)$的大小依据鉴相器的类型而定，常见的鉴相器有乘积型和叠加型，前者一般采用模拟乘法器实现。

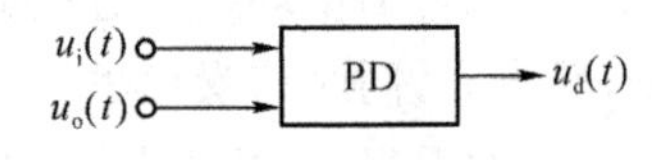

图 5-3-2 鉴相器的框图

设输入电压信号 $u_i(t)$的角频率为 ω_i，瞬时相位为 $\varphi_i(t)$；压控振荡器输出信号 $u_o(t)$的频率为 ω_o，瞬时相位为 $\varphi_o(t)$；环路的参考输出频率即基准频率为 ω_r。鉴相器应该满足下列条件：

① 当锁相环路处于“锁定”状态时，$\omega_i=\omega_o=\omega_r$，鉴相器无输出电压；

② 当锁相环路处于“失锁”状态时，$\omega_i=\omega_r+d\varphi_i(t)/dt$，$\omega_o=\omega_r+d\varphi_o(t)/dt$。

因此，输入信号 $u_i(t)$、输出信号 $u_o(t)$可表示为

$$u_i(t)=U_{im}\cos\left(\int\omega_i dt\right)=U_{im}\cos\left[\omega_r t+\varphi_i(t)+\varphi_0\right] \quad (5\text{-}3\text{-}1)$$

$$u_o(t)=U_{om}\cos\left(\int\omega_o dt\right)=U_{om}\cos\left[\omega_r t+\varphi_o(t)\right] \quad (5\text{-}3\text{-}2)$$

其中，φ_0 一般取为 $\pi/2$。因此，输入信号可表示为

$$u_i(t)=U_{im}\sin\left[\omega_r t+\varphi_i(t)\right] \quad (5\text{-}3\text{-}3)$$

$$u_o(t)=U_{om}\cos\left[\omega_r t+\varphi_o(t)\right] \quad (5\text{-}3\text{-}4)$$

若采用乘积型鉴相器，则模拟乘法器的输出信号为

$$\begin{aligned}u(t)&=u_i(t)\cdot u_o(t)=U_{im}U_{om}\sin\left[\omega_r t+\varphi_i(t)\right]\cos\left[\omega_r t+\varphi_o(t)\right]\\&=\frac{1}{2}U_{im}U_{om}\sin\left[2\omega_r t+\varphi_i(t)+\varphi_o(t)\right]+\frac{1}{2}U_{im}U_{om}\sin\left[\varphi_i(t)-\varphi_o(t)\right]\end{aligned} \quad (5\text{-}3\text{-}5)$$

经过环路滤波器滤波后输出控制电压为

$$u_d(t)=\frac{1}{2}U_{im}U_{om}\sin\left[\varphi_i(t)-\varphi_o(t)\right]=A_d\sin\left[\varphi_i(t)-\varphi_o(t)\right] \quad (5\text{-}3\text{-}6)$$

可见，鉴相器输出信号是一个关于 $u_i(t)$与 $u_o(t)$相位差的函数。

由式(5-3-6)可得鉴相器的电路模型如图 5-3-3 所示。这个模型表明，鉴相器具有把相位差转换为误差电压输出的作用，其处理对象是 $\varphi_i(t)$和 $\varphi_o(t)$，而不是信号 $u_i(t)$与 $u_o(t)$，这是电路模型与组成框图的区别。

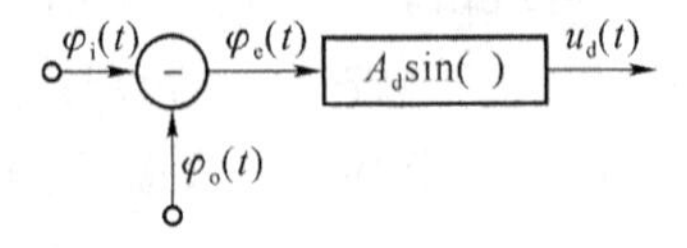

图 5-3-3 鉴相器的电路模型

(2) 环路滤波器

环路滤波器实际上是一个低通滤波器，用于滤除鉴相器输出的误差 $u_d(t)$中的高频分量及干扰分量，而让其中的低频分量或直流分量通过，得到控制电压 $u_c(t)$，以保证环路所要求的性能并提高环路的稳定性，因此对锁相环路的性能有很大影响。

常用的环路滤波器有简单 *RC* 积分滤波器、*RC* 比例积分滤波器和有源比例积分滤波器等，分别如图 5-3-4(a)、(b)、(c)所示。

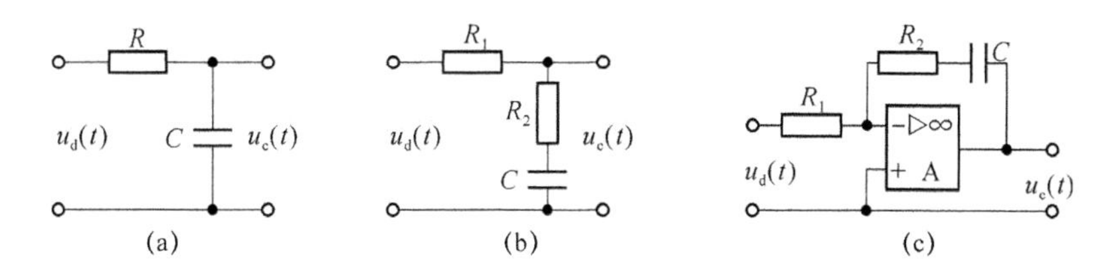

图 5-3-4　环路滤波器

环路滤波器输出信号与输入信号之间的关系为

$$u_c(t)=F(p)u_d(t) \tag{5-3-7}$$

其中，$F(p)$为环路滤波器的传递函数，其值可根据电路推导而得。$p=\mathrm{d}/\mathrm{d}t$，称为微分算子。

根据公式(5-3-7)可得环路滤波器的电路模型如图 5-3-5 所示。

(3) 压控振荡器

在锁相环路中，压控振荡器的作用是产生频率随控制电压 $u_c(t)$而变化的振荡电压 $u_o(t)$。

压控振荡器瞬时振荡频率 ω_o 随控制电压 $u_c(t)$变化的曲线，称为压控振荡器的调频特性曲线。一般情况下，调频特性曲线是非线性的，如图 5-3-6 所示。但是，在 $u_c(t)$的某一范围内，ω_o 与 $u_c(t)$之间近似为线性关系，即

$$\omega_o=\omega_r+A_o u_c(t) \tag{5-3-8}$$

其中，ω_r 表示 $u_c(t)=0$ 时压控振荡器的固有振荡频率；A_o 为比例系数，又叫压控灵敏度，单位为 rad/(s · V)。

图 5-3-5　环路滤波器的电路模型　　　　图 5-3-6　压控振荡器的调频特性

由式(5-3-8)和 $\omega_o=\omega_r+\mathrm{d}\varphi_o(t)/\mathrm{d}t$ 可得

$$\varphi_o(t)=A_o\int_0^t u_c(t)\,\mathrm{d}t \tag{5-3-9}$$

可见，就 $\varphi_o(t)$与 $u_c(t)$的关系而言，压控振荡器在锁相环路中的作用相当于一个积分器，故常称为固有积分环节。将式(5-3-9)中的积分用微分算子的倒数 p 表示，有

$$\varphi_o(t)=A_o\frac{u_c(t)}{p} \tag{5-3-10}$$

根据公式(5-3-10)可得压控振荡器的电路模型，如图 5-3-7 所示。

(4) 锁相环路的相位模型及环路方程

将上述得到的 PD、LF 和 VCO 的电路模型按图 5-3-1 所示的方框图连接起来，就得到图 5-3-8 所示的锁相环路的相位模型。

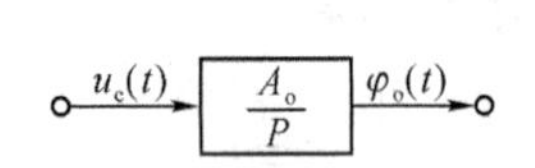

图 5-3-7　VCO 的电路模型

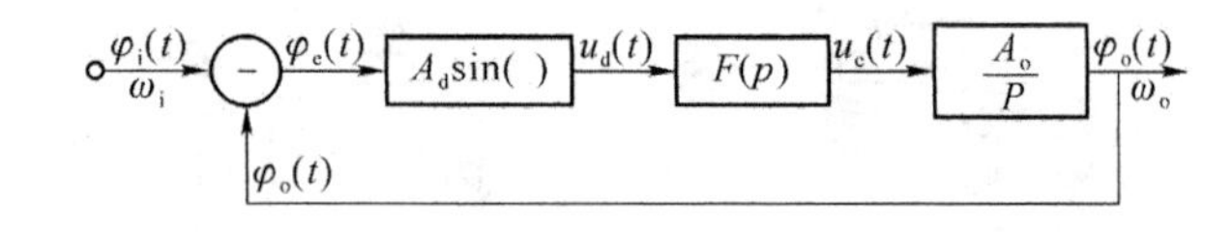

图 5-3-8　锁相环路的相位模型

由图 5-3-8 所示的相位模型可以写出锁相环路的环路方程为

$$\varphi_e(t)=\varphi_i(t)-\varphi_o(t)=\varphi_i(t)-A_dA_oF(p)\frac{1}{p}\sin\varphi_e(t) \tag{5-3-11}$$

即

$$p\varphi_e(t)+A_dA_oF(p)\sin\varphi_e(t)=p\varphi_i(t) \tag{5-3-12}$$

其中，左边第一项 $p\varphi_e(t)=\mathrm{d}\varphi_e(t)/\mathrm{d}t=\mathrm{d}[\varphi_i(t)-\varphi_o(t)]/\mathrm{d}t=\omega_i-\omega_o=\Delta\omega_e(t)$，称为瞬时频差，表征了 VCO 振荡频率 ω_o 偏离输入信号频率 ω_i 的大小；第二项 $A_dA_oF(p)\sin\varphi_e(t)=p[\varphi_i(t)-\varphi_e(t)]=p\varphi_o(t)=\mathrm{d}\varphi_o(t)/\mathrm{d}t=\omega_o-\omega_r=\Delta\omega_o(t)$，称为控制频差，表征了 VCO 在控制电压 $u_c(t)$ 作用下振荡频率 ω_o 偏离其固有振荡频率 ω_r 的大小；等式右边 $p\varphi_i(t)=\mathrm{d}\varphi_i(t)/\mathrm{d}t=\omega_i-\omega_r=\Delta\omega_i(t)$，称为固有频差，表征了输入信号频率 ω_i 偏离 ω_r 的大小。上式表明，环路闭合后任意时刻，瞬时频差与控制频差之和恒定等于固有频差，即 $\Delta\omega_e(t)+\Delta\omega_o(t)=\Delta\omega_i(t)$。

如果输入信号 $u_i(t)$ 为频率 ω_i 不变的基准信号，即固有频差 $\Delta\omega_i(t)$ 为常数，则在环路进入锁定的过程中，控制频差 $\Delta\omega_o(t)$ 不断增大，瞬时频差 $\Delta\omega_e(t)$ 不断减小。当 $\Delta\omega_e(t)$ 减小到 0，即 $\omega_i-\omega_o=0$ 时，$\Delta\omega_o(t)$ 等于固有频差 $\Delta\omega_i(t)$，环路进入锁定状态。此时，$p\varphi_e(t)=\Delta\omega_e(t)=0$，即输入输出信号瞬时相位差为恒定值，鉴相器输出信号 $u_d(t)$ 为直流电压，该直流电压通过 LF 加到 VCO 上，使其振荡频率等于输入信号的频率，从而维持环路的锁定。

2. 性能分析

(1) 跟踪过程及跟踪带

在环路锁定后，若输入信号频率 ω_i 发生变化而与 ω_o 之间产生了瞬时频差 $\Delta\omega_e(t)$，从而使瞬时相位差发生变化，则环路将及时调节误差电压 $u_c(t)$ 去控制 VCO，使 VCO 输出信号频率随之变化，即产生新的控制频差，使 VCO 输出频率及时跟踪输入信号频率。当控制频差等于固有频差时，瞬时频差再次为零，继续维持锁定。这一过程就称为跟踪过程，也叫同步过程。

跟踪带(也称同步带)是指能够维持环路锁定所允许的最大固有频差 $\Delta\omega_i(t)$，它是一个与环路滤波器的带宽及压控振荡器的频率控制范围有关的参数。

(2) 捕捉过程及捕捉带

刚工作时，锁相环路一般处于“失锁”状态。通过自身的调整，环路由“失锁”状态进入“锁定”状态的过程称为捕捉过程。在捕捉过程中，环路能够由“失锁”状态进入“锁定”状态所允许的最大固有频差 $\Delta\omega_i(t)$ 称为捕捉范围，用 $\Delta\omega_p$ 表示。捕捉过程所需要的时间称为捕捉时间，用 τ_p 表示。

(3) 锁相环路的基本特性

① 良好的跟踪特性

锁相环路锁定后，其输出信号频率可以精确地跟踪输入信号频率的变化，即当输入信号

频率 ω_i 稍有变化时，能通过环路的自身调节，最后达到 $\omega_i=\omega_o$。

② 良好的窄带滤波特性

就频率特性而言，锁相环路相当于一个低通滤波器，其通频带可以做得很窄，能实现几十赫兹甚至几赫兹的窄带滤波，可有效滤除混进输入信号中的噪声和杂散干扰。这种窄带滤波特性是任何 LC、RC、石英晶体和陶瓷滤波器难以达到的。

③ 锁定后无剩余频差

锁相环路是利用输入输出信号的相位差来产生误差电压，实现环路自身的控制与调整，所以当环路锁定后，输出信号与输入信号频率相等，虽有微小的剩余相位差，但没有剩余频差。

除此之外，组成锁相环路的基本部件易于集成化，这样不但能减小体积、降低成本，还能提高系统的可靠性，减少调整难度。

三、锁相环路的应用

因锁相环路具有良好的跟踪和窄带滤波特性，并且易于集成化、体积小、可靠性高、功能强大，因此在倍频器、分频器、混频器及调制解调器等电路中得到广泛的应用，下面作简要介绍。

1. 锁相倍频电路

实现 VCO 输出瞬时频率锁定在输入信号频率的 n 次谐波上的环路称为锁相倍频器。在基本锁相环路的反馈支路中插入一个 n 分频器，即可实现 n 倍频，框图如图 5-3-9 所示。由图可知，环路锁定时 $\omega_i=\omega_o/n$，即 $\omega_o=n\omega_i$。若采用具有高分频次数的可变数字分频器，则锁相倍频电路可做成高倍频次数的可变倍频器。

锁相倍频器与普通倍频器相比较，其优点是：

(1) 锁相环路具有良好的窄带滤波特性，容易得到高纯度的频率输出，而在普通倍频器(如采用丙类谐振功率放大器构成的倍频器)的输出中，谐波干扰是经常出现的；

(2) 锁相环路具有良好的跟踪特性和滤波特性，锁相倍频器特别适用于输入信号频率在较大范围内漂移，并同时伴随着有噪声干扰的情况，这样的环路兼有倍频和跟踪滤波的双重作用。

2. 锁相分频电路

实现 VCO 输出瞬时频率锁定在输入信号频率的 $1/n$ 次谐波上的环路称为锁相分频器。在基本锁相环路的反馈支路中插入一个 n 倍频器，即可实现 n 分频，框图如图 5-3-10 所示。由图可知，环路锁定时 $\omega_i=n\omega_o$，即 $\omega_o=\omega_i/n$。

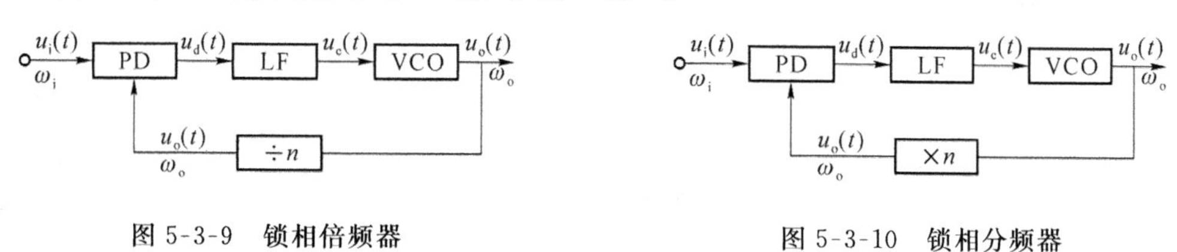

图 5-3-9　锁相倍频器　　　图 5-3-10　锁相分频器

3. 锁相混频电路

锁相混频电路的基本框图如图 5-3-11 所示，它是在锁相环路的反馈支路中插入混频器和中频放大器实现的。

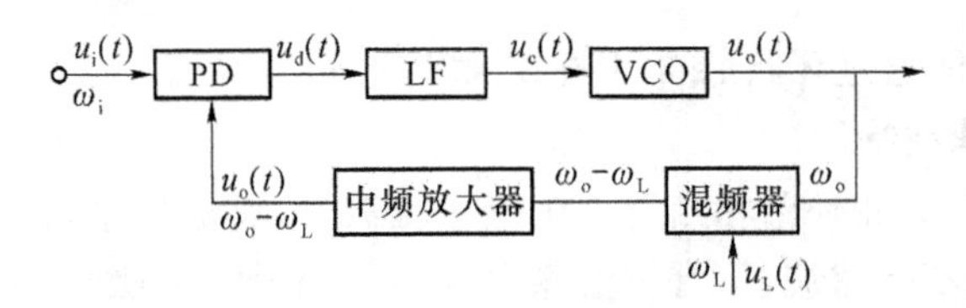

图 5-3-11　锁相混频器

设输入信号 $u_i(t)$ 的角频率为 ω_i，输出信号 $u_o(t)$ 的角频率为 ω_o，送给混频器的本振信号的角频率为 ω_L，则其输出信号角频率为 $|\omega_o \pm \omega_L|$（具体取加还是减视混频器的类型而定）。环路锁定时，若图中所示混频器为差频混频，有 $\omega_i = |\omega_o - \omega_L|$，即当 $\omega_o > \omega_L$ 时，$\omega_o = \omega_i + \omega_L$；当 $\omega_o < \omega_L$ 时，$\omega_o = \omega_i - \omega_L$。

锁相混频电路特别适用于 $\omega_i >> \omega_L$ 的场合，因为用普通混频器对这两个信号进行混频时，输出的和频 $\omega_i + \omega_L$ 和差频 $\omega_i - \omega_L$ 十分靠近，要取出其中任意一个组合分量，滤除另一个组合分量，对混频器输出滤波器的要求都十分苛刻，而利用上述锁相混频电路进行混频则十分方便。

4. 锁相调频电路

采用锁相环路调频，能够得到中频频率稳定度极高的调频信号，图 5-3-12 所示为锁相调频电路的方框图。

锁相环使 VCO 的中心频率稳定在晶振频率上，同时调制信号也加至 VCO 上，从而实现调频。

5. 锁相鉴频电路

锁相鉴频电路的方框图如图 5-3-13 所示。当输入调频波的频率发生变化时，经 PD 和 LF 后将得到一个与输入信号的频率变化相同的控制电压，即实现鉴频。

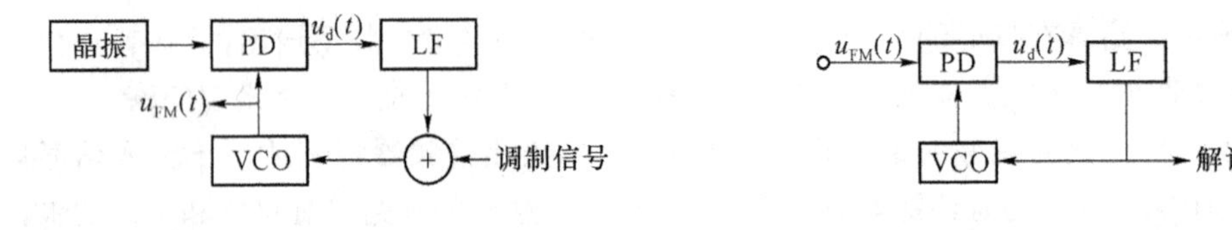

图 5-3-12　锁相环调频器　　　　图 5-3-13　锁相环鉴频器

四、集成电路锁相环及其应用电路

过去的锁相环多采用分立元件和模拟电路构成，现在常使用集成电路的锁相环。

1. 集成锁相环 CD4046 及其应用电路

(1) CD4046 的内部结构及工作原理

CD4046 是通用的 CMOS 锁相环集成电路，其特点是电源电压范围宽（3～18 V），输入阻抗高（约 100 MΩ），动态功耗小。在电源电压 $V_{DD} = 15$ V 时，最高频率可达 1.2 MHz，常用在中、低频段。在中心频率 f_o 为 10 kHz 以下时，功耗仅为 600 μW，属微功耗器件。

图 5-3-14 所示是 CD4046 的内部结构及引脚排列图。从引脚排列看，CD4046 采用 16 脚双列直插式封装，各引脚功能如表 5-3-1 所示。

从内部结构看，CD4046 主要由相位比较器 Ⅰ 和 Ⅱ、压控振荡器（VCO）、线性放大器、源跟随器、整形电路等部分构成。

比较器 Ⅰ 采用异或门结构，两个输入信号分别来自 14 脚的 U_i 和 3 脚的 U_o，当二者电平状态相异时，2 脚的输出信号 U_Ψ 为高电平，反之，U_Ψ 输出为低电平。当 U_i、U_o 的相位差 $\Delta\varphi$ 在 0°～180°范围内变化时，U_Ψ 的脉冲宽度 m 随之改变，即占空比亦在改变。从比较器Ⅰ的输入和输出信号的波形(如图 5-3-15 所示)可知，输出信号的频率等于输入信号频率的两倍，与两个输入信号之间的中心频率保持 90°相移，而且 U_Ψ 也不一定是对称波形。对相位比较器Ⅰ而言，要求 U_i、U_o 的占空比均为 50%(即方波)，这样才能使锁定范围最大。

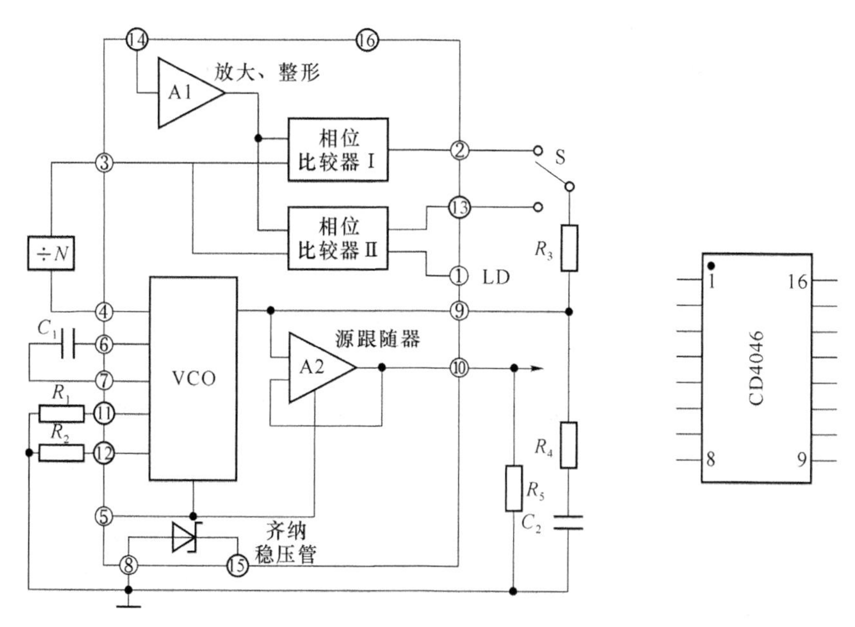

图 5-3-14　集成锁相环 CD4046 的内部结构和引脚图

表 5-3-1　集成锁相环 CD4046 引脚功能表

引脚	功　　能	引脚	功　　能
1	相位输出端，环路锁定时为高电平，环路失锁时为低电平	9	压控振荡器的控制端
2	相位比较器Ⅰ的输出端	10	解调输出端
3	比较信号输入端	11	外接振荡电阻
4	压控振荡器输出端	12	外接振荡电阻
5	使能端，高电平时禁止，低电平时允许压控振荡器工作	13	相位比较器Ⅱ的输出端
6	外接振荡电容	14	信号输入端
7	外接振荡电容	15	内部独立的齐纳稳压管负极
8	电源负极	16	电源正极

相位比较器Ⅱ是一个由信号的上升沿控制的数字存储网络。它对输入信号占空比的要求不高，允许输入非对称波形，具有很宽的捕捉频率范围，而且不会锁定在输入信号的谐波上。它提供数字误差信号和锁定信号(相位脉冲)两种输出，当达到锁定时，在相位比较器Ⅱ

的两个输入信号之间保持 0°相移。

对相位比较器Ⅱ而言，当 14 脚的输入信号比 3 脚的比较信号频率低时，输出为逻辑电平“0”；反之则输出逻辑电平“1”。如果两信号的频率相同而相位不同，当输入信号的相位滞后于比较信号时，相位比较器Ⅱ输出的为正脉冲，当相位超前时则输出为负脉冲。在这两种情况下，从 1 脚都有与上述正、负脉冲宽度相同的负脉冲产生。从相位比较器Ⅱ输出的正、负脉冲的宽度均等于两个输入脉冲上升沿之间的相位差。而当两个输入脉冲的频率和相位均相同时，相位比较器Ⅱ的输出为高阻态，则 1 脚输出高电平。上述波形如图 5-3-15 所示。由此可见，从 1 脚输出信号是负脉冲还是固定高电平就可以判断两个输入信号的情况了。

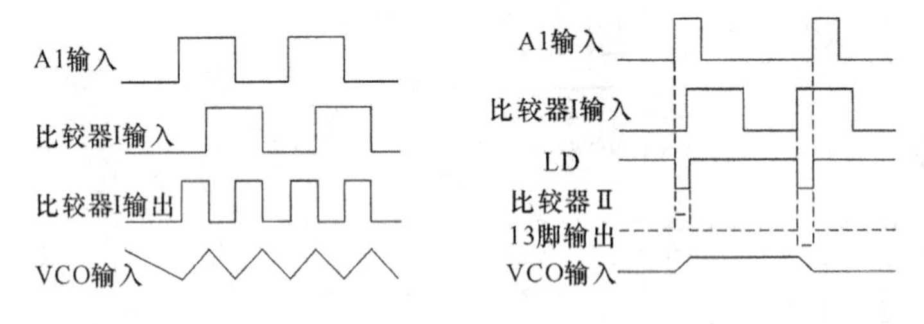

图 5-3-15　集成锁相环 CD4046 比较器Ⅰ和Ⅱ的输入输出波形图

CD4046 采用的是 RC 型压控振荡器，必须外接电容 C_1、电阻 R_1 作为充放电元件。电阻 R_2 起到频率补偿作用，当 PLL 对跟踪的输入信号的频率宽度有要求时可选用。VCO 振荡频率的大小不仅与 R_1、R_2 和 C_1 有关，还和电源电压有关，电源电压越高振荡频率越高。由于 VCO 是一个电流控制振荡器，定时电容 C_1 的充电电流与从 9 脚输入的控制电压成正比，使 VCO 的振荡频率亦正比于该控制电压。当 VCO 控制电压为 0 时，其输出频率最低；当输入控制电压等于电源电压 V_{DD} 时，输出频率则线性地增大到最高输出频率。由于它的充电和放电都由同一个电容 C_1 完成，故它的输出波形是对称方波。一般 CD4046 的最高频率为 1.2 MHz(V_{DD}=15 V)，若 V_{DD}<15 V，则 f_{max}要降低一些。

CD4046 内部还有线性放大器和整形电路，可将 14 脚输入的 100 mV 左右的微弱输入信号变成方波或脉冲信号送至两相位比较器。源跟踪器是增益为 1 的放大器，VCO 的输出电压经源跟踪器至 10 脚作 FM 解调用。齐纳二极管可单独使用，其稳压值为 5 V，若与 TTL 电路匹配时，可用做辅助电源。

综上所述，CD4046 的工作原理如下：输入信号 U_i 从 14 脚输入后，经放大器 A1 进行放大、整形后加到相位比较器Ⅰ、Ⅱ的输入端，开关 S 拨至 2 脚，则比较器Ⅰ将从 3 脚输入的比较信号 U_o 与输入信号 U_i 作相位比较，从相位比较器输出的误差电压 U_Ψ 则反映出两者的相位差。U_Ψ 经 R_3、R_4 及 C_2 滤波后得到一控制电压 U_d 加至压控振荡器 VCO 的输入端 9 脚，调整 VCO 的振荡频率 f_2，使 f_2 迅速逼近信号频率 f_1。VCO 的输出又经除法器再进入相位比较器Ⅰ，继续与 U_i 进行相位比较，最后使得 $f_2=f_1$，两者的相位差为一定值，实现了相位锁定。若开关 S 拨至 13 脚，则相位比较器Ⅱ工作，过程与上述相同，此处不再叙述。

(2) CD4046 的应用电路

① 锁相倍(分)频

锁相倍(分)频是将一种频率变换为另一种频率。例如，将 35 kHz 的频率变换为

70 kHz为二倍频，反之则为二分频。

图5-3-16所示为用CD4046实现任意数字的倍频或分频电路，CC4017和CC4022分别为分频比为M和N的分频器。当CD4046工作在锁定状态时，有$f_i/M=f_o/N$，即$f_o=Nf_i/M$。因此，只要通过调整分频比M和N，就可以实现相应的倍频或分频。

图5-3-17所示电路是以图5-3-16为基础设计的一个100倍频电路。考虑到倍频系数大，可以选择$M=1$、$N=100$，因此可以从电路中省去CC4017，而反馈支路上的100分频比则可以用BCD加法计数器CD4518构成。

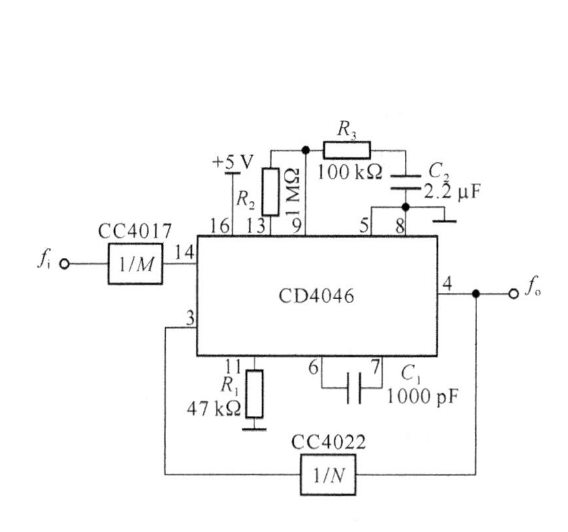

图5-3-16　CD4046倍频(分频)电路

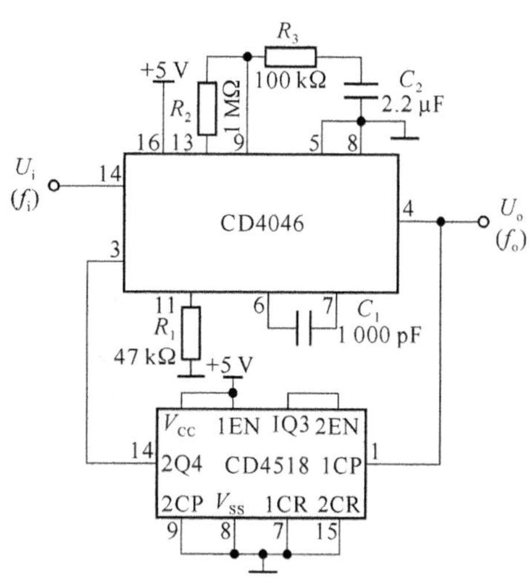

图5-3-17　CD4046与CD4518构成的倍频电路

图5-3-17中，CD4518为双BCD加法计数器，提供16脚多层陶瓷双列直插(D)、熔封陶瓷双列直插(J)、塑料双列直插(P)和陶瓷片状载体(C)4种封装形式。双列直插式的引脚排列、内部结构图和功能表分别如图5-3-18和表5-3-2所示。

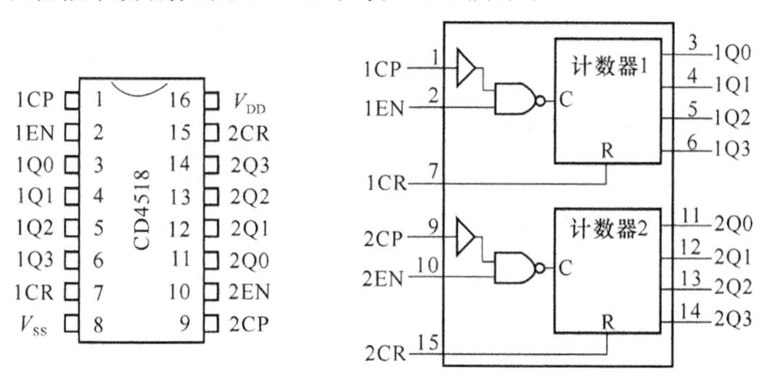

图5-3-18　加法计数器CD4518的引脚排列及内部结构图

表5-3-2　CD4518引脚功能表

引脚	英文代号	功能	引脚	英文代号	功能
1、9	1CP、2CP	时钟输入端	3～6	1Q0～1Q3	计数器1输出端
7、15	1CR、2CR	复位端	11～14	2Q0～2Q3	计数器2输出端
2、10	1EN、2EN	计数允许控制端	16、8	V_{DD}、V_{SS}	电源正极、地端

CD4518 由两个相同的同步 4 级计数器组成，计数器级为 D 型触发器。CD4518 具有内部可交换 CP 和 EN 线，用于在时钟上升沿或下降沿加法计数。在单个单元运算中，EN 输入保持高电平，且在 CP 上升沿进位。1CR、2CR 复位端为高电平时，计数器清零。计数器在脉动模式下可级联，将 Q3 连接至下一计数器的 EN 输入端，同时置后级计数器 CP 为低电平，可实现级联。为了构成 100 的分频系数，可将内部的计数器 1 与计数器 2 级联使用，即 1Q3 与 2EN 连接，然后将 2CP、1CR、2CR、V_{SS}接地。

刚开机时，f_o 可能不等于 f_i，假定 $f_o<f_i$，此时相位比较器Ⅱ输出 U_Ψ 为高电平，经滤波后 U_d 逐渐升高使 VCO 输出频率 f_o 迅速上升，f_o 增大至 $f_o=100f_i$，如果此时 U_i 滞后 U_o，则相位比较器Ⅱ输出 U_Ψ 为低电平。U_Ψ 经滤波后得到的 U_d 信号开始下降，这就迫使 VCO 对 f_o 进行微调，最后达到 $f_o/N=f_i$，并且 f_2 与 f_i 的相位差 $\Delta\varphi=0°$，进入锁定状态。如果此后 f_i 又发生变化，锁相环能再次捕获 f_i，使 f_o 与 f_i 相位锁定。

② 锁相解调

图 5-3-19 所示是 CD4046 锁相环用于调频信号的解调电路。当从 14 脚输入一被音频信号调制的调频信号(中心频率与 CD4046 的 VCO 的中心频率相同)，则相位比较器输出端将输出一个与音频信号具有相同变化频率的包络信号，经低通滤波器滤去载波后，即剩下调频信号解调后的音频信号了。VCO 的中心频率 f_o 由 R_1 和 C_1 确定，设计参数时，只需由 f_o 查图 5-3-20(电源电压 V_{DD}为 9 V 时的曲线，横坐标为 C_1 取值)求出 C_1 与 R_1 即可。

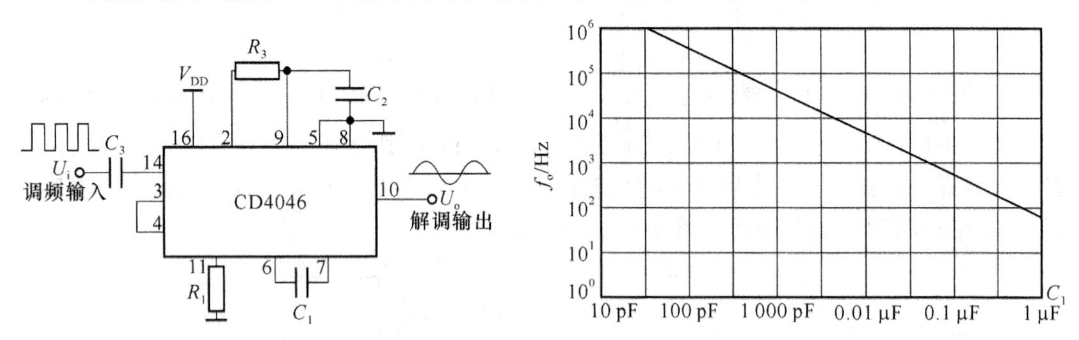

图 5-3-19　CD4046 构成的频率解调电路

图 5-3-20　CD4046 在不同外部元件参数下的特性曲线

环路的相位比较器采用比较器Ⅰ，因为需要锁相环系统中的中心频率 f_o 等于调频信号的载频，这样会引起压控振荡器输出与输入信号间产生不同的相位差，从而在压控振荡器输入端产生与输入信号频率变化相应的电压变化，这个电压变化经源跟随器隔离后在压控振荡器的解调输出端 11 脚输出解调信号。

③ 锁相信号发生器

图 5-3-21 所示是用 CD4046 的 VCO 组成的方波发生器，当其 9 脚输入端接电源 V_{cc}或恒定直流控制电压时，电路起基本方波振荡器的作用，信号从 4 脚输出。振荡器的充、放电电容 C_1 接在 6 脚与 7 脚之间，调节电阻 R_1 阻值即可调整振荡器振荡频率。

④ 锁相频率合成器

频率合成器可在如图 5-3-16 所示的倍频(分频)电路基础上，通过合理地分配分频系数 M 和 N 实现。本设计中参考频率源选用 COMS 石英晶体多谐振荡器产生 2 MHz 的矩形脉冲信号，电路如图 5-3-22 所示。

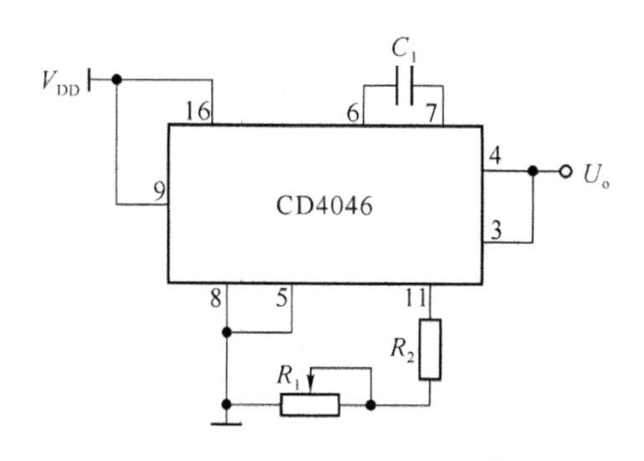

图 5-3-21 由 CD4046 构成的方波发生器

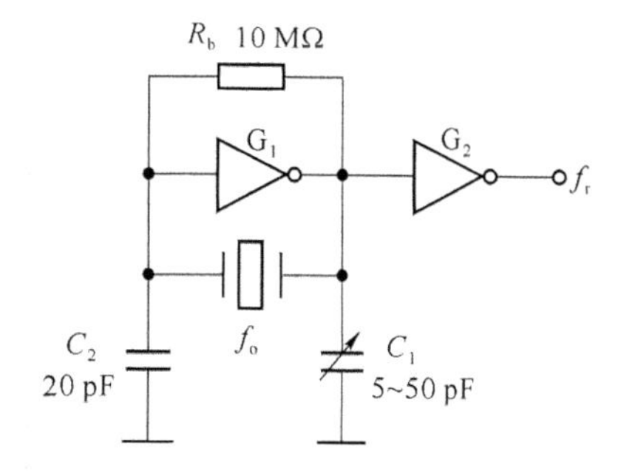

图 5-3-22 基准频率信号发生器

可变分频器由集成四位二进制同步加法计数器 74LS161 来完成。这里采用 4 片 74LS161 通过预置数的方法来实现可变分频。为提高工作速度可采用如图 5-3-23 所示的接法。利用同步方案最高可实现 65 536 分频，预制值＝65 536－N。经过可变分频后获得的信号是窄脉冲信号，在输出端可利用 74LS74 对该信号进行二分频，以便获得方波信号，从而满足相位比较器Ⅰ的占空比要求，此时实际分频系数变为 $2N$。

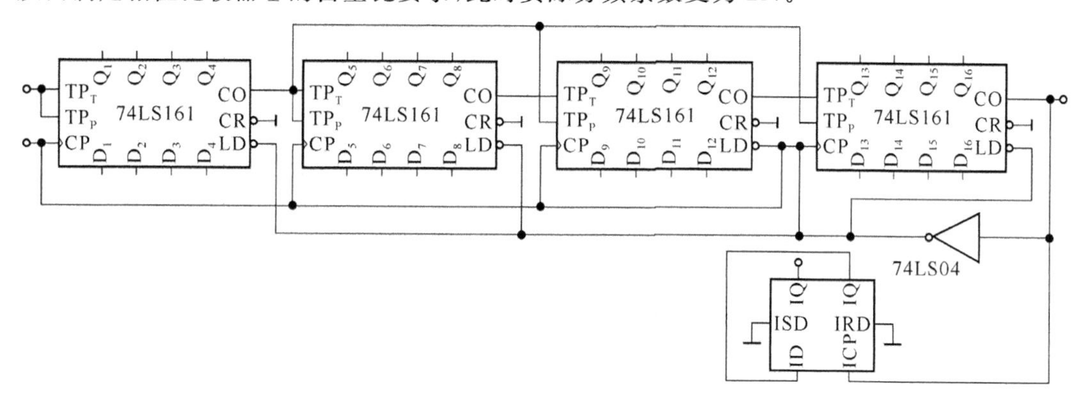

图 5-3-23 可变分频器电路原理图

参考分频器与可变分频器采用同样的电路，目的在于通过设置不同的分频系数 M，以实现不同的频率间隔的需求。

2. 集成锁相环 NE564 及其应用电路

(1) NE564 的内部结构及工作原理

高频模拟锁相环 NE564 是 Philips Semiconductors 公司（荷兰飞利浦公司）的产品，同类国产产品的型号有 XD564、L564 等。NE564 最高工作频率可达到 50 MHz，采用＋5 V 单电源供电，特别适用于高速数字通信中 FM 调频信号及 FSK 移频键控信号的调制、解调，而无须外接复杂的滤波器。

NE564 采用双极性工艺，其外部引脚图和内部组成框图分别如图 5-3-24、图 5-3-25 所示。其中，A_1 为限幅器，可抑制 FM 调频信号的寄生调幅；相位比较器（鉴相器）PD 的内部含有限幅放大器，以提高对 AM 调幅信号的抗干扰能力；外接电容 C_3、C_4 组成低通滤波器，用来滤出比较器输出的直流误差电压的纹波；改变引脚 2 的输入电流可改变环路增益；压控振荡器 VCO 的内部接有固定电阻 R(R=100 Ω)，只需外接一个定时电容 C_t 就可产生振荡，振荡频率 f_v 与 C_t 的关系曲线如图 5-3-26 所示。VCO 有两个电压输出端，其中 VCO_{01} 输出 TTL 电平，VCO_{02} 输出 ECL 电平。后置鉴相器由单位增益跨导放大器 A_3 和施密特触发器 ST 组成，其中，A_3 提供解调 FSK 信号时的补偿直流电平及用做线性解调 FM 信号时的后置鉴相滤波器；ST 的回差电压可通过引脚 15 外接直流电压进行调整，以消除输出信号 TTL_o 的相位抖动。

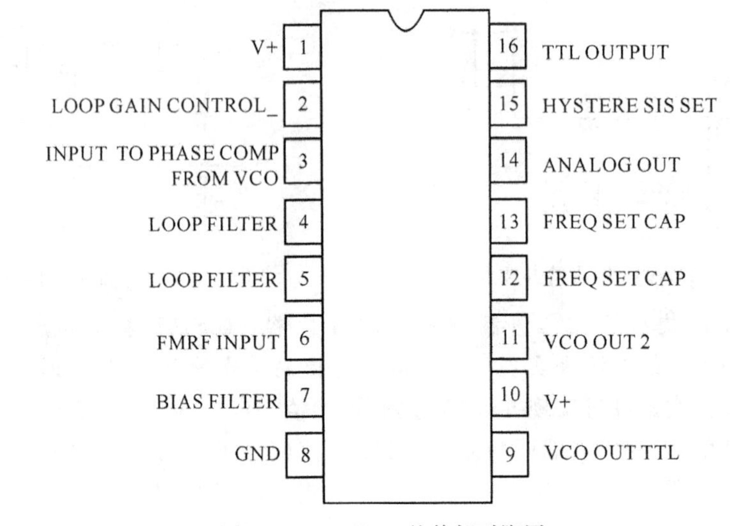

图 5-3-24 NE564 的外部引脚图

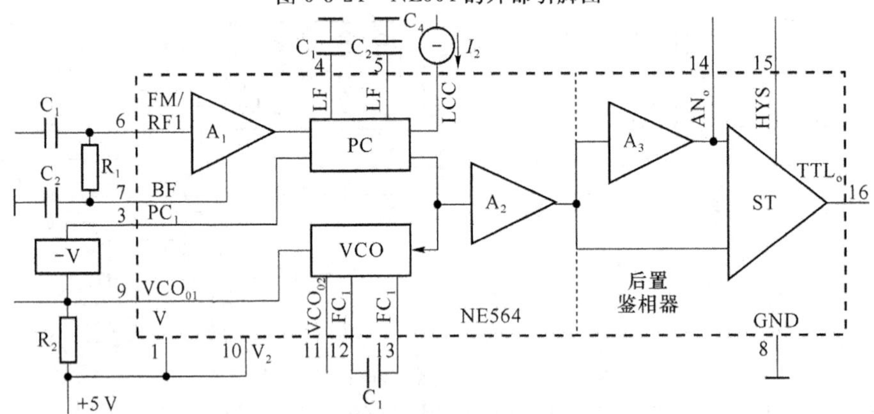

图 5-3-25 NE564 的内部组成框图

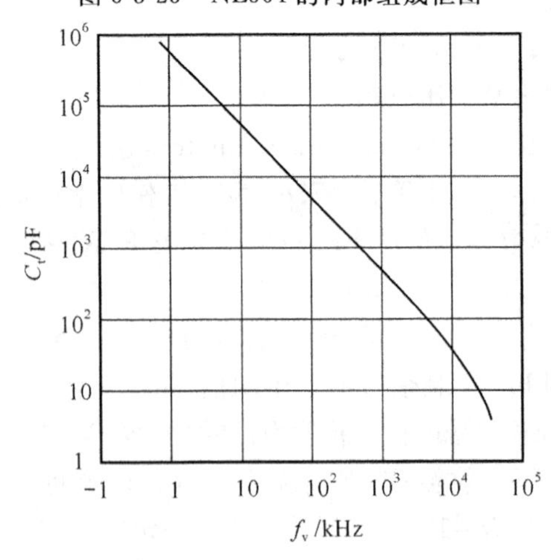

图 5-3-26 f_v 与 C_t 的关系曲线

由图 5-3-24 可知，NE564 为双列直插 16 脚封装，各引脚的功能如表 5-3-3 所示。

表 5-3-3　NE564 引脚功能

引脚	英文缩写	引脚功能	引脚	英文缩写	引脚功能
1	V_{+1}	V_{CC}，接+5 V	9	VCO_{01}	VCO 输出 1，TTL 电平
2	LGC	环路增益控制端，电流约为 200 μA	10	V_{+2}	V_{CC}，接+5 V
3	PC_1	鉴相器输入端，来自分频器，占空比 50%	11	VCO_{02}	VCO 输出 2，ECL 电平
4	LF	环路滤波引出端	12	FC_1	振荡频率设置电容引出端
5	LF	环路滤波引出端	13	FC_1	振荡频率设置电容引出端
6	RF_1	信号输入端，占空比 50%	14	AN_0	模拟输出端（解调输出）
7	BF	偏置滤波输入端	15	HYS	延迟设置端（设置门限值）
8	GND	地端	16	TTL_0	TTL 电平输出端（解调输出）

(2) NE564 的应用电路

本例以 NE564 为核心，辅以适当外围元件构成 2FSK 调制解调电路为例说明 NE564 的应用。

在数字通信系统中，由于数字信号具有丰富的低频成分，不宜进行无线传输或长距离电缆传输，因而同模拟调制一样，需要将基带信号进行高频正弦调制，即数字调制。常用的数字调制方式有振幅键控（ASK）、频移键控（FSK）、相移键控（PSK）等。FSK 是信息传输中使用得较早的一种调制方式，在中低速数据传输中得到了广泛的应用，它的主要优点是实现起来较容易，抗噪声与抗衰减的性能较好。

频移键控利用待传送消息（调制信号）去控制载波的频率，利用载波的频率变化来反映消息的变化情况。若调制信号为二进制数字信号，则为二进制频移键控（2FSK）。图 5-3-27 所示为调制信码为 1001 时的 2FSK 信号波形，显然，输出端信号的频率受调制信码 1 和 0 的控制。

① 2FSK 调制器电路设计

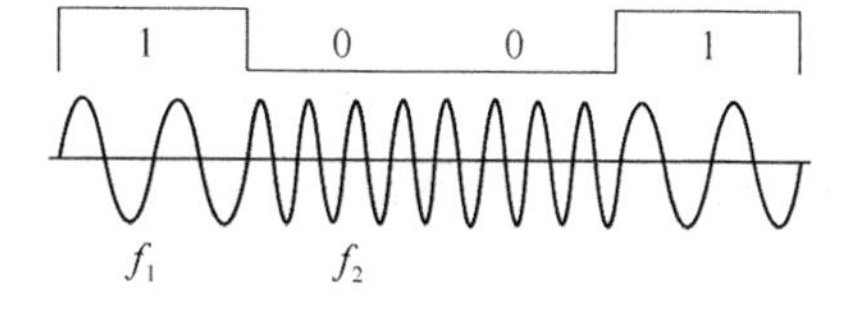

图 5-3-27　2FSK 信号波形图

利用锁相环 VCO 输出信号频率随输入信号大小而变化的特点，可将待传输调制信码直接送入 NE564VCO 输入端，从而可以实现 2FSK 调制。图 5-3-28 所示是 NE564 构成的 2FSK 调制器电路。调制信码从双态信号控制 CD4016 模拟开关 13 脚输入，NE564 的 6 脚电压在 5 V 与 1.42 V 之间转换（即 $5[R_6/(R_5+R_6)]=1.42$ V），经缓冲放大器 A_1 及相位比较器 PD 中的放大器放大后，直接控制 VCO 的输出频率。因此，9 脚输出的是 2FSK 信号。

PD 输出端不再接滤波电容，而是接电位器 RP_2，用于调整环路增益并可细调压控振荡器的固有频率 f_v。

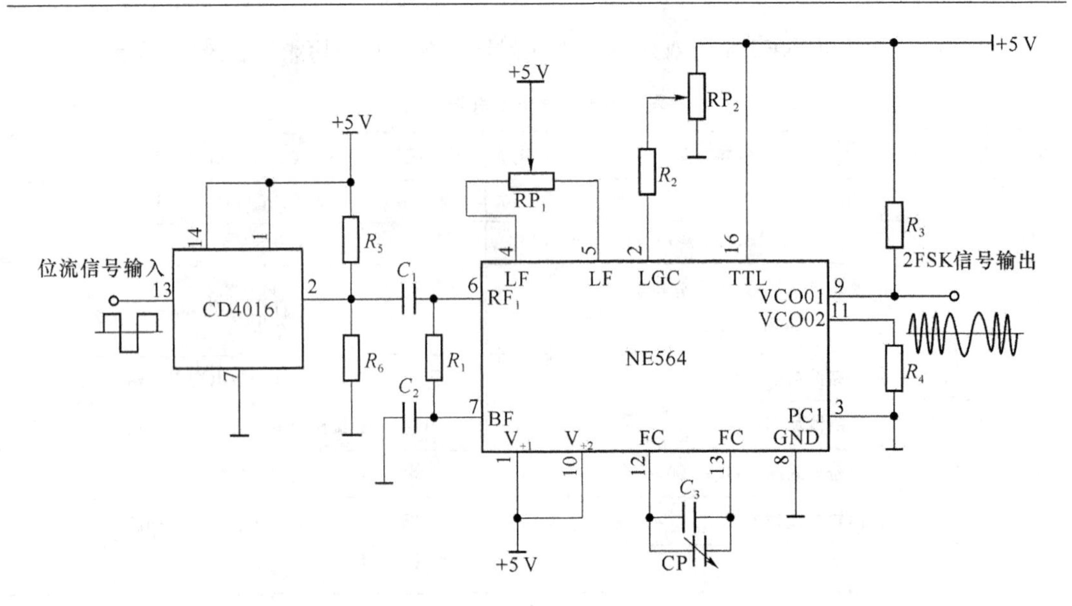

图 5-3-28　NE564 构成的 2FSK 调制电路

C_1 是输入耦合电容，R_1、C_2 组成差分放大器 A_1 的输入偏置电路滤波器，可滤除调制信码中的杂波。R_2(包含电位器 RP_1)对引脚 2 提供输入电流 I_2，可控制环路增益和 VCO 锁定范围，R_2 与电流 I_2 的关系可表示为

$$R_2=\frac{V_{CC}-1.3}{I_2} \tag{5-3-13}$$

其中，I_2 一般为 200 μA。调整时，可先设置 I_2 的初值为 100 μA，待环路锁定后再调节电位器 RP_1 使环路增益和压控振荡器的锁定范围达到最佳值。

R_3 是压控振荡器输出端必须接的上拉电阻，一般为几千欧姆，这里取 2 kΩ。R_4 是 VCO 输出 ECL 电平和鉴相器输入端之间的限流电阻，可取值 3 kΩ。

压控振荡器的固有振荡频率可表示为

$$f_v \approx \frac{1}{2\,200C_t} \tag{5-3-14}$$

若已调 2FSK 信号中心频率 $f_v=5$ MHz，则 $C_t=90$ pF(可取标称值 82 pF 与 8.2 pF 可调电容并联构成)。若调制信码的波特率为 500 kBaud，则 9 脚输出 2FSK 信号频率范围为 $f_o=5\pm1$ MHz。

② 2FSK 解调器电路设计

NE564 构成的 2FSK 解调器电路如图 5-3-29 所示。已知输入信号 v_i 的频率 $f_i=5\pm1$ MHz，调制信码(由“0”、“1”组成的方波)的频率 $f_\Omega=500$ kHz。已调制信号直接送入 NE564 VCO 输入端，与压控振荡器输出的 5 MHz(9 脚输出)进行相位比较，输出信号经环路滤波后由 A_2 放大，从 16 脚输出解调后的方波(TTL 电平)。电阻 R_6 和电位器 RP_2 用于调整施密特触发器的回差电压，可改善输出方波的波形。R_7 为上拉电阻，增加 R_7 的值亦可改善输出波形。

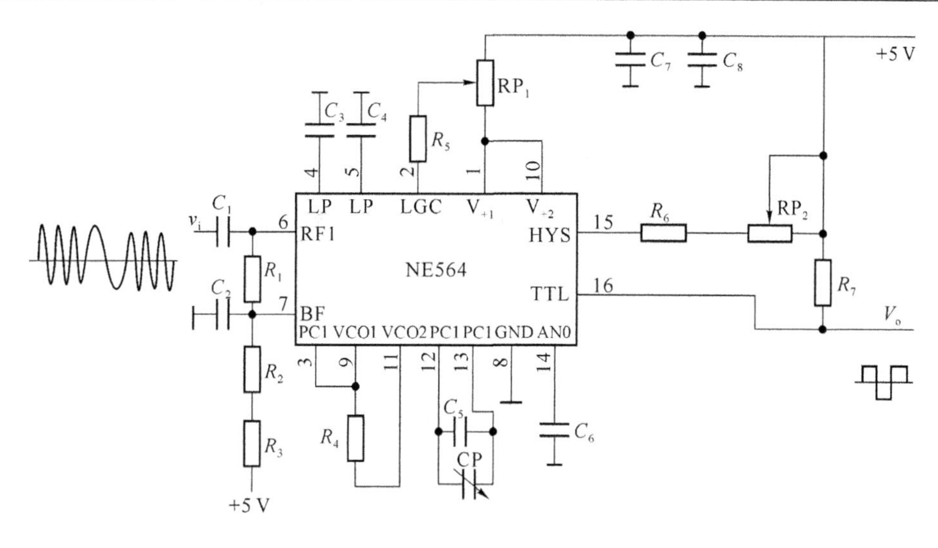

图 5-3-29　NE564 构成的 2FSK 解调电路

由于输入信号的频率 $f_i=5\pm1$ MHz，解调时必须使压控振荡器工作在 4～6 MHz 并保证 NE564 锁定，此时 16 脚输出才为高电平“1”；超出此范围失锁，则 16 脚输出为低电平“0”。因此，压控振荡器的固有振荡频率 f_v 和捕捉带 Δf_v 必须十分准确。由已知条件可得：压控振荡器的固有振荡频率 $f_v=5$ MHz，$\Delta f_v=f_{imax}-f_{imin}=2.0$ MHz。由式(5-3-14)得 $C_t=90$ pF，可取标称值 82 pF 与 8.2 pF 可调电容并联，以便精确调整固有振荡频率，使 $f_v=5$ MHz。

外接电容 C_3、C_4 与内部两个对应电阻(阻值 $R=1.3$ kΩ)分别组成一阶低通滤波器，其截止角频率可用下式描述：

$$\omega_c=\frac{1}{RC_3} \tag{5-3-15}$$

滤波器的性能对环路入锁时间的快慢有一定影响，由于本例输出信号频率较高，低通滤波器的截止角频率也要相应提高，计算可取 $C_3=C_4=300$ pF。制作实物电路时可通过观测 4、5 脚的输出波形调整电容的值，使输出波形更为清晰。

电容 C_6 的作用是滤除内部单位增益跨导放大器 A_3 输出的补偿直流电压中的交流成分，因此，对 C_6 的耐压有一定要求，通常取耐压大于电源电压的电解电容，这里取 $C_6=10$ μF/8 V。C_7 和 C_8 为电源滤波电容，一般取 0.2 μF。

5-3-2　计划决策

通过任务分析和对相关资讯的了解，讨论学习的计划并选定最优方案。

计划和决策(参考)

第一步	了解反馈控制电路的概念、组成
第二步	理解反馈控制的基本原理
第三步	了解反馈控制电路的类型、特点及应用
第四步	理解自动增益控制的工作原理和电路类型

5-3-3 任务实施

学习型工作任务单

<table>
<tr><td>学习领域</td><td colspan="3">通信电子线路</td><td>学时</td><td>78(参考)</td></tr>
<tr><td>学习项目</td><td colspan="3">项目 5 让电路自动调整性能——认识反馈控制电路</td><td>学时</td><td>6</td></tr>
<tr><td>工作任务</td><td colspan="3">5-2 自动频率控制电路</td><td>学时</td><td>1</td></tr>
<tr><td>班　　级</td><td></td><td>小组编号</td><td></td><td>成员名单</td><td></td></tr>
<tr><td>任务描述</td><td colspan="5">1. 理解锁相环的构成及工作原理。
2. 理解锁相环路各组成部分的分析及锁相环路的数学模型。
3. 理解环路的锁定、捕获和跟踪过程，了解环路的同步带和捕捉带的概念。
4. 理解锁相环路的特性及应用。
5. 理解 CD4046 CMOS 单片锁相环路的工作原理以及应用。
6. 理解 NE564 单片锁相环路的工作原理以及应用。</td></tr>
<tr><td>工作内容</td><td colspan="5">1. 锁相环路的概念、特点及应用是什么？
2. 锁相环的构成及工作原理是什么？
3. 锁相环路各组成部分的分析及锁相环路的数学模型是什么？
4. 环路的锁定、捕获和跟踪过程，环路的同步带和捕捉带的概念是什么？
5. CD4046 CMOS 单片锁相环路的工作原理以及应用是什么？
6. NE564 单片锁相环路的工作原理以及应用是什么？</td></tr>
<tr><td>提交成果
和文件等</td><td colspan="5">1. 锁相环路的概念、组成、原理(数学模型)、特点、应用电路对照表。
2. 学习过程记录表及教学评价表(学生用表)。</td></tr>
<tr><td>完成时间
及签名</td><td colspan="5"></td></tr>
</table>

5-3-4 展示评价

1. 教师及其他组负责人根据小组展示汇报整体情况进行小组评价。
2. 在学生展示汇报中，教师可针对小组成员的分工，对个别成员进行提问，给出个人评价。
3. 组内成员自评表及互评表打分。
4. 本学习项目成绩汇总。
5. 评选今日之星。

5-3-5 试一试

1. 画出锁相环路(PLL)用于鉴频的方框图，并分析其工作原理。
2. 已知某锁相环路频率合成器如图 5-3-30 所示，试分析输出频率与输入频率的关系。

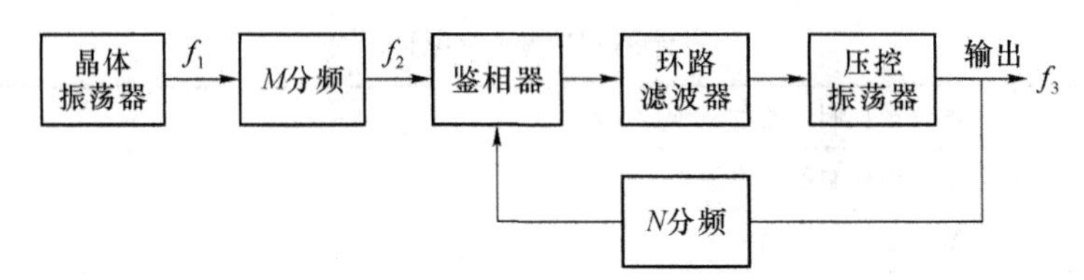

图 5-3-30 锁相环路频率合成器

3. 锁相与自动频率微调有何区别？为什么说锁相环相当于一个窄带跟踪滤波器？

4. 锁相环路中常用的滤波器有__________、__________、__________。

5. 写出锁相环的数学模型及锁相环路的基本方程式。

6. 什么是环路的跟踪状态？它和锁定状态有什么区别？什么是失锁？

7. 试分析锁相环路的同步带和捕捉带之间的关系。

8. 锁定状态应满足什么条件？锁定状态下有什么特点？

9. 为什么把压控振荡器输出的瞬时相位作为输出量？为什么说压控振荡器在锁相环中起了积分的作用？

10. 画出锁相环路用于调频的方框图，并分析其工作原理。

11. 画出锁相环路(PLL)用于鉴频的方框图，并分析其工作原理。

5-3-6　练一练

1. 调研分析：测量锁相环路的同步带和捕捉带需要哪些仪器？

2. 根据锁相环的锁定状态和失锁状态下的不同特性，拟定用一个示波器如何判别环路是否锁定，并加以简短的说明。

附　录
Multisim 10仿真软件使用指南

1.1　概　　述

Multisim 10 是 National Instruments 公司于 2007 年 3 月推出的 NI Crircuit Design Suit 10 中的一个重要组成部分，它提供了全面集成化的设计环境，专用于原理图捕获、交互式仿真、电路板设计和集成测试。这个平台将虚拟仪器技术的灵活性扩展到了电子设计者的工作台上，弥补了测试与设计功能之间的缺口。通过将 NI Multisim 10 电路仿真软件和 LabVIEW 测量软件相集成，需要设计制作自定义印制电路板（PCB）的工程师能够非常方便地比较仿真和真实数据，规避设计上的反复，减少原型错误并缩短产品上市时间。

工程师们可以使用 Multisim 10 交互式地搭建电路原理图，并对电路行为进行仿真。Multisim 提炼了 SPICE 仿真的复杂内容，这样工程师无须懂得深入的 SPICE 技术就可以很快地进行捕获、仿真和分析新的设计，这也使其更适合电子学教育。通过 Multisim 和虚拟仪器技术，PCB 设计工程师和电子学教育工作者可以完成从理论到原理图捕获与仿真再到原型设计和测试这样一个完整的综合设计流程。

Multisim 10 推出了很多专业设计特性，主要是高级仿真工具、增强的元件库和扩展的用户社区。元件库包括 1 200 多个新元器件和 500 多个新 SPICE 模块，这些都来自于如美国模拟器件公司（Analog Devices）、凌力尔特公司（Linear Technology）和德州仪器（Texas Instruments）等业内领先的厂商，其中也包括 100 多个开关模式电源模块。其他增强的功能有：会聚帮助（Convergence Assistant），能够自动调节 SPICE 参数纠正仿真错误；数据的可视化与分析功能，包括一个新的电流探针仪器和用于不同测量的静态探点，以及对 BSIM 4 参数的支持。

Multisim 10 的特色体现在：

- 所见即所得的设计环境；
- 互动式的仿真界面；
- 动态显示元件（如 LED、七段显示器等）；
- 具有 3D 效果的仿真电路；
- 具有更为丰富的虚拟仪表（包括 Agilent 仿真仪表）；
- 分析功能与图形显示窗口。

在电路仿真方面，Multisim 10 可提供与 Multisim 9 一样的如下仿真类型：

- 直流工作点分析（DC Operating Point Analysis ）；

- 交流分析(AC Analysis);
- 瞬态分析(Transient Analysis);
- 傅里叶分析(Fourier Analysis);
- 失真分析(Distortion Analysis);
- 噪声分析(Noise Analysis);
- 直流扫描分析(DC Sweep Analysis);
- 参数扫描分析(Parameter Sweep Analysis)。

1.2 Multisim 10 基本界面

Multisim 10 的基本界面如附图 1 所示。

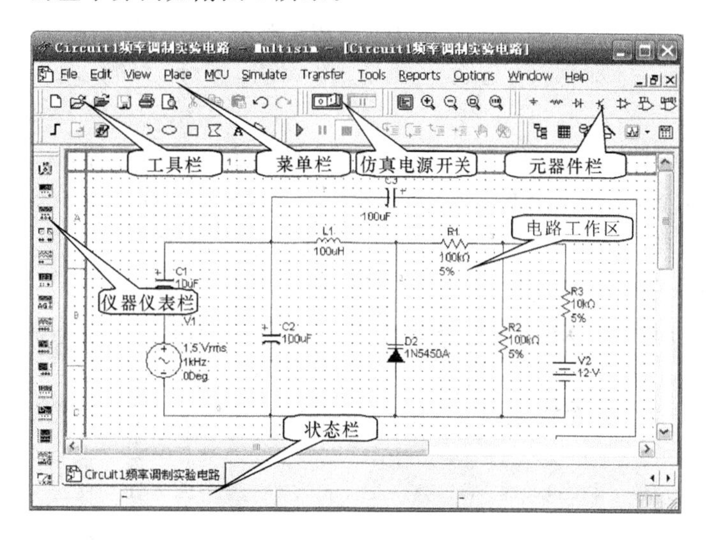

附图 1 Multisim 10 基本界面

1.3 绘制仿真电路

与其他仿真软件一样,利用 Multisim 10 绘制仿真电路也包括 3 个基本步骤:取用元件,摆放元件及修改元器件参数,连接线路。

1. 取用元件

Multisim 10 的元器件工具栏如附图 2 所示。

在元器件栏中单击要选择的元器件库图标,打开该元器件库。在屏幕出现的元器件库对话框中选择所需的元器件。Multisim 10 包括以下元器件库。

(1) Source 库:包括电源、信号电压源、信号电流源、可控电压源、可控电流源、函数控制器件 6 类。

(2) BASIC 库:包含基础元件,如电阻、电容、电感、二极管、三极管、开关等。

(3) Diodes:二极管库,包含普通二极管、齐纳二极管、二极管桥、PIN 二极管、变容二极管、发光二极管等。

(4) Transisitor 库:三极管库,包含 NPN、PNP、达林顿管、IGBT、MOS 管、场效应管、可控硅等。

(5) Analog 库:模拟器件库,包括运放、滤波器、比较器、模拟开关等模拟器件。

(6) TTL 库:包含 TTL 型数字电路,如 7400、7404 等 BJT 门电路。

(7) COMS 库:COMS 型数字电路,如 74HC00、74HC04 等 MOS 管电路。

(8) MCU Model: MCU 模型,Multisim 的单片机模型比较少,只有 8051、PIC16 的少数模型和一些 ROM、RAM 等。

(9) Advance Periphearls 库:外围器件库,包含键盘、LCD 和一个显示终端的模型。

(10) MIXC Digital:混合数字电路库,包含 DSP、CPLD、FPGA、PLD、单片机-微控制器、存储器件、一些接口电路等数字器件。

(11) Mixed:混合库,包含定时器、AD/DA 转换芯片、模拟开关、振荡器等。

(12) Indicators:指示器库,包含电压表、电流表、探针、蜂鸣器、灯、数码管等显示器件。

(13) Power:电源库,包含保险丝、稳压器、电压抑制、隔离电源等。

(14) Misc:混合库,包含晶振、电子管、滤波器、MOS 驱动和其他一些器件等。

(15) RF:RF 库,包含一些 RF 器件,如高频电容电感、高频三极管等。

(16) Elector Mechinical:电子机械器件库,包含传感开关、机械开关、继电器、电机等。

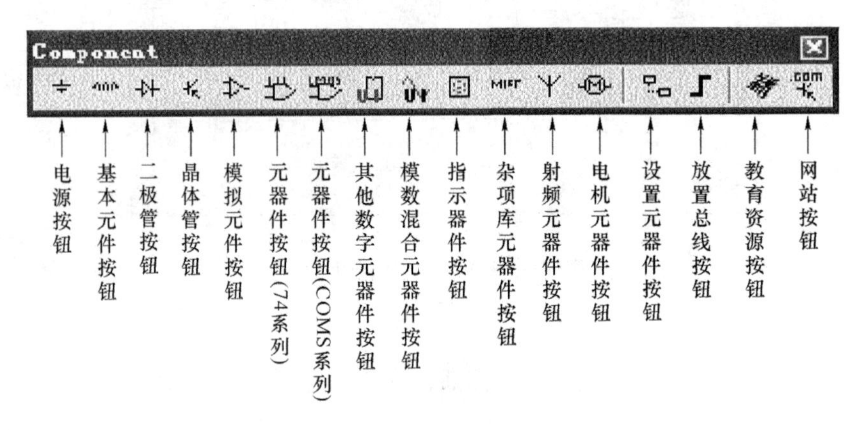

附图 2　Multisim 10 的元器件工具栏

2. 摆放元件及修改元器件参数

摆放元件包括:将元件拖拽至适当位置摆放、旋转元件、设定元件标识、缩放视窗至最佳视点等。常用的元器件编辑功能有:90 Clockwise——顺时针旋转 90°、90 CounterCW——逆时针旋转 90°、Flip Horizontal——水平翻转、Flip Vertical——垂直翻转、Component Properties——元件属性等。这些操作可以在菜单栏 Edit 子菜单下选择命令,也可以应用快捷键进行快捷操作。

Multisim 10 的元件均具有下列元素。

- Symbol:元件符号(for Schematic)。
- Model:元件模型(for Simulation)。

- Footprint:元件封装(for Layout)。
- Electronic Parameter:电子元件参数。
- User Defined Info:使用者自定资讯。
- Pin model:管脚模型(model)。
- General:元件描述。

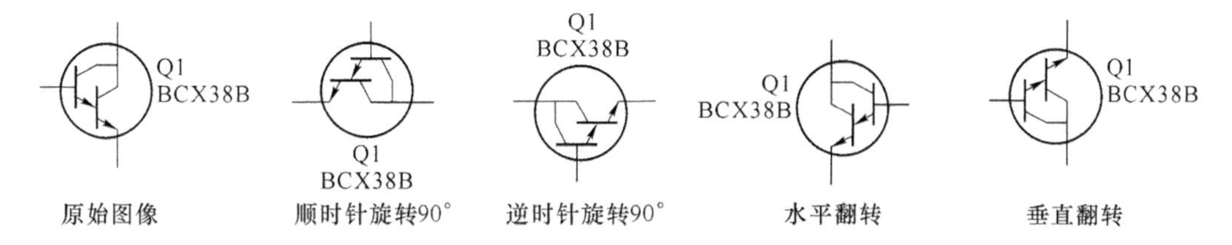

附图 3 Multisim 10 中元件的位置调整

在元件上双击鼠标左键,开启如附图 4 所示的属性对话框,包括:

- Label,修改元件序号、标识;
- Display,设置元件标识是否显示;
- Value,设定元件参数值;
- Fault,设定元件故障。

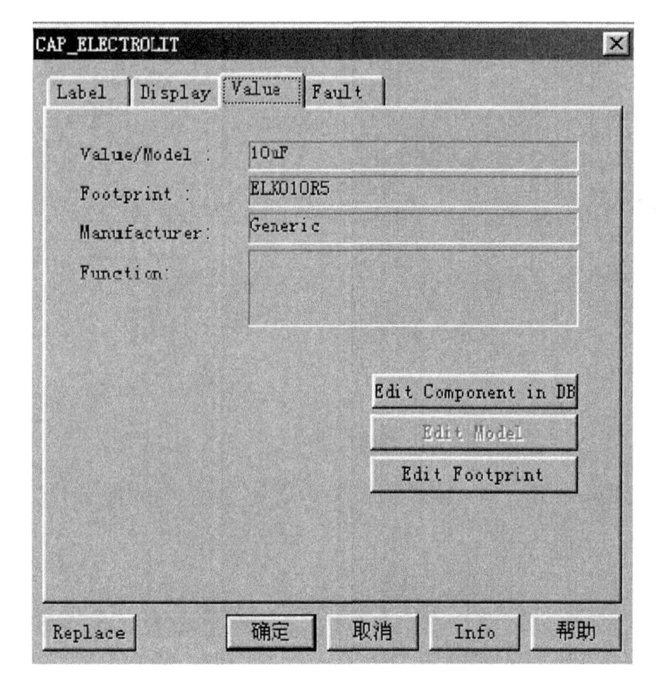

附图 4 元件属性对话框

3. 连接线路

连线方式有手动连线和自动连线,调整走线可拖拽线段或拖拽节点。连线属性对话框如附图 5 所示。

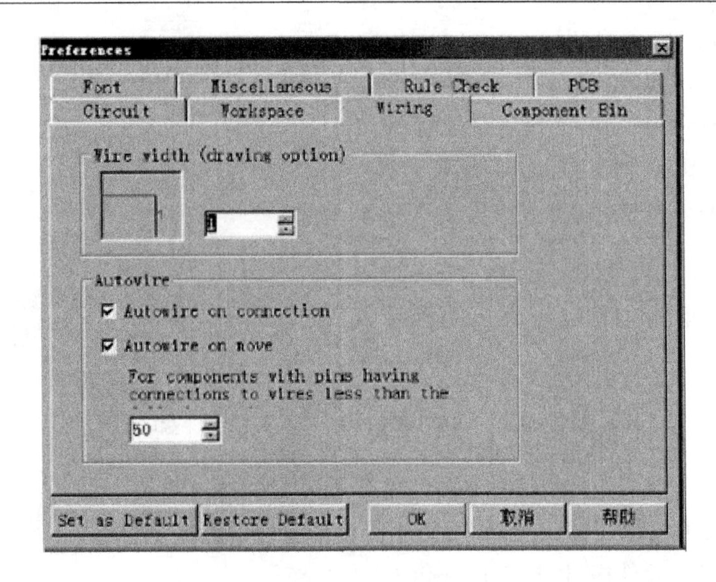

附图 5　连线属性对话框

例 1　绘制如附图 6 所示的丙类高频功率放大器。

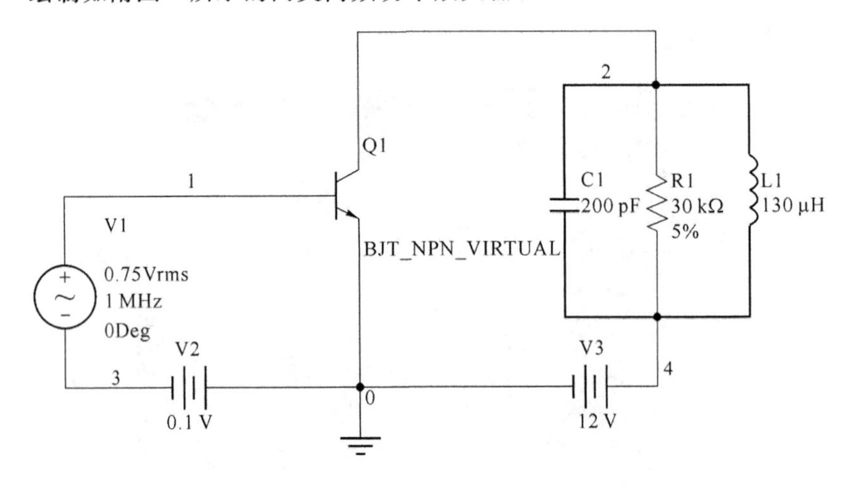

附图 6　丙类高频功率放大器示意图

解：(1)打开 Multisim 10 仿真软件，进入如附图 1 所示的界面，然后取用元件。单击"Component"工具条上的三极管图标，如附图 7 所示。

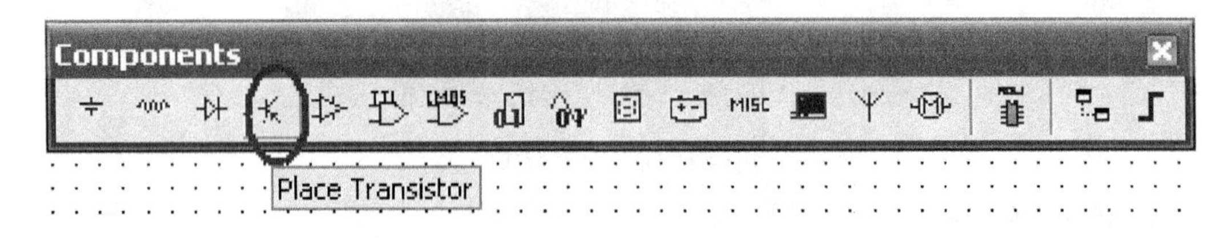

附图 7　放置三极管工具

在弹出的如附图 8 所示的窗口中选择 BJT_NPN_VIRTUAL 三极管，然后单击"OK"，将三极管放置在电路工作区，如附图 9 所示。

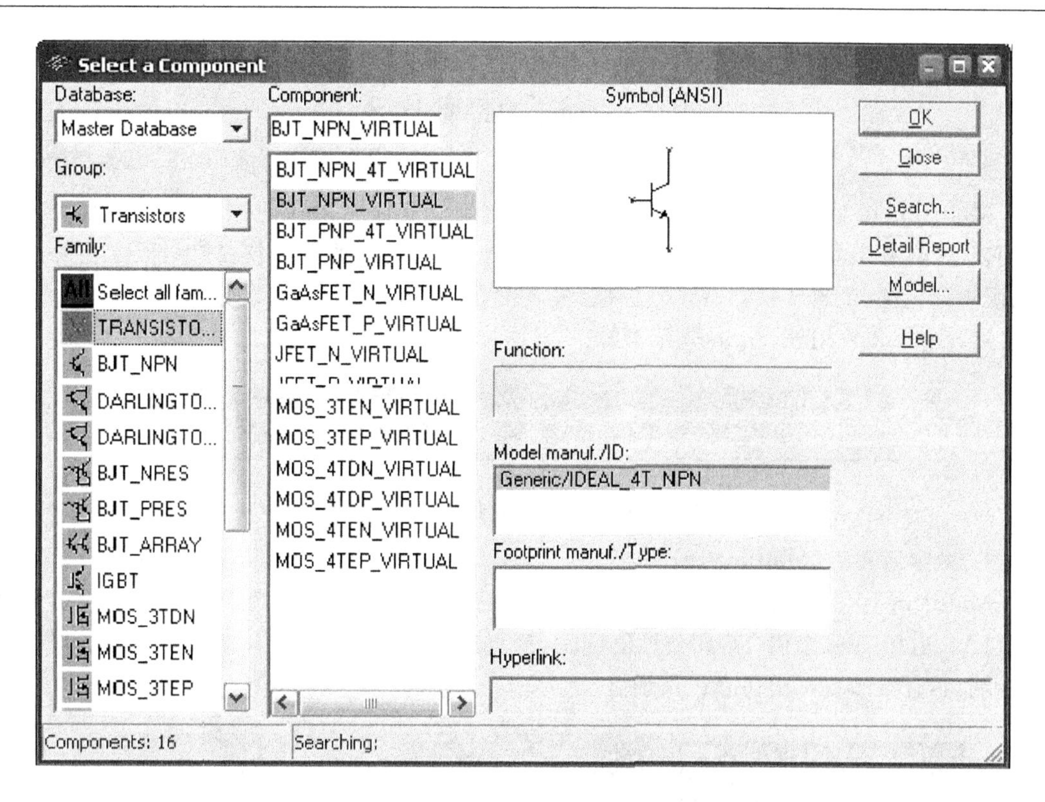

附图 8 取用 BJT_NPN_VIRTUAL 三极管

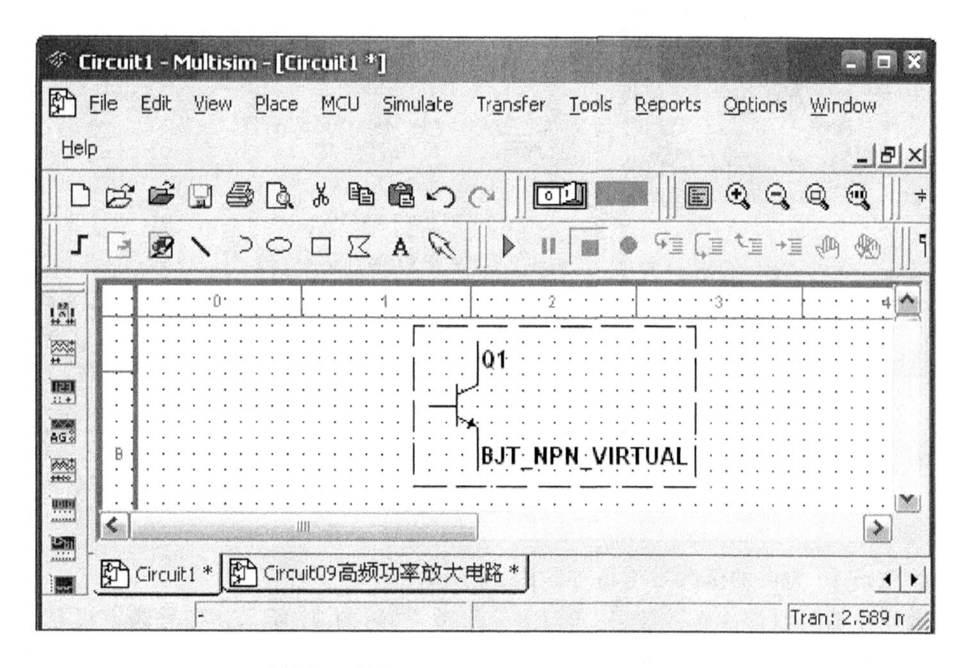

附图 9 放置 BJT_NPN_VIRTUAL 三极管

依次放置其他元件并设置有关参数，然后按照附图 6 将各元器件连接起来。

1.4　仿真虚拟仪表

Multisim 10 在仪器仪表栏下提供了 17 个常用仪器仪表，如附图 10 所示，依次为数字万用表、函数发生器、瓦特表、双通道示波器、四通道示波器、波特图仪、频率计、字信号发生器、逻辑分析仪、逻辑转换器、IV 分析仪、失真度仪、频谱分析仪、网络分析仪、Agilent 信号发生器、Agilent 万用表、Agilent 示波器。

附图 10　Multisim 10 仿真虚拟仪表工具栏

1. 数字万用表(Multimeter)

Multisim 10 提供的万用表外观和操作与实际的万用表相似，如附图 11 所示，它可以测电流(A)、电压(V)、电阻(Ω)和分贝值(dB)，测直流或交流信号。万用表有正极和负极两个引线端，其有关参数可由仿真人员设置。

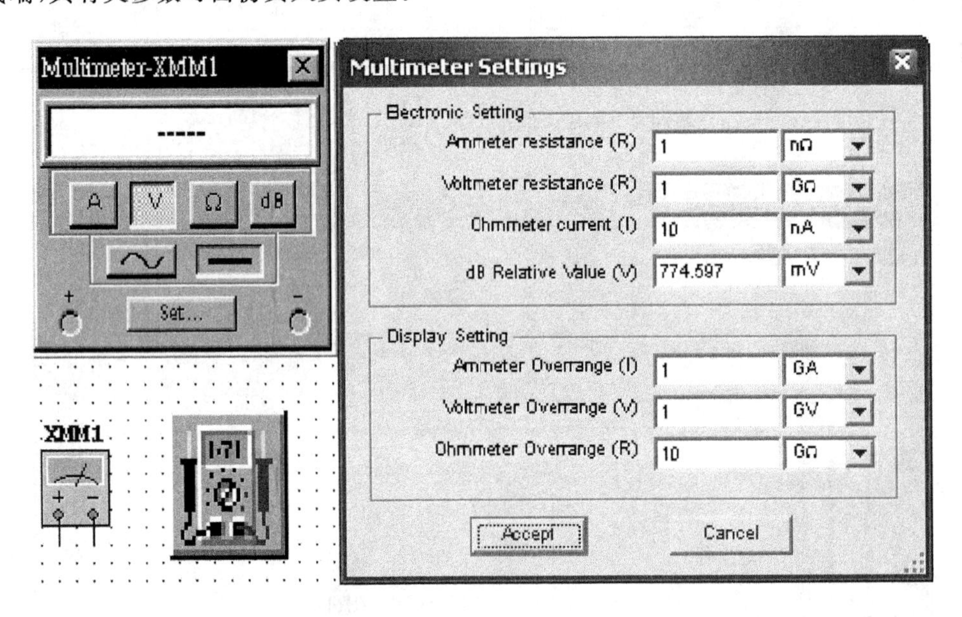

附图 11　数字万用表

2. 函数发生器(Function Generator)

Multisim 10 提供的函数发生器如附图 12 所示。

函数发生器可以产生正弦波、三角波和矩形波，如附图 13 所示。信号频率可在 1 Hz～999 MHz 范围内调整。信号的幅值以及占空比等参数也可以根据需要进行调节。信号发生器有 3 个引线端口：负极、正极和公共端。

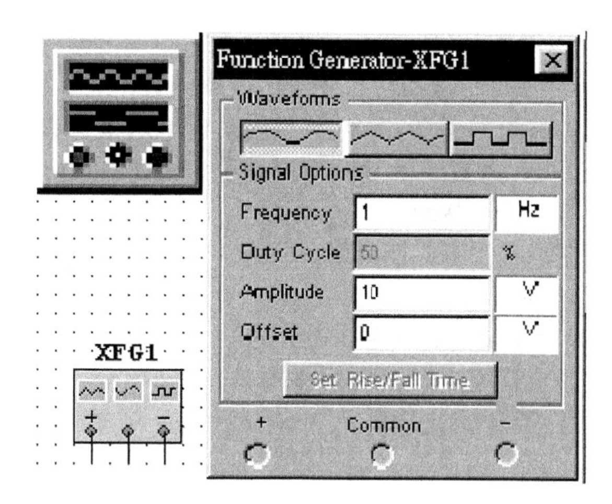

附图 12　函数发生器

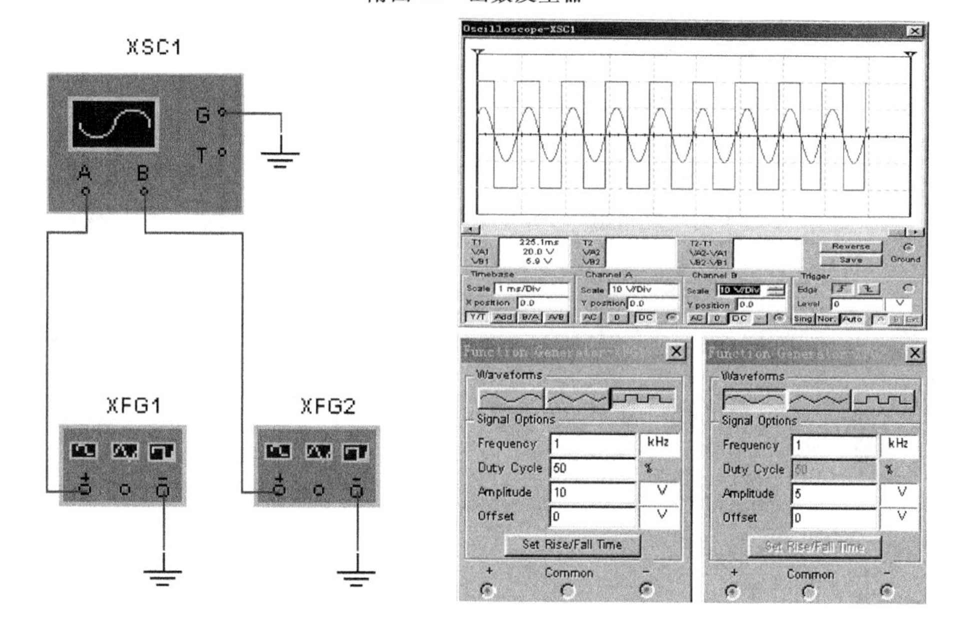

附图 13　利用函数发生器产生方波、正弦波示意图

3. 瓦特表(Wattmeter)

Multisim 10 提供的瓦特表用来测量电路的交流或者直流功率，瓦特表有 4 个引线端口：电压正极、负极，电流正极、负极。如附图 14 所示。

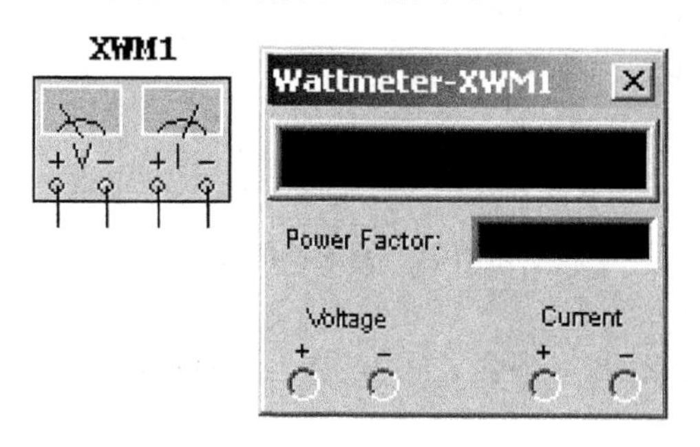

附图 14　瓦特表

4. 双通道示波器(Oscilloscope)

Multisim 10 提供的双通道示波器与实际的示波器外观和基本操作基本相同,该示波器可以观察一路或两路信号波形的形状,分析被测周期信号的幅值和频率(能测量频率高达 1 GHz的信号),时间基准可在秒直至纳秒范围内调节。示波器图标有 4 个连接点:A 通道输入、B 通道输入、外触发端 T 和接地端 G。

如附图 15 所示,双通道示波器的控制面板分为 4 个部分。

(1) Timebase(时间基准)

Scale(量程):设置显示波形时的 *X* 轴时间基准。

X position(*X* 轴位置):设置 *X* 轴的起始位置。

显示方式设置有 4 种:Y/T 方式指的是 *X* 轴显示时间,*Y* 轴显示电压值;Add 方式指的是 *X* 轴显示时间,*Y* 轴显示 A 通道和 B 通道电压之和;A/B 或 B/A 方式指的是 *X* 轴和 *Y* 轴都显示电压值。

(2) Channel A(通道 A)

Scale(量程):通道 A 的 *Y* 轴电压刻度设置。

Y position(*Y* 轴位置):设置 *Y* 轴的起始点位置,起始点为 0 表明 *Y* 轴和 *X* 轴重合,起始点为正值表明 *Y* 轴原点位置向上移,否则向下移。

触发耦合方式:AC(交流耦合)、0(0 耦合)或 DC(直流耦合)。交流耦合只显示交流分量,直流耦合显示直流和交流之和,0 耦合是在 *Y* 轴设置的原点处显示一条直线。

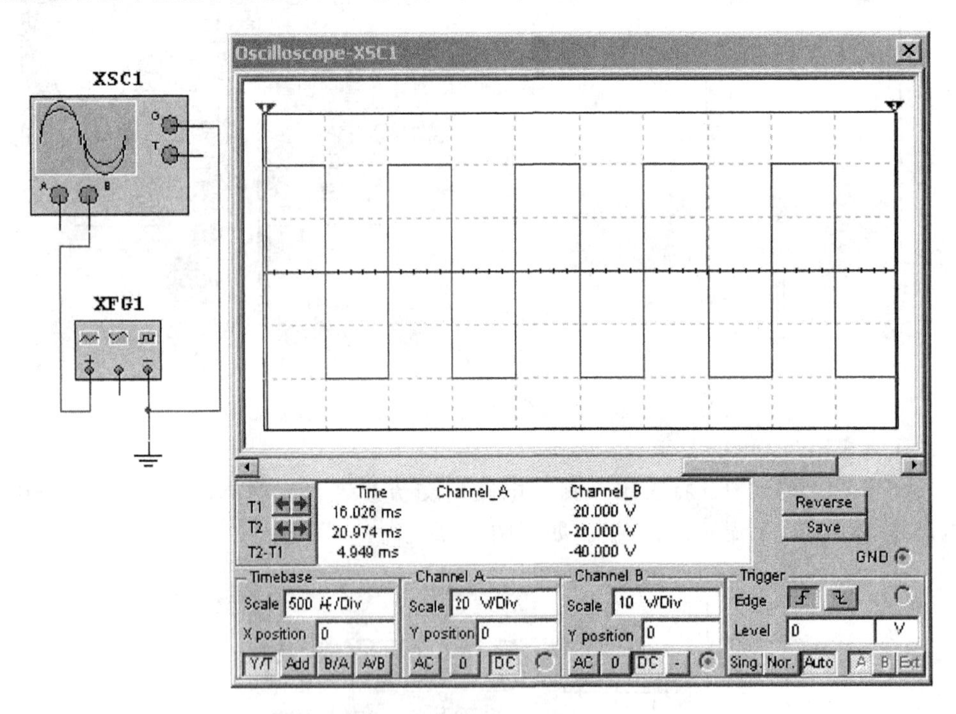

附图 15　双通道示波器

(3) Channel B(通道 B)

通道 B 的 *Y* 轴量程、起始点、耦合方式等项内容的设置与通道 A 相同。

(4) Tigger(触发)

触发方式主要用来设置 *X* 轴的触发信号、触发电平及边沿等。Edge(边沿):设置被测信号开始的边沿，设置先显示上升沿或下降沿。Level(电平)：设置触发信号的电平，使触发信号在某一电平时启动扫描。触发信号选择：Auto(自动)、通道 A 和通道 B 表明用相应的通道信号作为触发信号；ext 为外触发；Sing 为单脉冲触发；Nor 为一般脉冲触发。

利用示波器观察李沙育图形如附图 16 所示。

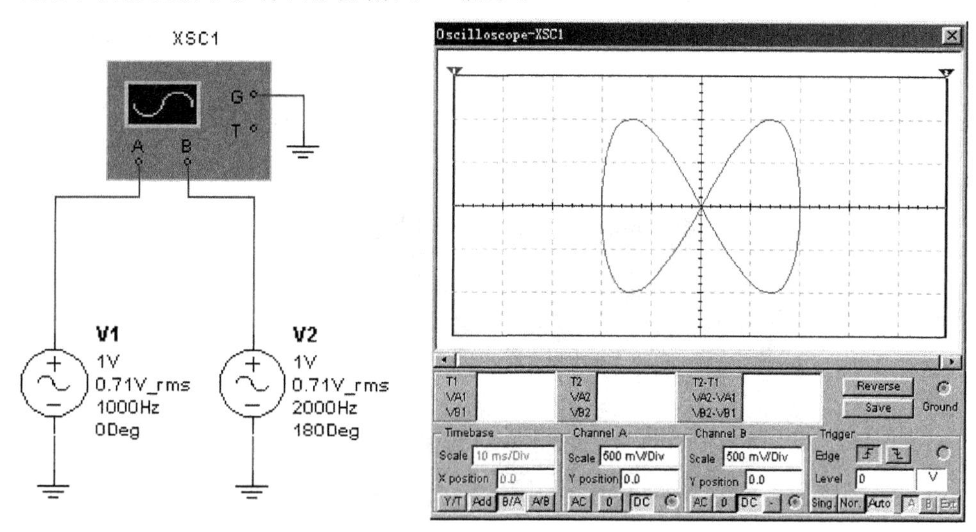

附图 16 利用示波器观察李沙育图形示意图

5. 四通道示波器(4 Channel Oscilloscope)

Multisim 10 提供的四通道示波器如附图 17 所示，它与双通道示波器的使用方法和参数调整方式完全一样，只是多了一个通道控制器旋钮，当旋钮拨到某个通道位置，才能对该通道的 Y 轴进行调整。

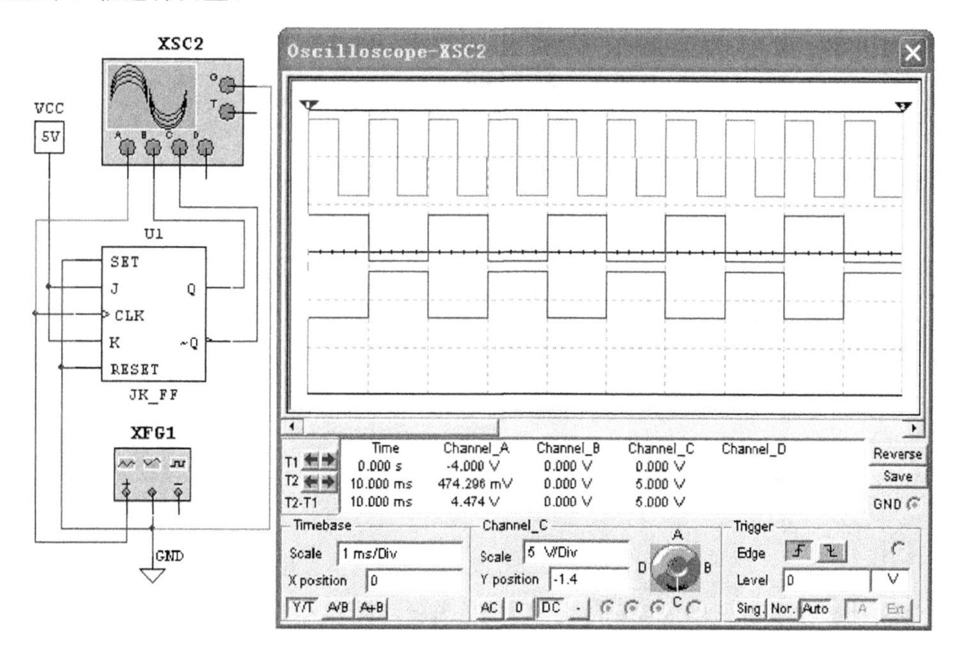

附图 17 四通道示波器

6. 波特图仪(Bode Plotter)

利用波特图仪可以方便地测量和显示电路的频率响应,波特图仪适合于分析滤波电路或电路的频率特性,特别易于观察截止频率。需要连接两路信号,一路是电路输入信号,另一路是电路输出信号,需要在电路的输入端接交流信号。

波特图仪控制面板分为 Magnitude(幅值)或 Phase(相位)的选择、Horizontal(横轴)设置、Vertical(纵轴)设置、显示方式的其他控制信号,面板中的 F 指的是终值,I 指的是初值。在波特图仪的面板上,可以直接设置横轴和纵轴的坐标及其参数。如附图 18 所示。

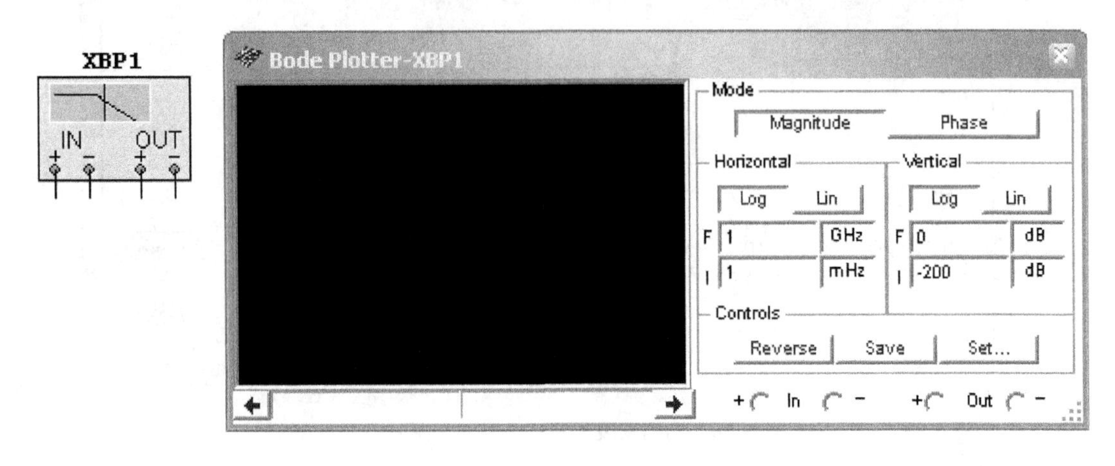

附图 18　波特图仪

例 2　按照附图 19 所示一阶 *RC* 滤波电路,输入端加入正弦波信号源,电路输出端与示波器相连,目的是为了观察不同频率的输入信号经过 *RC* 滤波电路后输出信号的变化情况。

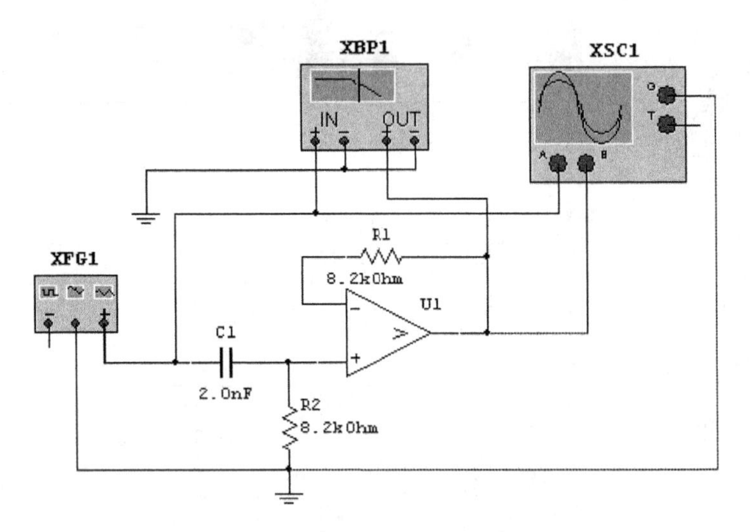

附图 19　一阶 *RC* 滤波电路仿真示意图

调整纵轴幅值测试范围的初值 I 和终值 F、相频特性纵轴相位范围的初值 I 和终值 F,如附图 20 所示。

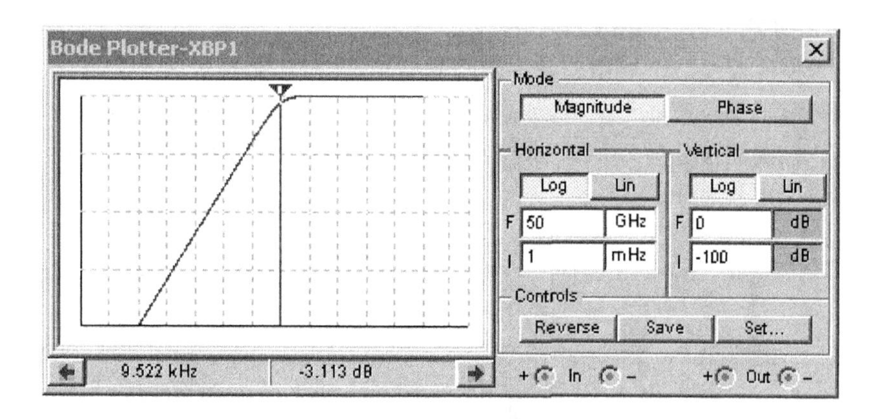

附图 20　调整波特图仪的幅值和相位测试范围

打开仿真开关,单击幅频特性在波特图观察窗口可以看到幅频特性曲线;单击相频特性可以在波特图观察窗口显示相频特性曲线,结果如附图 21 所示。

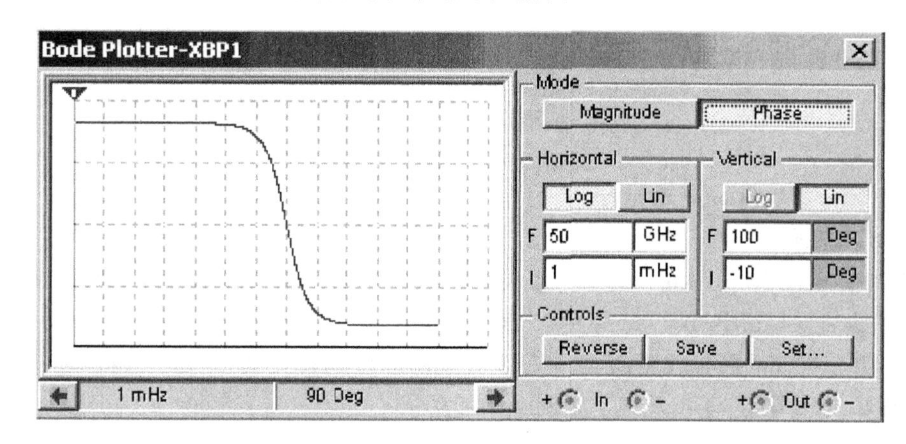

附图 21　一阶 *RC* 滤波电路的幅频特性和相频特性

7. 频率计(Frequency Couter)

频率计主要用来测量信号的频率、周期、相位,脉冲信号的上升沿和下降沿,频率计的图标、面板以及使用,如附图 22 所示。使用过程中应注意根据输入信号的幅值调整频率计的 Sensitivity(灵敏度)和 Trigger Level(触发电平)。

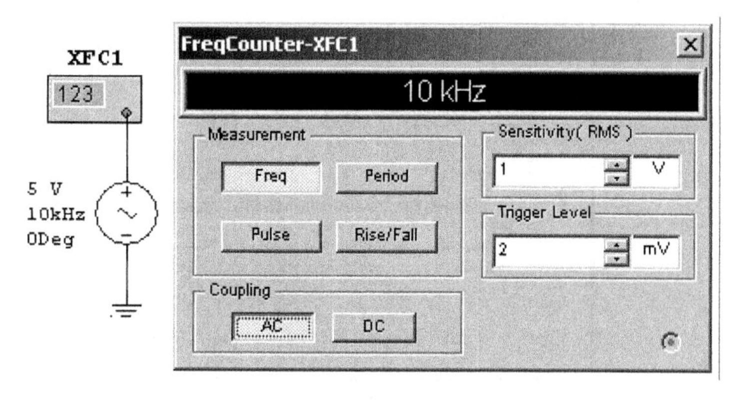

附图 22　频率计

8. 数字信号发生器(Word Generator)

数字信号发生器是一个通用的数字激励源编辑器,可以多种方式产生 32 位的字符串,在数字电路的测试中应用非常灵活,如附图 23 所示,左侧是控制面板,右侧是字信号发生器的字符窗口。控制面板分为 Controls(控制方式)、Display(显示方式)、Trigger(触发)、Frequency(频率)等几个部分。

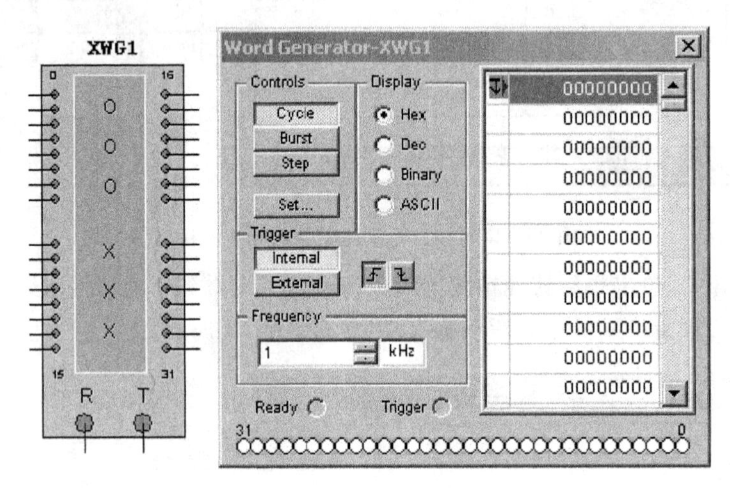

附图 23 数字信号发生器

9. 逻辑分析仪(Logic Analyzer)

Multisim 面板分上、下两个部分,上半部分是显示窗口,下半部分是逻辑分析仪的控制窗口,控制信号有 Stop(停止)、Reset(复位)、Reverse(反相显示)、Clock(时钟)设置和 Trigger(触发)设置。Multisim 共提供了 16 路的逻辑分析仪,用于数字信号的高速采集和时序分析。逻辑分析仪的图标如附图 24 所示。逻辑分析仪的连接端口有:16 路信号输入端、外接时钟端 C、时钟限制 Q 以及触发限制 T。

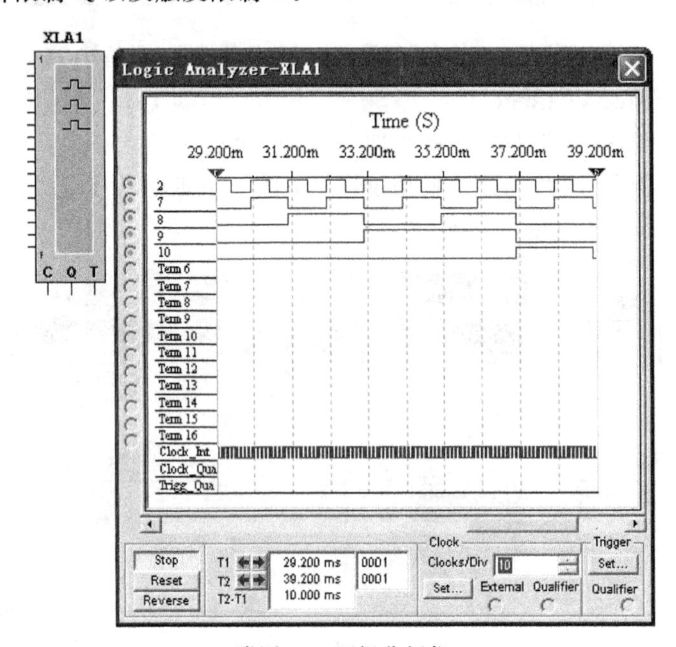

附图 24 逻辑分析仪

Clock setup(时钟设置)对话框如附图 25 所示,说明如下。

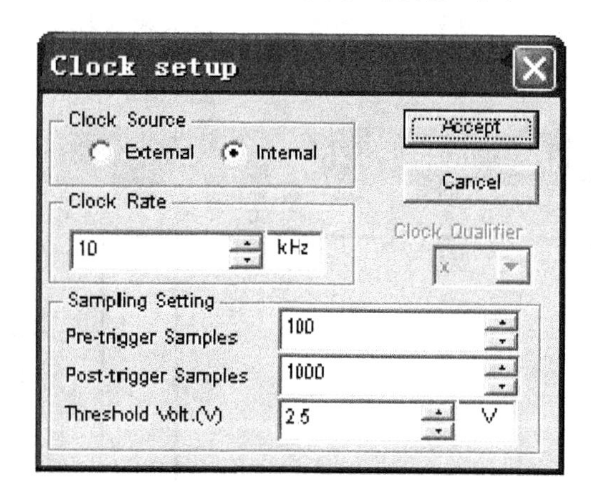

附图 25 时钟设置对话框

- Clock Source(时钟源):选择外触发或内触发;
- Clock Rate(时钟频率):1 Hz~100 MHz 范围内选择;
- Sampling Setting(取样点设置):Pre-trigger Samples (触发前取样点)、Post- trigger Samples(触发后取样点) 和 Threshold Voltage(开启电压)设置。

单击 Trigger 下的 Set(设置)按钮时,出现 Trigger Setting(触发设置)对话框,如附图 26 所示。

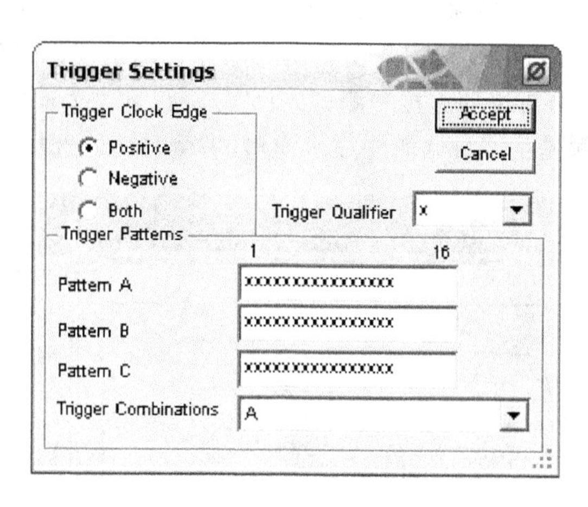

附图 26 触发模式设置对话框

Trigger Clock Edge(触发边沿):Positive(上升沿)、Negative(下降沿)、Both(双向触发)。

Trigger Patterns(触发模式):由 A、B、C 定义触发模式,在 Trigger Combinations(触发组合)下有 21 种触发组合可以选择。

10. 逻辑转换器(Logic Converter)

Multisim 提供了一种虚拟仪器:逻辑转换器,如附图 27 所示。实际中没有这种仪器,逻辑转换器可以在逻辑电路、真值表和逻辑表达式之间进行转换,有 8 路信号输入端、1 路信号输出端。

6 种转换功能依次是：逻辑电路转换为真值表、真值表转换为逻辑表达式、真值表转换为最简逻辑表达式、逻辑表达式转换为真值表、逻辑表达式转换为逻辑电路、逻辑表达式转换为与非门电路。

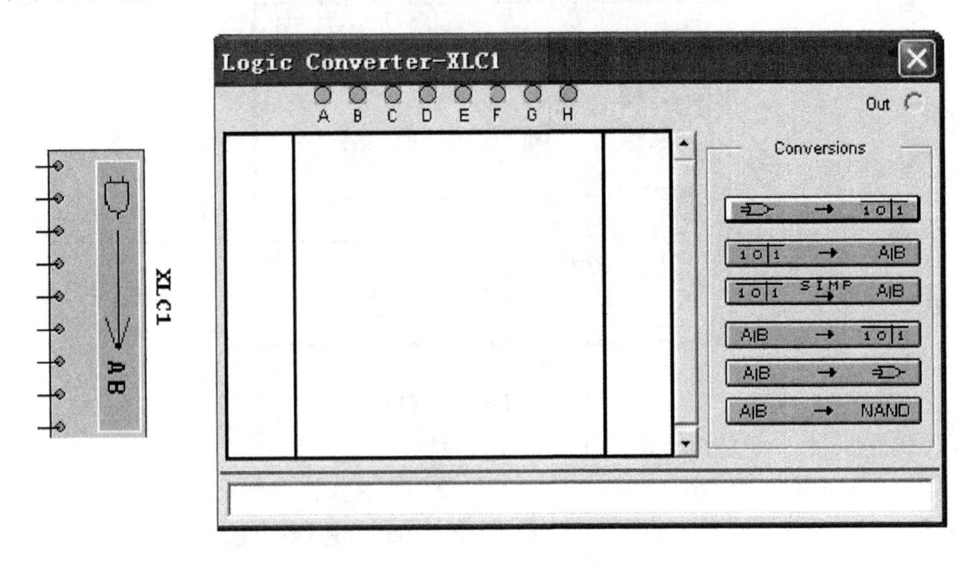

附图 27　逻辑转换器

11. IV 分析仪(IV Analyzer)

IV 分析仪专门用来分析晶体管的伏安特性曲线，如二极管、NPN 管、PNP 管、NMOS 管、PMOS 管等器件。IV 分析仪相当于实验室的晶体管图示仪，需要将晶体管与连接电路完全断开，才能进行 IV 分析仪的连接和测试。IV 分析仪有 3 个连接点，实现与晶体管的连接。IV 分析仪面板左侧是伏安特性曲线显示窗口，右侧是功能选择，如附图 28 所示。

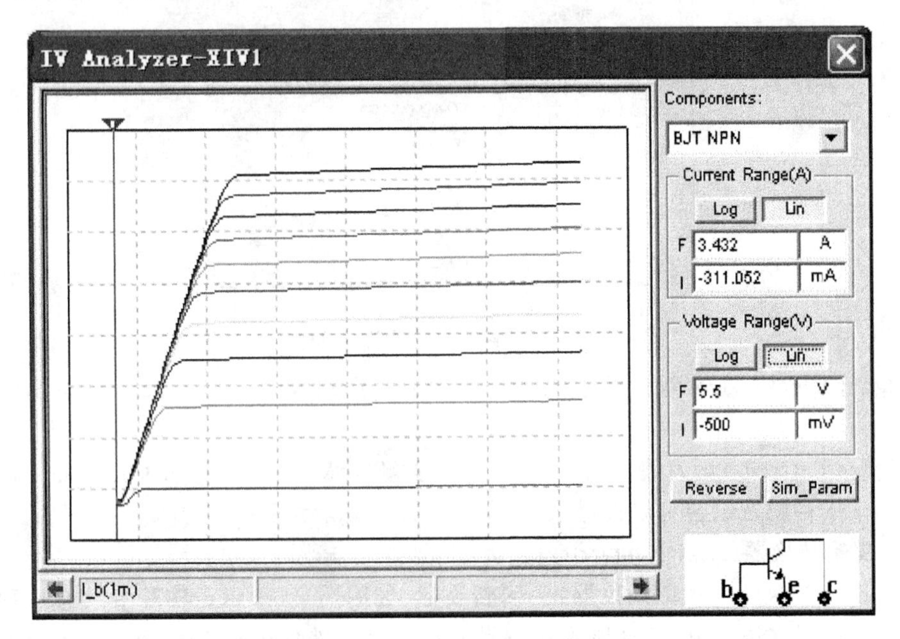

附图 28　IV 分析仪

12. 失真度仪(Distortion Analyzer)

失真度仪专门用来测量电路的信号失真度,如附图 29 所示。失真度仪提供的频率范围为 20 Hz~100 kHz。

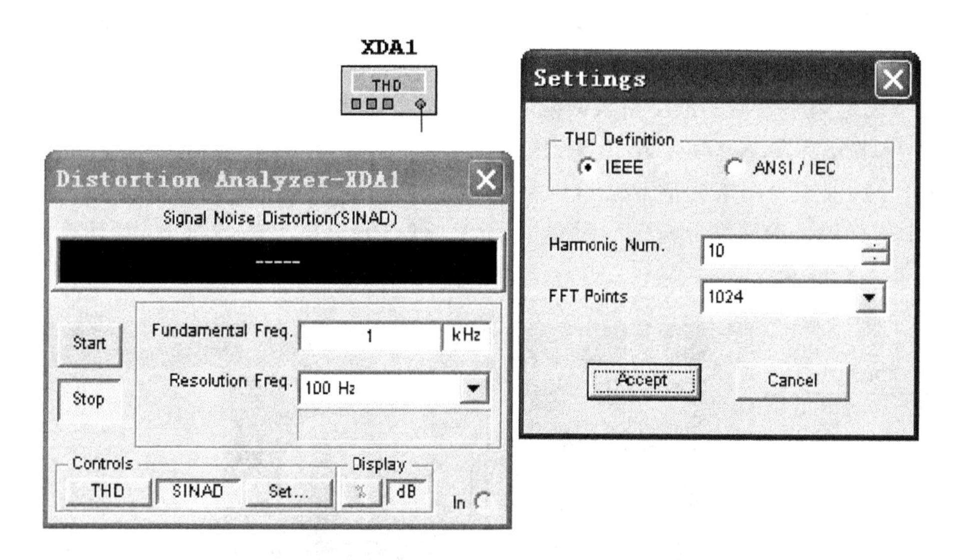

附图 29 失真度仪

面板最上方给出测量失真度的提示信息和测量值。Fundamental Freq(分析频率)处可以设置分析频率值;选择分析 THD(总谐波失真)或 SINAD(信噪比),单击 Set 按钮可以设置 THD 的分析选项。

13. 频谱分析仪(Spectrum Analyzer)

频谱分析仪用来分析信号的频域特性,其频域分析范围的上限为 4 GHz,如附图 30 所示。

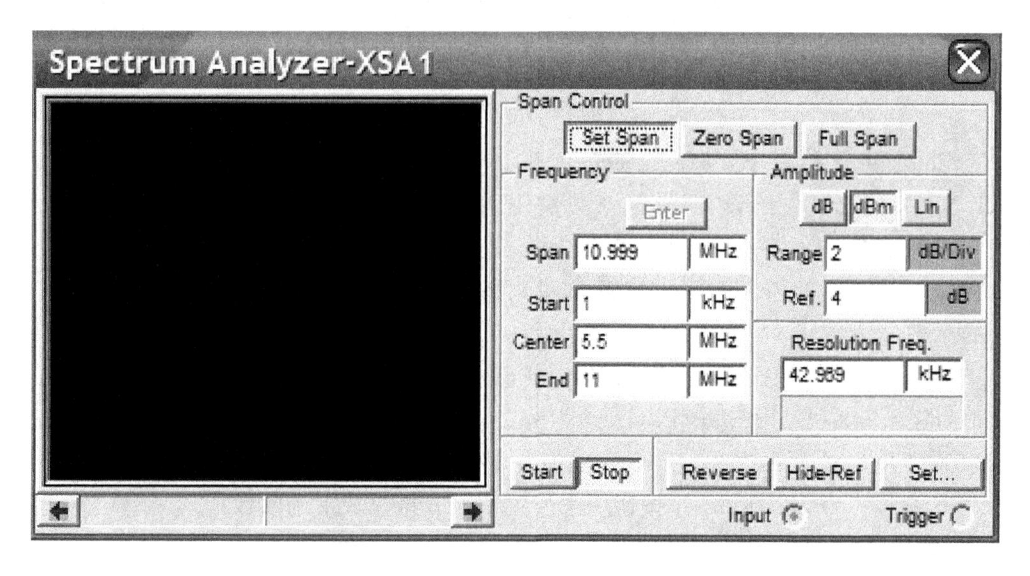

附图 30 频谱分析仪

Span Control 用来控制频率范围：选择 Set Span 的频率范围由 Frequency 区域决定；选择 Zero Span 的频率范围由 Frequency 区域设定的中心频率决定；选择 Full Span 的频率范围为 1 kHz～4 GHz。Frequency 用来设定频率：Span 设定频率范围、Start 设定起始频率、Center 设定中心频率、End 设定终止频率。Amplitude 用来设定幅值单位，有 3 种选择：dB、dBm、Lin。dB ＝ 10log10 V；dBm ＝ 20log10（V/0.775）；Lin 为线性表示。Resolution Freq. 用来设定频率分辨的最小谱线间隔，简称频率分辨率。

14. 网络分析仪(Network Analyzer)

网络分析仪主要用来测量双端口网络的特性，如衰减器、放大器、混频器、功率分配器等。Multisim 提供的网络分析仪如附图 31 所示，可以测量电路的 S 参数，并计算出 H、Y、Z 参数。

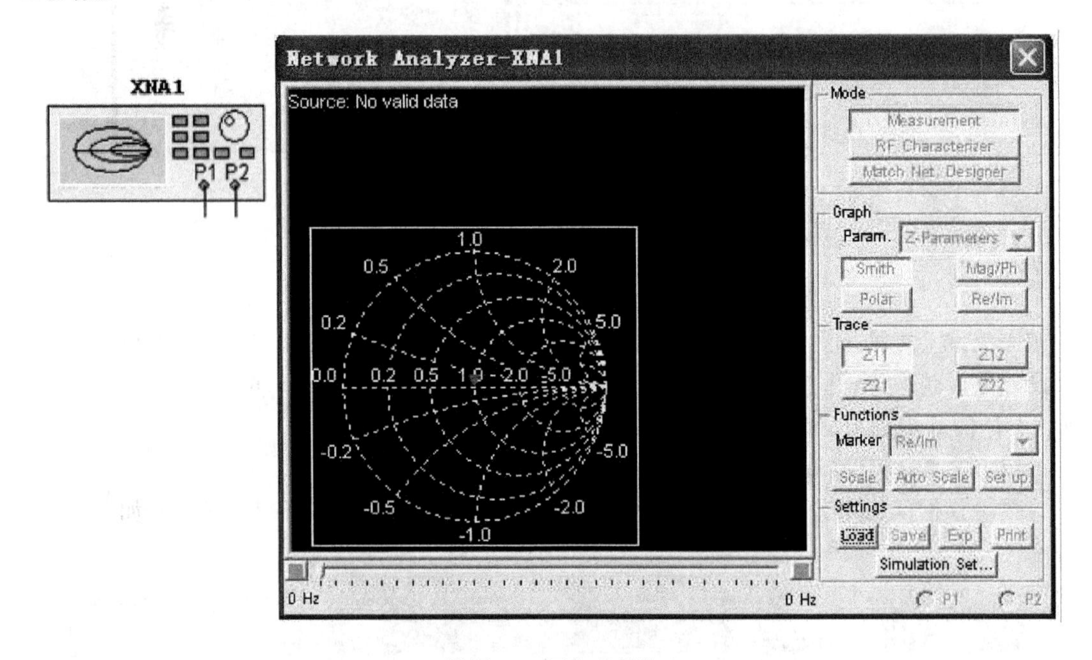

附图 31　网络分析仪

Mode 提供分析模式：Measurement 测量模式；RF Characterizer 射频特性分析；Match Net Designer 电路设计模式。Graph 用来选择要分析的参数及模式，可选择的参数有 S 参数、H 参数、Y 参数、Z 参数等。模式选择有 Smith(史密斯模式)、Mag/Ph(增益/相位频率响应，波特图)、Polar(极化图)、Re/Im(实部/虚部)。Trace 用来选择需要显示的参数。

Marker 用来提供数据显示窗口的 3 种显示模式：Re/Im 为直角坐标模式；Mag/Ph (Degs)为极坐标模式；dB Mag/Ph(Deg)为分贝极坐标模式。Settings 用来提供数据管理，Load 读取专用格式数据文件；Save 存储专用格式数据文件；Exp 输出数据至文本文件；Print 打印数据。Simulation Set 按钮用来设置不同分析模式下的参数。

15. 仿真 Agilent 仪器

仿真 Agilent 仪器有 3 种：Agilent 信号发生器、Agilent 万用表、Agilent 示波器。这 3 种仪器与真实仪器的面板、按钮、旋钮操作方式完全相同，使用起来更加真实。

(1) Agilent 信号发生器

Agilent 信号发生器的型号是 33120A，其图标和面板如附图 32 所示，这是一个高性能 15 MHz 的综合信号发生器。Agilent 信号发生器有两个连接端，上方是信号输出端，下方是接地端，单击最左侧的电源按钮，即可按照要求输出信号。

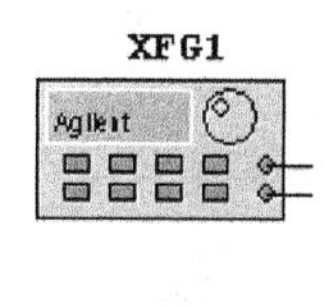

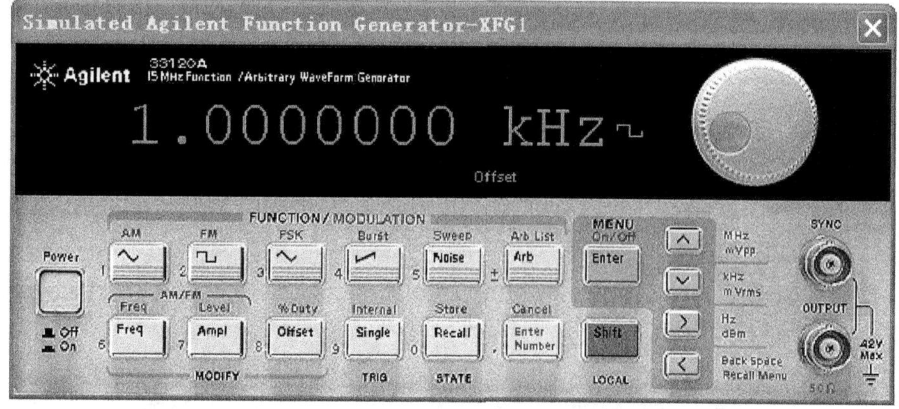

附图 32　Agilent 信号发生器

(2) Agilent 万用表

Agilent 万用表的型号是 34401A，其图标和面板如附图 33 所示，这是一个高性能 6 位半的数字万用表。Agilent 万用表有 5 个连接端，应注意面板的提示信息连接，单击最左侧的电源按钮即可使用万用表，实现对各种电类参数的测量。

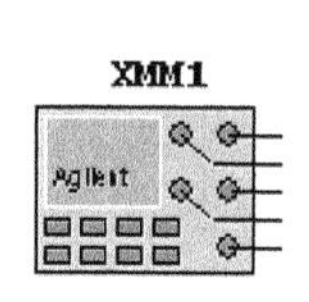

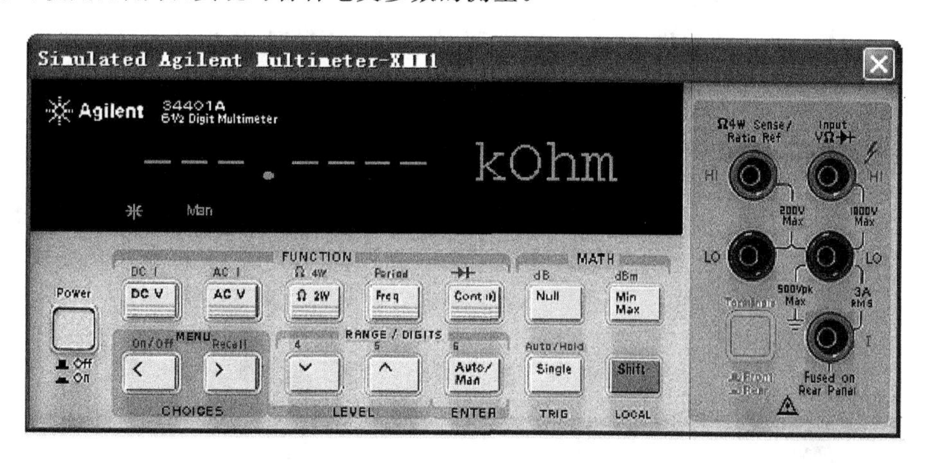

附图 33　Agilent 万用表

(3) Agilent 示波器

Agilent 示波器的型号是 54622D，图标和面板如附图 34 所示，是一个 2 模拟通道、16 个逻辑通道、100 MHz 的宽带示波器。Agilent 示波器下方的 18 个连接端是信号输入端，右侧是外接触发信号端、接地端。单击电源按钮即可使用示波器，实现各种波形的测量。

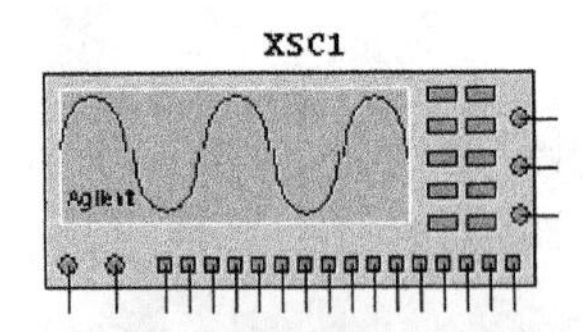

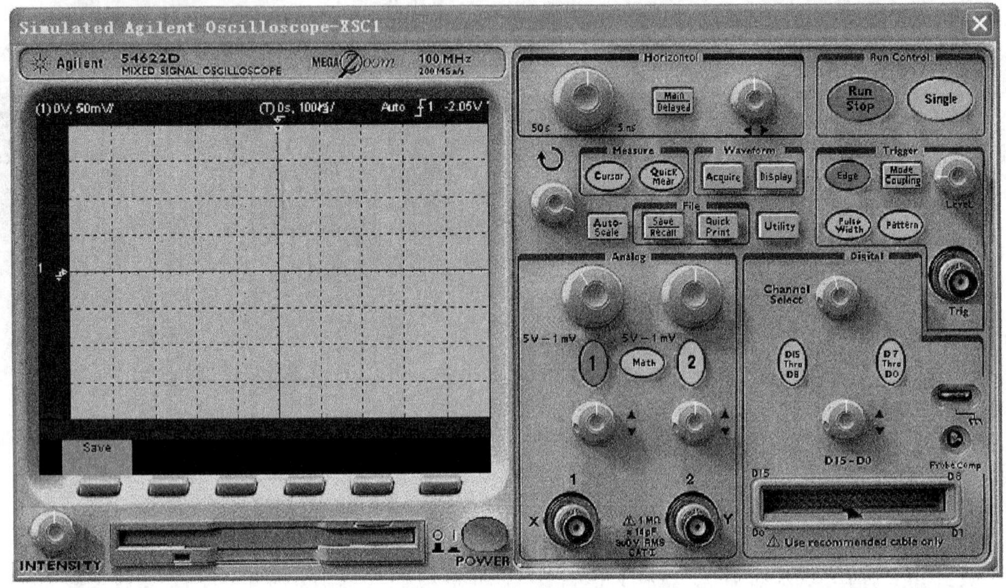

附图 34　Agilent 示波器

16. 3D 效果图

Multisim 10 提供了 20 种常用器件的逼真 3D 视图，给设计者以生动的器件，体会真实设计的效果，如附图 35 所示。

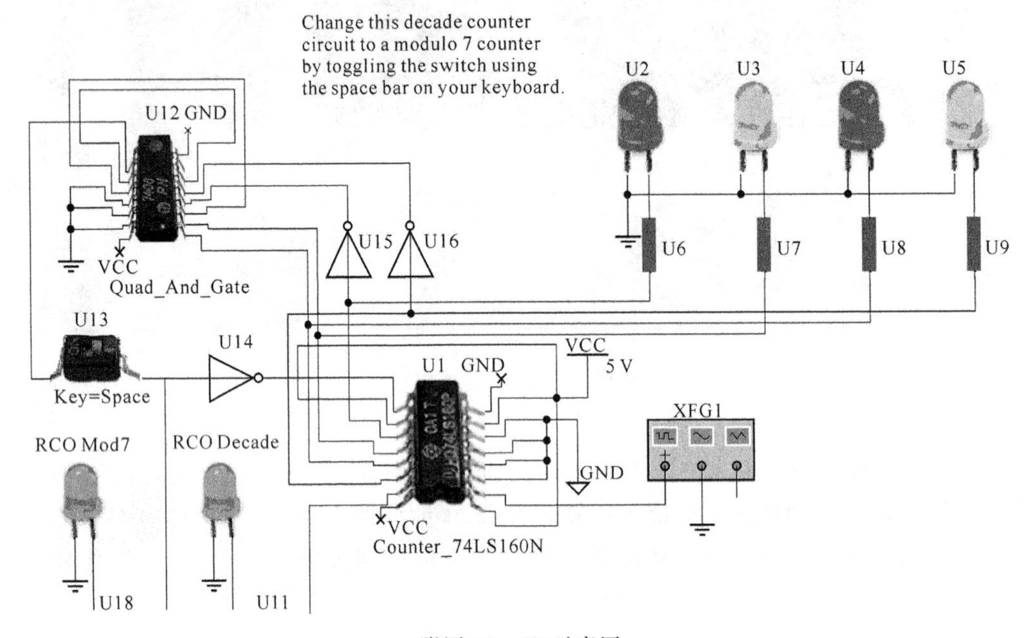

附图 35　3D 示意图

本书常用符号表

一、基本符号

I,i	电流
U,u	电压
P,p	功率
R,r	电阻
G,g	电导
X,x	电抗
Z,z	阻抗
Y,y	导纳
B	电纳
L	电感
C	电容
M	互感
A_u	电压增益
A_p	功率增益
t	时间
T	温度
f,F	频率
ω,Ω	角频率
Φ	相位
N_F	噪声系数

二、电流、电压

1. 原则(以基极电流为例)

I_B	直流量(静态值)
i_b	交流(正弦)瞬时值
I_b	交流(正弦)有效值
I_{bm}	交流(正弦)的振幅值
i_B	总瞬时值
$I_{B(AV)}$	平均值
i_{Bmax}	总的最大值
Δi_B	i_B 的变化量

2. 其他

u_i,i_i	输入交流电压、电流的瞬时值

u_o, i_o	输出交流电压、电流的瞬时值
u_s, i_s	交流信号源电压、电流的瞬时值
V_{CC}	集电极回路电源对地电压
V_{BB}	基极回路电源对地电压
u_Ω	调制信号电压瞬时值
u_c	载波信号电压瞬时值
u_L	本振信号电压瞬时值
u_r	同步信号电压瞬时值
u_I, i_I	中频信号电压、电流瞬时值
u_{AM}	调幅信号电压瞬时值
u_{DSB}	双边带调制信号电压瞬时值
u_{SSB}	单边带调制信号电压瞬时值
u_{FM}	调频信号电压瞬时值
u_{PM}	调相信号电压瞬时值
u_X, u_Y	模拟乘法器的输入端电压

三、功率

P_o	输出交变功率
P_i	输入交变功率
P_c	载波功率
P_{sb}	边频功率
P_T	管耗(集电极耗散功率)
P_V	电源消耗的功率
P_{av}	已调波平均功率

四、频率

f_{bw}	通频带(带宽)
f_H	上限截止频率
f_L	下限截止频率
f_o, ω_o	谐振频率,振荡频率
f_L, ω_L	本振频率
f_c, ω_c	载波频率
f_I, ω_I	中频频率
$\Delta f_m, \Delta\omega_m$	调频波的最大频偏
f_k	组合频率
f_n	干扰频率

五、阻抗

R_i	电路的输入阻抗
R_o	电路的输出阻抗
R_L	负载阻抗

R_s 信号源内阻
R_o 回路空载谐振电阻
R 回路有载等效谐振电阻

六、器件参数

1. 晶体二极管

U_T 温度的电压当量
U_D PN 结的势垒电压
U_{on} 二极管(或三极管)导通电压
C_j 结电容
U_{BR} 击穿电压
I_{sat} 反向饱和电流
VD 二极管

2. 晶体三极管

b 基极
c 集电极
e 发射极
I_{CM} 集电极最大允许电流
$U_{CE(sat)}$ c-e 间饱和压降
P_{CM} 集电极最大允许耗散功率
g_m 跨导
β 共射电流放大系数
f_β 共射截止频率
f_α 共基截止频率
f_T 特征频率
r_{be} 共射接法下 b-e 间微变电阻
V(VT) 三极管

3. 其他

K_{CMR} 集成运放共模抑制比
K_M 模拟乘法器的相乘增益

七、其他符号

Q 品质因数,工作点
Q_o 回路空载品质因数
Q_L 回路有载品质因数
n 变压器的变比
γ 变容管的变容指数
τ 时间常数
THD 非线性失真系数
η 效率,耦合因数

F	反馈系数
k	耦合系数
k_f	调频灵敏度
k_p	调相灵敏度
m	调制度或调制系数
m_a	调幅度(调幅系数)
m_f	调频指数
m_p	调相指数
ζ	一般失调
K_d	检波效率
$\Delta\Phi_m$	最大相偏
$K_{r0.1}, K_{r0.01}$	矩形系数
P	接入系数

参 考 文 献

[1] 程远东等.高频电子线路.北京:北京出版社,2008.

[2] 陈启兴.通信电子线路.北京:清华大学出版社,2008.

[3] 刘泉.通信电子线路.武汉:武汉理工大学出版社,2005.

[4] 吴慎山.电子线路设计与实践.北京:电子工业出版社,2005.

[5] 郑应光.模拟电子线路(二).南京:东南大学出版社,2000.

[6] 李金明.高频电子技术基础与应用.北京:化学工业出版社,2006.

[7] 刘骋.高频电子技术.北京:人民邮电出版社,2006.

[8] 阳昌汉.高频电子线路学习与解题指导.哈尔滨:哈尔滨工程大学出版社,2002.

[9] 杨翠娥.高频电子线路实验与课程设计,哈尔滨:哈尔滨工程大学出版社,2001.

[10] 林春方.电子线路学习指导与实训.北京:电子工业出版社,2004.

[11] 谢自美.电子线路设计.实验.测试(第二版).武汉:华中科技大学出版社,2000.

[12] 申功迈等.高频电子线路.西安:西安电子科技大学出版社,2001.